U0339179

《百名院士谈建设科技强国》

编写人员 （按照文章先后顺序排列）：

蔡荣根	陈佳洱	韩占文	何国威	李儒新	马余刚	潘建伟
谢心澄	王小云	杨国桢	杨福家	周向宇	安立佳	白春礼
丁奎岭	何鸣元	侯建国	洪茂椿	姚建年	赵宇亮	杨学明
方精云	景海春	高树琴	高 福	贺福初	李 林	赵进东
蒋华良	康 乐	周 琪	安芷生	李 力	崔 鹏	傅伯杰
郭华东	秦大河	吴立新	姚檀栋	赵鹏大	朱日祥	王成善
董树文	谭铁牛	郭 雷	郭光灿	郝 跃	刘 明	王建宇
王立军	吴朝晖	周志鑫	邱 勇	李依依	李殿中	申长雨
张彦仲	龙乐豪	刘友梅	李鸿志	王哲荣	杜善义	尹泽勇
钟 山	李国杰	陈良惠	段宝岩	姜会林	余少华	谭久彬
陈立泉	欧阳平凯	何季麟	干 勇	潘复生	李晓红	谢和平
李 阳	陈 勇	李建刚	王双明	汤广福	陈厚群	王小东
刘先林	丁一汇	庞国芳	瞿金平	刘文清	李家彪	朱利中
陈焕春	罗锡文	陈温福	李 坚	吴孔明	张伯礼	杨宝峰
付小兵	王红阳	詹启敏	宁 光	李 松	凌 文	刘 合
卢春房	邵安林	向 巧				

编务人员：

（中国科学院）

汪克强	谢鹏云	李 婷	黄晨光	石 兵	聂晓伟	甘 泉
王振宇	薛 淮	赵剑峰	尹高磊	陶斯宇	林宏侠	魏 秀
高洁雯						

（中国工程院）

陈建峰	易 建	安耀辉	高战军	王晓俊	李淼鑫	范桂梅
张 佳	王爱红	涂 璇	宗玉生	张 宁	王浩闻	唐海英
邢慧娴	张 健	张海超	黄海涛	梁真真	张文韬	赵西路
李 晨	于泽华	谭青海	丁 宁	陈冰玉		

谈建设科技强国

中国科学院　中国工程院　编

人民出版社

出 版 说 明

　　党的十九大报告提出建设科技强国的伟大目标。2018年5月28日,习近平总书记在两院院士大会上的重要讲话,强调我们比历史上任何时期都更需要建设世界科技强国。为进一步激发广大科技工作者的热情,凝聚社会各界对建设科技强国的广泛共识,加快建设创新型国家,早日实现科技强国的伟大目标,我社约请中国科学院和中国工程院组织100多名院士编写了《百名院士谈建设科技强国》一书,将广大院士的重要思想和建议汇集起来,作为推进我国建设科技强国的重要抓手之一。本书以习近平新时代中国特色社会主义思想为指导,紧紧围绕我国建设科技强国这一主题,结合院士们在实际工作中遇到的问题和思考,提出切实可行的对策和建议。本书既有很强的理论性,也有很强的问题意识和现实针对性,值得各级党政机关、科技界和社会各界借鉴参考,以更好地形成建设世界科技强国的强大合力。

人民出版社

目　　录

1

化 学 部

生命科学和医学学部

地 学 部

信息技术科学部

技术科学部

中国工程院

机械与运载工程学部

信息与电子工程学部

化工、冶金与材料工程学部

能源与矿业工程学部

中国科学院

数学物理学部

加强基础学科建设，
夯实建设世界科技强国基础

中国科学院理论物理研究所　蔡荣根

2016 年 5 月，习近平总书记在全国科技创新大会、两院院士大会、中国科协第九次全国代表大会上作了题为《为建设世界科技强国而奋斗》的重要讲话，吹响了建设世界科技强国的号角。2017 年 10 月，党的十九大作出了中国特色社会主义进入新时代的科学论断，确立了习近平新时代中国特色社会主义思想的指导地位，开启了全面建设社会主义现代化强国的新征程。2018 年 5 月，习近平总书记在两院院士大会上发表了重要讲话，强调实现建成社会主义现代化强国的伟大目标，实现中华民族伟大复兴的中国梦，我们必须具有强大的科技实力和创新能力。中国要强盛、要复兴，就一定要大力发展科学技术，努力成为世界主要科学中心和创新高地。我们比历史上任何时期都更接近中华民族伟大复兴的目标，我们比历史上任何时期都更需要建设世界科技强国！这是习近平总书记在中国特色社会主义进入新时代的关键时期对我国建设世界科技强国的再动员和新部署。

创新是引领发展的第一动力,是建设现代化经济体系的战略支撑。实现"两个一百年"奋斗目标,实现中华民族伟大复兴的中国梦,必须坚持走中国特色自主创新道路。习近平总书记在党的十九大报告中对科技创新的途径和任务作了明确指示,要瞄准世界科技前沿,强化基础研究,实现前瞻性基础研究、引领性原创成果重大突破。要建设科技强国,要培养造就一大批具有国际水平的战略科技人才、科技领军人才、青年科技人才和高水平的创新队伍。"合抱之木,生于毫末;九层之台,起于累土。"建设科技强国必须加强数学、物理等基础学科建设。基础学科建设包含人才队伍建设和基础科学研究,其中人才队伍建设是根本。人才队伍是推进基础科学研究的内在动力,基础科学的人才队伍建设为所有领域的科学和技术创新提供了根本保证。所以习近平总书记说"人才是第一资源"。基础科学研究是整个科学体系的源头。基础科学研究的根本使命是探索未知的自然规律,其进展往往难以预测,其成果往往难以立竿见影,短期内人们看不到它的应用前景。但是大量的事实已经说明理论研究一旦获得重大突破,迟早会给科学技术乃至人类社会带来极其巨大的进步。当今世界上的科学技术强国正是通过基础科学研究的不断积累,大量前瞻性、引领性、原创性研究成果不断涌现,才奠定了科技强国的基础。强大的基础科学研究是建设世界科技强国的基石。我国要建设世界科技强国,就必须夯实基础科学研究这一根基。加快夯实建设世界科技强国的基础,已成为进入新时代基础科学研究的重要使命。

党和国家高度重视基础科学研究。2018 年 2 月 1 日印发的《国务院关于全面加强基础科学研究的若干意见》中指出:"强大的基础科学研究是建设世界科技强国的基石。当前,新一轮科技革命和产业变革蓬勃兴起,科学探索加速演进,学科交叉融合更加紧密,一些基本科学问题孕育重大突破。世界主要发达国家普遍强化基础研究战略部署，全球科技竞争不断向基础研究前移。经过多年发展，我国基础科学研究取得长足进步，整体水平显著提高，国际影响力日益提升，支撑引领经济社会发展的作用不断增强。但与建设世界科技强国的要求相比，我国基础科学研究短板依然突出，数学等基础学科仍是最薄弱的环节，重大原创性成果缺乏，基础研究投入不足、结构不合理，顶尖人才和团队匮乏，评价激励制度亟待完善。"《国务院关于全面加强基础科学研究的若干意见》从遵循科学规律、突出原始创新、创新体制机制、加强协同创新、强化稳定支持五个方面提出了全面加强基础科学研究的20项重点任务。

在 2018 年 1 月 3 日的国务院常务会议上，李克强总理特别强调了基础学科对提升原始创新能力的重要意义。他讲道："无论是人工智能还是量子通信等，都需要数学、物理等基础学科作有力支撑。我们之所以缺乏重大原创性科研成果，'卡脖子'就卡在基础学科上。"

物理学作为一门基础学科是当代科学技术发展的基础，而理论物理是物理学各分支学科的共同理论基础，是"基础中的基础"。理论物理是研究物质、能量、时间和空间，以及它们的相互作用和运动规律的科学。理论物理的每一次重大突破都意味着人类对自然界认识的不断深化，乃至给人类的时空观和自然观带来革命性的变革。这些重大发现和突破又常常激发新的技术革命，进而推动社会经济的迅猛发展。19 世纪和 20 世纪理论物理的发展极大地推动了整个世界的社会经济发展已经充分地证明了这一点。在我国"两弹一星"国之重器的研制过程中，彭桓武、周光召、于敏等理论物理学家作出了极其重要的贡献。加强基础学科建设，应"不驰于空想、不骛于虚声"，学习国际先进经验，结合我国实际情况，探索发展中国特色的基础学科建设之路，为建设世界科技强国作出应有贡献。

一、努力建设一支政治过硬、业务精湛的基础科学研究队伍

　　人才兴则科技兴,科技强则国家强。科技创新,以人为本,要始终把人才工作放在基础科学研究最重要、最核心的位置。近些年,随着国家"千人计划""万人计划"等一大批面向海内外的人才计划的实施,也得益于中国经济稳定发展带来的科研经费的持续增加,科研队伍,特别是青年人才队伍生机益然。江山代有才人出,青年一代的科学工作者与老一辈科学家的生长经历、求学历程、所处的国内外形势等已经有了很大的不同。他们成长于和平稳定的年代,没有经历国难当头、举步维艰的境地,选择从事基础科学研究,兴趣占了较大的比例。然而,科学没有国界,科学家却有祖国,因此在引进人才、培养人才时,不仅要注重人才在专业创新方面的能力和水平,更要关注和引导广大科研人才的政治思想动态和科学创新精神。

　　基础科学研究具有前瞻性、长期性和不确定性等特点。在当下追求效率和效益、急功近利、自媒体网络高度发达的大环境下,青年科学家面临的选择和诱惑增多,同时生活压力也在增大。如果不加以正确引导,他们很容易陷入迷茫,找不到奋斗的意义,因此我们应该在青年科学家中大力弘扬"两弹一星"精神,弘扬为崇高目标舍弃自我、舍弃小家、以身许国的家国情怀;应该使青年科学家学习传承老一辈科学家的优良传统,虚怀若谷、甘为人梯。用待遇留人,更要用事业留人,引导青年科学家把科学研究当作宏伟的事业而非仅仅是谋生手段,激发他

们更深层次的精神共鸣和更高的精神需求，甘于坐冷板凳，勇于做栽树人、挖井人。

二、加大对基础科学研究的投入并给予稳定支持

改革开放 40 年，中国社会的方方面面都发生了翻天覆地的变化，尤其在经济建设领域取得了举世瞩目的成就。目前我国经济总量稳居世界第二位，对世界经济增长贡献率超过 30%。改革开放 40 年，我国的基础科学研究也取得了长足进步，整体水平显著提高，国际影响力日益提升，支撑引领经济社会发展的作用不断增强，但在成果质量和国际影响力方面与国际先进水平还存在不少差距，许多关键核心技术还受制于人。我国的基础科学研究短板依然突出，数学、物理等重点基础学科仍是薄弱环节，重大原创性成果缺乏，基础研究投入不足、结构不合理，全社会支持基础研究的环境需要进一步改善。国际上基础科学研究的投入，一般占研发投入的 15% 左右，最高达到 20%，而我国长期停留在 5% 左右，只占美国的 1/7，日本的 1/2。创新，必须瞄准世界科技前沿，强化基础科学研究，尤其要突出原始创新，实现前瞻性基础研究、引领性原创成果重大突破。而对基础科学研究投入不足，带来的一个直接影响就是原创成果不足，从而导致对技术创新的支撑不够。一直以来，我国对基础科学研究的经费支持主要来自中央财政，缺乏地方、企业、慈善捐赠等多元化投入机制。我国企业对基础研究的投入在 1% 以下，而美国企业对基础研究的投入在 50% 以上，日本在 30%—40%。这个差距是巨大的。地方政府在制定政策时往往把本地区的经济发展放在第一位，为了激励地方政府加大对基础科学研究的支持力

度,可以考虑把对基础科学研究的投入纳入到地方经济考核指标中。而根据基础科学研究需要科研人员潜心治学、甘于寂寞、长期坐冷板凳的特点,加大对基础科学研究的投入,必须要强化对从事基础研究的科研人员的稳定支持,使广大科研人员的主要精力用于科研,而非忙于争取经费。积极出台政策,鼓励和引导地方、社会力量投资建设重大科技基础设施,加快缓解设施供给不足问题。对于基础应用研究,依托科研院所和高校等布局建设一批国家重大科技基础设施(国家实验室)。对于基础理论研究,依托科研院所和高校建设一批国家理论研究中心,依托中心的辐射力,开展协同创新,争取原创性重大成果的突破。加大对基础科学教育的投入,培养国家发展最急需、最紧缺、能够担当民族复兴重任的高素质青年人才。

三、培育自由宽松、鼓励学术争论的科研氛围

基础科学研究从某种意义上来说是人类思维方式的转变和飞跃,是对客观世界、客观规律的再认识的过程。良好的学术环境是原创性科研成果孕育的土壤,要重视自由探索和鼓励学术争论。20世纪初量子力学的发现过程,是20世纪中基础物理研究最突出的一个例子。当时的学术环境、学术风气十分自由,学术争论的空气非常激烈,争论主要是由爱因斯坦和玻尔引起的,因为他们具有完全不同的哲学观点。而当时一大批非常年轻的科学家都参与到这样的争论中来,对于量子力学的发现起到了积极的作用,与此同时也培养了一大批杰出的青年科学家。由此可见,科研人员必须要真正能够展开学术争论和学术批评,才有一批特别杰出的青年科学家脱颖而出,逐渐发挥重要的作用。

要创造和培育自由宽松的学术环境和氛围，弘扬大胆质疑、勇于创新的科学精神，营造宽容失败、摒弃浮躁、潜心研究的科研环境。倡导全社会形成尊重知识、尊重人才、崇尚科学、崇尚创新的良好社会氛围。

四、从顶层设计建立完善符合基础科学研究特点和规律的评价机制

基础科学研究评价机制有两个方面：一方面是对基础科学研究人才和机构的评价机制；另一方面是对基础科学研究成果的评价机制。长期以来，在基础科学研究评价领域一直存在着分类评价不足、评价标准单一、评价手段趋同、评价社会化程度不高等问题，不利于基础科学研究的健康有序发展。

"功以才成，业由才广。"硬实力、软实力，归根到底要靠人才实力。然而长期以来唯论文、唯职称、唯学历的现象仍然严重，名目繁多的评审、评价让科技工作者应接不暇，人才"帽子"满天飞，部分科研院所和高校引进人才只看"帽子"，这种现象在一定程度上助长了学术界的浮躁气氛，使学术评价背离了科学本身。对从事基础科学研究的人才，应着重评价其提出和解决重大科学问题的原创能力、研究成果的科学价值、学术水平和影响等，实行代表性成果评价，突出评价研究成果质量、原创价值和对经济社会发展的实际贡献。要完善科技奖励制度，让优秀科技创新人才得到合理回报，释放各类人才创新活力，同时要突出学术称号、人才奖励等荣誉性质，尽量避免学术评价与各方利益挂钩。建立鼓励创新、宽容失败的容错机制，鼓励科研人员大胆探索、挑战未知。

对于基础科学研究成果的评价应以同行学术评价为主，加强国际

同行评价,尊重基础科学研究的差别化,加强体制机制的创新。自由探索类基础科学研究主要评价研究的原创性和学术贡献,考虑长周期评价。目标导向类基础科学研究主要评价解决重大科学问题的效能,加强过程评估,建立长效监管机制,提高创新效率。

使命呼唤担当,使命引领未来。我国科技创新事业正处于历史上最好的发展时期,我国比历史上任何时期都更接近建成世界科技强国的目标。让我们更加紧密地团结在以习近平同志为核心的党中央周围,牢固树立"四个意识",切实增强"四个自信",加强基础学科建设,培养大批创新型人才,夯实建设世界科技强国基础,为实现中华民族伟大复兴的中国梦而努力奋斗。

献身科学　振兴中华

北京大学　陈佳洱

习近平总书记在 2018 年两院院士大会上明确指出,"中国要强盛、要复兴,就一定要大力发展科学技术,努力成为世界主要科学中心和创新高地"。[①] 这句话既是中央对我们科技工作者发出的伟大号召,更是表达了我们老科技工作者的真实心声!

回忆我的童年时代,正值日本军国主义发动对华侵略战争的时期。我 4 岁那年,日寇发动"八一三事变"全面入侵上海和租界。在日军的铁蹄下,我所过的"小亡国奴"的生活至今不能忘怀。那时候小孩子碰见日军官兵都得鞠躬行礼,即使如此,搞不好还要挨打、挨骂。在学校里他们不但不让学生学习原来的国定教科书,还要强迫学生学日语,接受奴化教育。我从事抗日救亡的家父被迫潜往重庆北碚"国立编译馆"从事教科书的编著工作。日寇为缉拿我父亲,就羁押了在医院住院的母亲,使她差一点被残害致死! 在残酷事实面前,那时我只有一个梦想:中国早一点强盛起来,消灭鬼子兵!

回顾历史,从 1840 年的鸦片战争、1894 年的甲午海战到新中国成

---

① 习近平:《在中国科学院第十九次院士大会、中国工程院第十四次院士大会上的讲话》,人民出版社 2018 年版,第 8 页。

立的一百多年来,因科技的落后曾经使我们这个文明古国受尽世界列强的欺凌,使整个中华民族陷于深重的苦难之中!

科学技术是第一生产力。我的亲身经历让我深刻体会到,没有科学技术的发展强大,就没有中国的繁荣富强,就不能真正赢得别人的尊重。1963年到1965年,我在英国做访问学者,进行扇型聚焦回旋加速器的研究。1964年是英国的大选年,我清楚地记得10月16日的那天茶歇时,突然电视上的大量竞选的宣传都停了,打出一行字:中国爆炸了原子弹。这个消息震惊了所有人,大家都来问我这消息是不是真的。我也吃不准,连夜赶到伦敦使馆去询问情况。当我知道祖国真的成功爆炸了原子弹时,我高兴得跳了起来!后来,英国哈威尔的原子能管理局(UKAEA)测到了爆炸尘埃,发现我们爆炸的是铀弹,而不是他们猜测的钚弹。这说明,新中国的整个核工业体系已经建立起来。第二天,《泰晤士报》头版以"成吉思汗又回来了"为题,进行了报道。

原子弹和氢弹的成功,为我们赢得了尊重。我觉得不论走到哪里,中国人的腰杆都挺得更直了。那些外国同事对我的态度也明显不一样了。原来他们总是用同情的口吻问我:"这个磁铁你将来要不要带回去?"我回答说我们自己能做,人家都不信。而爆炸成功之后,连我的牙医都说:"你们中国了不起!"

实际上,中华民族曾以高度的智慧和能力通过各种各样的发明创造,为人类文明的发展作出过光辉灿烂的贡献。在16世纪之前,中国在相当长的历史时期中,始终占据着人类文明的领导者地位。尽管当时中国的科学在当时是先进的,甚至是引领性的,但与现代科学相比,却有着质的差异:还没有在系统试验的基础上,通过"由表及里""去粗取精"上升到对自然界普遍规律的理性概括;还不能定量地表达客观世界的运动规律,进而精确预言客观物体的未来状态。

那么为什么现代科技不起源于中国却诞生于西方？我认为主要的问题之一是，中国古代的文化往往追求发明创造的实用意义，而止步于应用；缺乏格物穷理，即对客观真理不懈探求的精神，从而缺乏建立理性思维体系的动力。

尽管科学研究与技术研究初看起来没有什么差别，但实质则大不相同。技术研究的动机与目的全在于应用，而科学研究，特别是基础研究则要求深刻地认识和掌握客观世界的基本规律，以求真、求知和追求客观真理为目标！

反观西方，16 世纪哥白尼、布鲁诺、伽利略等前仆后继、矢志不渝地反对宗教精神桎梏，开创了一场真正意义上的科学革命，形成了勇于探索未知规律、重视通过实验观测来发展和检验理论、敢于坚持真理等科学传统。

17 世纪牛顿综合了哥白尼、伽利略、开普勒等成果的大成，建立了一套经典力学的理论体系，奠定了以系统的实验方法得到完整的因果关系的理性知识体系，树立了科学与理性的权威。

19 世纪麦克斯韦通过总结大量实验获得的电磁学四大定律，完成电磁学的麦克斯韦方程，建立了经典场论。使"场"成为物质世界的一个基本构成，进一步拓展了人们的物质观。

20 世纪以量子论、基因论和爱因斯坦的相对论为代表的科学革命性突破，形成了人类崭新的时空观、运动观和物质观，极大地深化了人类从基本粒子的微观世界一直到各类星系的宇观世界以及人类自身的各个尺度层次的基本规律的认识，使整个科学技术和社会生产方式发生了革命性的飞跃。

基础研究的使命在于揭示和探索大自然的基本规律和发展认识客观世界的方法和能力。"认识世界"的探索研究尽管一开始并不能显示出其社会经济的潜在价值,然而经过必要的积累和发展,一旦转化为"改造世界"的实践时,就能开辟出崭新的工程与技术领域,如核能、激光、计算机、信息网络、人工智能、航空航天和现代医疗技术等,为人类的生存和发展开拓新的空间,创造新需求。

习近平总书记说得好,"基础研究是整个科学体系的源头。要瞄准世界科技前沿,抓住大趋势,下好'先手棋',打好基础、储备长远,甘于坐冷板凳,勇于做栽树人、挖井人,实现前瞻性基础研究、引领性原创成果重大突破,夯实世界科技强国建设的根基。"①这一席话不仅明确了基础科学的重要意义,也指明了我国通向建立科学强国的道路。

党中央高度重视基础研究。2013 年 11 月,党的十八届三中全会作出的《中共中央关于全面深化改革若干重大问题的决定》中就提到要"完善政府对基础性、战略性、前沿性科学研究和共性技术研究的支持机制","建立健全鼓励原始创新、集成创新、引进消化吸收再创新的体制机制"。这是进一步提高自主创新能力和水平的重大战略举措。实际上原始创新、集成创新、引进消化吸收再创新的水平和能力都与基础研究息息相关。揭示未知规律,提高原始创新的水平和能力本身就是基础研究的使命;基础研究水平越高,对相关学科的认识越深入,集成创新的成果也越先进;基础研究越繁荣,对引进的技术所依据的科学原理认识得越透彻,消化吸收能力就越强,越能"棋高一招"地通过再创新实现跨越。所以我们应在全面深化改革的过程中大力加强基础研究,使我们更快地建成创新型国家,完成从科技大国到科技强国的转变。

现代科学的发展史也清楚地表明,科学技术,特别是基础科学发展

---

① 习近平:《在中国科学院第十九次院士大会、中国工程院第十四次院士大会上的讲话》,人民出版社 2018 年版,第 12 页。

的首要动力来自科技人员对探索和揭示未知规律的热情、对于认识客观真理的坚持和追求,更来自对民族和国家科技进步的使命感和责任感。只有有了正确的动力,才能着眼长远利益,瞄准科学技术相关领域中的重大问题,"甘于坐冷板凳,勇于做栽树人、挖井人",克服各种困难,通过艰苦卓绝的不懈奋斗,作出重大的成就。

事实上,文化是科学与技术发展的灵魂,只有弘扬社会主义的先进文化,才能从人们的思想深处树立社会主义的核心价值观念,顺应科学技术自身发展的规律,使我国的科学研究走上持续、和谐发展的康庄大道;只有营造良好的创新文化氛围,才能源源不断地孕育优秀的科技人才和自主创新的科技成果。我们应该大力传承中国文化中注重整体、辩证思维、和谐包容等优良传统和"天人合一"等思想理念,这些是维系中华民族生生不息的宝贵财富;同时也要学习西方文化中追求以对客观世界的认识、求知为原动力的理性探索和普遍规律的概括,强调实证的、精细定量的研究方法。我们要倡导淡泊名利、潜心研究、严谨治学、献身科学的好风尚,克服急功近利的倾向;鼓励勇于创新、大胆质疑、宽容失败、敢为人先的拼搏精神;坚持"百花齐放、百家争鸣"的方针,提倡平等的学术批评和争论;我们要营造"尊重劳动、尊重知识、尊重人才、尊重创造"的社会文化的大环境,"尊重科学研究灵感瞬间性、方式随意性、路径不确定性的特点,允许科学家自由畅想、大胆假设、认真求证"。我们要高度重视科学伦理道德的建设,反对任何形式的科学不端行为,正确估量和防范科学与技术进步可能带来的社会风险,防患于未然。

在这里要强调的是,科学文化与人文文化同是人类文化的精髓,既相辅相成又密不可分,如同一个"硬币"的两面,是不可分割的。在现代文明高度发达的今天,一部分人们的观念中仍有将科学文化与人文文化分割的思想,以为只有李白、杜甫的诗或者是贝多芬的音乐、莎士比亚的戏剧等艺术才是文化和素养的标志;而科学和物理这样的理性文化,只是科技工作者感兴趣的事。事实上,科学文化和人文文化都起源于人类对客观世界——包括自然和人类自身的认识,都追求真理的普遍性,服务于人类自身社会以及人类与自然和谐发展的需求。

对任何一面的忽视或削弱都无益于人类社会的文明进步和健康发展。片面强调人文文化,会制约科学文化的发展,造成技术和生产的落后和倒退;片面强调科学文化而不重视人文文化的发展,也将是一场灾难。因为科学是一把"双刃剑",由新的科学转化而来的技术,既可以为全人类的美好前程服务,也可能对人类自身或者自然资源与环境造成伤害,甚至是大规模的伤害,破坏社会稳定,破坏人与自然的协调发展。这方面在人类历史上也多次有过惨痛的教训。因此,今天科学家的社会责任比以往任何时候都要重得多。贝多芬在《第九交响曲》的《欢乐颂》中所歌颂的那种人类精神的和谐和内心的美,所追求的那种自由、解放和欢乐,只能建立在人类物质生活极大丰富,人与社会、人与自然和谐发展的基础之上,建立在科学文化与人文文化紧密交融之中。

习近平总书记在 2018 年 5 月 28 日两院院士大会上强调,"人才是创新的第一资源","谁拥有了一流创新人才、拥有了一流科学家,谁就能在科技创新中占据优势"。[①] 可见我们要补基础科学的短板,首先就要补创新型人才的短板。为此,第一,着力推进教育与基础研究的结合,改革研究生培养机制,加强和改进博士后制度,切实提高研究生和博士后质量,加强各层次青年人才培养,保证基础研究队伍的源头供给。对此,习近平总书记特别指出要"放手使用优秀青年人才,为青年

---

① 习近平:《在中国科学院第十九次院士大会、中国工程院第十四次院士大会上的讲话》,人民出版社 2018 年版,第 3、19 页。

人才成才铺路搭桥,让他们成为有思想、有情怀、有责任、有担当的社会主义建设者和接班人"。① 第二,整合和优化国家层面各类杰出人才培养和选拔计划,加强创新群体和团队基地建设,造就一批具有世界影响力的一流科学家。第三,大力吸引海外优秀专家学者特别是华人专家以各种方式为我国基础研究发展服务。第四,营造良好的用人环境。坚持竞争激励与崇尚合作相结合,促进人才的有序流动;坚持"人尽其才"的用人之道,发挥老、中、青人员各自的优势与积极性,实现基础研究人才队伍的"生态"平衡。第五,改进管理,切实为科学家减负,确保科学家,特别是学术带头人能集中精力长期潜心研究。第六,高度重视和加强高技能科研辅助人才——工匠和科学管理人才的培养。

同时还要"创新人才评价机制,建立健全以创新能力、质量、贡献为导向的科技人才评价体系,形成并实施有利于科技人才潜心研究和创新的评价制度。要注重个人评价和团队评价相结合,尊重和认可团队所有参与者的实际贡献"。②

此外,完善促进基础研究的发展的环境保障也是十分重要的一个方面。基础研究的一个显著特征是厚积薄发,其前景往往难以预测,需要在宽松环境下长期积累才能取得重大成果。诺贝尔奖获得者丁肇中先生为了测量电子的半径,检验量子电动力学的正确性,前后花了20年的时间。对此温家宝总理曾说"十年磨一剑,未敢试锋芒;再磨十年剑,泰山不敢挡"。可见,对基础研究而言,长时间稳定的投入是良好发展的基础。今天对基础研究的投入和支持,是日后占领未来高技术

---

① 习近平:《在中国科学院第十九次院士大会、中国工程院第十四次院士大会上的讲话》,人民出版社2018年版,第24—25页。

② 习近平:《在中国科学院第十九次院士大会、中国工程院第十四次院士大会上的讲话》,人民出版社2018年版,第19页。

发展制高点的经济基础。基础研究投入的来源主要是中央财政,通过中央财政的投入带动企业或其他社会投入,这种投入应该是持续的、稳定的。与发达国家相比我们国家对基础研究的投入太低。一般发达国家对基础研究的投入平均占国家研发总投入的 15%—20%,而我国长久地徘徊于 5%左右。这一点应引起有关部门的高度重视。

为确保资金投入的有效利用,应注意对基础研究经费的优化配置,一方面要正确处理面上的自由探索性研究和导向性的重点研究之间的关系和比例,使两者相互促进,协调发展,还要根据国情确定研究活动、人才培养、基础设施、科研基地等方面的适当比例;另一方面要有直接投入研究型大学和国家级研究机构的科研事业费,保障学术带头人使用科研事业费的自主权,以培育各自的学术特色,稳定研究队伍和方向,巩固和建设研究基地。在此基础上,必须注意各个资助部门及各类研究计划和项目之间协调和配合,防止一项研究通过多种包装,多头申请,多头交差。

经过几十年的奋斗,我国的经济总量已位居世界第二。然而从科学技术这一国际竞争力的核心要素来看,尽管新中国成立以来我们的水平与创造能力有了长足的发展,但与美国等西方发达国家相比,还有相当大的差距,因而仍然受到巨大的压力!

当今"我们迎来了世界新一轮科技革命和产业变革同我国转变发展方式的历史性交汇期",所以我们一定要抓住机遇,在习近平新时代中国特色社会主义思想的指引下,冲破体制机制、文化传统中各种阻碍知识创新的束缚,激发和解放中华民族的创新能力。使我国经过拼搏和奋斗,到 21 世纪的中叶真正成为一个科技强国,实现中华民族的伟大复兴!

关于中国天文发展的一点思考

中国科学院云南天文台　韩占文

天文学是研究宇宙和宇宙空间天体的学科,研究内容包括不同尺度(从小到大包括行星、恒星、星系和宇宙尺度)天体的起源、结构、演化、运行规律等。从人类观测天体、记录天象算起,天文学至少有五六千年的历史,它贯穿了人类认知自然的全过程,"是推动自然科学发展和高新技术发展、促进人类社会进步的最重要、最活跃的前沿学科之一,对其他门类的自然科学和技术进步有着巨大推动作用"[①]。

从文明角度,天文学知识是人类宇宙观、自然观的重要组成部分,这些观念深刻影响着人类的文化、心理和信仰,比如哥白尼的日心说、康德和拉普拉斯太阳系起源的星云说等;从科学角度,天文学推动了牛顿经典力学的建立,推论出了暗物质、暗能量的存在,天文学观测为爱因斯坦广义相对论提供了直接证据和检验;从实际应用角度,除了历法、测绘、授时等传统应用,天文学在航天、通信、导航等方面也被广泛应用。天文学是以观测为基础的学科,只有不断地突破观测极限,才会有新发现源源而来。所以,天文学家总是不断地追求性能更加优越的

---

① 《习近平在国际天文学联合会第28届大会开幕式上的致辞》,《人民日报》2012年8月22日。

探测器、扩展观测窗口、开发新的探测手段,从而大大促进了天文技术的发展,使得天文学研究成为高科技发展的创新源头之一。这些高新技术同样被广泛应用于科学、国防、教育、医药、安全以及人们的日常生活,比如电荷耦合器件(CCD)、综合孔径成像技术、X射线成像技术、自适应光学等等。

一、我国天文学发展的历史和现状

我国古代天文学取得了非常辉煌的成就,其天象观察、仪器制作、编订历法在世界天文学发展史上占据重要的地位。例如,有关新星的记载可追溯至商代甲骨卜辞中,宋景德三年(公元1006年)和宋至和元年(公元1054年)的超新星爆发在中国史籍中有非常详细的记载。如今,超新星已然成为现代天文学研究中最前沿的课题之一,2006年在杭州召开国际会议纪念超新星1006发现1000周年,而超新星1054则被称为中国超新星。在近代,随着封建社会的衰落,中国的天文学研究也一度落后。在经历社会变革、战火洗礼和新中国成立初期的困难之后,我们可以重新面对天文学的时候,情况大致如下:1998年,中国在天文学领域发表SCI论文的数量为67篇,居世界第13位;美、英、德、意、日当年的论文数量分别为1966篇、483篇、322篇、243篇和225篇。当时,我国最大口径的光学望远镜是位于河北兴隆的2.16米,美国在夏威夷有两个10米级光学/红外望远镜和2.4米哈勃空间望远镜。

过去20年,在我国经济实力显著提升的背景下,依托国家层面的科技发展战略,我国的天文学研究取得了显著的进步和巨大的发展,但与欧美等发达国家相比存在明显差距。

我国天文研究的现状如下：

（一）拥有一批有国际影响力的优秀人才和科研成果

经过多年科研实践和人才培养，我国现有一批在国内外有影响的学术带头人和优秀的创新研究群体，在不依赖天文大设备的研究领域具有一定的国际竞争力。有一批国际一流的科研成果，但在世界级的重大成果里，很少有中国人的身影。

（二）多项大型天文观测设备建成并投入使用

天文观测仪器设备方面，光学方面新投入使用的有我国自主研制的通光口径为 4 — 6 米的大天区面积多目标光纤光谱天文望远镜（LAMOST），云南丽江口径为 2.4 米通用型望远镜，南极施密特望远镜阵（AST3）。射电天文学方面，在北京、上海、新疆、云南、贵州等地均有40 米到 90 米大口径射电望远镜建成并投入使用。贵州 500 米口径球面射电望远镜（FAST）是目前全球口径最大的射电望远镜。空间方面，暗物质粒子探测卫星（DAMP）和硬 X 射线调制望远镜卫星（HXMT）发射成功，并已经取得初步研究成果。一些地面和空间项目在建设和筹备中，空间项目包括爱因斯坦探针（EP）、太极计划、天琴计划等，地基项目有新疆"宇宙第一缕曙光探测"项目、阿里原初引力波探测计划、南极 2.5 米口径光学/红外望远镜、12 米口径光学/红外望远镜 LOT、新疆奇台 110 米射电望远镜等。但是，围绕某一大型观测设备的科学研究人员储备严重不足。

（三）天文学研究的规模在短期内得到很大提升

一方面是原有科研院所研究队伍扩充，国家天文台、紫金山天文台、上海天文台、云南天文台、新疆天文台、南京天文光学技术研究所的研究实力得到迅猛发展。更为重要的是，天文学研究在高校蓬勃发展，除了原有的南京大学、北京师范大学、中国科学技术大学之外，北京大学、清华大学、上海交通大学、厦门大学、中山大学、山东大学、云南大学、广西大学、广州大学、新疆大学、三峡大学、河北师范大学、西华师范大学等高校分别成立了天文系或建立天体物理中心。优厚的条件和政策吸引了大批海外优秀学子归国，他们将成为我国天文学发展的重要力量。相对于高校其他学科，这些新成立的天文系和天体物理中心基础薄弱，储备少，可持续发展受学校后期支持和政策影响的可能性比较大。

二、对中国天文学发展的几点建议

（一）全方位支持高校天文学科建设，在主要高校增设天文公共课程

作为基础学科之一，在欧美等发达国家，大多数知名高校，尤其是世界一流高校，均设有天文学或天文专业，有相对稳定的、一定规模的天文研究队伍。天文研究队伍在中国体量太小，如果不提前布局，将会导致围绕天文大科学装置的科学研究人员奇缺的尴尬局面。科研院所受人员限制，研究规模已经相对固定，很难有大的突破。高校则是一个很好的切入点。

（二）全国布局，各地区均衡发展

天文学是以观测为基础的学科，我国最优秀的天文观测台址在西部。而目前天文学在中西部地区的发展遇到了瓶颈，包括人才、资金、资源、政策等各个方面。期待能够从国家层面有所干预，扶持中西部地区天文学的发展。

（三）考虑学科内部布局，建设不同层次、不同波段的观测设备

例如在光学望远镜方面，现在我们国家的光学望远镜主要为 1 米级和 2 米级，"十三五"将建设 12 米级望远镜。设备需要相互配合，缺 6 米级，需要加紧建设 6 米级望远镜。另外，还建议未来应建设 30 米级望远镜，形成一个小、中、大的有机整体。不同波段相互配合，地面设备与空间设备相互配合。

（四）理论、观测和数值模拟三种研究手段相互配合

观测发现新的现象，对理论提出挑战。理论对观测予以诠释，并对观测进行指导。数值模拟作为新发展的研究手段，可用来研究宇宙大尺度结构和演化、恒星形成、太阳活动、湍流等天文学中的复杂问题。只有这三种手段相互配合，我们才能深入认识宇宙中各层次的天体。

（五）积极参与和开展前沿热点课题研究的同时，强调积累，尊重原创性成果

天文学既有和其他学科相通的地方，也有其特殊性。一些基础性课题，研究有相当的难度，需要长期积累。对这类研究人员，应有相应的鼓励和支持。

（六）强调和深化国际合作，包括科学研究和仪器研制

首先，天文学本身的特点决定了它必然是一门以国际合作为基础的学科。以美国为主，多国参与，多波段观测发现和认证的第一颗双中子星并合产生引力波辐射的事件是天文学国际合作成功的典型事例。其次，由于我国目前天文研究和仪器研制的总体水平和欧美发达国家有差距，学习、借鉴、合作是我国天文发展的必由之路。最后，在绝大多数研究领域，我国都没有国际顶级的观测设备。没有国际合作，重大新发现的可能性很小。

（七）在中小学设置天文通识教育课程,配备天文通识教育师资

这一方面会激发一些真正热爱天文的人从事天文学研究,更主要的是提高整个民族的科学素养。在欧美等发达国家,天文如同人工智能一样被人熟知、了解和关心。但在中国,普通民众对天文学的认知水平处于一个非常难堪的局面。即使是接受过高等教育的人群,对天文学也知之甚少。提高全民科学素养,天文通识教育是不可或缺的一部分。

在人类社会的发展史上,天文学的发达程度往往代表着文明的先进程度,天文学研究的水平准确反映了一个国家和民族在科技发展前沿中的地位,代表了一个国家的经济实力和技术实力。目前,欧美发达国家对天文学越来越重视,不惜耗资数亿乃至数十亿美元建造各类地基和空间大型天文台观测设备。中国的天文学如果能够在我们一两代人的努力下追上欧美发达国家的步伐,将极大地提高我们的民族自信和制度自信,为建设世界科技强国、实现中华民族伟大复兴的中国梦添上浓墨重彩的一笔。

从计算流体力学的发展看
关键核心技术问题

中国科学院力学研究所　何国威

习近平总书记在 2018 年两院院士大会上发表重要讲话指出,"关键核心技术是要不来、买不来、讨不来的"。① 因此,我们需要坚持自主创新的道路,努力实现关键核心技术自主可控,把创新主动权、发展主动权牢牢掌握在自己手中。计算流体力学是力学基础研究的重要方向,由此发展而来的计算流体力学软件是航空航天和气象交通等领域研发的关键核心技术。以计算流体力学的发展历程为例,讨论如何自主攻坚关键核心技术,可能会给我们今后的科研工作带来一些可资借鉴的启示。

计算流体力学是流体力学和计算科学的结合,它通过计算机数值计算和图像显示,求解和分析流体流动和传热传质问题,不仅可以提供传统流体力学的理论和方法所得不到的结果,还可以对工程设计的原理进行验证,对工程产品进行仿真,并提供关键技术数据。从 20 世纪 60 年代至今,计算流体力学不仅推动了流体力学基础研究的发展,而

---

① 习近平:《在中国科学院第十九次院士大会、中国工程院第十四次院士大会上的讲话》,人民出版社 2018 年版,第 11 页。

且成为飞机、船舶、汽车和高铁等行业的核心设计工具,给工业界带来革命性的变化。计算流体力学软件公司大量成立,形成了一个巨大的产业。

计算流体力学第一个里程碑式的成果是数值风洞。采用计算机模拟飞机的气动性能,代替常规的风洞实验,不仅节约了大量的人力物力,而且能够获得常规风洞不能得到的飞行数据。据美国航空航天局(NASA)的统计,从第一代喷气式客机诞生以来,飞机的气动效率和发动机效率分别提高了40%,其中大约一半的贡献来源于数值风洞。回顾数值风洞的发展历程,可以发现,是高校和研发部门的科技人员发展了计算流体力学的基本模型和数值方法,美国航空航天局的研究中心研发了针对飞机的数值风洞,汽车公司开发了针对汽车的数值风洞,商业公司开发了界面友好的计算流体力学商业软件。特别是,美国航空航天局研发了内部专用的数值风洞,成为美国飞机设计的核心工具。因此,数值风洞是基础研究、关键核心技术以及专业和商业软件协同发展的结果,共同形成了一个完整的研发体系。

计算流体力学第二个里程碑式的成果是数值发动机。美国斯坦福大学在2008年利用700个CPU完成了航空发动机的全机数值模拟,获得了与实验结果接近的速度和温度场结果。最重要的是,他们开发了非预混火焰的点火与熄灭过程的模拟技术。斯坦福大学开发数值发动机的主要经验如下:(1)从1980年开始进行湍流基础理论的研究,并发展了一个新的研究方向——湍流的大涡模拟;(2)发起并领导了航空发动机全机数值模拟项目,使基础理论成果定向发展成为发动机研发的关键技术;(3)利用斯坦福大学的学术高地,吸引了全世界的优秀科学家来参加该项目的研究,集成了该领域来自全世界的科研成果。这些研究人员或到斯坦福大学担任教职,或进行短期访问,或进行双边合作研究等,成为项目完成不可缺少的人才。

当前,中国正在如火如荼地推进实施大飞机和航空发动机项目。其中,数值风洞和数值发动机是绕不过去的关键核心技术,但如果从国外引进相关的计算流体力学软件进行设计将面临下述问题:(1)一旦遇到国外计算流体软件封锁,相关的设计工作将受到很大影响,即受制于人、被"卡脖子"的问题;(2)采用国外的计算流体力学软件进行的设计,我们是否能够理直气壮地声称具有自主知识产权;(3)采用黑箱式的计算流体力学软件进行设计,我们并没有掌握核心技术,很难进行二次开发和产品更新换代。因此,我们必须拥有自己的计算流体力学软件。

为了研发计算流体力学软件,我们首先需要建立一个观念:计算流体力学软件的研发需要长期的积累。计算流体力学软件是技术细节环环相扣的复杂系统,它的研发是一个不断迭代试错的过程,而不是"脑筋急转弯"式的智力竞赛。因此,它需要逐个攻破技术难点,进行长期积累。如果采用"脑筋急转弯"式的攻关过程,不仅很难保证软件研发的可靠性,而且很难保证项目的成功。美国航空航天局的科研人员把计算流体力学软件的成果以美国航空航天学会技术报告(AIAA - paper)的形式发表,而不是以 SCI 期刊论文的形式发表。这些报告不一定是最新的科研成果,却是长期的技术和经验积累的科研硕果。

计算流体力学需要一个完整的研发体系。首先,它需要开展基础研究,解决诸如湍流模型、数值方法和网格生成等基本问题。这时,需要建立一个学术高地,吸引全世界的优秀科学家一起工作,作出创新的成果。其次,它需要开发核心技术,形成工业界研发部门的专用软件。这时,需要建立稳定的研究队伍,发展关键核心技术。最后,需要发展适用面广和操作简单的计算机界面,方便工业界研发人员的使用,吸引广大的用户。这时,需要商业公司的参加和市场的介入。需要说明的是,在基础研究、专用软件和商业软件之间,需要科研院所、工业部门的研发机构和商业公司的密切合作,形成基础理论、技术开发和市场需求的互动。还特别需要说明的是,计算流体力学软件的用户一般都是飞机、汽车和船舶公司,每一个国家的国内市场都相对有限,仅靠国内市场,不一定有足够的商业空间,因此,必须考虑国际市场,可以说,计算流体力学软件的竞争只有国际竞争,没有国内竞争。

发达国家发展计算流体力学软件的过程带给我们深刻启示:掌握和发展关键核心技术,需要建立完整的研发体系。基础研究要吸引全世界的优秀科学家的参与,成为相关领域的学术高地,且基础研究、关键技术和市场需求要紧密结合,科研院所、研发中心和商业公司要携手进取;在技术发展阶段,特别是在有了明确的技术路线之后,国家要有稳定的投入和支持;市场需求将牵引基础研究向实用技术转化,加速关键核心技术的发展。最后再说一句,关键技术开发在某种程度上是一个试错的积累过程,而不是"脑筋急转弯"式的智力竞赛,需要保持耐心。

以大科学装置为抓手　推动上海科创中心建设和长三角区域科技创新一体化发展

中国科学院上海光学精密机械研究所　李儒新

2018 年 5 月 28 日,习近平总书记出席两院院士大会并发表重要讲话,强调"中国要强盛、要复兴,就一定要大力发展科学技术,努力成为世界主要科学中心和创新高地"。"形势逼人,挑战逼人,使命逼人。我国广大科技工作者要把握大势、抢占先机,直面问题、迎难而上,瞄准世界科技前沿,引领科技发展方向,肩负起历史赋予的重任,勇做新时代科技创新的排头兵。"①党的十九大报告对加快创新型国家建设与实施区域协调发展战略作出了重要部署:加强国家创新体系建设,推动以城市群为主体的区域协同发展。2017 年 12 月中央经济工作会议上,习近平总书记再次强调"要创新引领,率先实现东部地区高质量发展,建立更加有效的区域协同"。在这里,我主要谈谈对打造长三角区域创新高地、支撑科技强国建设的看法。

"创新驱动、科技引领"已成为长三角区域内省市的发展共识。长三角各省市以领先的科教资源和不断增长的科技投入为基础,不断提

---

①　习近平:《在中国科学院第十九次院士大会、中国工程院第十四次院士大会上的讲话》,人民出版社 2018 年版,第 8、9 页。

升科技创新能力。据不完全统计,目前长三角地区拥有"双一流"大学8所、其他高校422所,中国科学院研究机构19个、其他科研机构482个,两院院士350余位,这些占据了全国科教资源总量的1/5以上。特别是,长三角地区还拥有良好的科技基础设施条件。截至2017年,长三角地区已建成国家重大科技基础设施(大科学装置)13个、国家重点实验室74个、国际合作联合实验室12个,长三角三省一市已初步形成强大的科技基础设施群。

作为长三角城市群的核心城市,上海正在积极打造具有全球影响力的科创中心。它将在科技创新领域起到牵引带动与辐射作用,成为持续推动长三角一体化发展的强劲引擎。2016年5月,国务院对《长江三角洲城市群发展规划》作出批复,为长三角地区经济社会发展勾画出建设"具有全球影响力的世界级城市群"蓝图。《长江三角洲城市群发展规划》指出,上海作为创新中心城市,要强化创新思想策源、知识创造、要素集散;宁杭合作为创新节点城市,要提升应用研究和科技成果转化能力。因此,长三角范围可以形成更加合理的协同创新生态。为进一步打造长三角区域在基础研究方面的协同创新生态,我结合自己的工作体会,提出如下粗浅建议:

一、建好大科学装置,提升上海科创中心建设的集中度和显示度

建设具有全球影响力的科创中心是国家赋予上海的使命任务。所谓具有全球影响力,就是具有方向标的作用,从这个角度看,建立城市的"科技名片"十分重要。比如,上海同步辐射光源装置已经成为上海

的科技名片之一,它是首个位于上海的大科学装置。

大科学装置作为国家级重大科技基础设施,是多学科共用的大规模实验研究平台,也是培养造就高水平科技人才的基地,在现代科学技术发展中的重要地位已被科学界公认并逐渐得到国际上的普遍认同。

大科学装置的建设及其提供的先进研发平台和手段,可以快速实现科技资源,特别是人才资源的集聚,因此通过大科学装置的建设有利于快速形成科技高地。上海欲建成具有全球影响力的科技创新中心,必须建设若干有明显特色、国际领先水平的大科学装置,依托大科学装置吸引和凝聚一流科学家与研究团队,形成不可替代或者难以替代的科研高地。

我国大科学装置的发展历程一般是按照跟踪、追赶、并跑到领跑的分阶段发展路线图,逐步发展起来的。按照"把握大势、抢占先机,直面问题、迎难而上"的要求,未来建设大科学装置,要更加注意把握学科发展趋势,从跟踪走向引领,即能够在国际上初露端倪的新前沿新方向上前瞻部署建设大科学装置。在国际上率先建成某些领域具有国际领先水平的大科学装置,将有利于上海实现建设全球科技创新中心的总体战略目标。

二、用好大科学装置,推动长三角区域科技创新一体化发展

目前,长三角区域拥有 14 个大科学装置,其中上海 8.5 个,江苏 2.5 个,安徽 3 个。上海已建和在建的国家大科学装置包括上海光源、国家蛋白质科学研究(上海)设施、上海超强超短激光实验装置、上海

软 X 射线自由电子激光用户装置、活细胞结构与功能成像等线站工程,以及国内迄今投资最大的大科学装置项目"硬 X 射线自由电子激光装置"等。

由于投入巨大,大科学装置的立项过程需要严格评估,建设过程需要严格管理,以确保工程目标的实现。同时,要加强大科学装置用户群体的培养,确保大科学装置科学目标的实现。在大科学装置建设和运行管理的体制机制方面,可借鉴欧美科技发达国家的成功经验,强调与专门研究机构和研究型大学的密切合作。另外,也要充分重视高新技术企业这一大科学装置的"非传统用户"。协调各方面的努力,促进一流科研成果的产出。

在 2018 年国家科学技术奖励大会上,李克强总理强调:"要面向建设科技强国,瞄准世界科技前沿,加强基础科学研究,……促进基础科学与应用科学相结合。……增强原始创新和自主创新能力,筑牢国家核心竞争力的基石。"①而大科学装置已被证明是孕育前沿科技创新领域和产出重大原创性成果的沃土。21 世纪物理学的三个重大突破——中微子振荡、希格斯粒子、引力波,都是依托大科学装置实现的,后两项成果在发现后第二年就获得诺贝尔物理学奖,中微子振荡的发现也于 2015 年获得诺贝尔物理学奖。

同时,大科学装置也被证明是带动区域经济发展的辐射源和促进协同创新网络建设的推动力。比如,位于美国加州、拥有多个大科学装置的劳伦斯伯克利国家实验室(LBNL)和劳伦斯利弗莫尔国家实验室(LLNL),不仅通过提供数万工作岗位和购买产品服务,带动区域经济发展,而且向企业进行技术转让来刺激商业活动,并以合营方式为高科

---

① 李克强:《在国家科学技术奖励大会上的讲话》,《人民日报》2018 年 1 月 9 日。

技企业注入世界一流的科研能力。劳伦斯伯克利国家实验室和劳伦斯利弗莫尔国家实验室还积极开展与大学、企业、社团、政府机构等的合作,支持其科研成果的产业化,为美国湾区城市群的发展贡献了重要力量。

建议应充分结合创新引领的长三角城市群发展战略,推动长三角地区大科学装置集群,加大力度向长三角地区开放,建立区域一体化科研经费支持网络,以及基于大科学装置的基础研究基金,用于培育长三角高校、科研机构以及企业的用户,支持其瞄准世界科技前沿,产出引领性的重大原创成果,并依托大科学装置推进原始创新与技术进步,持续推动长三角区域高技术产业的发展。

三、以大科学装置集群为基础建设国家实验室和国家科学中心,推进与研究型大学的协同创新

大科学装置作为开展高水平前沿研究和培养一流科技人才的基地,在各国科学技术体系中具有重要地位。欧美科技发达国家的国家实验室和国家科学中心主要是依托大科学装置建设的,例如美国能源部下属的绝大部分国家实验室和德国亥姆霍兹国家研究中心联合会下属的多个研究中心。

以德国亥姆霍兹国家研究中心联合会为例。第二次世界大战以后,为适应现代科学发展和加强科研与国家需求联系,德国建立了一批大科学研究中心,从事大科学装置类和高技术类研究,在此基础上整合建立了亥姆霍兹国家研究中心联合会。发展至今,亥姆霍兹国家研究中心联合会已拥有 18 个著名的研究中心,成为德国乃至欧洲最大的研

究机构。联合会的主要研究方向集中在能源、地球与环境、生命科学、关键技术、物质结构、航空航天与交通六大领域。36000余名科技人员利用先进的科研设备,特别是大型科学仪器和科学装置从事研究,解决涉及社会持续发展的重大问题。该联合会下属研究中心包括重离子研究中心(GSI)、电子同步加速器研究所(DESY)、马普等离子体物理研究所(IPP)、航空航天中心(DLR)、亥姆霍兹德累斯顿罗森多夫研究中心(HZDR)等。有些研究中心拥有多个大科学装置。例如,从事能源、健康医学、物质结构和材料学等领域尖端研究的HZDR研究中心拥有高亮度低辐射电子直线加速器(ELBE)、强磁场实验室(HMFL)、离子束中心用户装置(IBC)、生化过程分子成像仪器(PETC)、能源研究用热水力学试验装置(TOPFLOW)、欧洲同步辐射装置之罗森多夫线站(RB-ESRF)等几项大规模研究设施。

另外,亥姆霍兹国家研究中心联合会各研究中心与高校之间的合作非常密切。例如,亥姆霍兹耶拿研究所(HIJ)是GSI成立于2009年的一个分部,位于耶拿弗里德里希·席勒大学校园内,是该校在激光物理领域的杰出实力与亥姆霍兹GSI、DESY两大研究中心在加速器、激光以及X射线技术方面专长的完美结合。而在美国,美国国家加速器实验室(SLAC)、劳伦斯伯克利国家实验室(LBNL)与斯坦福大学、加州大学等的合作也堪称典范,充分发挥了国家实验室在研究平台和研究计划方面与大学在人才资源和前沿学科基础方面的优势互补、交叉融合。我们应该借鉴吸收这样的成功经验,重点以大科学装置集群为依托,建设国家实验室和国家科学中心等国家级的科研高地,推进科研力量与研究型大学的协同创新,提升区域整体创新实力,为建设科技强国不断作出贡献。

建设世界科技强国　基础研究必须先行

中国科学院上海应用物理研究所　马余刚

习近平总书记在 2018 年两院院士大会上强调,实现中华民族伟大复兴中国梦,必须具有强大的科技实力和创新能力,我们比历史上任何时期都更需要建设世界科技强国。这是习近平总书记对新时代我国建设世界科技强国的再动员和新部署,也是对早先提出的"中国梦"的最新注解。习近平总书记把建设世界科技强国提到了新的高度,作为中国科技工作者的一员,深受鼓舞,又深感责任重大。

什么是真正的科技强国? 就我个人的理解来说,答案是肯定多样的,一下子很难说得特别确切。众所周知,科技包括至少是两个方面:科学与技术,甚至更广义地说还可以包括工程。科学与技术、工程有联系但也有区分,科学基本上对应的是基础研究的层面,它的本质是在主动的研究探索过程中来发现新的知识。技术基本上对应的是应用层面,它强调的是发明创造。工程是应用科学与技术知识,强调的是实施过程,其主体是建设。

因此,科技强国,首先必须是一个科学强国,而科学属于基础研究范畴,因此也必须是一个基础研究强国。有了这个认识,全社会才会有自觉地加强对基础学科研究的支持的意识。

习近平总书记在两院院士大会的讲话中,特别指出:"基础研究是整个科学体系的源头。要瞄准世界科技前沿,抓住大趋势,下好'先手棋',打好基础、储备长远,甘于坐冷板凳,勇于做栽树人、挖井人,实现前瞻性基础研究、引领性原创成果重大突破,夯实世界科技强国建设的根基。"①这无疑为我国的基础研究指明了方向。基础研究在整个创新链条中处于最底层的奠基作用,如果这个基础不牢,就无法构筑坚实的现代科学技术大厦。2018年年初,国务院专门印发了《关于全面加强基础科学研究的若干意见》,指出:"与建设世界科技强国的要求相比,我国基础科学研究短板依然突出,数学等基础学科仍是最薄弱的环节,重大原创性成果缺乏,基础研究投入不足、结构不合理,顶尖人才和团队匮乏,评价激励制度亟待完善,企业重视不够,全社会支持基础研究的环境需要进一步优化。"因此,如何强化基础研究,已成为当前科技界热议的话题,也是科学界的多年呼声。

针对我国基础研究的现状,我有一些拙见,供大家批评指正。

一、强化基础研究,就是要进一步重视数理科学

说到基础研究,涉及的学科方方面面,而数学和物理学无疑是最基础和艰深的学科,从中也派生了许多新的学科或产生了许多交叉学科。它一直是基础中的基础,必须加以重点扶植和倾斜支持,特别是高端人才的培养。

物理学是研究物质世界最基本的结构、最普遍的相互作用、最一般

---

① 习近平:《在中国科学院第十九次院士大会、中国工程院第十四次院士大会上的讲话》,人民出版社2018年版,第12页。

的运动规律及所使用的实验手段和思维方法的自然科学,简而言之是研究物质运动规律的科学,简称物理学。从结构层次来说,物质的微观结构可以分成基本粒子、原子核到原子和分子等层次。不同层次的物质具有不同的运动规律和时空形式,其中也有共同的方面。早期认为高级层次的运动规律应当由低级层次的运动规律加以阐明(还原论)。而事实上,高级层次与低级层次之间在物质结构、运动规律、属性等方面又存在质的差别,在层次过渡时,这些因素的变化带有跳跃性。因此,每一个层次的自身运动规律必须作为一个基础的任务来研究。近年来,我国的物理学科取得了一系列重大成果,如中微子振荡的发现、量子通信、高温超导、拓扑绝缘体等等,都取得了国际瞩目的成果,说明我国物理学科正在从长期的积累中崛起。同时,还有一大批具有相当竞争力的研究成果正在孕育中。可以说,我国物理学的研究正在迅速进入国际物理学界的视线,研究的亮点正在从点到面的突破过程中。数学学科的基础性也毋庸置疑,它不仅是一切科学语言的基础工具,更在各类应用中发挥着重要作用。

然而,相比于其他一些学科来说,我国数理学科的发展还是相对滞后、受重视程度不足。以人才队伍建设来说,高端人才的数量是学科发展的一个重要晴雨表,但数理杰出人才的培养明显薄弱。最典型的如中国科学院数理学部的院士和基金委数理学部的国家杰出青年基金获得者等高端人才的人数。在目前的框架下,数理学部包括了数学、力学、天文学、物理等四大一级学科,而物理学又包括物理 1 和物理 2 两大学科。然而,面对这么多的一级学科,中国科学院的数理学部院士当选人数每两年也就 10 位。类似地,基金委的杰出青年当选人数每年也不超过 25 人。2018 年国家自然科学奖的物理与天文的初评通过率的比例也仅占受理数量的 9.5%,是所有自然科学类比例最低的。这些高端人才和高端奖励的数量限制直接抑制了学科的蓬勃发展,导致优秀人才分流到其他学科,从而影响了这些基础学科的发展。因此,从人才布局方面来讲需要有新的考虑。当然,高端人才的数目是一个方面,而布局增加数理重大项目也同样需要考虑,这个也与高端人才的数目的吸引与培养具有关联性。

二、强化基础研究,就是要区分基础与应用的定位

顾名思义,基础研究是研究基础性的问题,而不是直接的应用。两者有明确的区别,但也相互联系。以原子核为例,原子核作为物质结构的一个重要层次,对它的研究(核物理)在百余年的历史上发挥着重要的基础作用和社会作用。从对原子核的基础性质研究,如对不同大小原子核的结合能的系统性质研究出发,发现可以通过轻核聚变和重核裂变来获取能量的释放。在此基础上,从武器的角度催生了氢弹和原子弹,从能源利用的角度催生了聚变堆的设想(如 ITER 项目)和裂变堆的实现(传统的核电站)。裂变堆的实现目前已经成为国际上重要的能源获取方式,而聚变堆的设想仍在国际大合作中,需要克服具体的技术和工程问题。由于原子核存在着广泛的不同中子、质子的版图,大量的不稳定核素会产生放射性,而正是利用这种放射性可以应用于医学影像与治疗,催生了核医学。利用质子—重离子能损的布拉格峰的特点,近期人们发展了质子—重离子治癌装置,极大地推动了核医学的发展。同时,核技术的广泛应用,如射线的应用催生了核农学、无损探伤等,这些都是基于核物理基础上的应用。

然而,在日常的生活中,人们对核物理的理解似乎仅限于核武器与

核电站,而且还不知道核物理有基础研究这一回事。另外,一些负面问题放大了对学科认识的偏颇,例如苏联的切尔诺贝利核电站事故和日本福岛核电站事故。这些事故的确由于它的致命性造成了巨大的灾难,但又错误地牵连核物理。城门失火殃及池鱼,公众开始对核物理研究产生恐惧,导致家长和优秀学子对核物理难有热爱和兴趣。这表明我们对科学的导向和宣传有待改进:一方面,把科学与技术应用混为一谈;另一方面,科普的确没有做好,没把微观物质世界这个事情讲清楚。因此,对科学与技术的区分,对科学本身的强调,以及做好科普工作是培养公众科学精神的当务之急。特别需要强调的是,在媒体对纯基础研究进行宣传时,应少问它有什么应用前景,而应致力于营造一心探索、鼓励发现的社会氛围。

三、强化基础研究,就是要强化基础教育

基础研究的队伍必须是一支基础知识扎实、富有创新精神的团队。他们必须具有过硬的基础训练,很高的专业素养,敏锐的科学直觉,不倦的创新精神。而培养这种近乎苛刻的科学素质,基础教育是绝对重要的。特别是数理的基础教育不能弱化。但近段时间以来,随着高考制度的改革,一些基础科目,如物理等的学习和爱好受到了一定的制约。比如浙江的物理课高考方式,也受到了全国广大物理工作者和相关家长们的质疑。我觉得这样的社会呼声总是反映了一定的事实,我们教育管理部门应该正视这些问题。物理科目的弱化,必将影响后续年轻人对物理的爱好,使得许多优秀的学子望洋兴叹,从而大大限制了未来物理学家的储备库。因此,强化基础研究,也是要求我们强化对基

础学科的教育,吸引更广大的学生热爱基础学科、立志为基础学科作贡献。习近平总书记在这次两院院士大会中,特别提到了:"当科学家是无数中国孩子的梦想,我们要让科技工作成为富有吸引力的工作、成为孩子们尊崇向往的职业,给孩子们的梦想插上科技的翅膀,让未来祖国的科技天地群英荟萃,让未来科学的浩瀚星空群星闪耀!"①但一段时间以来,更多优秀的学生选择的不是基础科学,而是金融、信息、财会等所谓的热门专业。因此,热切期盼有更多的学生能重燃对科学的热爱,使得祖国的科学事业有更多更强的后继者,从而推动祖国科学事业的全面发展。

四、强化基础研究,就是要求科研工作者自觉地甘坐冷板凳

基础研究的特点是它的纯粹性,非功利性,是带有一种精神追求的创造性活动。由于它是催生新的知识,这就决定了它的长期性和艰巨性。因此,要作出创新的成绩,需要科研工作者自觉地甘坐冷板凳,耐得住寂寞和孤独,具有忘我的工作精神。然而,目前各种评价考核体系流行,科研人员面临着空前的压力,快餐式的科研文化流行,定量化评价流行。在这种机制下,"帽子多""牌子多"就成了必然。因此,基础研究必须回归到它的本质,科研人员需要自觉培育十年磨一剑的精神。而社会的评价体系更是要认识到这种艰苦的创造性劳动带有很多的不确定性,因此要容忍失败,容忍暂时的"无为",让基础科研者能安心地

① 习近平:《在中国科学院第十九次院士大会、中国工程院第十四次院士大会上的讲话》,人民出版社2018年版,第25页。

坐上冷板凳,探索他们的科学之路。

习近平总书记指出:"关键核心技术是要不来、买不来、讨不来的。只有把关键核心技术掌握在自己手中,才能从根本上保障国家经济安全、国防安全和其他安全。"[1]我认为,要掌握关键核心技术的基础仍是基础研究,把基础研究做透了,关键核心技术的突破可能就顺势而来,迎刃而解。因此,从长远来看,无论如何强调重视基础研究的重要性都绝不为过,这应该成为全社会的共识。我们完全有信心,在以习近平同志为核心的党中央的坚强领导下,在广大科技工作者的忘我奋斗下,我国一定会实现建设科技强国的目标,为中华民族的伟大复兴提供坚强的后盾。

---

[1]　习近平:《在中国科学院第十九次院士大会、中国工程院第十四次院士大会上的讲话》,人民出版社 2018 年版,第 11 页。

我国量子信息技术发展现状与挑战

中国科学技术大学　　潘建伟

一、从第一次量子革命到第二次量子革命

20世纪初,随着量子力学的建立而催生的第一次量子革命,导致原子能、半导体、激光、核磁共振、超导、巨磁阻和全球卫星定位系统等重大技术发明,使得人类在信息、能源、材料和生命等科学领域获得了空前的发展,从根本上改变了人类的生活方式和社会面貌,促进了物质文明的巨大进步。然而,上述科技成就都是通过对量子规律的被动观测并在宏观世界加以应用所取得的,这使得人类对量子规律的认识和利用存在很大的局限性。经过近百年的发展,基于第一次量子革命成果的多个重要产业领域已经逐渐逼近其技术极限,进一步发展遇到了严重阻碍,特别是在事关国家核心竞争力和经济社会可持续发展的信息技术领域,信息安全、计算能力等方面的技术瓶颈日益凸显。

自20世纪90年代以来,量子调控理论与技术的巨大进步使得人类可以对光子、原子等微观粒子进行精确的人工操纵,从而能够以一种全新的"自下而上"的方式利用量子规律。作为量子调控的系统性应

用,量子信息科学——包括量子通信、量子计算和量子精密测量等——可以在确保信息安全、提高运算速度、提升测量精度等方面突破经典信息技术的瓶颈,成为信息、能源、材料和生命等领域重大技术创新的源泉,为国家安全、经济发展面临的若干重大问题提供革命性的解决途径。量子调控和量子信息技术的迅猛发展标志着"第二次量子革命"的兴起。

"第二次量子革命"给了我国一个实现"弯道超车"、从经典信息技术时代的跟随者和模仿者转变为未来信息技术引领者的伟大历史机遇。我国在新时期的科技创新,一方面应聚焦于关键核心技术受制于人的传统科技领域,解决"卡脖子"问题,在类似于"常规性武器"技术方面打破国际垄断和壁垒;另一方面应聚焦于量子信息这样事关国家长远发展和大国地位、可能发生科技革命和产业革命、产生类似于"核武器"技术的战略必争领域,力争成为开拓者和领跑者。在国际上率先掌握量子通信、量子计算、量子精密测量等能形成先发优势、引领未来发展的颠覆性技术,将使我国率先建立下一代安全、高效、自主、可控的信息技术体系,实现能源、信息、材料和生命等领域核心技术和产业竞争力的跨越式提升,为保障国家安全和支撑国民经济可持续发展提供核心战略力量。

二、量子信息领域的国际发展动向

由于量子信息科学的重大战略意义,国际上传统的科技强国都在积极整合各方面研究力量和资源,力争在量子信息技术大规模应用方面抢占先机。

一是政府在前沿基础研究和高技术发展中占主导和引领作用。2015 年年初,英国政府启动了约 5 亿英镑的国家量子技术专项,主要依托英国国家物理实验室组织实施。2016年4月,欧盟委员会正式宣布启动量子技术旗舰项目,欧盟各成员国和相关企业将分别给予不低于1:1的配套支持,项目经费总额超过30亿欧元。同时,为了量子技术旗舰项目的顺利实施,欧盟围绕量子通信、量子模拟、量子传感和量子计算四个研究方向,设置了网络化的欧洲量子研究中心,以有效组织科学家团体的协同研究。2017年10月,美国国会专门召开听证会讨论如何保证美国在量子技术领域国际竞争中的领导地位,听证会形成一个主要结论:美国绝对无法承受在量子技术革命竞争中失败的代价。2017年年底,美国航空航天局与欧空局分别发布白皮书,计划开展空间量子实验;2018年6月,美国众议院科学委员会正在准备立法启动为期10年、总额约8亿美元的国家量子计划,主要研究领域为超精密量子传感、防黑客量子通信以及量子计算等。

二是国立科研机构采取"强强联合"模式开展协同攻关。以美国国家标准与技术研究院(NIST)为例,它是美国重要的国家级研究机构之一,在美国量子技术创新体系中居于核心位置。NIST得到国家的高强度和稳定的支持,每年的运行经费将近9亿美元。在运行机制上,NIST既是一个相对独立的机构,同时又与很多大学和企业保持密切和广泛的协同。在发展量子调控和量子信息技术的基础上,NIST在物理、化学、材料、工程和信息科学方面源源不断地产生对人类具有重要影响的发现和应用成果,例如在过去十余年间在量子调控和量子信息领域产生了4次5人诺贝尔物理学奖获得者。

三是大型高科技公司主动参与科技资源整合,研发并快速推广应用成熟先进技术。例如,谷歌、IBM、微软、英特尔等国际科技巨头纷纷投入巨资,大力发展量子计算技术。2017年11月和2018年3月,IBM和谷歌分别宣称实现了50个和72个量子位超导芯片的制备。几乎同时,英特尔也宣布交付了50比特的超导芯片。虽然在这些芯片中,量子计算所必需的多量子比特相干控制并没有得以充分实现,但争夺"量子霸权"的国际竞争无疑相当激烈。

三、我国量子信息领域发展概况

我国高度重视量子信息领域的发展,特别是在"十一五""十二五"期间的超前部署,解决了量子调控与量子信息的基础性、原理性问题,并系统性开展了量子通信技术突破与应用研究,在多个研究方向上产生了一批具有重要国际影响的研究成果。例如,在量子通信领域,我国在国际上首次实现了安全距离超过百公里的光纤量子通信和首个全通型量子通信网络,建成了首个规模化城域量子通信网络,首次将自由空间量子通信的距离突破到百公里量级,我国自主研制的量子通信装备已经为60周年国庆阅兵、党的十八大、纪念抗战胜利70周年阅兵、党的十九大等国家重要活动提供了信息安全保障。2016年8月,国际上首颗量子科学实验卫星"墨子号"在酒泉卫星发射中心成功发射,已圆满完成既定科学目标,取得了在国际上首次成功实现千公里级的星地双向量子纠缠分发、首次实现星地高速量子密钥分发、首次实现星地量子隐形传态等令世界瞩目的系列研究成果,为我国在未来继续引领世界量子通信技术发展和空间尺度量子物理基本问题检验前沿研究奠定了坚实的科学与技术基础。2017年9月,世界首条光纤量子保密通信骨干网"京沪干线"全线开通,并与"墨子号"量子卫星结合,在国际上首次实现了洲际量子通信,为构建天地一体的全球化量子通信网络奠定了基础。量子通信已经成为我国为数不多的具有世界领先水平的尖端技术。英国《自然》杂志在专门报道我国量子通信研究成果的长篇新闻特稿"数据隐形传输：量子太空竞赛"中指出："在量子通信领域，中国用了不到十年的时间，由一个不起眼的国家发展成为现在的世界劲旅……"。2016年4月26日，习近平总书记在中国科学技术大学视察量子卫星总控中心和"京沪干线"总控中心时，对量子通信研发工作给予充分肯定并指出："很有前途、非常重要。"

在量子计算及其相关研究领域，我国一直在量子计算的核心资源多粒子量子纠缠的制备与操纵上处于国际领先地位，始终保持着纠缠光子数目的世界纪录；在光子、固态等物理系统中，在国际上率先实现了质因数分解量子算法、拓扑量子纠错、求解线性方程组算法、量子人工智能等几乎所有重要量子算法的验证，首次实现了超越早期经典计算机能力的光量子计算原型系统；首次实现了10个超导量子比特的量子计算芯片；在冷原子量子存储器综合性能上达到了国际最优水平；在超冷原子量子模拟领域取得多项重要进展；在国际上首次实现了亚纳米分辨的单分子光学拉曼成像；在室温大气条件下获得了世界上首张单蛋白质分子的磁共振谱；在铁基超导、拓扑绝缘体和量子反常霍尔效应等量子材料研究方面取得了多项具有重要潜在应用价值的研究成果。英国著名科学杂志《新科学家》在报道我国量子计算研究成果的特刊"中国崛起"中评论道："中国已经牢牢地在量子计算的世界地图上占据了一席之地。"

四、我国量子信息领域发展面临的挑战与对策建议

当前，随着重大基础科学问题的解决和实验技术的迅猛发展，量子

科学已进入深化发展、快速突破的历史阶段,我国所面临的量子信息技术竞争形势依然十分严峻。与国际传统科技强国相比,我国目前的科技运行体系和市场机制对于满足国家紧迫战略需求的科技资源整合力度和支持强度方面尚存不足。一方面,在以短期科研项目为纽带的现有科研组织模式下,各学科方向、人才队伍、重大技术创新平台等要素难以进行系统性规划、长效整合、统一配置,无法有效聚焦于量子信息领域的长远科技目标。近年来,国家有关部门为此进行了初步的尝试和探索,例如在量子信息领域相继成立了教育部协同创新中心和中国科学院卓越创新中心,但由于单个研究单元的支持力度有限,仅能以"有限目标、重点突破"的方式维持少数优势研究方向的常规性发展。另一方面,由于科技体制改革红利尚未充分释放,各项机制仍需不断探索完善,科技产品市场发育较为滞后,我国高新技术企业研发能力和投入不足,在战略性科技投入方面与发达国家相比差距很大,难以在关乎国家安全和国民经济发展全局的重大科技任务中担当大任。例如,由于量子计算研发的实用化和产业化尚需时日,短期内难以吸引我国企业的大规模研发投入。

针对量子信息发展趋势和我国的现状,为应对激烈国际竞争,确保我国在新一轮量子革命中的引领地位,迫切需要以国家为主导,以实施"量子通信与量子计算机"科技创新2030—重大项目和组建量子信息科学国家实验室为抓手,发挥社会主义市场经济条件下举国体制作用,创新组织模式和体制机制,统筹全国高校、科研院所和相关企业的创新要素和优势资源,系统性地建设一批先进技术平台,实现多学科研究力量的交叉融合,系统性组织基础研究、前沿高新技术和战略性工程技术研发,构筑量子科学技术先发优势,打造国家战略科技力量。

关于新时期我国青年科技人才工作的建议

国家自然科学基金委员会　谢心澄

我国近年来一直高度重视人才工作,特别是党的十八大以来强调把人才作为支撑发展的第一资源,强调加强青年科技人才队伍建设,对我国实现建设世界科技强国的目标具有重要意义。习近平总书记在2018年两院院士大会上的讲话又一次指出:"要尊重人才成长规律,解决人才队伍结构性矛盾,构建完备的人才梯次结构,培养造就一大批具有国际水平的战略科技人才、科技领军人才、青年科技人才和创新团队。""青年是祖国的前途、民族的希望、创新的未来。青年一代有理想、有本领、有担当,科技就有前途,创新就有希望。'人材者,求之则愈出,置之则愈匮。'希望广大院士关心和爱护青年人才,把发现、培养青年人才作为一项重要责任,为青年人才施展才干提供更多机会和更大舞台。各级党委和政府要以识才的慧眼、爱才的诚意、用才的胆识、容才的雅量、聚才的良方,放手使用优秀青年人才,为青年人才成才铺路搭桥,让他们成为有思想、有情怀、有责任、有担当的社会主义建设者和接班人。"①

---

① 习近平:《在中国科学院第十九次院士大会、中国工程院第十四次院士大会上的讲话》,人民出版社2018年版,第20、24—25页。

自 20 世纪末以来,我国出台了一系列关于高层次科技人才的政策与计划。2008 年年底国家层面海外高层次人才引进计划(以下简称"千人计划")实施以来,人才计划掀起一轮新的浪潮。为了突出对青年科技人才的引进与培养,近年来在国家及部委层面的各类人才计划中又逐渐增添了面对青年学者的专门计划,例如 2010 年海外高层次人才引进计划增添了"青年千人计划",2012 年启动了"万人计划—青年拔尖人才"项目,2015 年启动了"长江学者奖励计划—青年学者"(以下简称"青年长江")等。

这些青年科技人才计划的一个特点是对人才引进和启动的支持普遍沿用了考虑"海外背景"因素的做法,比如"青年千人计划"一直明确要求申请人有 3 年或以上的海外科研工作经历,最初要求申请人必须在海外高校取得博士学位,后逐渐放宽,但至 2018 年最新申报说明仍明确规定"国内取得博士学位的研究人员不得在(连续 36 个月以上的海外科研工作经历)年限上破格"。从申请限项情况来看,"万人计划—青年拔尖人才""青年长江"等项目对"千人计划"入选者不重复支持,也是围绕"海外背景"的一种补充。

在许多人才计划设立的初期,正是国内外学术人才教育培养水平差距较大、海外高层次学术人才极为欠缺的时期,在引才计划中采取明确要求"海外背景"的策略并提供相关政策倾斜是很有意义的,对迅速在国际上形成人才计划品牌效应、高效选拔人才起到了十分积极的作用。然而自我国最早启动人才政策开始的二十多年来,国内通过引进海外人才、完善教育科技政策支持等方式,从人才聚集、科技投入等外部条件到科研成果、学术人才教育条件的国内外差距都已发生了举足轻重的变化,即引进和选拔青年人才需要参考的环境条件发生了重大的变化。因此,对"海外背景"的侧重是否还能够符合当前及未来我国建设世界科技强国青年科技人才队伍建设的需要,是值得关注的问题。综合考虑"海外背景"要求和多种人才计划在人才工作中可能起到的作用,可能更有利于找出政策制定和制度建设的着力点。

一、青年科技人才工作显现出的新态势、新问题

首先,"海外背景"可能将逐渐不再是高质量人才的高概率保证,很难再发挥高效选拔人才的预期作用。从学术发表成果的数量和质量、完成高质量学术发表成果的团队表现及生均表现等方面的国际比较来看,近十年我国的学术人才总体教育培养条件实现了飞速进展,在全球对比中正在引起实质性的变化,许多重要指标已经接近甚至跨越了"临界点"。这意味着,以"海外背景"保障选才效率的前提条件已经或者正在逐渐失效,片面以"海外背景"区分人才的做法忽视了我国高水平学术人才教育培养环境和能力的明显提升,"海外背景"已无法再为选拔人才提供充分的便利和保障。我国人才工作可能正在迎来一个崭新的时期,相关政策亟待调整以便适应"临界点"附近的实际情况。

其次,结合"海外背景"在引才过程中制造差异的现状,当前继续"海外背景"的要求还有可能在鼓励国内自主培养先进人才为国服务方面引起负面影响。引才计划中以"海外背景"对候选人进行区分,已经成为青年人才获得资助政策中制造差异的一项关键性指标。以"海外背景"区分的不同类型青年学者,在获得国家专项支持的难度、力度以及获得地方、用人单位配套支持方面都存在着较大差距,非常优秀的无足够"海外背景"的青年学者可能在入职起步期就无法获得同等的

支持。因此,近年来当我国不断涌现的自主培养的优秀学生面临毕业和就业的问题时,即使在学术水平上,许多国内培养的学生相较同龄的海外毕业生具备足够的竞争力,有些顶尖学生也有意愿继续在国内高校和科研机构工作,但由于海外工作经历与国内引进人才计划挂钩的问题,这些学生或将面对入职起步期甚至学术评价中的差别待遇,或将不得不在博士后或初级研究职位阶段优先考虑国外高校或研究机构,造成我国自主培养的一批优秀学生一毕业就流失海外。因此,当前继续"海外背景为上"的理念有可能打击国内自主培养的既有能力也有意愿为国服务的先进人才的积极性,成为这些国内培养优秀学生留华工作的阻碍,有悖于人才政策设置的初衷。长此以往,考虑到就业前景,也不利于国内学术机构的研究生招生。

最后,从国家人才计划的规划和发展来看,"海外背景"也不容易再独立担当发展人才计划品牌效应的重任。近年来,从人才流动格局来看,"千人计划"等带来的人才计划品牌效应业已形成,海外人才回流和聚集的趋势和效果已十分明显,"海外背景"要求已很好地完成了这项使命。在新时期高水平海外人才已经实现了大量聚集的趋势和效果的情况下,人才计划特别是青年人才计划品牌效应的发展可能将更多地需要通过人才回国工作后的成长环境、人才管理及评价制度等实际情况,而不是通过在引才过程中强调"海外背景"来实现。

二、政策建议

正如习近平总书记所提出的,"发展是一个不断变化的进程,发展环境不会一成不变,发展条件不会一成不变,发展理念自然也不会一成不变"。① 这对青年科技人才工作也应当同样适用。当国际上普遍关注和认可我国人才聚集、科技投入、学术水平、人才教育培养条件的显著提升时,我们更应充满信心、与时俱进,在新时期为做好青年科技人才工作作出理念与政策上的准备与调整。应该认识到,在相当长的一段时期内,我国在已有基础上继续大力面向海外引进高层次学者人才应该仍是人才工作的重点之一。但在同时,我们也应该充分认可国内高水平人才教育培养的实力,不再设置障碍、厚此薄彼。

因此,建议我国在大力吸引海外人才的同时,对国内高水平学术人才教育培养的环境和能力给予足够的重视,在人才引进、人才管理及评价制度等方面作出必要的调整,为新时期青年科技人才工作做好充分准备。在我国青年科技人才工作的新时期,应该不论国内外背景,将人才学术评价的标准回归到考察人才的实际学术贡献。在此提出一些建议供参考:

第一,建议"青年千人计划"等引才计划取消对国内取得博士学位学者的"海外背景"年限破格限制,可考虑统一改为:"如果取得突出研究成果或其他突出成绩,可突破年限要求,用人单位应在申报材料中附破格说明。"

第二,建议在国家及部委决策层面加强人才计划的顶层设计,可在适当时机考虑对部分除"海外背景"之外无明显差异的人才计划(如"青年千人计划"和"万人计划—青年拔尖人才")进行有效合并。

---

① 《习近平谈治国理政》第二卷,外文出版社 2017 年版,第 197 页。

促进密码行业建设　保障国家网络安全

清华大学　王小云

　　网络安全由于涉及国家的军事、政治和经济等众多方面而成为一个日益重要的科学研究领域。自 2012 年召开的中国共产党第十八次全国代表大会以来,网络安全工作得到了以习近平同志为核心的党中央的高度重视。2014 年,习近平总书记作出"没有网络安全就没有国家安全"的科学论断。之后,各部门相继出台了一系列相关法规和政策:《中华人民共和国网络安全法》《国家网络空间安全战略》《"十三五"国家信息化规划》《关于加强国家网络安全标准化工作的若干意见》和《关于加强网络安全学科建设和人才培养的意见》等,这些重要法规和文件的发布实施为我国网络安全提供了政策保障和法律依据,将网络安全各项工作带入法治化轨道。

　　2018 年 3 月,中共中央印发的《深化党和国家机构改革方案》揭开了国家网信事业的新篇章——"中央网络安全和信息化领导小组"改为"中央网络安全和信息化委员会",负责这一领域重大工作的顶层设计、总体布局、统筹协调、整体推进和督促落实。这体现了以习近平同志为核心的党中央对国家网信事业的深谋远虑。

　　习近平总书记在 2018 年 4 月 20 日至 21 日召开的全国网络安全

和信息化工作会议上发表重要讲话,高屋建瓴地对我国建设网络强国作出了全方位部署。习近平总书记科学分析了信息化变革趋势,系统阐述了网络强国战略,深刻回答了网信事业发展的一系列重大理论和实践问题,他的讲话是指导新时代网络安全建设和信息化发展的纲领性文献。

网络安全体系建设是一项复杂的系统工程,以密码设计和密码分析为核心的密码技术是构建多领域、多层次网络安全保障体系的基础。为进一步保障国家网络安全,就我国密码学相关行业建设提出以下建议:

一是加强密码学基础理论研究、培养创新型密码学人才。习近平总书记多次强调基础研究的重要性。2016年4月19日,习近平总书记在网络安全和信息化工作座谈会上指出:"核心技术的根源问题是基础研究问题,基础研究搞不好,应用技术就会成为无源之水、无本之木。"①2018年4月21日,习近平总书记在全国网络安全和信息化工作会议上再次强调,"核心技术是国之重器。要下定决心、保持恒心、找准重心,加速推动信息领域核心技术突破"。②

基础理论研究是整个科学体系的源头,原创性基础理论研究是推动技术和工业进步的原动力,只有突破基础理论,才可能掌握核心技术。但是基础理论的突破不是一朝一夕就能实现的,往往需要多年的持续努力才可能达成。自1976年以来,密码学家与数学家在一些重要数学问题的研究中所取得的突破性进展促使现代密码学产生了根本性变革,导致密码学的基础数学理论由单一数学领域向多数学领域拓展,

---

① 习近平:《在网络安全和信息化工作座谈会上的讲话》,人民出版社2016年版,第13页。
② 《敏锐抓住信息化发展历史机遇　自主创新推进网络强国建设》,《人民日报》2018年4月22日。

由围绕公认的数学难题(因子分解、离散对数等)向计算复杂性理论下可归约的数学难题(格困难问题等)研究深入发展。鉴于这一变革,我们需要结合数学领域与密码学领域研究现状,集中攻关现代密码学中的关键科学问题,开展系列研究。

在基础理论的突破和核心技术的掌握中,人才是最为关键的因素。2018 年 5 月 28 日,习近平总书记在两院院士大会上明确指出:"功以才成,业由才广。世上一切事物中人是最可宝贵的,一切创新成果都是人做出来的。硬实力、软实力,归根到底要靠人才实力。"[①]目前我国网络安全方面人才缺口仍然很大,相关专业每年本科、硕士和博士毕业生之和不足万人,而我国网民数量约 7 亿人。提升国家网络安全的整体实力首先需要普及信息安全全民教育,国务院学位委员会在 2016 年同意增列网络空间安全一级学科,这为人才培养提供了机制保障,是具有里程碑意义的大事件,必将大力促进我国网络安全人才队伍的建设。鉴于网络安全的理论及实战特性,高校作为网络安全人才培养的前沿阵地,需要进一步加强与企业和其他科研机构的合作,采取知识齐全、理论与技术并重的人才培养模式,为我国网络安全事业发展培养基础扎实、实战能力强的复合型人才。

二是开展重点研究方向攻关、突破关键技术壁垒。聚焦密码分析、抗量子计算攻击的密码体系研制、密码学与人工智能的交叉研究等科研方向,在关键领域取得突破。

密码分析和密码设计是密码学中最重要的两个方面,其关系恰如矛和盾之间的关系。密码分析旨在发现密码系统中的漏洞或者后门,帮助分析者通过各种手段获得密码系统中的秘密信息。密码系统的设

---

① 习近平:《在中国科学院第十九次院士大会、中国工程院第十四次院士大会上的讲话》,人民出版社 2018 年版,第 18 页。

计者必须具备雄厚的密码分析基础,只有这样,设计出的密码系统才能够抵抗各种密码分析手段的攻击。历史上,密码分析最经典的例子是第二次世界大战中盟军破解德国密码系统 Enigma,为第二次世界大战胜利作出巨大贡献。

密码分析技术就属于习近平总书记反复强调的"要不来、买不来、讨不来的"关键核心技术。密码分析方法的重大创新常常能够颠覆学术界公认的密码设计理论。例如,1994 年,肖尔(Shor) 所提出的整数分解量子算法直接动摇了在国际上广泛使用的公钥密码系统 RSA 的理论基础,导致了近二十年来后量子密码设计理论的飞速发展;2005年,王小云对国际通用哈希函数 MD5 和 SHA-1 的破解,使得伪造信息系统中的数字证书成为可能,导致了新的哈希函数设计理论的蓬勃发展。

目前,密码分析技术的竞争已经成为密码学基础科技实力的竞争。一个国家开展密码分析的科研能力已经成为衡量其网络空间安全水准的重要评价指标。该技术的发展不仅能促进密码学的发展,同时也能促进其他科学领域的进步或者突破。最典型的例子是英国数学家、被称为计算机科学之父的图灵为了破解德国密码系统 Enigma 而设计的图灵机模型最终成为现代计算机的设计蓝本。

我国在密码分析领域已经取得了令国际同行瞩目的成就,面对量子计算、人工智能等新技术给密码学带来的冲击和机遇,我们需要进一步挖掘现有分析方法的技术潜力,并针对新型密码系统开发创新型分析方法。

近年来,计算机软硬件能力的快速提升,特别是量子计算理论的飞速发展,对现有密码系统的基础安全性提出了新挑战。量子计算机是一种利用量子力学原理进行运算的新型计算机,具有强大的并行处理能力,在信息安全、新材料模拟、核试验、气候变化和药物研发等众多领域都有广阔的应用前景。虽然目前量子计算机的研制面临着巨大挑战,但量子计算技术的飞速发展已经对现在一些主流密码体系的安全性带来了新的威胁,这迫使各国开始研究后量子时代的密码学基础理论及密码基础设施。欧洲电信标准化协会(ETSI)于2015年发布量子安全白皮书,确认制定满足量子安全的密码标准;美国国家标准与技术研究院(NIST)于2017年启动抗量子公钥密码标准算法设计工程。目前,我国也启动了后量子时代密码体系研究重点项目。为了应对大规模量子计算机的强大计算能力,我国亟须建立后量子时代的密码算法标准,重点支持后量子时代的密码算法、密码协议及密码体系结构等研究,争取经过五年到十年的时间建立可抗量子计算攻击的密码体系及密码基础设施,使我国在后量子密码国际竞赛中实现领跑。

近年来,人工智能技术已经被应用于诸多场景之中,如:模式识别(包括人脸识别、图像识别、语音识别、指纹识别等)、自动工程(包括自动驾驶、舆情监测等)以及知识工程(包括智能搜索引擎、自然语言处理等)等。人工智能的核心技术是深度学习技术,它通过模拟神经网络结构来描述输入与输出之间的关系。神经网络长于选择性地搜索给定问题的解空间、模拟函数重现、相互学习和自学习等。人工智能技术与密码分析中的比特追踪法有许多相似点。首先,两者均面临海量的数据:比特追踪法中研究的比特变量经过多轮函数迭代变换,计算复杂度和数据复杂度极高;深度学习则需要大量的数据作为机器学习的基础,数据复杂度高,计算复杂度不明朗。其次,两者的目标均为寻找某种数学关系:比特追踪法通过控制并追踪函数中雪崩比特并建立控制方程,将破解结果转化为方程控制下的小空间信息搜索;而深度学习则是通过学习数据来建立从输入到输出的函数关系,其函数关系与信息表达有待于深入研究。最后,两者均表现出某种概率关系:比特追踪法的最大优势是将破解的概率从直观与经验的计算机搜索提升到方程的个数控制,从而极大提高攻击成功的概率;而深度学习的函数关系则能够以较大概率输出预期结果,其函数关系并不是非常清晰。与上述相似点相对,密码分析技术与人工智能技术不同之处可以简单归结如下:前者源于数学,主要研究思路是以理论推导为主的算法设计,实验数据为理论分析提供重要的参考与技术调整路线;而后者源于计算机科学,研究成果主要源于实验,结果受实验数据集的影响很大。

人工智能技术的快速发展对密码分析与设计带来了新的挑战和机遇。两者分别重理论和重实验的特点使得探索两种方法之间的平衡成为一条可行的思路。所以,将人工智能与密码学理论相结合来开展交叉研究是一项有意义的工作。

除了上述密码分析、抗量子计算攻击的密码体系建设、密码学与人工智能的交叉研究三个科研方向之外,我们还应密切关注密码学中的其他科研方向,"勇于攻坚克难、追求卓越、赢得胜利,积极抢占科技竞争和未来发展制高点"。

三是布局新兴产业密码建设、提高关键行业防护能力。现阶段是新兴信息技术的蓬勃发展与传统产业转型升级、二者深度融合、新旧动能充分释放的迸发期,以云计算、物联网、大数据、区块链、人工智能等为代表的新兴信息技术与实体经济相互依赖、相互促进,孕育出包括数字货币、智慧城市和智能工业等在内的众多创新型应用。这些新应用、新业态在促进国民经济发展的同时,也对保障国家网络安全提出了新挑战。我们需要分析不同新兴信息技术的特点,开展针对性研究,设计专用密码保障体系,构建合理信息安全框架,以切实保证这些新兴信息系统的网络安全。

以密码系统设计和密码安全评估与评测为核心的密码技术是构建多领域、多层次网络安全保障体系的基础。在网络安全产品中应用国产密码技术是实现国家网络安全自主可控的根本。经过多年的发展，经过国家密码管理部门批准的国产密码技术已经在工业、农业、科技、教育、文化、卫生等各行各业得到广泛应用，保障了国家网络安全。这些成熟经验对于建设新兴信息产业的信息安全基础设施与信息系统安全防护很有借鉴作用。

网络安全体系建设是一项复杂的系统工程，能源、卫生和交通等传统产业与多数新兴产业的信息系统在设计之初主要考虑其所需要满足的功能及性能需求，未将信息安全纳入统筹设计，导致信息安全防范滞后于产业发展。习近平总书记曾经明确指出这些领域是"经济社会运行的神经中枢，是网络安全的重中之重，也是可能遭到重点攻击的目标"。① 因此我们要以典型案例为戒，例如，2010 年震网（Stuxnet）病毒对伊朗核电站的攻击和 2014 年远程木马 Havex 对全球能源行业的数千个工控系统的入侵等，在这些国民经济关键领域科学部署相关密码技术，严格执行安全生产规章制度，坚持技术和管理并重，切实保证网络安全。

在新兴产业建设伊始我们就需要以系统性、整体性和协同性为原则，同步规划建设以密码技术为核心的信息安全保护系统，推进密码技术标准的制订和完善。在国家层面推动制定新兴信息行业安全测评，健全监管措施，吸引高层次专业人才组建新兴信息产业的密码系统安全测评机构，建设密码安全监管信息平台。顶层设计新兴信息产业安全防护系统的步骤、措施与基本方案，提高这些领域信息系统与基础设

---

① 习近平：《在网络安全和信息化工作座谈会上的讲话》，人民出版社 2016 年版，第17 页。

施的抗攻击能力。同时,我们要大力推动国产密码算法的国际标准化、拓展密码产业技术的国际市场,抢占国际密码技术制高点,为中国特色大国外交、"一带一路"倡议提供密码安全技术支撑。

保障国家网络安全是每个密码学从业者的神圣使命,在新时代中国特色社会主义航向明确之际,习近平总书记2018年5月28日在两院院士大会上明确指出了当前的科研形势:"进入21世纪以来,全球科技创新进入空前密集活跃的时期,新一轮科技革命和产业变革正在重构全球创新版图、重塑全球经济结构。以人工智能、量子信息、移动通信、物联网、区块链为代表的新一代信息技术加速突破应用……,科学技术从来没有像今天这样深刻影响着国家前途命运,从来没有像今天这样深刻影响着人民生活福祉。"①值此千载难逢的历史机遇,我们应该大力促进密码行业建设,确保国家网络安全,为决胜全面建成小康社会、夺取新时代中国特色社会主义伟大胜利,为实现中华民族伟大复兴的中国梦不懈奋斗。

---

① 习近平:《在中国科学院第十九次院士大会、中国工程院第十四次院士大会上的讲话》,人民出版社2018年版,第6—7页。

对我国科技发展的几点建议

中国科学院物理研究所　杨国桢

经过数十年的积累和近年来科技研发投入的大幅增加,我国科学技术得到飞速的发展,已成为一个科技大国,并开始向科技强国迈进。最近,习近平总书记向我们发出了为建设世界科技强国而奋斗的伟大号召,给我们指明了前进的方向。建设成为世界科技强国,我们还需要有一个艰苦奋斗的过程。要成为科技强国,就需要在基础研究方面,有大批量原创性重要成果、高水平文章,利用这些成果开辟新的重要科技领域;在应用基础研究方面,需要有解决国家重大需求中基础科学问题的能力,拥有众多具有自主知识产权的专利;在技术和工程研究方面,必须要掌握大批核心和关键的技术和工艺,利用这些技术和工艺能生产出高质量、有国内外市场竞争力的产品。

要成为世界科技强国,应该分析一下目前不利于我们更快更好发展的主要因素,并针对这些影响因素提出可行的解决方案。下面针对我国科技发展提几点看法和建议。

一、急功近利、短期行为和浮躁的思想在科技界还比较普遍

大家较多选择近期容易出成果的课题,缺乏长远考虑,没有把发现新规律、新材料、新效应、新技术和新应用作为自己选题的出发点,也没有考虑将解决国家急需的重大需求作为自己选题的出发点,而是更多地把精力放在影响因子高的学术刊物上发表文章作为自己的科研目标。不仅一般的科研人员有上述想法,就连不少年轻的学术带头人也有如此想法。究其原因,与目前我们的学术评估标准、奖励政策和晋升体系等有密切的关系,要克服上述现象,必须从改进评估、奖励和晋升等政策着手,形成良好和宽松的学术氛围。不妨对比一下国外高水平的学术机构,20 世纪 80 年代我在哈佛大学应用科学系工作过,加入了应用科学系布洛姆伯根(N.Bloembergen)教授研究组。他是非线性光学的奠基人,为此获得了 1981 年度诺贝尔物理学奖。在他博士生期间,在导师珀塞耳(E.M.Purcell)指导下,在核磁共振自旋弛豫方面作出了出色的成绩,成为他的导师珀塞耳获得 1952 年度诺贝尔物理学奖的重要组成部分,核磁成像在生命科学和医学中有十分广泛的重要应用。勃朗伯格教授是从事基础研究的,他的选题标准是别人做过的工作他不做,他一定要做新的有自己特色的工作。在我访问期间,有一次他发现正在进行的研究工作,别人刚刚作出了结果,他难以超越,就请学生把现有的结果写了一篇论文(学生毕业需要论文),这课题就此结束。目前,我们离这样的学术水平和选题标准还有不小的距离,很多还停留在只满足于选择短期容易出成果的题目来做。我们要从创新体制

机制着手,鼓励一部分科技人员,尤其是年轻的学术骨干,要抱有勇气和毅力向探索新方向和发展新应用的方向做长期艰苦的努力,以大大提升科技工作的水平。

二、与学术不直接相关的活动太多

如评审、报表、检查等等,极大地影响了科技人员尤其是年轻科技人员的科研工作。他们应把主要精力放在各自的业务工作上。据我所知,一些科技发达的国家那些成绩优异的研究人员,在他们年轻时,业务工作是非常繁忙的。他们在实验室里经常每天工作十几个小时。对比我们,许多科技人员,甚至已经有了许多光环的年轻科研骨干,他们每天有多少时间是在实验室度过的?各种会议和报表耗费了他们大量的时间和精力。一个人如果没有集中精力思考问题的时间,没有达到废寝忘食的程度,是难以作出高水平的成果的。我有这样的体会,年轻时平均每天不受干扰地工作4小时与10小时,其研究工作的成效是有本质差别的。而各种会议、评审、报表、检查繁多的背后深层次原因之一,在于目前单项研究经费投入体量不足以支撑开展某一方面的科学研究工作,科技人员不得不通过争取若干项目资助开展工作,从而导致项目多、评审多、检查多。因此必须尽快形成一种氛围,一方面给予科技人员相对有保障的经费支持,减少多方申请项目;另一方面,极大地减少与学术无关的各种会议,简化报表,减少名目繁多的重复检查,排除各种干扰,保证年轻的科技人员把精力集中于业务工作上。

三、要破除迷信,鼓励大胆创新

适度相信已有自然科学理论和权威是需要的,但不能过度和盲目地相信甚至到迷信的程度。许多人喜欢找热门领域和热门课题开展工作,在于目前单项研究经费投入到这些领域,但过度集中甚至造成不少简单重复现象就不可取了。在这些领域中,那些带有根本性的原创工作,已经有很多人做了,锦上添花式的工作比较多,具有一定成熟度和公认度,出文章甚至影响因子比较高的文章相对比较容易。然而如果要建设科技强国,仅这样做是远远不够的,必须要有引领已有领域发展和开创新领域的能力。要做到这一点,应形成破除迷信、解放思想的氛围,要在科技人员中鼓励大胆创新。新的科学理论是在怀疑旧理论并获得实验支持下产生的。如果在今后一个较长的时期内,通过艰苦努力,我们能在发现新规律、新现象,开拓新技术、新工艺上作出我们自己的独特贡献,对于我们在部分重要领域处于领跑状态,对于建设世界科技强国至关重要。

四、学科之间交叉融合不够,必须大力推动

现代科学技术发展的一个重要特点是学科之间的交叉融合大大加强。通过交叉融合,观察到许多新现象,发现了许多新规律,在此基础上甚至发展出一些新的交叉学科。例如,化学物理、生物物理、大气物理、地球物理、软物质物理等就是它们中的代表。从基础研究角度看,

近年来诺贝尔奖授予交叉学科的比重显著增加,说明了交叉领域中的新现象、新规律和新应用往往比传统领域多很多。在解决国家重大需求问题中,也经常是综合的和多学科的。以$PM_{2.5}$问题研究为例,包括污染微粒的形成、主要成分分析、扩散规律研究、气象条件的影响和有效的控制方法等等,涉及环境科学、大气科学、物理、化学、数学、能源、信息科学等,甚至还有社会科学问题,无疑是一个综合性的问题,需要多学科共同协作才能解决。有人通过观察和数据分析,初步认为$PM_{2.5}$的污染具有阈值效应,即当$PM_{2.5}$的浓度超过一定阈值时,污染程度会显著快速增加。如果进一步研究证实存在阈值效应的话,作为一个阶段目标,先将$PM_{2.5}$的浓度控制在阈值以下即可,这对于指导控制$PM_{2.5}$的污染提供了一个既有效又经济的方案。阈值现象在非线性科学中是经常出现的,对于物理学这样的基础科学来说非线性问题是一个困难和前沿的问题。克服学科之间交叉融合不足的短板,必须从人才培养和科研工作组织本身着手,大力推动学科之间的交叉融合,相信一定会有利于我们实现建成科技强国的目标。

五、要克服把物理学科边缘化的倾向

建设科技强国,必须有大量高水平的创新型人才,人才培养和教育制度优化是建设世界科技强国的基础和关键。目前在我国各级教学中,物理学科被边缘化是一个比较普遍的现象。爱因斯坦在美国高等教学三百周年纪念会上的讲话中说过,教育制度优化应当是把思考和独立判断的一般能力始终放在首位,而不应当把取得专门知识放在首位。数学和物理学是一切自然科学和工程技术的基础,是培养学生独立思考和独立判断的一般能力的最佳课程。如果在学校的学习阶段，特别是中、小学学习阶段，数学和物理的基础没有打好，在未来的工作中创新思维和能力会大受影响。实际情况如何？我国有些省市的大学入学考试，物理学科被边缘化的倾向十分严重。据了解，在大学入学考试分数中，物理所占的权重只有外语的四分之一或更少，这将严重影响中、小学学生学好物理的积极性。众所周知，大学入学考试是中、小学教学的指挥棒，须及时调整大学入学考试中物理课程所占权重太低的问题，从而为我国科学和工程技术创新能力的培养打下基础。

我国的基础研究积累发展至今，特别是党的十八大以来，发展迅速。在直面问题的同时，我们也对中国未来的科技发展充满信心。从体制机制出发完善科技评价体系，营造良好的学术氛围，解放思想鼓励创新，加强学科交叉融合，促进教育制度优化等，相信假以时日，将中国建设成为世界科技强国的目标一定能实现！

强国先强教

复旦大学　杨福家

习近平总书记2018年5月2日在北京大学考察时发表重要讲话，高瞻远瞩地作出了"教育兴则国家兴，教育强则国家强"的科学论断。不到一个月，习近平总书记又于5月28日在两院院士大会上发表讲话，号召广大科技工作者瞄准世界科技前沿，引领科技发展方向，肩负起历史赋予的重任，勇做新时代科技创新的排头兵，努力建设世界科技强国。作为一名科技工作者，同时也是教育工作者，我先后学习了这两个讲话，备受鼓舞，深感振奋。将两个讲话结合起来学习，我的体会就是"强国先强教"。要建设社会主义现代化强国，一定要振兴教育，在教育改革方面，拿出更大的作为。

习近平总书记提出"教育兴则国家兴，教育强则国家强"的科学论断，这是对世界各个民族兴衰存亡历史经验的科学总结。从"教育救国""教育立国"到"教育兴国""教育强国"，也是对教育在各个国家、各个不同发展阶段所扮演角色的科学定位。

近代日本和中国一样，面对着西方坚船利炮，差点儿沦落到亡国灭种的境地。但是，日本人通过"明治维新"，发愤图强，以战略的眼光优先发展教育，为后来的崛起和持续发展夯实了人才基础。日本庆应大学的创始人、首任校长福泽谕吉说："当今之急固属富国强兵,然富国强兵之本,唯在专心培育人才。"日本靠教育兴国,从小国一跃成为一个一度能和西方列强抗衡的"强国",在第二次世界大战战败投降后还能继续保持发展势头,并创造出了20世纪下半叶的经济奇迹。福泽谕吉的头像印在日本万元纸币上,已成为现代日本民族的灵魂人物。日本学校的建筑总是最抗震的,教师是最受尊敬的职业。尊师重教已成为日本民族精神的一个核心特征。

要了解美国,必须要了解美国的教育。美国是大国、强国,它首先也是教育大国、教育强国。美国在独立(1776年)的140年前就有了哈佛(1636年),后来又相继创办了耶鲁(1701年)、普林斯顿(1746年)和哥伦比亚(1756年)等大学,都是世界一流的大学。美国在第二次世界大战中的三件"法宝"——雷达、火箭和原子弹,就分别和三所大学(麻省理工学院、加州理工学院与芝加哥大学)紧密相连。美国是"强国先强教"的典范。当今世界前20名顶尖大学中,80%来自美国,1930年以后,60%以上的诺贝尔奖得主出自美国,美国80%高技术企业的诞生源于美国大学的研究成果。麻省理工学院这一所大学就哺育了4000多个公司,创造了110万个就业岗位,如果它们组成一个国家,那么其GDP总值可排到世界第24位,真正是"富可敌国"!斯坦福大学首创高校工业园区,即举世闻名的"硅谷",更是孵化了IBM、惠普、柯达、英特尔、苹果、谷歌等一批又一批的称雄世界的高科技公司。如果没有一批世界一流的大学,美国今天也不可能成为世界超级强国。

25年前我在复旦大学接待以色列已故总理拉宾的情景至今还历历在目。拉宾自豪地说:"以色列只有550万人口,领土的60%是沙漠、90%是干旱地,但我们是农业强国、高科技强国。"确实,以色列出口产品中高技术产品占了80%。当时我向拉宾总理请教:"是什么因素使以色列如此强大?"他就回答了一句话:"以色列有 7 所一流大学。"确实,以色列对教育的重视闻名于世。以色列在建国前 23 年就成立了希伯来大学(1925 年),创建该校的首任校长魏茨曼后来成了开国总统。以色列在教育上的年投入十分巨大,占到 GDP 的 12%。而我国,到 2016 年教育经费仍只占 GDP 的 5.22%。近年来,以色列科学家更是接二连三地荣获诺贝尔奖,他们都是在以色列的高等院校获得博士学位,并在以色列工作的本土科学家。其中于 2004 年获诺贝尔化学奖的两位科学家(阿龙·切哈诺沃、阿夫拉姆·赫什科)都在希伯来大学获得博士学位,然后任教于以色列理工学院(成立于 1924 年),他们是第一次在以色列本土实验室内诞生的诺贝尔奖得主;还有一位是获 2009 年诺贝尔化学奖的女科学家(阿达·尤纳斯),她在魏茨曼科学研究院(成立于 1934 年)获得博士学位后在该校执教。这三位科学家获取学位以及工作的单位都是世界一流的高等学府。可以说,希伯来大学、以色列理工学院、魏茨曼科学研究院、本-古里安大学和特拉维夫大学是以色列的五所世界一流大学,它们被誉为以色列皇冠上的五颗珠宝。

近代中国积贫积弱,无数仁人志士探索着救国救民的道路。蔡元培认为国民教育关系着国家和民族的命运,他说:"一国之中,人民之贤愚勤惰,与其国运有至大之关系。故欲保持其国运者,不可不以国民教育,施于其子弟。"[1]中国共产党旗帜鲜明地反对封建教育和奴化教育,主张"中国应当建立自己的民族的、科学的、人民大众的新文化和新教育"[2]。政治宣传和文化教育在反帝反封建斗争的各个阶段都发挥着不可估量的作用,推动着中国革命从胜利走向胜利。在新中国成

---

① 《蔡元培选集》下册,人民出版社 1993 年版,第 879 页。
② 《毛泽东选集》第三卷,人民出版社 1991 年版,第 1083 页。

立后,党和国家高度重视教育事业,建成了世界最大规模的教育体系,保障了亿万人民群众受教育的权利,极大提高了全民族素质,有力推动了经济社会发展,使得中华民族终于能够昂首挺胸地屹立于世界民族之林。

当前,我们已经进入决胜全面建成小康社会、进而全面建设社会主义现代化强国的时代,中华民族迎来了从站起来、富起来到强起来的伟大飞跃。党的十九大报告中明确提出,到21世纪中叶把我国建成富强民主文明和谐美丽的社会主义现代化强国。为了实现这个宏伟目标,强调坚持"强国先强教""创新先育人",显得十分必要和紧迫。

科技和教育事业始终紧密相连,实际上是二元一体,因为要促进科技进步、提升创新能力,核心是人才。邓小平认为"从长远看,要注意教育和科学技术"[1]。他在1992年南方谈话中也强调"经济发展得快一点,必须依靠科技和教育",并意味深长地说:"中国的事情能不能办好,社会主义和改革开放能不能坚持,经济能不能快一点发展起来,国家能不能长治久安,从一定意义上说,关键在人。"[2]习近平总书记在2018年的两院院士大会上指出:"功以才成,业由才广。世上一切事物中人是最可宝贵的,一切创新成果都是人做出来的。硬实力、软实力,归根到底要靠人才实力。全部科技史都证明,谁拥有了一流创新人才、拥有了一流科学家,谁就能在科技创新中占据优势。"[3]科技人才的培养离不开教育。只有抓好了教育工作,才能彻底解决好阻碍科技创新的瓶颈问题。

---

[1] 《邓小平文选》第三卷,人民出版社1993年版,第274页。

[2] 《邓小平文选》第三卷,人民出版社1993年版,第380页。

[3] 习近平:《在中国科学院第十九次院士大会、中国工程院第十四次院士大会上的讲话》,人民出版社2018年版,第18—19页。

必须办好本土教育，培育科技自主创新的丰厚土壤。不久前发生的"中兴事件"警醒我们，必须要着力增强自主创新能力。习近平总书记告诫我们："关键核心技术是要不来、买不来、讨不来的。"这要求我们必须要矢志不渝地坚持自主创新。自力更生、艰苦奋斗，是我们的优良传统。老一辈科技工作者在过去艰苦卓绝的条件下，协力攻关，打破了国外的技术封锁，创造了"两弹一星"的辉煌成就。还有什么难关今天不能攻克呢？自主创新是我们攀登世界科技高峰的必由之路。我们一方面必须要坚定创新信心，不可妄自菲薄；但另一方面，我们也必须要时刻充满危机感。现在任何科技创新都是系统工程，涉及跨学科、跨机构、跨平台的协同创新，创新链条中环环相扣，任何一环都不能"掉链子"。而整体的创新能力往往受制于"木桶"最短的那块板。这样的短板我们还有很多很多，要完全消除这些短板，必须依靠我们高等教育和职业教育的全面、整体的进步。

2008年美国国家科学基金会调查工作专家的一份调查报告显示，当今"出产"美国博士最多的学校是清华大学571人，其次是北京大学507人。清华、北大是"最肥沃的美国博士培养基地"。中国大学成为美国头号"博士预备学校"，这不是天方夜谭，而是美国政府对全国博士普查的结果。这激励着我们广大科教工作者，不但要把论文写在中国的大地上，更要扎根中国大地办好中国教育。须知"留学乃一时缓急之计"，"久长之计乃在振兴国内之高等教育"，"振兴国内高等教育乃万世久远之图"。否则，"吾堂堂大国，将永永北面受学称弟子国，而输入之文明者如入口之货，扞格不适于吾民，而神州新文明之梦，终成虚愿耳"（胡适《非留学篇》）。什么时候，我们的北大、清华、复旦等也成了世界青年学子向往的留学之地，那么，我们就可称得上真正的科技强国。

国内教育目前还不能完全适应经济社会发展的需要,对教育改革,必须有更大的作为。钱学森同志在临终前曾提出:"现在中国没有完全发展起来,一个重要原因是没有一所大学能够按照培养科学技术发明创造人才的模式去办学,没有自己独特的创新的东西,老是'冒'不出杰出人才。"①"中国为什么培养不出杰出人才?""钱学森之问"问得十分沉重! 钱老的遗愿时时鞭策和激励着我们要拿出更大的勇气,扎实推进教育的全面改革。

党的十九大报告提出建设教育强国的目标,要把教育事业放在优先位置,深化教育改革,并作出了建设世界一流大学和一流学科的战略决策。这为我国实现教育大国向教育强国的迈进指明了发展方向。"双一流"建设一定要注重大学的内涵发展,不能重蹈过去一哄而上、大兴土木的覆辙。一定要强调中国特色,强调各个学校、各个学科的特色。正如习近平总书记指出的:"世界上不会有第二个哈佛、牛津、斯坦福、麻省理工、剑桥,但会有第一个北大、清华、浙大、复旦、南大等中国著名学府。"②一流大学没有固定的模式,应该鼓励多样性。必须扎根中国大地办大学,要积极参考和吸收世界上先进的办学治学经验,但也不必跟在他人后面亦步亦趋,依样画葫芦,千校一面。

教育改革要遵循教育规律,培养我们的建设事业需要的人才。"大学者,非谓有大楼之谓也,有大师之谓也。"(梅贻琦语)大楼只是大学的有形资产,我们现在的大学,更需要一种"大爱"(爱国家、爱人民、爱师爱生、爱真理)。大学首先要营造一种宽松、宽容的环境,充盈着一种"以人为本"的爱心。有了这样的环境,既能请得来,也能留得住

---

① 《钱学森科学思想研究》,人民出版社 2010 年版,第 182 页。
② 习近平:《青年要自觉践行社会主义核心价值观——在北京大学师生座谈会上的讲话》,人民出版社 2014 年版,第 13 页。

大师,更能让他们在坦然、平和的心境下出成果。在党委的领导下,每个大学都应建立严格的章程,依规办事;必须"爱师爱生",营造育人、爱才的校园环境;保证在国家宪法和法律框架内具有自己独立的思考、自由的表达自主办学权。一所高校真正把人放在第一位了,摒弃一切不必要的繁文缛节,减少干扰因素,取得的一流成果多了,培养人的举措对路了,对科学、对社会、对国家的贡献就大了,距一流的目标自然就更近了。

建设一流大学也仅是培养杰出人才的必要条件,而不是充分条件。要在大学里培养出杰出人才,特别是非常杰出的人才,必须有好的生源,必须从小抓起,从基础教育抓起。此外,国家还应完善职业教育和培训体系,从体制和舆论上鼓励学生走不同的路,"三百六十行,行行出状元",行行受尊敬。当前,不同学科之间、科学和技术之间、技术之间、文理之间都日益呈现交叉融合趋势。因此,无论在什么层次、什么性质的教育,都应该努力贯彻博雅教育、素质教育的理念,给学生自由发展的环境,鼓励独立思考,培养钻研兴趣,埋下创新火种。只有这样,我们的教育才是健康的,才有可能培养出服务中华民族伟大复兴的杰出人才,我们的科技创新体系才会弯道超车,迸发出后发制人的创造力。

我们深信,在以习近平同志为核心的党中央的坚强领导下,我们必定能双管齐下,稳步推进教育改革,引领科技创新,攻坚克难,追求卓越,赢得抢占科技竞争和未来发展制高点的胜利,成为世界主要科学中心和创新高地,实现建成社会主义现代化强国的伟大目标。

加强"无用之用"的科学研究，做"构建科学知识体系的强国"

中国科学院数学与系统科学研究院　周向宇

科学是反映客观事物及其延伸在人类思维中抽象存在的固有规律的系统知识。我们认为，现代科学的一个特点是，可以不直接研究客观事物，而直接研究其延伸在人类思维中的抽象存在。科学知识是人类最大的财富。已知的、潜在的科学知识、客观奥秘及其相互联系，经过人类的探索与认识构成一个神奇深刻、宏伟壮观、威力巨大的科学知识体系，是人类文明的基本象征。其中，数学是这一知识体系的一块基石。揭开奥秘常常需要解决许多科学问题。通过问题的解决导致新知识与新奥秘的产生，科学知识体系不断发展，是活动而不是静止的，是紧密联系而不是彼此孤立的。科学知识体系吸引着人类不断通过其内在和外在的驱动力去丰富它自身。该体系具有强大内蕴力量，自身产生大量问题与奥秘。

科学研究从已知探索未知、解决问题、揭示奥秘、发现规律以求新知，正如古人所说："探赜索隐，钩深致远"，"格物致知"。古人的话道出了科学研究的真谛：探索深奥隐秘的问题，推究事物的原理，继而总结为科学知识并形成体系，使我们看得更远、走得更远。不断探究自然奥秘并构建科学知识体系是科学研究的本质要义。科学研究为人类文明的进步起到了重大的根本性作用。科学知识体系的特点要求我们在科学研究之路上必须善于不断学习、不断钻研、不断思考、不断创新。

我们的时代正见证科学知识体系中各个学科之间、各个知识点之间的广泛互动与深入交融。科学的"有用之用"十分显著，现代的物质文明已经证明了这一点。仅就数学而言，数学不仅与自然科学、工程技术交相辉映，而且与人文社会科学联系愈发紧密。伽利略说过，"大自然之书是由数学语言书写的"。诚然，数学不仅为历次工业革命铺平了道路，也为当今与未来科技进步打下了基础。当然外部需求也刺激着数学的发展。数学在社会科学包括统计、金融、经济、管理等学科渗透的趋势愈发明显，发挥愈来愈大的作用。

庄子警醒我们说："人皆知有用之用，而莫知无用之用也。"除了上面的"有用之用"，我们还必须高度重视基础科学研究的"无用之用"。许多基础科学研究出发点并非为了实用目的，甚至并无实用背景，只是对奥秘的好奇、对知识的渴望，是对科学知识体系的构建，但日后却有着令人惊异的应用与实用并造福人类。

比如，古希腊阿波罗尼奥斯建立"无用之用"的圆锥曲线理论，直到近两千年后才在开普勒行星运动规律的发现、验证中找到了应用，并有了实用。现在人们知道，圆锥曲线构成了宇宙天体运行的基本轨道形式，比如太阳系的行星沿椭圆运行，彗星沿抛物线或双曲线运行。这一知识也是航天的一个基础。哈勃太空望远镜的镜面形状就是双曲线，有助于天文学家观测宇宙。圆锥曲线的光学性质实用于光学、声学、热学、电子学等各个领域，并大放异彩，包括实用于日常生活中并造福于人类。

又如，对兰伯特猜想的解决导致非欧几何的产生，非欧几何、欧式几何以及内蕴微分几何的试图统一导致黎曼几何的产生。这些"无用之用"的研究多年后被爱因斯坦用来建立广义相对论,到最近引力波的发现(获得 2017 年诺贝尔物理学奖)。阿贝尔、伽罗瓦解决关于五次方程根式解的拉格朗日猜想是群论产生的一个源泉,也是"无用之用"的研究,而群论在粒子物理、量子场论、规范场论以及其他学科中发挥重要作用。拓扑学的产生当时也无实用目的的考量,多年后却导致了物理中拓扑相、拓扑相变的发现(获得 2016 年诺贝尔物理学奖)。

再如,布尔代数的发现,当时就是要解决莱布尼兹为了探究逻辑思维规律而提出的逻辑可以数学化、符号化的猜想。多年后被香农用于数字电路设计。布尔代数在芯片设计中起着非常基础的作用。

凡此种种,不胜枚举。这些"无用之用"的科学研究当时就是为了揭示奥秘、解决问题、渴求新知的,进而对构建科学知识体系作出了贡献。

基础科学研究,特别是自由探索类基础研究,有一个特点:研究对象的抽象性,研究对象可能看不见、摸不着。这类研究表面上看可能与实用联系不明显,貌似"无用",但其更奇妙的价值便是庄子所说的"无用之用"。"无用之用"的基础科学研究由于目标是"构建科学知识体系",这本身就是一种"用"。这类"无用之用"的科学研究在构建科学知识体系中十分关键。"无用之用,方为大用"。缺乏"无用之用"的科学研究,科学知识体系将严重残缺不全并缺乏活力。只重视"有用之用"而忽视"无用之用"的科学研究,是不可能成为科技强国的。

习近平总书记在 2018 年"两会"上关于为官之道讲道:"既要做让老百姓看得见、摸得着、得实惠的实事,也要做为后人作铺垫、打基础、利长远的好事，既要做显功，也要做潜功。"①这是一种想得深、看得远、大格局的"新发展理念"。我们认为，习近平总书记的讲话事实上同样适用于做科学研究。做科学研究不仅要做"有用之用"的"显功"，也要做"无用之用"的"潜功"。

面向科学前沿，重视"无用之用"的科学研究与建设"科学知识体系的构建强国"同我国建设社会主义现代化强国的大政方针，有着不可或缺的联系，并高度吻合。

建设世界科技强国是建设社会主义现代化强国、实现"两个一百年"奋斗目标、实现中华民族伟大复兴的中国梦的必然要求。重视"无用之用"的科学研究，重视科学知识体系的构建，有助于我们深化认识科学的价值，有助于我们全面深入理解科学研究的意义。加强"无用之用"的科学研究与建设"科学知识体系的构建强国"是建设世界科技强国的必由之路与必然要求。

我们知道，建设中国特色社会主义，总体布局是经济建设、政治建设、文化建设、社会建设、生态文明建设"五位一体"。"科学文化建设"应明确纳入"五位一体"总体布局的文化建设中。重视"无用之用"的科学研究与建设"科学知识体系的构建强国"，是高标准"科学文化建设"的一项基本内容，有助于推动高水平"科学文化建设"及弘扬科学精神、促进精神文明发展。科学文化与人文文化、科学精神与人文精神、科学思想与人文思想紧密相连。科学精神是实事求是的精神。科学教育与科学普及有助于培养人们求真、理性精神。

科学知识体系属于全人类，具有共享性、和平性。科学史表明，一些民族正是在科学知识体系的构建中作出了重大贡献，从而屹立于世

① 《奋进在新时代的浩荡春风里——习近平总书记同出席 2018 年全国两会人大代表、政协委员共商国是纪实》，新华社，2018 年 3 月 16 日。

界民族之林。建设"科学知识体系的构建强国"应是"构建人类命运共同体"的一项重要内容。为科学知识体系书写中国篇章就是中华民族对人类文明进步、和平发展的贡献,有助于中华民族屹立于世界民族之林,有助于实现中华民族伟大复兴的中国梦。

我们应深刻领会习近平总书记关于"显功、潜功"的讲话精神,时刻牢记庄子的警醒。建议在国家层面高度重视"无用之用"的科学研究,高度重视科学知识体系的构建,倡导建设"科学知识体系的构建强国",把它明确列为加强基础科学研究的一项战略目标;通过国家重视与宣传,营造氛围,让社会大众都认识到从事"无用之用"的科学研究、构建科学知识体系是光荣的、高尚的、令人尊崇向往的事业,具有崇高社会地位,以吸引有志青年献身基础科学研究,激励优秀人才长期潜心研究、甘坐冷板凳、不畏艰辛地从事科学知识体系的构建工作。

化学部

为建设世界科技强国筑牢人才之基

吉林省人民政府　安立佳

21世纪是人才的世纪。在这个时代,谁拥有了更多富有爱国情怀、开拓精神、创新能力和敢为天下先的卓越创新人才,谁就在激烈的大国角力中拥有了最重的砝码,具有了最强的战略支点。

党的十八大以来,以习近平同志为核心的党中央高度重视人才建设工作,把人才强国和创新驱动发展战略摆在国家发展全局的核心位置,牢固确立人才引领发展的战略地位,"坚持创新驱动实质是人才驱动,强调人才是创新的第一资源,不断改善人才发展环境、激发人才创造活力,大力培养造就一大批具有全球视野和国际水平的战略科技人才、科技领军人才、青年科技人才和高水平创新团队"。正如习近平总书记在2018年两院院士大会上所突出强调的,"世上一切事物中人是最可宝贵的,一切创新成果都是人做出来的。硬实力、软实力,归根到底要靠人才实力"。[1]

---

[1]　习近平:《在中国科学院第十九次院士大会、中国工程院第十四次院士大会上的讲话》,人民出版社2018年版,第3、18页。

　　正是这种立意高远的科学思想,指导着我国在人才体制机制改革上全面发力,多点突破,密集出台了《中华人民共和国促进科技成果转化法》《深化科技体制改革实施方案》《关于实行以增加知识价值为导向分配政策的若干意见》《关于深化人才发展体制机制改革的意见》《人力资源社会保障部关于加强基层专业技术人才队伍建设的意见》《关于支持和鼓励事业单位专业技术人员创新创业的指导意见》《关于分类推进人才评价机制改革的指导意见》《关于深化科技奖励制度改革的方案》等法规和系列政策文件,涵盖成果转化、人才培养、体制改革、创新创业、引进流动、考核评价、奖励制度等各个方面的改革。这些改革举措使我国人才工作多年来一直想解决但没能解决的难题,取得了实质性突破,为创新人才队伍建设发展注入了强大动能,受到了广大科技工作者的热烈欢迎。

　　也正是这种内涵深刻的热望和期待,使我国广大科技工作者的创新潜能被极大地激发出来,他们用一项项重大科技成果,诠释着崇高的使命担当。党的十八大以来,我国专业技术人才总量新增 860 万人[1];我国人才资源总量达 1.75 亿人,较五年前增长 43.8%,人才资源规模、科技人力资源以及研发人员数量等指标居世界首位,创历史新高[2]。人才创新能力显著增强,"一些前沿方向开始进入并行、领跑阶段,科技实力正处于从量的积累向质的飞跃、点的突破向系统能力提升的重要时期"[3]。涌现出量子反常霍尔效应、多光子纠缠、中微子振荡等一

---

[1]　参见《党的十八大以来高层次人才选拔培养工作综述》,《中国组织人事报》2017 年 9 月 6 日。

[2]　参见《让人才引擎释放澎湃动力——十八大以来我国创新型人才队伍建设述评》,《光明日报》2017 年 9 月 18 日。

[3]　习近平:《在中国科学院第十九次院士大会、中国工程院第十四次院士大会上的讲话》,人民出版社 2018 年版,第 4 页。

批基础研究重大原创成果,超级计算机、载人航天、探月工程、北斗导航、载人深潜、深地探测、国产航母、大型先进压水堆等战略高技术研究取得重大突破,高铁、超临界燃煤发电、特高压送变电、杂交水稻等重大成果加速应用。我国在全球人才和创新版图中的位势大幅提升,人才对国家经济、国防、科技和社会发展的贡献率不断增强,人才优势已极大地转化为创新跨越的先发优势。

习近平总书记在两院院士大会上指出,"我们比历史上任何时期都更接近中华民族伟大复兴的目标,我们比历史上任何时期都更需要建设世界科技强国!"面对习近平总书记的战略擘画,我们必须清醒地看到,我国在人才队伍建设上还存在一定的短板,"人才评价制度不合理,唯论文、唯职称、唯学历的现象仍然严重,名目繁多的评审评价让科技工作者应接不暇,人才'帽子'满天飞,人才管理制度还不适应科技创新要求、不符合科技创新规律"①。以延续多年的"论文数量论英雄"评价标准和名目繁多的"帽子工程"为例。多年来,论文发表数量,特别是 SCI 收录论文数量,已成为科技工作者体现自身价值的象征,主导着科研项目的立项、审批、评审、批准、实施、评估、验收等环节,也在一定程度上决定着科技工作者的职称评定、绩效考核、"人才计划"项目选拔和各类科技成果奖项竞争等。毫无疑问,学术论文是某一学术课题在实验性、理论性或预测性上所具有的新的科学研究成果或创新见解的科学记录,一定程度上也是基础研究成果的一种外在体现。我们应当积极支持和鼓励科技人员瞄准世界科技发展前沿,发表高水平、高质量的学术论文,为前瞻性基础研究提供有力的基础理论支撑。但单纯或片面地以"论文数量论英雄"或"唯论文"的评价方法是不可取的。

---

① 习近平:《在中国科学院第十九次院士大会、中国工程院第十四次院士大会上的讲话》,人民出版社 2018 年版,第 19 页。

这种评价方法一定程度上影响了科技人员的价值取向、科研环境和科研文化，助长了学术界的浮躁风气，动摇了科技人员特别是青年人才潜心致研的根基，使部分对重大科学问题和前沿科学难点有兴趣的科技人员在多出论文、快出论文的导向下，放弃了自己的兴趣和开展的相关原创性研究，而挑选了那些"短平快"容易做的科研课题。先发够论文再说，至于所做的题目是不是前瞻性基础研究、引领性原创研究和国际前沿领域的重要科学问题，以及国家的重大需求，就顾不上考虑了。结果所做的研究大都是低水平重复性的研究工作，而不是前沿引领性的原创研究。

五花八门的"帽子工程"使科技界、教育界的有识之士深感忧虑，在 2018 年全国"两会"上一些代表、委员更是直言"帽子"过多过滥所带来的负面影响。习近平总书记高度重视这一关乎国家出成果、出人才的重大问题，在两院院士大会上深刻指出，"'项目多、帽子多、牌子多'等现象仍比较突出"。这说明"帽子"问题已经上升到国家层面，成了非治理不可的重大问题。

人才"帽子"产生的历史并不长，1994 年中国科学院从解决人才代际转移，凝聚和培养高层次科技人才出发，开始实施"百人计划"项目（以下简称"百人"）。同年，国家自然科学基金委员会以加速培养造就一批进入世界科技前沿的优秀学术带头人为基点，设立了"国家杰出青年科学基金"项目（以下简称"杰青"）。1998 年，教育部和香港李嘉诚基金会共同发起启动了"长江学者奖励计划"（以下简称"长江"），其宗旨是延揽海内外中青年学界精英，培养造就高水平学科带头人。事实上，"百人""杰青"和"长江"等只是一种"人才计划"项目，而不是一种荣誉称号。同时，这些"人才计划"项目，在吸引和鼓励海外优秀青年学者回国工作、繁荣学科建设、孕育创新研究群体和创新团队、造就活跃在世界科技前沿和关键领域的学术带头人、提升我国基础和应用研究实力水平和产出重大科技创新成果等方面都发挥了重要作用。但随着国家和地方政府高度重视人才的培养和引进、高校和科研院所经费的极大改善,特别是"人才计划"项目所凸显出来的积极影响和在成果产出、团队建设等方面所发挥的重要作用,使得相关省(自治区、直辖市)政府、相关大学和科研院所从引进培养高端人才,提升本地区、本单位创新能力出发,纷纷出台了名目繁多的"人才计划"项目,使得相关"人才计划"项目一定程度上偏离了设立的初衷,被逐步炒作和异化为"头衔"或"荣誉",造成"人才'帽子'满天飞"。特别是与对创新单元的评估、评价、资源配置和对科技人员的待遇等直接挂起钩来或作为重要标准,从而引发了一系列负面效应:影响了人才成长的环境、助长了浮躁的科研风气、增长了急功近利的学术泡沫化、扰乱了正常的科研生态、加剧了人才的无序竞争,更使一部分青年学者动摇了学术追求的目标,偏离了致力于开展原始创新研究和国家重大需求研究的正确方向。

习近平总书记在两院院士大会上强调,"要营造良好创新环境,加快形成有利于人才成长的培养机制、有利于人尽其才的使用机制、有利于竞相成长各展其能的激励机制、有利于各类人才脱颖而出的竞争机制,培植好人才成长的沃土,让人才根系更加发达,一茬接一茬茁壮成长"[1]。根据习近平总书记的重要讲话精神,针对上述在人才培养造就中存在的两个主要问题,提出以下建议:

一是建立更加科学有效的科技人才评价体系。目前,我国人才队伍建设已由快速增长向高质量、高水平增长转变。适应这种转变,我们

---

[1] 习近平:《在中国科学院第十九次院士大会、中国工程院第十四次院士大会上的讲话》,人民出版社 2018 年版,第 21 页。

必须不断深化人才体制机制改革,着力用好、发挥好"科技评价"的指挥棒作用。

(1)要"改变以静态评价结果给人才贴上'永久牌'标签的做法,改变片面将论文、专利、资金数量作为人才评价标准的做法"。[1]

(2)"要创新人才评价机制,建立健全以创新能力、质量、贡献为导向的科技人才评价体系,形成并实施有利于科技人才潜心研究和创新的评价制度"。[2]

(3)构建分类评价机制,改变唯学历、唯职称、唯论文等倾向。基础研究主要评价其强化原始科学创新,在科学发现、理论创新、创造性解决重大科学问题、引领学科发展方向上所取得的成绩;应用研究主要评价其在关键核心技术突破、系统集成创新和成果转移转化及产生显著经济社会效益方面所取得的成绩。

(4)战略高技术研究主要评价其在突破关键共性技术、前沿引领技术、现代工程技术和颠覆性技术方面所取得的成绩;优化评价的频次和实效,减少不必要的申报表格和审批程序,"不能让无穷的报表和审批把科学家的精力耽误了!"[3]

(5)构建国际与国内专家相结合的评价机制。引入产业界、社会高水平专家和国际同行专家共同组成评估组,建立第三方评估制度。在这方面,中国科学院已先行在研究所"一三五"国际专家诊断评估中进行了大胆改革与尝试,取得了良好效果。建议国家进行系统总结与

---

① 习近平:《在中国科学院第十九次院士大会、中国工程院第十四次院士大会上的讲话》,人民出版社 2018 年版,第 19 页。

② 习近平:《在中国科学院第十九次院士大会、中国工程院第十四次院士大会上的讲话》,人民出版社 2018 年版,第 19 页。

③ 习近平:《在中国科学院第十九次院士大会、中国工程院第十四次院士大会上的讲话》,人民出版社 2018 年版,第 19 页。

推广,真正"把人的创造性活动从不合理的经费管理、人才评价等体制中解放出来"。

二是坚决遏制"人才'帽子'满天飞"的现象。全面梳理总结现有各类"人才计划"项目自实施以来所取得的成效和存在的问题,优化整合质量不高和成效不突出的"人才计划"项目,逐步压缩和大幅减少"人才计划"项目,切实改变"人才计划"项目重复交叉和"九龙治水"局面,集中优势资源着力构建由中央人才工作协调小组直管的国家人才支持平台,使"人才计划"项目在国家人才队伍建设中切实发挥不可或缺的重要作用;严格"人才计划"项目的遴选制度,坚持以创新能力、创新质量、创新贡献、创新潜力和团队建设为标准,确保入选者的质量、水平和公信力;突出强调"人才计划"只是一种项目,不是一种"头衔"和"荣誉"称号;更加重视人才的培养和引进,把自主培养放在更加突出位置,让自主培养的人才和海外引进人才在"人才计划"项目选拔、科研项目承担、职称职务评审晋升、创新平台搭建等方面享受同等待遇、站在同一起跑线上,用学术能力和创新贡献来度量所有的科技人员;进一步建立"实施边远贫困地区、边疆民族地区和革命老区人才支持计划"①,着力保障"人才计划"项目获得者和高端人才在边远贫困地区和欠发达地区的稳定发展,对较长时期在艰苦贫困地区工作的科技人才,在资源和政策等方面给予特殊的支持,为精准扶贫夯实坚实的人才基础;建立"人才计划"项目的后评价和动态调整机制,对项目完成好、科技产出成绩突出的"人才计划"项目获得者给予持续的支持,对未达到"人才计划"项目目标要求的人员,不再予以支持;建立"人才流动"的专用平台补偿机制,对以高薪、高待遇挖走"人才计划"项目获得

---

① 中共中央文献研究室编:《十七大以来重要文献选编》,中央文献出版社2011年版,第835页。

者和学术带头人的单位,将该"人才计划"项目获得者和学术带头人在原单位所搭建的专用仪器设备一并转交给人才引进单位,其原所在单位向人才引进单位收取专用平台建设补偿费,避免有限科技资源的浪费,同时还可以遏制人才无序竞争的乱象;努力为"人才计划"项目获得者和科技人员潜心致研营造一种更加宽松的环境,着力打造良好的创新文化生态,激励他们"弘扬科学报国的光荣传统,追求真理、勇攀高峰的科学精神,勇于创新、严谨求实的学术风气,把个人理想自觉融入国家发展伟业,在科学前沿孜孜求索,在重大科技领域不断取得突破"①。

---

① 习近平:《在中国科学院第十九次院士大会、中国工程院第十四次院士大会上的讲话》,人民出版社 2018 年版,第 22 页。

构建现代科技创新治理体系
全面提升科技创新供给能力①

中国科学院 白春礼

习近平总书记在 2018 年 5 月 28 日召开的两院院士大会上指出，进入 21 世纪以来，全球科技创新进入空前密集活跃的时期，新一轮科技革命和产业变革正在重构全球创新版图、重塑全球经济结构。科学技术从来没有像今天这样深刻影响着国家前途命运，从来没有像今天这样深刻影响着人民生活福祉。面对新时代我国经济社会发展、国家安全等各领域对科技创新的新要求，我们要坚持以习近平总书记关于科技创新的重要思想为指引，以突破关键核心技术为牵引，加快科技体制机制改革，培养引进高端创新人才，加大基础研究投入，厚植创新发展土壤，构建完善的现代科技创新治理体系，全面提升科技供给能力，充分发挥科技创新引擎作用，为建设世界科技强国作出应有贡献。

一、我国科技创新能力实现历史性跨越

改革开放 40 年来，我国在薄弱的科技条件和基础上，充分发挥体

---

① 原文载于《中国党政干部论坛》2018 年第 6 期，收入此书时略有修改。

制机制优势,不断释放创新活力,经过短短几十年的艰苦奋斗,已发展成为具有重要影响力的世界科技大国,创新能力实现了历史性跨越,科技创新已经成为经济社会发展的第一生产力。

科技创新战略不断发展完善,体制机制改革取得重要进展。改革开放后,我们党根据不同发展阶段的要求,不断完善发展国家科技创新发展战略,引领我国科技创新事业不断取得新成就。党的十八大以来,以习近平同志为核心的党中央作出了实施创新驱动发展战略和建设世界科技强国的重大决策,我国科技创新发生了整体性、全局性、历史性重大变革。国家创新体系和创新格局出现重大变化,高水平创新载体全面布局。北京、上海具有全球影响力的科技创新中心和上海张江、安徽合肥、北京怀柔国家综合性科学中心建设快速推进,雄安新区和粤港澳大湾区国际科技创新中心完成顶层设计和规划,全面创新改革示范区取得一批可推广可复制的经验。着力打造国家战略科技力量,启动国家实验室建设,国家科技创新基地和重大科技基础设施形成新格局,逐步构建起重大创新的策源地。科技体制改革取得重大突破,创新发展活力不断增强。中央财政支持的科技计划项目优化整合,科技计划管理改革取得决定性进展。科技成果转移转化体系建设取得重大突破,实行以增加知识价值为导向的分配政策,进一步明确科技创新成果处置权、收益权,简化成果转化流程,充分调动了科研人员积极性。科技创新治理体系的结构和功能更加优化。

科技创新投入产出高速增长,科技创新综合实力迅速提升。改革开放后,特别是党的十八大以来,我国科技创新的投入规模快速增长。从投入来看,2017 年,全社会 R&D 支出达到 1.76 万亿元,接近 2000 年的 20 倍。研发经费投入强度上升到 2.12%,达到中等发达国家平均水平。研发人员全时当量达 388 万人/年,居世界第一。高强度投入推动我国科技创新能力正在从量的积累向质的飞跃、从点的突破向系统能力提升转变。2017 年,我国高质量论文和自然科学指数均居世界第二位。发明专利申请量和授权量均居世界第一位,PCT 专利居世界第二位。移动支付、网购、网约车、在线教育、移动医疗等新科技、新模式正在让生活变得更便捷、更美好。全社会创新创业的热情空前高涨,企业创新能力快速提升。科技进步对经济增长贡献率达到 57.5%。科技创新对经济社会发展的支撑作用不断凸显。

重大创新成果持续涌现,科技创新能力迈上新台阶。在面向世界科技前沿的基础研究领域产出了铁基高温超导、量子反常霍尔效应、中微子振荡、外尔费米子、暗物质探测、干细胞与再生医学等一批重要原创成果。在载人航天、空间科学、深海深地探测、超级计算、人工智能、集成电路等面向国家重大需求的战略高技术领域持续取得重大突破;高速铁路、第四代核电、新一代无线通信、大型客机、超高压输变电等面向国民经济主战场的产业关键技术迅速发展成熟。科研基础条件大幅改善,500 米口径球面射电望远镜、上海光源、稳态强磁场实验装置、干细胞诱导培养设备、散裂中子源等一批具有世界先进水平的重大科技基础设施已建成投入使用;硬 X 射线自由电子激光装置、综合极端条件试验装置、子午工程二期等已开工建设,为推动重大科学突破奠定了坚实的物质技术基础。

二、准确理解和把握我国科技创新发展面临的新形势新要求

党的十九大开启了全面建设社会主义现代化强国新征程,作出了

建设创新型国家和世界科技强国的战略部署。我国经济发展也进入到高质量发展新阶段,创新成为建设现代化经济体系的战略支撑。但我们也要清醒地认识到,我国科技创新总体能力和治理水平与建设世界科技强国的目标要求相比,还存在一定的差距,科技创新在视野格局、创新能力、资源配置、体制政策等方面存在诸多不适应的地方。

我国科技创新整体实力已接近世界第一方阵,但仍存在一些不足和短板。高端芯片、操作系统、航空发动机、精密仪器与设备、重要药品等事关国家安全和人民生命健康的关键核心技术研发能力还比较薄弱。部分高端制造业基础工艺比较落后,市场竞争力还不够强。基础研究能力还需要进一步强化,引领重大科技创新领域发展、开拓学科方向的原创性成果不够多。科技人才队伍的水平和结构需要进一步优化,高水平科技创新人才,尤其是能改变重大科技创新领域国际格局的战略科学家和能实现颠覆性创新的领军人才相对不足。

科技体制改革中的"深水区"有待进一步突破。科技创新体系中不同主体的定位有一定的重叠,重复布局、资源分散等现象还不同程度存在。资源配置模式有待优化,学术团体、行政决策、市场机制在科技资源配置中的作用需要进一步厘清。社会公众和企业对知识产权的认知度和保护意识需要进一步提高。全社会崇尚科学、鼓励创新的氛围还不太浓厚。

新一轮科技革命孕育兴起,为我们实现跨越和赶超提供了历史机遇。科技创新的重大突破和快速应用将重塑全球经济体系和产业结构,使产业和经济竞争的赛场发生转换。当前,全球科技创新进入空前活跃期,基础研究成果转化为现实生产力的周期大大缩短。人工智能、脑科学、基因编辑、新材料等前沿领域的突破,将使社会生产和人类生活方式发生根本改变。我们绝不能再重蹈历史上与科技革命失之交臂的覆辙,要加强前瞻布局,补齐短板弱项,抢占科技制高点,为实现创新跨越发展注入新动能。

三、加快构建适应世界科技强国建设需要的科技创新治理体系

当前,世情、国情深刻变化,世界科技发展日新月异,创新驱动发展的任务十分艰巨。我们要深入贯彻落实习近平新时代中国特色社会主义思想和党的十九大精神,以构建中国特色国家创新体系为目标,全面深化科技体制改革,推动以科技创新为核心的全面创新,推进科技治理体系和治理能力现代化。牢牢把握创新驱动发展的根本要求,坚持问题导向,增强创新自信,加快构建符合科技创新规律、适应世界科技强国建设需要的科技创新治理体系,紧密围绕国家重大战略需求,明确战略重点和主攻方向,着力在关键领域、"卡脖子"的地方下功夫,推动自主创新不断取得新突破。

一是坚持走自主创新道路,充分发挥集中力量办大事的制度优势,坚决打赢关键核心技术攻坚战。习近平总书记指出,核心技术受制于人是最大的隐患,而核心技术靠化缘是要不来的,大国重器必须掌握在自己手里。只有把关键核心技术掌握在自己手中,才能从根本上保障国家经济安全、国防安全和其他安全。他还强调,坚持走自主创新道路并不意味着闭门造车,而是要以我为主推动全球创新体系优化,充分利用国际国内两种资源。习近平总书记的这些重要论述具有很强的针对性和前瞻性。近期,中美贸易摩擦给我们以深刻启示,真正的关键核心技术单纯靠市场是买不来的,必须要走独立自主、自力更生的道路。要

下定决心、保持恒心、找准重心，切实发挥好举国体制作用。政产学研用要形成合力，延长创新链条，持续协同攻关。要从国家层面超前谋划、前瞻布局，瞄准解决重大问题的重大专项，提升对产业的控制能力。要努力把市场优势真正转化为创新优势，不断提高对全球创新资源的配置力，掌握未来技术竞争新赛场的规则制定权和主导权。要遵循技术发展规律，做好体系化技术布局，支持不同技术路线、技术架构的研发，培育多类型的优质高效创新生态系统。只有综合施策才能切实解决我国核心技术的自主创新发展问题。

二是以科技创新中心和国家实验室建设为牵引，强化国家战略科技力量，不断完善国家创新体系。习近平总书记强调，科技创新的战略导向十分紧要，要强化战略科技力量，加强国家创新体系建设。要在若干重大创新领域组建一批国家实验室，发挥骨干引领作用，带动国家战略科技力量的优化强化。要重视国家科技资源和力量的战略空间布局，建设具有全球影响力的科技创新中心，强化科技创新的集聚放大效应和示范带动作用。科技创新中心和国家实验室建设要充分体现国家意志，聚焦重大战略需求，打造全球原始创新策源地，形成全球开放创新示范核心区，提高我国在世界科技发展和全球创新治理中的影响力。2013 年 7 月 17 日，习近平总书记在视察中国科学院时，充分肯定中国科学院是一支党、国家、人民可以依靠可以信赖的国家战略科技力量。2018 年 5 月 28 日，习近平总书记在两院院士大会上再次强调，中国科学院、中国工程院等要继续发挥国家战略科技力量的作用。

中国科学院将坚定国家战略科技力量的使命定位不动摇，牢牢把握科技创新中心和国家实验室建设的战略机遇，积极发挥科技和人才优势，按照"高起点、大格局、全链条、新机制"的思路，整合全院相关研究力量，统筹部署基础前沿科学研究、关键核心技术研发和重大科技基础设施建设,在科技创新中心和国家实验室建设中发挥骨干引领作用。与国家创新体系中的大学、企业研发机构等其他创新主体一道,围绕创新链,立足定位发挥好各自优势,形成功能互补、良性互动的协同创新新格局。

三是完善科技资源配置模式,充分利用各类经济资源,提高科技投入产出效率。我们要加快形成以国家战略需求为导向,以重大产出为目标,责权利清晰的资源配置模式。进一步明晰学术团体、行政决策、市场机制在资源配置中的不同作用。发挥好专家咨询作用,提升科技资源配置的前瞻性。强化国家决策在战略性科技项目和重大工程中的主导地位。发挥市场在资源配置中的决定性作用,鼓励引导社会资本深度参与科技创新。加强经济资源统筹,强化科学有效监管,推进预算绩效评价体系建设,提高科研资源的使用效率。发挥好经济资源在推进科技创新中的重要支撑和保障作用,不断激发创新活力。

四是改进人才培养和引进模式,搭建各类人才施展才能的广阔舞台,打造一支梯次有序、结构合理、业务精湛的科技创新人才队伍。人才是创新的根基,创新驱动实质上是人才驱动。要把科技创新搞上去,就必须改革和完善人才发展机制,建设好创新人才队伍。我们要努力改进人才使用、培养、引进等不同环节中的问题,着力解决制约科技创新发展的人才瓶颈。要注重通过科技融合让青年学生在创新最活跃的领域中学习实践,把握好个人创新的黄金时间段。要完善团队引进政策,加大"领军人才+团队"引进力度。要尊重领军人才的自主性和积极性,从政策制度、资源配置等方面,支持建立完整工作链条和分工明确的科研组织模式。要依托重大项目和高水平科研基地,锻炼培养能把握世界科技大势、研判创新方向的战略科技人才。

五是实行严格的知识产权保护制度,大力弘扬科学精神和专业主义,营造良好创新氛围,厚植创新土壤。我们要完善知识产权服务体系,加大知识产权执法力度,引入惩罚性赔偿制度,从根本上解决裁判尺度不统一、地域保护、诉讼程序复杂、违法成本过低等制约知识产权保护的突出问题,形成稳定的创新预期,切实保护创新主体的首创精神。要完善鼓励创新的激励机制,从制度倾向、舆论导向上鼓励创新,建立公平竞争氛围,营造良好的创新环境,让敢创新、会创新、能创新的人受尊重、有舞台。要加快构建学术诚信体系,切实做到对学术不端行为零容忍。要充分激发企业家精神,调动全社会创业创新积极性,汇聚起推动创新发展的磅礴力量。

科技强国的宏伟蓝图已经绘就,科技创新的大潮已澎湃而起。我们广大科技工作者要牢记科技报国、创新为民的初心,立足于国家发展和人民幸福对科技创新的迫切需求,着力攻克关键核心技术,努力破解创新发展难题,在重大科技创新领域不断取得突破,为加快建设世界科技强国不断作出新的更大贡献。

基础研究是建设科技强国的基石

中国科学院上海有机化学研究所 丁奎岭

一、建设科技强国,科技工作者使命在肩

2018 年对于科技工作者来说是意义非凡的一年。我们在迎来建党 97 周年的同时,也迎来了改革开放 40 周年和"科学的春天"到来 40 周年。在 2017 年召开的党的十九大上,习近平总书记从战略高度强调创新是引领发展的第一动力,是建设现代化经济体系的战略支撑,为新时代加快建设创新型国家和世界科技强国指明了方向,也赋予了我们科技工作者新的任务、新的使命。

作为一名科技工作者,不仅为之振奋,更多的是感觉到了一种使命和责任。一位 90 多岁的资深院士深情地说:"中国的现在是科学技术发展的最好时期,中国是科学技术发展的最好地方。"我还想再加一句:"中国是对科技创新的需求最为迫切的国家。"毫无疑问,中国科技的发展,特别是党的十八大以来,科技创新在国家发展中受到前所未有的重视和支持,"创新驱动发展"已经成为国家战略,科技创新能力快速提升,一批重大原创成果,一些重要学科方向和技术领域进入世界先

进行列,科技创新正在不断地改变着我们的生活,科技创新正在实现从
"跟跑"到"并行和领跑"的转变。

二、建设科技强国,基础研究是基石

在科技发展取得众多成果的同时,一场突如其来的"中兴事件"却
又给我们敲响了警钟,让大众关注到了中国芯片的"卡脖子"问题。芯
片的核心技术之痛,正是缘于多年来我国相关基础研究的缺位——没
有高水平的基础研究持续支撑,就难以产生系统的核心技术体系。随
着技术和产业的发展,这会带来一系列知识产权问题,以致在产业发展
中经常受制于人。尽管基础研究所产生的论文最后多以公开形式发
表,世界上任何人都可以阅读,但从中探索积累的知识、思路、经验,以
及对未来方向的判断力,却不是可以轻易被深入理解的。因此,看似并
不产生直接经济效益的基础研究,实则对于一个国家具有特殊的重要
意义。建设科技强国,提升全球影响力,离不开高科技的牵引,而真正
能够支撑高科技产业发展的,必定是基础研究的原始创新。只有基础
研究真正达到了一定的高度和水平,才会在与产业结合的厚实度中体
现出来,并为产业提供源源不断的滋养——有了坚实、前沿的基础研
究,新技术在产业中的应用才会更有底气;对产业未来的发展方向,才
能有更好的把握。

然而,走到一个领域的世界前沿,绝非一日之功,而基础研究又难
以进行规划,因为原始创新常常诞生于好奇心驱动和意外发现。要保
持在科学前沿,并能够引领一个学科的发展,就需要有一个良好的创新
生态,为基础研究创造一个稳定的发展环境。习近平总书记多次强调:

发展是第一要务,人才是第一资源,创新是第一动力。要实现我国科技创新从"跟跑者"向"并行者""领跑者"的转变,实现建设科技强国的目标,强化基础研究和应用基础研究势在必行。如果没有基础研究原始创新的支撑,并行和领跑无从谈起。从这个意义上讲,基础研究是建设世界科技强国的基石。

三、强化基础研究,增强原始创新能力的几点建议

我国尽管在科技领域取得了许多重要成果,但目前我们的进步主要还是点上和局部的,未来我国基础研究的原始创新需要从"点"到"面"上的突破,只有构筑起基础研究的"青藏高原",才能不断攀登"珠穆朗玛峰"。而在这一过程中,最关键的是要遵循科学规律,以全球视野前瞻谋划,发挥制度优势,精准发力,不仅仅需要组织大的科学工程和计划,还要更多地为自由探索留出空间,为原始创新提供土壤,突出高水平基础研究人才的培养和引进。因此建议:

一是进一步加大科技投入,不断提升基础研究投入比重。科技研发与投入是科技创新的基础,尽管我国科技投入总量已位居世界第二,但是整体水平特别是政府对基础研究的投入水平与科技强国相比依然很低。建议增加科技整体投入,争取在 2020 年达到 GDP 的 2.5%,而基础研究在整个科技投入中争取达到10%。

二是把握宏观趋势,鼓励自由探索。基础研究是很难以大科学工程的模式进行组织的,事实上大部分的重大原始发现不是靠大科学工程组织方式获得的。建议基础研究的战略规划和重大项目部署,重点把握宏观趋势。政府在加大对基础研究的投入时,更多地为自由探索

留出空间,持续地支持看似"天马行空"的创新想法。持续发挥国家自然科学基金的作用,加强国家相关"基础研究"品牌计划的项目布局。

三是发挥制度优势,优化人才战略。实现基础研究原始创新的根本是高水平的人才,抓住了高水平的人才培养与引进,就抓住了基础研究原始创新的牛鼻子。抓住国际战略机遇期,重点解决"高精尖"科技人才的短缺问题,优化各类人才工程,持续加大国家"千人计划"(特别是青年千人)、"国家杰出青年科学基金"等品牌计划的支持力度;鼓励地方政府和用人单位加大对人才的投入,与国家计划形成合力;不断优化人才结构,创造人尽其才的机会,并均衡调控人才在行业、领域、区域间的配置,着力解决人才的不平衡问题;优化用人环境,尽快落实《关于分类推进人才评价机制改革的指导意见》,减少人才的恶性竞争和无序流动,使优秀人才安心致研。

习近平总书记在2018年两院院士大会上指出:"我们比历史上任何时期都更接近中华民族伟大复兴的目标,我们比历史上任何时期都更需要建设世界科技强国!"[①]建设科技强国的基石是基础研究,这块基石如果不牢,科技强国之梦就只能是空中楼阁。我们处在一个伟大的时代,可以说是生逢其时,但更多的是沉甸甸的责任。相信只要每个科技工作者勇挑重担、奋发攻坚、勠力同心,为建设世界科技强国努力奋斗,积极展现新作为,就一定能够不辱使命、不负新时代。

①　习近平:《在中国科学院第十九次院士大会、中国工程院第十四次院士大会上的讲话》,人民出版社2018年版,第8页。

加强应用基础研究　促进技术创新

石油化工科学研究院
华东师范大学　何鸣元

习近平总书记在 2018 年两院院士大会上指出:"我们比历史上任何时期都更接近中华民族伟大复兴的目标,我们比历史上任何时期都更需要建设世界科技强国!"[1]习近平总书记还说,"党的十八大以来,我们总结我国科技事业发展实践,观察大势,谋划全局,深化改革,全面发力,推动我国科技事业发生历史性变革、取得历史性成就"[2]。改革开放以来,邓小平同志曾多次对科学技术是第一生产力进行论述,高度概括了科学与技术在社会生产发展中的重要性。科学与技术两者既密切相关不可分割,又各有其不同的内容。科学可以认为是人类在认识自然的过程中所形成的一系列不同的理论体系的集合;技术则可以认为是人类在已取得的科学知识的基础上所发展的利用和改造自然的手段。技术的进步源于科学的发展。科学和技术之间的关系随着近代的

---

①　习近平:《在中国科学院第十九次院士大会、中国工程院第十四次院士大会上的讲话》,人民出版社 2018 年版,第 8 页。

②　习近平:《在中国科学院第十九次院士大会、中国工程院第十四次院士大会上的讲话》,人民出版社 2018 年版,第 2 页。

历史发展越来越密切。社会发展和市场需求是促进科学向技术转化的重要动力,特别是近年来市场需求的推动作用越来越大。科学和技术的密切结合和高度统一应是当代社会发展的重要特征。基础研究的每一个重大突破,往往都会对人们认识世界和改造世界能力的提高、对科学技术的创新、主技术产业的形成和经济文化的进步产生巨大的不可估量的推动作用。

众所周知的中国古代四大发明——火药、指南针、造纸术和印刷术,充分体现了中国人民的智慧和科学创新能力,在世界历史上享有盛誉。然而,这些重要发明对世界历史起到真正的推动作用则是在它们被传播到中世纪的欧洲之后。马克思曾指出:"火药、指南针、印刷术——这是预告资产阶级社会到来的三大发明。"①近代科学的奠基人之一弗朗西斯·培根早在 1605 年就指出,"印刷术、火药和指南针这三种东西已改变了世界的面貌。……这种变化如此之大,以至没有一个帝国,没有一个宗教教派,没有一个赫赫有名的人物,能比这三种发明在人类的事业中产生更大的力量和影响"。然而,这些发明在它们的起源地——中国,却并未真正地被应用于征服和改造自然,因而也没有对社会和历史产生巨大的作用。在当时的中国,科学上的发现与创新往往不能导致技术上的进步,其原因可能是多方面的,但必然和长期的封建社会所形成的轻视实践、轻视应用的文化传统有密切的关系。以应用为先导,不以应用为目标,则不能实现科学与技术的密切结合,不能实现从科学发现达到技术创新,从认识自然达到利用改造自然这一目标。

科学的目标是认识世界,探求客观真理并揭示客观规律,是由客观

---

① 《马克思恩格斯文集》第 8 卷,人民出版社 2009 年版,第 338 页。

达到主观的过程,其所得可用来作为人们改造世界的指南;技术的目标是改造世界,是由主观达到客观的过程,创造并提供人们改造自然的手段。科学是发现,技术是发明;科学是发现世界上已有的东西,技术是发明世界上没有的东西。探讨科学和技术两者之间的关系还可以发现,科学是技术的归纳和升华,是实践的抽象;技术是科学的演绎、具体化、实用化,是科学理论的应用。"创新"是什么? 创新确切地说所体现的应是人类从主观世界到客观世界的过程,其目标是创造并获取改造世界的方法和手段,其所追求的是发明。

人类的科技活动所包含的基础研究、应用基础研究、应用研究、开发研究等内容,大致上可以区分为基础研究与应用研究两个范畴,分别与科学和技术两者的内涵相对应。基础研究的目标在于获取认识自然的知识,而应用研究的目标则在于获取改造自然的手段。应用基础研究应属于基础研究的范畴。它是连接基础研究与应用研究的重要环节。应用基础研究寻求的是为开发新技术而进行的应用研究所必需的科学知识,它更直接地为应用研究提供基础。由此可见,应用基础研究具有重要的地位和作用。在"基础研究"之前冠以"应用"构成"应用基础研究"这一概念,恰如其分地体现了"应用"的重要先导作用。从应用基础研究到应用研究,始于应用而终于应用,才可能完成从认识自然到改造自然、从科学发现到技术创新的重要过程。技术进步推动了生产发展,反过来又为从理论上征服自然提供了手段。在商品经济或市场经济的社会,"应用"即等同于"商品化"或对市场的进入。

技术成果的"工业化",西方国家直称之为"Commercialization",可见市场经济的主导作用。从应用基础研究到应用研究,最终完成的实际上是始于市场而终于市场的过程。

应用基础研究的特征大致可概括如下:

第一，从其内涵来看应属于基础研究的范畴，但其目标则是寻求为开发新技术而进行应用研究所必需的科学知识。

第二，从推动力的角度看，其根本的推动力在于市场的需求，从市场的需求出发，由市场来决定其最终价值。科学技术的总体发展始终为各种新的科学发现和技术创新提供基础并起着促进的作用，但是市场是最根本的推动因素。

第三，从认识论的角度看，应用基础研究无疑遵循实践—认识—实践这一过程。应用基础研究应始于实践、始于探索、始于发现。在研究工作中，首先努力从实验探索中（在一定的理论知识指导下）获取新的发现，然后通过进一步的实验，并与理论知识相结合，形成新的认识，对新的科学认识的实验确认以及基于新的科学认识的实验设计，便有可能构成某种新技术的基础。技术专利的形成和申请常常就在完成这一"实践—认识—实践"过程之后。这里要强调的，一是虽然应用基础研究属于基础研究的范畴，但往往始于接近于应用的探索实验；二是一般来说，知其然往往先于知其所以然，亦即"Know How"往往先于"Know Why"。

第四，马克思主义的一个重要特征就是其批判性与革命性，应用基础研究取得成功亦即最终实现技术创新的必要条件，一是对有关领域的科学知识充分的占有，二是对有关领域的现有技术充分的了解，尤其是对现有技术的不足应有深刻的认识和批判。创新需要批判的精神。技术的进步和跨越始于对现有技术的批判。认识现有技术的不足，通过导向性基础研究获取新知识并发现新技术生长点，继而通过应用研究发展新技术。全新的知识来自真正的原始性创新，只有基于全新的科学知识基础，才可能创造颠覆性或变革性的新技术，实现技术的更新换代。

　　第五,能导致技术创新或技术突破的新认识的获取及新观念的形成,是应用基础研究的核心。简言之,应用基础研究就是要寻求实现技术突破的新观念。

　　习近平总书记在报告中对应用基础研究所做的精辟论述是:"要加大应用基础研究力度,以推动重大科技项目为抓手,打通'最后一公里',拆除阻碍产业化的'篱笆墙',疏通应用基础研究和产业化连接的快车道,促进创新链和产业链精准对接,加快科研成果从样品到产品再到商品的转化,把科技成果充分应用到现代化事业中去。"①这无疑为我们加强应用基础研究提供了指引。

---

　　①　习近平:《在中国科学院第十九次院士大会、中国工程院第十四次院士大会上的讲话》,人民出版社 2018 年版,第 12 页。

不忘科技报国初心　牢记科技强国使命

中国科学院　侯建国

在 2018 年两院院士大会上,习近平总书记发表重要讲话。他指出:"中国要强盛、要复兴,就一定要大力发展科学技术,努力成为世界主要科学中心和创新高地。""我们比历史上任何时期都更接近中华民族伟大复兴的目标,我们比历史上任何时期都更需要建设世界科技强国!"①习近平总书记的殷切希望,为科技工作者在前沿领域乘势而上、奋勇争先,在更高层次、更大范围发挥科技创新的引领作用指明了方向,对于当前和今后的科技创新工作具有重要的指导意义。

建设世界科技强国,是以习近平同志为核心的党中央在新的历史起点上作出的重大战略决策,这一重大决策与实现中华民族伟大复兴的中国梦目标高度契合,符合建设社会主义现代化强国的理论逻辑和历史逻辑。总体上看,经过多年的积累和发展,尤其是最近五年的持续努力,中国在科技创新的整体投入、科技人力资源等方面进步显著,且发展势头强劲。在世界知识产权组织公布的 2018 年全球创新指数排名中,中国的排名首次进入前 20,表明中国创新能力显著提升。科技

---

① 习近平:《在中国科学院第十九次院士大会、中国工程院第十四次院士大会上的讲话》,人民出版社 2018 年版,第 8 页。

创新对经济社会发展的支撑作用也不断加强,一些新科技、新产业、新业态正在让生活变得更便捷、更美好。从历史来看,我国科技创新事业正处于最好的发展时期,我们比历史上任何时期都更接近建成世界科技强国的目标,也比历史上任何时期都更加接近中华民族伟大复兴中国梦的实现。

伴随着我国经济从高速增长进入中高速增长的新常态,技术进步与扩散、人力资本、资源环境约束等掣肘经济社会发展的长期性因素日益凸显。我们也清醒地认识到,与建设世界科技强国的目标要求相比,我国科技创新总体能力和治理水平还存在诸多不适应的地方。例如,科技创新能力总体不强,原始创新能力不足,高端科技产出比例偏低,产业核心技术、源头技术受制于人的局面没有根本性改变。站在世界新一轮科技革命和产业变革与我国转变发展方式的历史性交汇期,科技创新工作既面临着千载难逢的历史机遇,又面临着差距拉大的严峻挑战。实践反复告诉我们,中华民族伟大复兴,绝不是轻轻松松、敲锣打鼓就能实现的,科技工作者必须准备付出更为艰巨、更为艰苦的努力。

一、坚定理想信念,传承爱国奉献的优良传统

自古以来,中国的知识分子就素有"先天下之忧而忧,后天下之乐而乐"的爱国情怀。到了近现代,中国更不缺乏胸怀祖国、无私奉献、淡泊名利的优秀科学家。以钱学森、邓稼先、郭永怀为代表的老一辈科学家,热爱祖国、无私奉献、自力更生、艰苦奋斗,克服了各种难以想象的艰难险阻,突破了一个又一个技术难关,独立自主研制成功"两弹一

星",显示了中华民族在自力更生基础上屹立于世界民族之林的坚强决心和能力。以南仁东、黄大年、钟扬为代表的新一代科学家,心有大我、至诚报国、坚毅执着、淡泊名利,对科技报国初心的牢牢坚守,对科技创新使命的执着追求,激励着新时代广大科技工作者不断前行。习近平总书记在两院院士大会上这样高度评价优秀科技工作者:长期以来,一代又一代科学家怀着深厚的爱国主义情怀,凭借深厚的学术造诣、宽广的科学视角,为祖国和人民作出了彪炳史册的重大贡献。

肯定意味着责任,荣誉意味着担当。每位新时代的科技工作者,都应该从科技报国的先行者中汲取精神力量,强化牢记科技报国的初心并矢志不渝,肩负科技强国的使命并砥砺前行,把个人理想追求自觉融入到国家民族发展事业中,勇于创新、严谨求实,在科学前沿不断探索,在重大科技领域不断取得突破。

二、准确把握历史方位,遵循科学技术发展规律

要准确理解和把握我国科技创新发展面临的新形势、新要求,需要对我国科技发展的阶段性特征有更加准确的分析判断。尽管我国的基础科学研究快速发展壮大,科技论文发表数量和专利申请数量稳居世界前列,但与美国、欧洲、日本等科技发达国家(地区)相比,在科研质量上仍然差距较大,总体表现在:标志性的重大原创新理论有待整体突破,缺乏提出新科学思想和开创新科学领域的能力,各个学科领域基本上还是以跟踪研究为主,个别处于领跑地位的研究领域多数是点上突破,尚未形成整体的学科领先和系统性的理论体系。

在传统产业升级、新兴产业培育发展所需的技术领域,科技供给与需求的结构性矛盾突出,技术有效供给不足、质量不高,一些传统产业的基础性工业化技术还没有过关,新兴产业缺乏关键核心技术,基础软硬件和高端信息设备严重依赖进口。最近的"中兴事件",让我们更加清醒地认识到,夯实基础、补齐短板是我国当前科技发展的根本任务。面对产业转型升级科技供给和战略性新兴产业"卡脖子"关键核心技术的紧迫需求,我们既要有紧迫感和危机意识,更要头脑冷静、深入分析、精准施策。

虽然世界各国建设科技强国的历史机遇和发展路径等各不相同,但发展的内在逻辑是相通的,很大程度上得益于基础研究、应用研究、产业研发等不同创新单元的相互衔接、协同共进。

强大的基础研究是建设世界科技强国的基石。它的活跃程度与水平以及原创成果的数量和质量,决定着一个国家的创新能力和水平。要深刻认识基础研究的"无用之用是为大用",尊重基础研究"探索自然客观规律、拓展人类认知边界"的本质属性。基础研究经常孕育重大突破,具有不确定因素多、研究周期长等特点,从事基础研究的科研人员要有"为人类文明作贡献"的理想,敢于挑战科学难题,要有"一辈子全心全力只干一件事"的恒心毅力,甘坐冷板凳,肯下苦功夫。

政府应突出以人为导向,加大中央财政对基础研究的稳定支持力度,引导鼓励地方、企业和社会力量增加基础研究资金投入强度,特别是持续支持短期内无直接经济回报,但可能具有突破性贡献的基础研究,进一步加强基础研究基地和条件平台建设,完善对高校、科研院所从事基础研究科学家的长期稳定支持机制,遵循基础研究灵感瞬间性、方式随意性、路径不确定性的发展规律,对选准的优秀科学家给予充分信任,在研究过程中减少不必要的干预,"不能让繁文缛节把科学家的手脚捆死了,不能让无穷的报表和审批把科学家的精力耽误了"①。

与基础研究不同,应用研究和产业研发具有明确的目的性和鲜明的市场特征,更依赖各类创新要素的凝聚和协同。拥有论文数量世界第一,但重大科技突破性成果严重缺乏,拥有发明专利申请数量世界第一,但平均转化率普遍偏低,关键核心技术受制于人,严峻的现实再次证明,当前我国企业、高校、科研机构等各类创新主体尚未完全形成定位清晰、互促共进、有机衔接的一体化创新链条,科技创新中的"孤岛"现象还未根本改观,科技成果向产品和市场的转移转化路径还没有完全畅通。解决我国传统产业升级、新兴产业培育发展的"短板"和"软肋",各主体的功能定位和有效互动至关重要。

首先,要鼓励和引导从事应用技术领域的科研人员坚持问题导向,把满足市场和产业发展需求作为目标牵引,摆脱单纯发表论文、申请专利的困境,切实提高科研论文、专利等研究成果转化为实际生产力的能力和水平。

政府要从经济活动大循环角度出发,加快职能转变。要增强市场主体创新活力,充分发挥市场在科技研发资源配置中的决定性作用,明确政府重点支持市场不能有效配置资源的公共科技活动,对于企业可以做的、市场可以配置资源的,政府要后退一步,给予市场主体充分的决策自主权,确保企业成为技术创新、科技成果转化的主体。同时,引导高校和科研机构与企业研发机构紧密合作,落实和完善税收优惠、首台(套)研发配套、政府采购等普惠性政策,引导企业加大研发投入。

---

① 习近平:《在中国科学院第十九次院士大会、中国工程院第十四次院士大会上的讲话》,人民出版社 2018 年版,第 19 页。

对于事关国家安全和重大民生问题、新兴产业关键共性技术、重大科技基础设施、原始创新研究等周期长、风险大、难度高的重大选题，要充分发扬我国社会主义制度集中力量办大事的体制优势，坚持有所为、有所不为，在一定时间段汇聚资源组织协同攻关。要合理统筹、科学布局各类科技资源，从资金到人才配置的科研投入都要与国家长远的战略需求相平衡，并兼顾地方区域发展和产业布局均衡，在国家间利益冲突较低的领域，如人类共同面临的重大问题、民生健康、宇宙探测等，应坚定不移地开展国际科技合作。

对于当前要不来、买不来、讨不来的关键核心技术，要从事关我国经济社会发展、国家安全与核心利益、民生与可持续发展的高度，分析解决瓶颈制约的关键问题、抢占发展先机的前沿科学和颠覆性技术，找准现实和潜在的科技需求，沉下心来、脚踏实地，从基本原理、基础材料、基础工艺等基本环节做起，经过一段时间的艰苦奋斗，努力缩小差距、补齐短板，把命运掌控在自己手里。

科技投入是一个国家科技实力和创新能力的重要动力，而科学评估科技投入配置的有效性是世界科技强国不约而同的战术选择。要根据不同科学技术活动的规律和特点，结合不同的研究发展阶段，建立健全科学分类的绩效评价制度体系。政府在推进科研领域"放管服"的改革过程中，在减少对具体科研过程干预的同时，要强化各类科研合同执行的严肃性，加强对科研项目完成情况的绩效评估，让"遵守合同约定，坚持契约精神"成为科技界共识。要建立对政府各类科技资源配置计划实施情况的第三方绩效评价制度，科学评价科技资源配置使用的投入产出效率，并将评价结果作为政府后续资源配置的重要依据，不断调整优化匹配国家战略目标的科技投入体系，并不断提高资源使用效率，促进形成国家科技投入产出的良性循环。

三、净化学术生态，营造良好的科技创新环境

近年来，我国不断改善学术生态，但目前仍然存在科学研究自律规范不足、学术评价体系和导向机制不完善等突出问题。从国际经验看，只有从优化完善科技和创新发展政策体系、厚植科学精神和创新文化的土壤、加强知识产权保护和管理等全方位入手，才能从根本上遏制科研浮躁风气，构建最具活力的科技创新生态环境。

首先，把实事求是、笃学诚行的精神贯穿在教育和科研机制体制改革的始终。要根据不同创新活动的规律特点，建立健全科学分类的创新评价制度体系，实行以增加知识价值为导向的分配政策，让各类主体、不同岗位的科研人员都能在科技成果转化过程中得到合理回报，确保科技工作成为富有吸引力的工作、成为孩子们尊崇向往的职业。要持续改革国家科技奖励制度，进一步优化结构、减少数量，提高质量，坚持基础研究由科学共同体评价，应用研究以市场评价为主。

管理部门既要做好"善于相马识马"的"伯乐"，更要当好"肯于施肥除草"的"农夫"。要切实减轻科技人员背负的"帽子"负担，对于岗位型、任务型、项目型等各类人才计划，取消"领军""杰出""优秀""帅才"等非学术性定位用语，限制适用范围和有效时间，并与责任和科研效益挂钩；对于荣誉性的人才"帽子"，必须与实际的科研活动和科技资源配置脱钩。

要从根本上破除急功近利、功利主义，还要弘扬科学精神、尊重知识产权，提升全社会的科学素养。要将科学精神、专业主义、知识产权保护等内容纳入国民教育体系和职业培训体系，加强科学技术普及，提

高全民科学文化素质。要增强全民知识产权保护意识,强化知识产权制度对创新的基本保障作用,引导加大知识产权执法力度,引入惩罚性赔偿制度,从根本上解决裁判尺度不统一、地域保护、诉讼程序复杂、违法成本过低等制约知识产权保护的难题。

坚持实事求是的科学态度,引导各类媒体加大对科学精神、专业主义的宣传力度,积极倡导尊重知识、求真务实、鼓励创新、宽容失败的创新文化。坚决杜绝对科技成果随意拔高评价的现象,正确引导社会公众对科技发展的认知。不断提升科普服务的信息化、智能化水平,进一步激发广大青少年爱科学、学科学、立科学志、做科学家的兴趣和热情。

加强科研诚信建设,建立科研机构和科研人员诚信数据库,健全处理学术不端的组织体系,切实做到"零容忍",要根除"外行评内行、学术权力滥用、跑项目拉关系"等痼疾,引导广大科技工作者恪守学术道德、追求学术卓越、清明学术风气、坚守社会责任。

40年前,"科学的春天"起步,到"两个一百年",结出累累科学硕果的秋天一定会到来。让我们科技工作者更加紧密地团结在以习近平同志为核心的党中央周围,以习近平新时代中国特色社会主义思想为指引,坚持道路自信、理论自信、制度自信、文化自信,坚定科技报国初心,牢记科技报国使命,保持危机忧患意识,不慕虚荣、不务虚功、不图虚名,潜心研究并经过长期积累,一步一个脚印,为实现建设世界科技强国的奋斗目标作出新的更大贡献。

深化科技体制改革　促进成果转移转化

中国科学院海西研究院　洪茂椿

推动科技成果转移转化,促进更多科研成果向现实生产力转化,加强科技与产业结合历来是中国科技事业改革发展一个绕不开的重要话题。习近平总书记在党的十九大报告中指出,要不断深化科技体制改革,建立以企业为主体、市场为导向、产学研深度融合的技术创新体系,加强对中小企业创新的支持,促进科技成果转化。时隔半年,习近平总书记在两院院士大会上,再次强调指出,"要把满足人民对美好生活的向往作为科技创新的落脚点,把惠民、利民、富民、改善民生作为科技创新的重要方向"。

因此,做好当前科技创新工作,关键是要深入学习贯彻习近平总书记一系列重要讲话精神,在加大对基础研究支持力度上,要更加重视成果转移转化工作,通过创新机制体制、探索建立有效产业化模式、促进创新链和产业链精准对接等,推动更多科技成果向现实生产力转化,实现科研成果从样品到产品再到商品的转化,把科技成果充分应用到现代化事业中去。

一、科技成果转移转化的现状分析

科技成果转移转化是一个系统工程,一般要经历实验室—中试—产业化等不同阶段。在早期实验室阶段,就要涉及项目申请、立项、研发、结题等诸多环节,实验室成果出来后,还要进行中试以及产业化等更为复杂的过程,时间长、不确定因素多、转化风险大。可以说,每一项科技成果产业化之路都是漫长的且挑战重重。以中国科学院海西院(福建物构所)煤制乙二醇产业化为例,20 世纪 80 年代初,物构所就开始了第一代煤制乙二醇相关工艺和催化剂的研究开发,到了 90 年代,才打通了工艺路线全过程,催化剂寿命达标。之后,为使工艺技术更切合工业生产实际,福建物构所又先后与国内的多家企业进行合作开展中试,但是由于技术、经费和合作机制等方面原因,中试项目没有真正完成。经过多方的寻寻觅觅,直到 2006 年,才找到真正合作方,通过与上海金煤化工新技术有限公司、江苏丹化集团等企业合作,福建物构所才顺利完成相关中试工作。2009 年,世界上首个年产 20 万吨的煤制乙二醇示范项目在内蒙古通辽市正式投产,先后历经近 30 年。新时代,随着技术不断革新,为了进一步解决第一代煤制乙二醇产品在产业化中遇到的问题,提高产品市场竞争力,海西院组织成立了煤制乙二醇及相关技术重点实验室,2016 年,实验室与贵州鑫醇能源有限公司、兴仁县人民政府签订了第二代煤制乙二醇中试项目合作合同,开始了第二代煤制乙二醇中试,目前,相关工作进展顺利。

可见,从创新链到产业链,每个阶段和接续环节都存在不同的运行规律、制约协同创新的瓶颈和要素配置的障碍,每一项技术转移转化及产业化都不可能一帆风顺,整个过程需要政府机构、高校院所、企业等不同主体的共同参与,需要充分考虑参与各方的利益,调动各方积极性协调解决产业化中遇到的新情况新问题,只有这样,才能打通创新链与产业链之间的壁垒。因此,近几年来,为进一步激励科学家更好地服务或推进产业化,调动各创新主体参与转移转化的积极性,国家已连续出台了《促进科技成果转化法》《实施〈促进科技成果转化法〉若干规定》《促进科技成果转移转化行动方案》等,被称为中国科技成果转化"三部曲"的法规政策。同时,地方部门以及各省市也分别结合实际陆续出台了相关的指导意见或实施细则,从而进一步完善了科技成果的处置、收益和分配等有关制度,为深入实施创新驱动发展战略、大力推进科技成果转移转化和产业化奠定了扎实的制度基础。据美国国家科学基金会发布的《科学与工程指标2016》显示,中国专利申请量与授权量自2008年以来,分别增长400%和450%,分列世界第一位和第二位,建成了国家级科技企业孵化器、加速器2000多家。同时,中国产业技术含量也在不断提高,高技术产品世界占比已超过27%,中国的华为、阿里巴巴、腾讯等一批创新型企业具备了国际竞争力,中国的科技转移转化以及企业的自主创新能力都得到了显著增强。

二、当前技术转移转化及产业化面临的问题

中国科技成果转移转化及产业化虽然取得了长足发展,但与发达国家相比,与当前国家经济社会发展对科技创新实际需求和建设世界科技强国相比,仍存在诸多不相适应的地方。据统计,在现实科技创新中,我国高新科研成果的实际转化率仅10%左右,远低于发达国家

40%的水平。

（一）科技成果转移转化体制还不够健全

近年来,虽然国家和地方政府在成果转移转化机制方面进行了大量改革,出台了不少政策制度,应该说,制约科技成果转化的体制得到了较大改善。但尽管如此,在现实科技创新及成果转化中,那些阻碍成果转移转化的瓶颈问题仍未得到根本性解决,如:政府部门对成果使用、处置事项的审批环节多、周期长,影响了转化的时效性;尚未形成符合科技成果转化特点的科研单位资产管理和收益分配制度;对科技人员的激励政策落实不到位,削弱了科技人员科技成果转移转化的积极性;科技成果转化渠道还不够顺畅,转移转化模式比较单一等。

（二）科技创新以及成果转移转化的评价体系不够科学

长期以来,对科技创新评价主要以科研经费的多少、论文的数量及影响因子、专利的数量及科技奖励的级别等为标准。例如,科研主管部门是以文章和专利作为科研项目能否结题的主要依据,高校院所也是以论文和专利作为对科研人员职称评定的主要依据,而对项目成果的产业化前景并不重视。事实上,以论文和专利等作为评价标准,不仅难以产生重大的原创性研究成果,也严重制约技术转移转化等工作开展。它一方面导致了科研人员在选题时很难选择那些具有真正市场运用前景但又非前沿性的课题开展研究,另一方面也导致高校院所技术型和产业化人才短缺。

（三）科技成果供需双方之间的矛盾突出

科技研发有其自身规律,很多重大创新成果都是经过十几年,甚至几十年的研发积淀,才最终实现工程产业化。另外,高校院所其研究领域和目标都是有限的,有所为和有所不为,不可能做到包打天下。然而,地方政府和社会各界对院(所)地合作要求、企业对新技术成果的内在需求都十分迫切,这与科研单位供给的周期长、可转化的成果不足的现状存在矛盾。

(四) 高水平的科技成果转化平台缺乏

由于科技成果参与各方之间没有形成顺畅的信息流通渠道,缺乏广泛及时的沟通和协作的平台,导致科研成果很难转化为现实商品,取得社会经济效益。另外,科技成果转移转化的支撑配套体系也不健全,例如,科技成果交易、价值评估、知识产权登记、法律服务等机构还不发达,无法为科技成果转化交易各方提供相应的服务,这在一定程度上也制约了科技成果转化交易。

(五) 资金链无法与创新链和产业链实现精准对接

科技成果转化的每一阶段都需要有资金支持才能进行,而且资金需求量还会随着转化的进行而逐步增加。现有的各类科技计划经费主要集中在科技成果的研发阶段,对科技成果进入市场的中间环节,也就是科技成果转化的关键环节,如中间试验、工业化试验等投入不足,尤其在中试阶段,往往是高校院所没有中试能力,企业怕担风险一般不愿投资,于是"中试难"成了科技成果转化中的一个难以解决的瓶颈问题。

三、促进科技成果向现实生产力转化的对策

科学技术是第一生产力。科技成果只有同国家、人民、市场的需求相结合,完成从科学研究、实验开发到推广应用的"三级跳",才能真正实现创新价值、实现创新驱动发展。

（一）从科技体制改革和经济社会领域改革两端同时发力，消除科技创新中的"孤岛现象"

从国际层面看，中国国际地位的提升将加快促进科技成果转化从单向"引进"向双向"引进与出口"转变，要以"一带一路"倡议为契机，加强创新能力和技术转移的开放合作。从国内环境看，要大力创新政府机构、高校院所、企业等不同创新主体之间的合作机制，构建更为灵活多样的产学研合作模式。以中国科学院海西院为例，中国科学院海西院根据成果的技术成熟度和企业的工程化水平、自主创新能力和资金实力等，探索了"自主知识产权+人才+共建研发平台"（福晶模式）、"专利实施许可+合作中试+新知识产权共享"（煤制乙二醇模式）、"专利实施许可使用"（技术公司模式）、"人才团队+项目+资本"等多种成果转化模式。实践证明，正是由于采取灵活多样的技术成果转化途径和模式，才促使新时代中国科学院海西院在产业化方面取得巨大成功。

（二）不断健全完善高校院所人才的分类考核评价机制

积极探索建立以岗位职责要求为基础，以能力和业绩贡献为导向的分类评估体系，形成基础研究、战略高技术、成果转移转化等不同的分类考评制度。尤其对在科技成果转化中贡献突出的科研人员和管理人员，可破格评定相应的专业技术职称。同时，允许科研人员通过合同约定共享职务科技成果所有权，鼓励科研人员采取作价入股方式转化成果，支持科研人员创办科技企业，推动科研人员深度参与科技成果转化。

（三）构建高水平的技术成果孵化和科技网络服务平台

积极促进企业与高校院所联合建设"协同创新中心"，建立紧密的科研合作创新、人才技术成果产业化转化、产业信息交流和需求对接平台，促进科技成果快速高效转化。以中国科学院海西研究院育成中心为例,近年来,通过海西院育成中心组织风险资本、产业资本和市场、管理团队进行对接,催生了一批高成长的科技型企业。如福建中科光芯光电科技有限公司、中科光汇激光科技有限公司、福建中科芯源光电科技有限公司等一批高新技术项目实现落地转化,累计总投资超过4亿元,预计五年内可为地方经济带来直接产值20亿元以上。此外,还应大力建设区域性科技服务网络平台,以中国科学院STS(科技服务网络计划)福建中心为例,该中心成立两年多,推动中国科学院系统22个研究所的100多项成果在福建省落地转化,并支持中国科学院所属研究所和福建企业合作项目91项,资助金额6000万元,带动投资近10亿元,预计项目实施后能为福建企业新增收入超20亿元。

(四)加强与金融机构、企业的合作,促进科技与资本深度结合

多渠道筹集资金,加大对技术成果转移转化经费投入力度,尤其注重加大国家对产业化中试阶段的经费投入,是产业化顺利开展的关键。以中国科学院海西院为例,在与金融机构合作方面,通过与福建省省级创业投资资金合作,海西院获得由创投公司安排的1亿元的成果转化专项资金支持。此外,海西院还在积极筹建福建盈科新材料产业创业投资基金,为中国科学院系统科技成果在闽转化项目提供更加多元化的资金支持。而在与企业合作联合开展中试方面,第一代煤制乙二醇通过与江苏丹化集团等企业合作,成功地实现产业化,第二代煤制乙二醇通过与贵州鑫醇能源有限公司开展合作,正在全力推进新一代煤制乙二醇技术的60万吨工业示范,预计将在2020年实现投产。

(五)建立起知识创新体系和技术创新体系更密切的联系,通过有效对接企业技术需求,促进产业转型升级,打破科技供需之间的矛盾

以中国科学院海西院为例,根据企业类型及不同需求,海西院采用不同的服务模式:一是与具备一定研发实力的企业共建技术研发中心。

先后与福建省行业骨干企业联合共建工程化研发中心10多个,包括与福建海源机械和福建海源中建新材料工程技术研究中心、与一化控股共建"绿色化工技术研发中心"、与厦钨共建"厦门市能源新材料工程技术研究中心"等;二是与有需求的企业开展项目合作。据不完全统计,2010—2015年,海西院与企业合作开展重大科研项目20余项;已有88项技术成果成功向企业转移转化,企业年新增销售收入达46余亿元。

（六）深化知识产权权益分配改革,从根本上调动单位和发明人实施成果转化的积极性和主动性

建立健全知识产权运营平台体系,为知识产权的转移转化、收购托管、交易流转、质押融资、分析评议等提供更好的平台支撑,促进知识产权的综合运用。此外,通过实施专利导航工程、组建产业知识产权联盟等措施,大力促进知识产权密集型产业发展,提高科技供给水平,满足人民日益增长的美好生活需要。

瞄准世界科技前沿　加快交叉学科布局

中国科学院化学研究所　姚建年

2018 年习近平总书记在两院院士大会上发表重要讲话,强调"实现中华民族伟大复兴中国梦,我们必须具有强大的科技实力和创新能力","我们比历史上任何时期都更需要建设世界科技强国"。建设科技强国,离不开基础科学研究。基础科学研究是科学技术发展的源泉,在国家创新活动中占据重要地位。在基础研究领域涌现科学大师、重大成果、先进技术、尖端研究设施和高效研究网络是科技强国的重要标志,是国家综合竞争力的重要体现。

当今世界,环境、资源、经济、人口、健康以及和平安全等问题关系到人类生存和社会可持续发展,提出了一系列单一学科所不能解决的复杂课题。只有通过交叉学科来驱动源头创新,促进科学技术的全面发展,才能开辟新途径用以解决国计民生的重大问题。这就要求我们以创新思维和创新模式促进科研人员进行广泛交流合作、取长补短,推动学科之间的相互交叉、融合与渗透,从而催生创造性、颠覆性的科学研究与技术开发成果。值得注意的是,新学科的孵化和生长过程较长,虽然在短期内并不一定能产生经济效益,然而一旦有了突破,将会催生新的经济增长点并长期带动相关产业发展。事实上,世界各主要发达国家都非常重视对前沿研究领域和新兴学科的战略部署,大力扶植学科交叉以及敏锐把握新出现的学科前沿。美国之所以在近百年中一直保持世界超级科技强国的地位,与其重视前沿研究的部署有很大关系。比如美国自然科学基金会(NSF)的一个重要项目就是材料研究科学与工程中心(Materials Research Science and Engineering Center,MRSEC)。其主旨就是强调数学、物理、化学、材料、电子工程等学科间的深度融合与相互促进,从而产生新的研究方向和重大的原创性突破。

如果从学科发展的内在逻辑看,传统学科发展到一定阶段,总会出现"天花板"效应,迫使科学家将眼光投向其他学科,借鉴其有益的思想、理论和方法,从而找到学术方向延伸的新的突破口。"呦呦鹿鸣,食野之蒿",中国药学家屠呦呦发现的青蒿素使疟疾患者的死亡率显著降低,因而被授予2015年诺贝尔生理学或医学奖。青蒿素的发现、萃取、分析和临床应用无疑是医学、化学、生物学等学科协同交叉作战的重大成果。越来越多的科学家相信,只有通过发展更多的交叉学科或是研究方向,才能从根源上贯彻创新精神,保持自身研究基础的特色和优势,实现科学技术的可持续发展。

一、继续提高资助力度,优化学科战略布局

"十二五"以来,我国不断优化财政性科技投入结构,基础研究经费投入持续增长。基础研究投入从2011年的411.8亿元增长到2015年的716.1亿元,增长了73.8%,年均增幅14.8%。但我们也应该看到,2015年全国研究与试验发展(R&D)经费支出14169.9亿元,其中基础研究支出所占比重仅为5.1%,而国际上,科技发达国家基础研究

投入占 R&D 投入的比重多在 15% 到 20% 之间,即有近五分之一的科技投入都放在基础研究上。与之相比,我们的不足显而易见。

加大基础研究投入,优化科技投入结构。逐步提高 R&D 占 GDP 的比例,特别相应的要提高基础研究在 R&D 中的比例。能否在现有基础上,国家有关部门考虑基础研究经费占 R&D 的比例每年增加一个百分点,到 2020 年争取达到 10% 左右。需要指出的一点是,随着科研水平和成果水平的提高,科研成本和所需的支持力度是成倍数上涨的。因此,对基础研究增加投入要有计划性、目的性和长期性:重点推动学科体系完善和整体科研水平提升;发挥顶层设计和宏观指导的重要作用,打破一味按学科分类支持的传统模式,对国家重大需求针对性设置专项资金;遵循科学研究的探索发现规律,重视科学发展中自由探索的本质,营造良好条件和宽松环境。

具体来讲,我们应当坚持自下而上的自主选题和自上而下的战略引导相结合,鼓励自由探索和服务国家目标相结合,增强各类资助计划的系统性和协同性。其中,体量规模较小的项目主要支持自由探索,激励原始创新,促进学科均衡协调可持续发展;大中型项目要着眼关键前沿,结合战略需求,兼顾学科发展,集成创新资源,孕育重点突破。另外,要切实加大对非共识、变革性创新研究的支持力度;鼓励质疑传统、挑战权威,重视可能重塑重要科学或工程概念、催生新范式或新学科、新领域的研究。

当前,我国经济发展进入新常态,新型工业化、信息化、城镇化、农业现代化同步发展。"十三五"期间,来自经济社会发展和国家安全各领域对源头创新的巨大需求将集中释放,对基础研究水平提出了更高的要求。只有通过学科交叉不断开拓新的技术领域,瞄准新的科学前沿,满足新的社会需求,才能有利提升国家整体的源头创新活力,持续发挥高新技术的战略引擎作用。创新驱动发展的力度大小在一定程度上将取决于源头创新能力的强弱。此外，当前的世界格局和国际竞争新形势要求我们实现从"跟跑"到"领跑"的转变，要从追赶国际潮流打破国外技术垄断的目标转为建立"敢为天下先"的科技自信。竞争的压力更使得创新需求进一步深化和前移，更加关注源头创新和颠覆性技术创新。只有坚持在学科建设上的优化布局，我国才能在一轮又一轮的科技变革中占据科技创新的制高点。

二、重视技术成果转化，促成新的学科生态

李克强总理在 2015 年国家科技战略座谈会上强调："科技创新要在'顶天立地'上下功夫。所谓'顶天'，就是要推动原始创新，研发高精尖技术；'立地'，就是面向'大众创业、万众创新'，有利于科技成果转化为现实生产力。"在 2015 年度国家科学技术奖励大会上，李克强总理又提出："要加快构建企业主导的创新机制，打破企业和高校、科研机构的界限，建立跨界创新联盟，促进产学研用贯通，推进产业链、创新链融合，加快使创新成果转化为现实生产力。"为促进基础研究成果能更好地转化为有效生产力，实现李克强总理提出的"贯通式"研究，科学基金应注重发挥导向作用，积极拓展与有地区特点的地方政府、可能产生共性先进技术的行业部门或大型企业合作。必须认识到，技术成果转化是基础科学研究的重要一环，是将前沿科学进展与社会经济相结合的关键步骤。

以国家重大需求为目标导向的跨学科研究是与社会生产实际相结合最紧密的基础研究工作之一，能够促进研究成果更快更好地转化为

有效生产力,解决攸关国计民生的实际问题。在这方面,我们应该注重发挥科研项目资助的导向作用,积极拓展与有地区特点的地方政府、可能产生共性先进技术的行业部门或大型企业合作。对一些项目的评价体系和考核机制进行创新,从论文、专利的量化指标向衡量社会经济效益上转变,并通过与企业进行合作开发、对企业支持研发给予政策优惠等形式来调动民间资本力量。通过设立联合基金项目,进一步提高各创新主体投入基础研究的积极性和主动性,共同促进区域创新体系建设,带动产业技术核心创新能力提升,促进知识创新体系和技术创新体系的融合,培养科学与技术人才,推动我国相关领域、行业、区域自主创新能力的提升。

我们要充分发挥科学的生产力属性,以科学进步促进产业进步,以产业效益反哺科学研究,从而形成良性的学术—产业生态圈。因此要深入贯彻落实《促进科技成果转化法》,加快科技成果转化,激发原始创新活力;同时要完善科技成果转化机制,推动产学研合作深入开展,构建专业化的创新创业服务链条。此外,要重视市场在科技成果转化中的决定性作用,不断形成激励创新的正确导向,厘清企业与高校、科研机构在科技成果转化中的职责定位;激励科技人员转化科技成果的积极性,将单位对科技人员的激励机制落到实处,使科技人员感受到真正的"获得感",进一步激发原始创新活力,促进新的学科生态的形成。

三、探索人才培养新模式,完善科技人才政策

瞄准科技前沿的新学科建设重点在新型人才的培养和人才选拔制度的建设。"百年大计,以人为本",人才是发展的决定因素,正确的科

学管理模式和成果评审制度是培养和选拔人才的关键。我们应该充分发挥政策机制的导向作用,给予通识型、跨学科的科技人才特殊照顾,鼓励他们去各学科边界上的"荒地"进行开垦,进行适当的制度倾斜和照顾,同时避免短期热门领域上人才的大量重复支持,这样才能实现学科的健康、快速、长期发展。为此需要国家通过战略需求引导科技项目的研究方向,努力完善科技项目评审评价机制,根据包括交叉学科在内的不同学科的特点,重新进行科学的分类评价,从而促进科学家开展交叉学科问题创新研究。

在新的形势下,培养跨学科的人才,开拓交叉学科的研究领域,是各个学科发展的必由之路。值得注意的是,学科交叉不是盲目地进行知识技术上的合作,而是要以本专业的认识水平和研究基础为根本,通过理念和思想上的交流,发现认识问题的新角度和解决问题的新途径,这样的学科交叉才能具备更高价值的新的出发点。这就需要改变现有的专业人才培养机制,打破过度专业化的垄断现象,建立各学科之间交流的新型研究模式,同时加强体制改革与完善,重视人才引进,鼓励原始创新,利用已有的各学科的研究成果,发挥学科交叉激发出的新活力,对科学技术的发展和进步作出贡献。

博士后有学科专业的研究基础,要成为学科交叉和科技创新的"新增量"。因此,我们需要考虑如何能够吸引我国新毕业的优秀博士留在国内,或者吸引国外的优秀博士来中国从事博士后研究。因此,一方面,要整合国内力量,进一步优化吸引人才的政策,将国外优秀的博士毕业生吸引到中国来从事博士后研究。另一方面,加强国际交流与合作,将博士毕业生或博士有计划地派出至科技强国的知名科研机构从事博士后研究。通过引入和派出的方式,提高博士后的水平和国际化程度,使其在研究期间得到足够的培养和支持。

青年人最富有创造力,最容易作出突破传统学科界限的高水平工作。最近几年,我国对青年人才的重视程度日益提高,部分地区青年科技人才的待遇得到大幅度改善。然而,地区发展不平衡现象日益突出,导致青年人才流动异常加快,不利于他们潜心学术、踏踏实实做好工作。我们应该对青年人才的待遇制定相应的指导标准,督促落实并建立问题反馈途径,对其生活、工作环境切实加以保障,进一步提高我国青年科技人才的普遍待遇和环境。而对于一些以"帽子"为先,单纯靠个人待遇进行"不正当竞争"的人才争夺,要尽量避免并建立相应政策进行抵制。青年兴则国家兴,青年科学家是我国科学事业的未来,是建设世界科技强国的主力军。

综上所述,从基础研究角度提出对我国科技强国建设的具体建议如下:

第一,加大对基础研究的投入力度,力争其与国民经济增长同步;同时改善资助结构,进行高效、系统的顶层设计;坚持以国家战略需求为导向,瞄准重大的基础科学问题,以基础研究上的重大突破催生颠覆性的技术应用。

第二,重视学科交叉,提高对非共识项目支持的灵活度;鼓励有挑战性的源头创新课题,对前瞻性研究项目要容许尝试甚至是失败;充分发挥基础科学的自由探索精神,促进原创性成果规模性产出,加快建设新的基础研究学科方向。

第三,在衡量项目本身研究价值的同时,加强对项目执行期后的跟踪总结;充分考虑项目申请人的资质背景以及以往承担项目取得的成果,建立合理公平的科研人员能力评价体系;适当给予从事基础研究的科研人员参与制定国家科技政策的机会,从而完善基础研究与创新—产业—资金—政策链条的相互融合。

建成科技强国　中国还需过五关

国家纳米科学中心　赵宇亮

改革开放 40 年来,特别是党的十八大以来,我国科技发展进入新时代,水平日新月异,取得了世界瞩目的历史性成就,一些"点"的突破正在连成"线",部分领域已经形成"尖刀连"深入到世界科学核心区的边界。但是,"中兴事件"让我们猛然惊醒,我国核心技术依然大面积依赖别人,别人可以随时卡住我们的脖子。原因还是我们原始创新能力不足,从原始科学发现到变革性基础理论的提出、从核心技术的研发到追求卓越的精神,我们所拥有者甚少。

我国拥有 9100 万科技工作者,是世界上最大的科研队伍,也堪称世界上最勤奋的一支科研队伍。什么在阻碍我国的原始创新能力和产出? 什么在阻碍我国成为科技强国? 在此,我谈点粗浅的看法。中国要真正建成科技强国,还需要过五关。

一、教育关:重学习过去,轻创造未来

尽管"中兴事件"让我们感受到了被人"卡脖子"的痛苦和缺乏核

心技术的危险。然而,更加根本的问题是:人们对发现新知识、创造新技术、保护知识产权、保护发明创造者权益的极端重要性认识不足。

从幼儿园到大学,我们的教育用长达 20 年时间教大家如何"学习",而不是"创造"。"灌输已有知识"是简单轻松的,"培养创新能力"是复杂繁重的。我们的教育理念停留在千年之前,完全不适应人类发展和 21 世纪科学技术竞争的需求。

长期以来,部分学生已经习惯、并沉浸在乐于被动接受已有知识,懒于主动探索未知问题的自娱自乐中;

部分学者已经习惯、并沉浸在以掌握旧知识的多少为荣,而不是以创造新知识的多少为荣;

部分企业已经习惯、并沉浸在投机取巧、以仿制旧技术的多少为荣,而不是以创造新技术的多少为荣;

部分精英已经习惯、并沉浸在以获得荣誉地位的多少为荣,而不是以对科学和社会作出贡献的多少为荣。

这种局面如不彻底改变,中华民族的创新能力就不可能复兴。

二、思维关:重技术追赶,轻文化精神

与欧美科技发达国家 300 年持续不断的科技积累相比,我国真正意义上着力发展科学技术的时间仅几十年,客观上讲,科学积累有限。这个"积累",不只是看得见的科研成果、科技产品,更主要是科学思想、科学精神、科学思维以及创新理念、创新文化、创新环境等内在本质方面的积累和传承。以科学精神为例,发现新知识需要以社会公平正义为动力的奉献精神,发明新技术需要以人类文明进步为动力的担当

精神。科学源于思想,没有新思想的指引不可能出现创新的科学技术。在科技发达国家,这些理念已经流淌在科研者和管理者的血液里。

三、竞争关:竞争过度,压力山大

科学创新必须先有思想才有科学,思想来自深思,深思需要静心,静心源于宽松环境,过分压力就不能营造宽松环境。科研创新需要压力,但不是我们这种来自外部环境的生存压力。科研创新需要的是内在压力,是来自科学家内心对科学发现的期盼和对技术卓越的追求。建议国家大幅度增加固定科研经费比例,降低竞争性科研经费比例,这个问题就可以部分解决。

四、信任关:缺乏信任,就没有担当

一种不合理的倾向是:公众不信任科技管理部门,科技管理部门不信任科研机构,科研机构不信任科学家,反之亦然。正因为如此,科技管理政策、管理规章、管理条例、管理办法层层加码,恨不得形成铜墙铁壁,把科研人员手脚捆得死死的,不能动弹才好。大家都没有责任了,大家都安全了,创造力也没有了。现在正在深化的"放管服"改革,希望能彻底解决这一问题。

科技创新的健康发展,亟须营造一个充满信任与宽容的环境,不仅对科学家要信任宽容,对科技管理者也要信任宽容。不信任管理者,管理者就不敢担当;不信任科学家,科学家就不敢去做有难度有风险的研究课题,这怎么能够创新?有信任才能谈及担当,一旦科学家们但求无过,不求有功,国家的创新能力就没有了。

中国在快速发展中遇到一些不良现象在所难免。无论科学家还是管理者,绝大多数都不会明知故犯、做错误的事情。不能因为出现某些个案就否定所有的成绩。但是一旦出现故意造假者,就应严惩不贷,这对所有人都是警诫,使其不敢以身试法。

五、管理关:一人生病,全体吃药

人类信息的传播速度和普及程度前所未有,媒体对人们思想和行为产生极其重要的影响。不幸的是,我国的大众传媒对科学技术的报道,科学精神和科学素养不足,处于正面新闻"肤浅"、负面新闻"惊险"的状态。例如,宣传科学家就过度渲染他们获得辉煌成就的快感,而忽视他们长期付出的艰辛与汗水、困难与坚持、努力与意志,以及持之以恒的坚韧、克服困难的精神、高品位质量的追求。有思想的媒体人,应该鼓励"付出"精神而激发高层次高品位的追求,而不是只强调"获得"瞬间的快感去满足低层次低品位的欲望。

像当年关于陈景润攻克哥德巴赫猜想的报道,激励了几代人崇尚科学事业的精神。科学家决定着一个国家科技的强弱,教师决定着一个国家精神的强弱,医生决定着一个国家人民肉体的强弱。这些群体都需要科学精神、科学文化的滋养与扶持,否则,教育如何兴邦?医生如何救人?科技如何强国?民族如何复兴?

总之,实施科教兴国战略、人才强国战略、创新驱动发展战略,我们需要淡泊科技价值的功利之心,打破科技管理的短视之障,变革科教过程的浮躁之势,回归科学与育人的本质初心,杜绝好大喜功和虚浮风气,倡导卓绝求是的科学精神,改革"一人生病,全体吃药"的简单粗糙管理模式,重建政府、科技管理部门、研究机构、研究者之间的相互信任关系,清除禁锢科技创新的新旧藩篱,提升我国劳动者的质量意识和专业精神。这是我们建成世界科技强国,实现"两个一百年"奋斗目标的前提。

我国重大科技基础设施的发展现状及建议

中国科学院大连化学物理研究所　杨学明

当今世界,科技竞争日趋激烈,重大科技成果和技术突破越来越依赖于先进的科学仪器设备。尽管很多先进的仪器设备都可以从市场或者国外购买,但是原创性的科技创新通常都需要使用自己研制和搭建的仪器设备才可以获得。这是因为,依靠高价购置的现成先进仪器设备,虽然也可以开展很多前沿科学研究,但是往往已经落后于在仪器发展上有优势的研究团队,较难实现根本性的突破。此外,过度地依赖进口仪器设备,容易导致我国在许多重要科技领域"受制于人"。由此可见,先进科学仪器的发展对于推动科技创新具有不可替代的作用,科学仪器创新理应成为一个国家创新科学技术发展非常重要的组成部分,也是一个国家科技实力的重要指标。毫无疑问,我国在建设世界科技强国的征程中,发展先进科学仪器必须作为一个重大议题。可以说,一个国家如果没有先进科学仪器和装置的发展就不可能成为世界科技强国。

近年来,科学仪器和装置的发展极为迅速。随着科学研究逐步从"小科学"向"大科学"迈进,科学仪器也正在从"小仪器"向"大装置"的方向发展。这类大科学装置又称为重大科技基础设施,其建设往往能够影响和推动多个领域和学科的发展,也是国家科技发展水平的重要象征。目前,各发达国家在制定国家科学技术长远发展规划和创新体系发展战略时,都把重大科技基础设施的建设作为战略措施之一放在极端重要的位置。2013年2月,我国国务院颁布了《国家重大科技基础设施建设中长期规划(2012—2030年)》,指出"重大科技基础设施是为探索未知世界、发现自然规律、实现技术变革提供极限研究手段的大型复杂科学研究系统,是突破科学前沿、解决经济社会发展和国家安全重大科技问题的物质技术基础"。从这个方面来看,我国更要加快发展先进的科学仪器特别是重大科技基础设施的建设步伐,这对于我国能否真正成为科技强国,顺利实现科技发展"三步走"的战略目标具有决定性的意义。

一、世界各国重大科技基础设施的发展现状

为了在国际竞争中保持优势,抢占世界科技制高点,发达国家高度重视重大科技基础设施的建设及依托于它的科学研究。20世纪中叶,以美国"曼哈顿工程""阿波罗登月计划"为代表,集合前沿科学研究、先进技术研发和现代工程管理,开创了大科学时代,成为科技创新的典范。随后,西方先进国家建设和运行了一大批重大科技基础设施,在多个领域取得了一大批令世界瞩目的成果。进入21世纪,国际上高性能、新一代装置的数量不断增长,装置的建设规模也在不断增大,对社会和科技发展的影响越来越深刻和广泛;依托大科学装置形成的大型科学研究中心成为国家重要的创新平台,甚至成为国际化的世界研究中心。

按照重大科技基础设施的用途,可以分为公共实验平台、专用研究装置和公益基础设施三类。其中,公共实验平台由于其学科面广、用户量大等特点,成为最引人关注的一类。而大型先进光源就是公共实验平台最为典型的代表。因此,通过梳理大型先进光源的发展历程,就能大体看出重大科技基础设施的发展脉络和趋势。

1947年,美国通用电气公司在一台高能物理实验装置的同步加速器上首次观察到了高亮度的电磁波,并将其命名为同步辐射。后来,人们发现这种辐射光在化学、物理、生物、材料、机械加工等多个领域的研究中具有无与伦比的优越性,便经过重新设计和改进,采用专门的加速器产生同步辐射,这就是第二代同步辐射装置。经过了前两代同步辐射装置的发展,科学家又通过进一步的改进,建造了具有更高亮度的第三代同步辐射光源。目前世界上最大的第三代同步辐射光源分别是美国的先进光子源(APS)、法国的欧洲同步辐射光源(ESRF)、德国的第三代正负电子串联环形加速器(PETRA-Ⅲ)和日本的8GeV超级光子环(SPring-8)。这类光源的问世,极大地推动了科学研究的发展,成为许多前沿研究领域必不可少的研究手段。近二十年来,世界各国不断加大同步辐射装置的建设投资力度,已经建成或正在实施的第三代先进光源工程多达几十项,力争在自然科学领域占有一席之地。

1974年,美国斯坦福大学的马迪(John Madey)教授首先发明了自由电子激光器。由于其具有辐射波长可调、峰值亮度和平均亮度高、相干性好、偏振强、重复频率高等特点,被公认为"第四代先进光源",世界各国纷纷加快研制。该类光源可以有效帮助人类探索物质世界的微观结构,在新能源、新材料、信息科学和生物医学等诸多领域发挥前所未有的作用。因此,建设自由电子激光装置,成为进一步提升能源、材料、化学、物理、生命科学等多领域研究水平的极为有效的途径,而且在国防科技领域也有重要的应用前景。截至目前,美国、德国、意大利、日本、韩国等发达国家已经建设了十多台自由电子激光装置。其中,最具代表性的有美国的直线加速器相干光源(LCLS)、德国同步加速器实验室的自由电子激光装置(FLASH)和日本理化学研究所的自由电子激光装置(SACLA)等。这些国家以先进光源为依托,不断推进大型科研基地的建设,开启了新一轮抢占科技制高点的激烈竞争。

从上述发展脉络可以看出,美国一直都是大型先进光源发展的开创者和主导者,其他西方发达国家快速跟进,全世界呈现出"多极化"齐头并进的局势。由此可见,世界各国在这些领域的争夺非常激烈,足以体现出重大科技基础设施对世界科技发展的影响和推动作用。

二、我国重大科技基础设施的发展现状和存在的差距

相比于世界发达国家,我国在重大科技基础设施的建设领域起步较晚,但近年来也在加速推进,势头也相当不错。新中国成立初期,在"两弹一星"计划的带动下,我国大型科学装置的发展开始起步。后来,投入逐渐加大,并制定了相应的发展规划,重大科技基础设施的发展进入了快速发展时期。近年来,我国相继建成了上海同步辐射装置(SSRF)、500米口径球面射电望远镜(FAST)等在世界范围内有重要影响力的重大科技基础设施。

2013年,国务院印发了《国家重大科技基础设施建设中长期规划(2012—2030年)》,这是我国首次从国家层面编制大科学装置发展规划。综合考虑科学目标、技术基础、科研需求和人才队伍等因素,规划

优先安排综合极端条件实验装置、强流重离子加速器、上海光源线站工程等16项重大科技基础设施建设,以能源、生命、地球系统与环境、材料、粒子物理和核物理、空间和天文、工程技术等七个科学领域为重点,从预研、新建、推进和提升四个层面逐步完善重大科技基础设施体系。

在此基础上,我国又在2016年编制了更新一轮的《国家重大科技基础设施建设"十三五"规划》,更加深入地部署了我国在"十三五"时期重点布局的大科学装置建设任务。规划部署了六项重点任务,分别是:聚力优先项目的启动建设、深化后备项目的筹备论证、推进设施建成和性能提升、强化设施的超前探索预研、促进设施科学效益和经济社会效益的持续提高、建设若干具有国际影响力的综合性国家科学中心。同时,规划布局了硬X射线自由电子激光装置、高能同步辐射光源、大型光学红外望远镜等10个优先项目。这些设施建成之后,我国的大科学装置将迎来一个新的发展时代,科技创新能力将显著增强,将为我国进入创新型国家行列和建设世界科技强国提供强有力的支撑。

与国际重大科技基础设施发展态势相比,我国已经取得了长足的进步,但还存在一些不足,主要表现在:(1)大科学装置总体规模偏小,整体数量和原创设施偏少,制约了许多重要研究领域的科学技术发展;(2)建成的重大科技基础设施真正达到国际领先或先进水平的还很少,还不能满足我国科技发展日益增长的需求,也不足以支撑多学科、多领域高水平研究的需求;(3)重大科技基础设施在推动国家尖端科技领域发展中的作用还没有得到充分的体现;(4)参与国际合作的程度还有待于进一步加强,开放共享和利用水平仍需提高;(5)系统化、集成化趋势仍需加强,布局不平衡,区域布局仍有待于合理化;(6)管理体制机制亟待健全,工程技术和管理队伍建设需要加强。

三、未来的发展建议

2016 年,《国家创新驱动发展战略纲要》发布,明确提出了我国科技发展"三步走"的战略目标,即到 2020 年进入创新型国家行列,2030年跻身创新型国家前列,2050 年建成世界科技创新强国。据此,《国家重大科技基础设施建设"十三五"规划》中指出,重大科技基础设施已成为支撑我国经济社会发展不可或缺的创新资源,是实现科技强国"三步走"战略目标和全面建成小康社会发展目标的重要保障。因此,在现阶段及未来相当长的一段时间,加快推动重大科技基础设施的建设,是我国实现科技强国目标的必然选择。

(一) 加大科学仪器研制和创新的支持力度

重大科技基础设施中,科学仪器是基础组成部分。只有实现了高、精、尖科学仪器的自主研制,才能真正做到重大科技基础设施核心技术的国产化,否则即使建再多的大科学装置,仍然摆脱不了"受制于人"的落后局面。这就需要我国从战略谋划和顶层设计上将科学仪器设备的自主创新和高水平发展放到一个非常重要的位置,从国家层面加强对科学仪器创新的整体部署,进一步加大科学仪器设备经费投入,制定详细的科学仪器创新与发展路线图,将科学仪器创新列为提升我国科技创新的重点支持领域。特别需要注意的是,在重大设施立项过程中应强调装置的先进性,要追求国际领先和先进地位,避免在低水平上重复建设。同时,由于科学仪器的先进性具有一定的时效性,我们需要避免在立项时设置过于冗长的过程,否则将导致装置在建成时已经相对落后。此外,要敢于追求在关键领域有特色且具世界领先水平的重大设施的建设。

（二）要有明确的科学目标，真正做到为科学技术研究和发展所用

重大科技基础设施在建设过程中，投入的人力、物力、财力均较大。因此，在建成之后要真正发挥其潜力和作用，避免出现"建而不用"的浪费局面。这就需要在立项和建设过程中，有相关领域顶尖科学家的积极参与和决策，确保装置建设具有非常明确的科学目标，使得装置一旦建成后可以很快地为科学家所用，真正在推动相关科技领域发展中起到重要作用。由此可见，装置建设团队和运行团队应通力合作，建设团队侧重于建设高水平的装置，运行团队侧重于发挥装置的潜能，使其更好地为科技服务。这需要在体制机制上作出合理的安排。

（三）深化体制机制改革，加强人才队伍建设

我国重大科技基础设施建设水平的提升，最关键有赖于从事相关领域的核心技术人才的培养和引进，但我国目前的科技体制并不利于这类人才的脱颖而出。目前，科学研究还存在只看论文发表的评价倾向，以论文发表的数量和质量评价科研人员研究水平。然而，从事仪器研制类的科研人员却难以发表出高水平的论文，导致仪器研发无法真正得到重视，这严重制约了我国自主研制科学仪器的水平。因此，我国应在体制机制上对此进行深化改革，改进科研人员的评价方式，鼓励优秀科研人员从事先进科学仪器研制工作，打造出一支高水平的科学仪器研制队伍，为推动我国重大科技基础设施的建设和发展打下坚实的人才基础。

（四）进一步加大建设规模，合理布局，重点发展

我国是一个发展中的大国，科技投入相对偏低。这就要求重大科技基础设施的建设必须合理布局，既要整体提高我国科学技术基础设施的水平,又能保持并提高原有的学科与领域优势。在布局上,应优先发展公共实验平台,为多学科、多领域的科学研究与技术发展提供先进的实验设备支持。此外,还要考虑我国已有各学科、各研究领域的发展水平,对那些具备国际先进水平的学科与领域,以及对我国经济社会发展发挥根本性促进作用的研究领域给予重点支持,优先发展这些学科与领域所需要的重大科技基础设施。

(五) 加强国际合作交流

加强国际合作是现阶段我国大科学装置发展切实而有效的途径。目前,各国都在积极推进国际合作,寻求共同的繁荣发展。在这一大背景下,开放与合作成为国际大科学装置的发展趋势。在这一趋势下,依靠垄断装置而占据科学技术领先地位的做法已经变得不切实际。这一趋势为我国充分利用可筹集资金、发展高水平装置提供了机遇。国际合作一方面是参与他国装置的建设和研究工作,另一方面可以吸引他国参加我国装置的建设和研究工作。这些途径,都将进一步提升我国大科学装置的发展水平和使用效率。

建设草牧业科技强国

中国科学院植物研究所
中国科学院内蒙古草业研究中心　　方精云　景海春
中国科学院植物研究所　高树琴

草牧业是"三农"工作的重要组成部分,加快草牧业发展,建设草牧业强国是建设世界科技强国和现代化社会主义强国的必然要求。

一、新时代粮食安全及草牧业的重要性

党的十九大报告指出,中国社会主要矛盾已经转化为人民日益增长的美好生活需要和不平衡不充分发展之间的矛盾。这一矛盾在农业领域的一个突出体现就是我们还不能向居民充分提供优质安全的肉蛋奶等畜产品,其主要原因源自传统农业结构与国民膳食结构之间的不平衡、不协调。

经过多年努力,我国农业发展迈上新台阶,进入了新的历史阶段。

农业的主要矛盾由总量不足转变为结构性矛盾,矛盾的主要方面在供给侧。改革开放以来,居民膳食结构发生了巨大变化,口粮消费显著减少,肉蛋奶消费显著增加,但农业结构没有及时调整。我国生产的粮食有40%用作饲料,不仅造成水肥资源的巨大浪费(因大多饲料只利用作物的籽实部分,而其仅占作物生物量的1/3—1/2),也导致了严重的农田面源污染。尽管如此,我国仍需大量进口饲草料和肉奶产品,据统计,2017年进口牧草186万吨、大豆9554万吨、肉奶产品541万吨。另外,虽然自2011年起,国家实施草原生态保护补助奖励机制,目前已陆续投入不少于3000亿元的资金,但超载过牧、草地退化的局面没有得到根本改善,90%的草地出现退化,严重破坏生态屏障。因此,发展生态草牧业,调整农业种植结构,对保障新时代的粮食安全和生态安全具有重大的战略意义。

按照目前国内肉类需求增长的速度,预计到2030年,我国肉类供给缺口为2800万吨;我国奶类消费与国外差距更大,预计到2030年我国奶类消费达到亚洲平均水平,供给缺口为7200万吨。发展草牧业,推动草畜协调和产业化,满足人们对绿色、优质、安全畜产品的需求,是推动我国农业供给侧结构性改革的重要内容。按照传统农业(种植业)和草牧业的产值推算,预计到2030年,我国种植业和草牧业的产值比是1.08∶1,预计到2050年会变成3∶4。也就是说,我国农业逐渐进入了以粮棉油生产为主的种植业与以肉蛋奶生产为主的草牧业并行发展、同等重要的新阶段,草牧业将构成我国未来农业半壁江山。同时,草牧业还助力推进乡村振兴战略,是精准扶贫、促进农牧民增收致富、协调"生产、生活、生态"的重要途径。

二、构建草牧业理论体系

草牧业是在传统畜牧业和草业基础上提出的、协同饲草料生产和畜禽养殖的新型生态草畜产业,其内涵是:通过天然草地管理和人工种草,经合适的技术加工,获取优质高效的饲草料,进行畜牧养殖的生产体系,包括种草(饲草料生产)、制草(草产品加工)和养畜(畜禽养殖)三个生产过程。草牧业强调饲草料生产与畜禽养殖是互为依存、不可分割的统一整体,从而解决了长期困扰我国饲草料生产和畜牧业发展中的草畜矛盾、草畜"两张皮"的问题。

与传统畜牧业相比,草牧业具有明显的科学性、先进性和生态性,具有以下四个显著特点。一是突出人工种草的地位。在草原地区,科学配置生态和生产功能,通过人工种草以及天然草地保护及适度利用,实现"以小保大""草—畜平衡";在农区,强调人工种草的重要性,实现饲草生物量的全部利用。二是重视"制草"的作用,即通过草产品加工及微生物菌剂的有效使用,大幅提高饲草利用和饲喂效率,保障饲草的稳定、平衡供应。三是强调规模化、生态化"养畜",即通过养殖方式的转变,实现"草—畜"高效转化、畜产品提质增效以及环境友好。四是"草—畜—加"统筹,即改变过去把种草和养畜割裂的现状,打造"种—养—加"一体化的产业链。

从全国范围看,草牧业可分为草原牧区草牧业、农区草牧业和南方草山草坡草牧业三大类型,并遵从不同的发展路径。在草原牧区,遵循"生态优先,以草定畜"的原则,科学配置草地的生态和生产功能,强调人工种草与天然草地保护及适度利用相结合,特别是通过发展小面积

（不多于土地面积的 10%）高产高效人工草地,生产足量的优质牧草,实现大面积（90%以上）天然草地的恢复、保护与合理利用。在农区,遵循"粮草协调,以畜定草"的原则,科学权衡种植业与草牧业的关系,在此基础上,科学种草,实现饲草生物量的全部利用,并减少化肥农药施用和环境污染。针对南方草山草坡,遵循"因地制宜,适度利用"的原则,在保护植被的前提下,发挥边际土地的作用,发展高产高效特色草牧业。

三、草牧业理论与实践探索

党中央、国务院高度重视我国草牧业发展问题。2015 年"中央一号"文件提出加快发展草牧业,推进农业结构调整;2016 年"中央一号"文件进一步提出优化农业结构和区域布局。草牧业是一个系统工程,涉及自然、经济、社会、生活和文化等多个方面,包含天然草地保护与恢复、人工草业、现代化肉奶业、特色生物产业、生态文化旅游产业等,并非某一政策、单一技术、某项措施、小规模示范等就能解决。

过去的几年中,中国科学院组织相关科技力量加大了对草牧业基础理论与宏观政策的研究,并先后在内蒙古、三江源和西北干旱半干旱地区开展科技示范。在理论研究方面,丰富和完善了草牧业理论体系,明确了草牧业的概念、内涵以及八个基本原理。在科技示范工程方面,注重实用技术研发和发展模式打造,组织院内外 20 余家单位,集成多学科综合优势,与内蒙古呼伦贝尔农垦集团合作,开展了生态草牧业示范区的建设。围绕种草、制草、养畜的草牧业核心产业,针对关键技术环节,在牧草育种、天然草地改良、人工草地种植、草产品开发、畜牧高效养殖、粪污处理以及物联网信息化等方面积累了大量技术成果;在内蒙古呼伦贝尔草原牧区建立了种草—制草—养畜的生态、高效的草牧业可持续发展模式。目前,核心农牧场的种草面积由 2014 年的 1%提高到 2017 年的 16%。这些工作为农垦产业结构调整、草原地区草牧业的发展模式提供了示范作用。按照试验示范结果,再经过 3—5 年的示范区建设,示范区内经济收入水平将翻番;退化天然草地也将得到恢复,生态功能得到显著改善。

2016 年 8 月 29 日,时任国务院副总理汪洋考察了中国科学院生态草牧业示范区,再次强调了加快发展草牧业的重要性。他指出,中国科学院与呼伦贝尔农垦集团合作,共同探索现代草牧业发展路径,这本身就是个创新,是科技转化为生产力的重要探索,也是解决科技经济"两张皮"的积极尝试。草牧业科技示范工程也带动了国家有关部委加强对草牧业的支持。农业农村部在全国先后布局了 37 个草牧业试验试点,成立了草牧业创新学科群和 6 个重点实验室;国家林业和草原局的成立也凸显出草牧业在我国农业发展和生态环境领域的重要地位。

四、创新草牧业科技体系

2018 年 5 月,习近平总书记在两院院士大会上强调:"关键核心技术是要不来、买不来、讨不来的。只有把关键核心技术掌握在自己手中,才能从根本上保障国家经济安全、国防安全和其他安全。"粮食安全是国家长治久安的基石。草牧业抓住了我国农业发展的"牛鼻子",是中国人自己提出的创新理念,创新了种养一体化的科学内涵,国外没有现成模式照搬。

草牧业在种草、制草、养畜及一体化等产业链的各个环节,科研积累还十分薄弱,诸多关键共性技术、前沿引领技术和现代工程技术缺乏,成为制约我国草牧业发展的关键因素。具体体现在:(1)牧草选育及栽培技术十分落后,缺乏必要的优良饲草品种储备和高效的种植模式;(2)天然草地长期超载,历史欠账多,恢复难度大,全国牧区草原至今仍超载 18.2%,造成草场的生产力和优质牧草的比例低下;(3)缺乏当家畜种,生产效率低下,导致我国养殖的草畜转化率远低于国外畜牧业发达国家;(4)草产品加工技术简单粗放,饲草利用率低,无论优良的饲草料配方还是动物营养转化等方面,均缺乏有力的科技支撑;(5)信息化水平低,难以支撑产业发展;(6)缺乏产业链总体设计,造成不仅成本增加,经济效益甚微,而且资源利用效率低、环境污染严重。

发展草牧业,要在确保国家粮食安全的基础上,紧紧围绕市场需求变化,以增加农民收入、保障畜产品安全、有效供给为主要目标,优化产业体系、生产体系、经营体系,提高土地产出率、资源利用率和劳动生产率,实现生态功能提升,生产能力提高和农牧民生活改善,走出一条适合我国国情的草牧业可持续发展的新路子。目前,草牧业示范区已在全国大范围铺开,为避免草畜脱节、重草轻畜或重畜轻草的问题,各地在发展草牧业过程中,应从起步阶段就要做好顶层设计,进行科学规划,加强科技支撑与供给能力。

要建设草牧业强国,必须创新草牧业科技体系。为此,建议在国家层面做好如下几方面工作:第一,科技和人才不足是草牧业发展的最大短板,国家要加大草牧业的科技投入和人才培养的力度。建议国家部署草牧业领域的重点研发计划,并设立草牧业学科,加强草牧业各类人才的系统培养工作。第二,在不同区域设立国家级草牧业示范试验区,探索不同区域自然环境下草牧业发展模式。第三,积极扶持企业成为草牧业科技研发与模式发展的主体。第四,加强畜产品监管,树立国民信心。第五,整合政府管理资源,建立有利于草牧业发展的管理体系。

总之,发展草牧业是我国未来农业发展的必然要求,它将有力提升我国肉蛋奶的安全有效供给,保障食品安全,增强国民体质,从而助力实现中华民族从"吃得饱"到"吃得好"、从"健康中国"到"强健中国"的伟大飞跃。我国需要从源头布局草牧业科技创新体系,真正"把创新主动权、发展主动权牢牢掌握在自己手中"①。

---

① 习近平:《在中国科学院第十九次院士大会、中国工程院第十四次院士大会上的讲话》,人民出版社2018年版,第11页。

新时代新征程　中国科学基金事业
助推建设世界科技强国

国家自然科学基金委　高　福

在中国科学院第十九次院士大会、中国工程院第十四次院士大会上,习近平总书记强调:"中国要强盛、要复兴,就一定要大力发展科学技术,努力成为世界主要科学中心和创新高地。"①习近平总书记勉励我国广大科技工作者把握大势、抢占先机,直面问题、底线思维、迎难而上,瞄准世界科技前沿,引领科技发展方向,肩负起历史赋予的重任,勇做新时代科技创新的排头兵,努力建设世界科技强国。习近平总书记的重要讲话为我国科技事业在新的历史条件下取得跨越式发展、建设世界科技强国指明了方向。我们科技工作者要有时不我待的精神,做创新发展的排头兵。

建设世界科技强国,是党中央在新的历史起点上作出的重大战略决策。这一战略决策的实现,需要科技界坚持不懈的努力,而培养强大的基础科学研究能力是其中必不可少的一环,各种科学基金是支持基础研究的重要渠道。万丈高楼平地起,发达的现代社会、先进文明的生

---

① 习近平:《在中国科学院第十九次院士大会、中国工程院第十四次院士大会上的讲话》,人民出版社 2018 年版,第 8 页。

活都建立在坚实的科技基础之上,正所谓科技是第一生产力。经过多年发展,我国基础科学研究取得长足进步,整体水平显著提高,但与建设世界科技强国的要求相比,短板依然突出,若干基础学科仍很薄弱、重大原创性成果缺乏等问题凸显,社会经济发展的"卡脖子"问题依然明显。为了解决基础研究发展中的问题,国务院专门印发了《关于全面加强基础科学研究的若干意见》,对全面加强基础科学研究作出部署。作为我国资助基础研究的主渠道之一,国家自然科学基金对全面加强基础研究的发展担负着义不容辞的责任和使命。

第一,要深刻领会国家自然科学基金的定位与责任,全方位审视全球科学技术发展趋势,坚持科学问题为导向、国家战略需求和经济社会发展为牵引,做好源头创新创造,设计出"顶天立地"的科研方向。发挥钉钉子精神,扎实推进有序工作。增强历史使命感和社会责任感,以时不我待、只争朝夕的精神做好科学基金的改革事业。要瞄准世界科技前沿,强化基础研究,实现前瞻性基础研究、引领性原创成果重大突破,为解决科技发展中的"卡脖子"问题,提供坚实的保障。

第二,科学基金工作也要对照党的十九大的各项要求,毫不动摇、百折不挠贯彻落实党中央的决策部署。一是自觉从全局高度谋划推进科学基金事业改革。让科学基金在国家创新体系建设中发挥独特作用,充分发挥科学基金作为国家战略科技资源的作用,紧密围绕国家重大需求,把培育重大科研成果和创新人才作为主攻方向,精准施策,精准资助,在激励科学突破、引领科学前沿、培育壮大新动能、支撑创新驱动发展、服务实体经济等方面作出新贡献。二是要深入开展调查研究。按照中央"大学习、大调研、大落实"的精神,要进一步深入调研科学基金管理制度存在的突出问题,倾听科学家的意见建议,抓紧制定改革方案,发展和完善新时代中国特色的科学基金体系。三是必须按照全面从严治党精神落实从严管理科学基金。把坚持党的领导与依靠专家、依法管理科学基金有机统一起来,把信任激励与严格监督有机结合起来,坚持公开、公平、公正做好创新服务,不断提升科学基金的公信力。要努力营造弊绝风清的良好政治生态,引领形成健康学术生态和浓厚创新氛围。四是制定严格的科学基金管理科研道德奖惩体系与制度。以猛药去疴、重典治乱的决心,以刮骨疗毒、壮士断腕的勇气,对各类违纪违规问题坚决实行“零容忍”。要继承和发扬风清气正的科学基金文化和传统,推动建设公开透明的“阳光基金”,秉公用权的“廉洁基金”,依法管理的“法治基金”,固本培元的“创新基金”,党和人民满意的“放心基金”。

第三,面对新任务新要求,科学基金要根据科学问题属性,坚持鼓励探索、突出原创,强调首创性,使科学基金成为新思想的孵化器。推动建设世界科技强国,一是要深入学习领会习近平总书记关于科技创新的重要思想,增强贯彻落实的自觉性和坚定性。惟改革者进,惟创新者强,惟改革创新者胜。实施创新驱动发展战略,核心就在于科技创新,而科学基金是科技创新实施创新驱动发展战略的基石,基金管理队伍必须增强责任感、使命感、紧迫感,在抢占全球科技制高点上展现新作为,坚持聚焦前沿、独辟蹊径,强调开创性和引领性,使科学基金成为科学前沿的牵引器。二是要坚持需求牵引、突破瓶颈。不拒众流,方为江海。科学技术是世界性的、时代性的,发展科学技术必须根据国家战略需求和社会经济发展需求,特别是解决“卡脖子”技术相关的核心科学问题开展工作,使科学基金成为经济社会发展和国家安全的驱动器。三是要坚持共性导向、交叉融通。进入新时代,我国科学基金工作尚面临激励原创有待加强、推动学科交叉融合的力度较弱等诸多挑战,我们不能等待观望,不可亦步亦趋,当有只争朝夕的劲头,实施贯穿改革始终,排出改革优先序,制定改革路线图,努力建成理念先进、制度规范、独具特色的新时代科学基金体系,使科学基金成为人类知识的倍增器。

第四,基金管理队伍必须加强自身建设,提高科学基金管理水平。习近平总书记强调,领导干部必须做到信念过硬、政治过硬、责任过硬、能力过硬、作风过硬。① 这"五个过硬"是对党员领导干部的总体要求,是我们党保持先进性、领导一切工作的基础之所在,也是支撑科学基金事业全面发展的重要保障。一是要加强科学基金干部队伍能力培养,提高干部的综合素质、工作能力和战略定力,不断满足形势发展对于党员和领导干部素质提升的要求。二是要强化自我反思,广泛开展批评与自我批评,时刻警醒自身,反思工作中的缺点和不足,绝不能犯战略性、摧毁性错误。三是进一步完善科学基金资助管理机制。优化评审流程,强化权限管理,完善通讯评审专家选择、会议评审项目遴选和会议评审专家选择的全流程管理与监督。继续优化并推广使用通讯评审专家计算机辅助指派系统。继续试点实施评审会前网络投票,提高会议评审质量。四是以科学合理的评价体系引导正确的学术价值观。完善通讯评审同行评议意见表,更好地发挥同行评议发现创新思想的功能。五是研究符合基础研究特点的科学基金参与主体信用评价机制,逐步建立完善项目负责人、评审专家、依托单位的信用评价体系,构建信用管理的反馈系统,探索间接费用核定与信用等级挂钩的方法。六是深化推进科学基金发展战略研究,从科学基金宏观发展战略、学科发展战略、资助管理体制机制创新、法治基金建设等方面加强战略研究工作。

---

① 《习近平在学习贯彻党的十九大精神研讨班开班式上发表重要讲话强调 以时不我待只争朝夕的精神投入工作 开创新时代中国特色社会主义事业新局面》,新华社,2018 年 1 月 5 日。

第五，必须坚持依靠专家，及时回应科学家关切。党的宗旨是全心全意为人民服务，这是党的一切工作的出发点和落脚点。科学基金项目申请人是广大的科技工作者，科学基金项目的评审人也是广大的科技工作者，全心全意为科学家服务、为科学共同体服务就是我们科学基金工作的出发点和落脚点。习近平总书记指出，一个政党，"功成名就时做到居安思危、保持创业初期那种励精图治的精神状态不容易，执掌政权后做到节俭内敛、敬终如始不容易，承平时期严以治吏、防腐戒奢不容易，重大变革关头顺乎潮流、顺应民心不容易。"①对于科学基金工作同样如此，尽管经过三十多年的发展，科学基金在科技界已经积累了很高的声誉，但我们不能躺在过去的功劳簿上，不思进取，而是应该向习近平总书记说的那样，时刻保持创业初期励精图治的精神状态，加强同科技工作者的联系与沟通，善于听取和吸收他们的合理化建议，不断改进我们的工作。与此同时，要发扬党的优良传统，坚持走群众路线，深入科技工作者当中，倾听科技工作者的呼声，从中汲取智慧资源，推进科学基金工作创新发展。

第六，必须加强科研诚信建设。科研诚信是科技创新的基石，也是基础研究工作健康发展的重要保障。加强科学基金的科研诚信建设，对全面贯彻党的十九大精神，坚持党对科学基金工作的领导，具有重要意义。一是全面贯彻落实中办、国办印发的《关于进一步加强科研诚信建设的若干意见》精神，坚持预防与惩治并举，以"零容忍"的原则保持严肃查处科研不端行为的高压态势。逐步引入"零容忍"的"黑名单"制度。二是继续推进制度建设，强化刚性约束，不断提升依法管理

---

① 《习近平在学习贯彻党的十九大精神研讨班开班式上发表重要讲话强调　以时不我待只争朝夕的精神投入工作　开创新时代中国特色社会主义事业新局面》，新华社，2018 年 1 月 5 日。

水平。三是积极开展科研诚信宣传教育,发挥价值引领作用,强化项目申请人、承担人、评审专家和依托单位的诚信意识和自律意识,塑造优良的学术文化。四是不断创新科学基金资助项目监督检查方式方法,完善信息化建设,提升监督工作效能,逐步建立全流程、全覆盖的以科研诚信为基础的科学基金监督体系。

时代在前进,情况在变化,实践在发展。科学基金工作的开展必须准确把握习近平新时代中国特色社会主义思想对基础研究工作提出的新要求,切实增强"四个意识",坚定"四个自信",不忘初心、牢记使命,才能不辜负党中央、国务院和科技界对国家自然科学基金的期望、信任和关怀,共同开创科学基金事业的新时代,推动科学基金事业的全面发展,为建设世界科技强国贡献我们的一份力量。

解放全民创造力　大兴智业文明

军事医学科学院　　贺福初

七十多年前,我党领导新民主主义革命,全面解放劳动力,实现了站起来的百年梦想。40 年前,我党推进改革开放这一新中国的"第二次革命",全面解放生产力,实现了富起来的千年梦想。党的十八大以来,中央实施创新驱动发展战略,全面解放创造力,开启强起来的新时代。

人类社会正孕育知识为源、智慧为流的智业革命。根据研究发现的文明演进惯性规律推测,知识文明之后的智慧文明将不会发端于前一文明的发祥地美洲,而会在远离美洲的其他大陆。强起来的中国正喜迎千年一遇的智业文明新时代。

中国有 13 亿民众,13 亿民众的最大力量是创造力,13 亿民众创造力的解放将汇聚起人类史上绝无仅有的磅礴力量! 为此,我们必须进行一场更彻底、全面的"社会革命"。这将是我党领导的"第三场革命",唯有完成此轮革命,方能开创人类智业文明新纪元。

习近平总书记在学习贯彻党的十九大精神研讨班开班式上的讲话中指出:"时代是出卷人,我们是答卷人,人民是阅卷人。要实现党和国家兴旺发达、长治久安,全党同志必须保持革命精神、革命斗志,勇于把我们党领导人民进行了 97 年的伟大社会革命继续推进下去,决不能因为胜利而骄傲,决不能因为成就而懈怠,决不能因为困难而退缩,努力使中国特色社会主义展现更加强大、更有说服力的真理力量。"①结合学习习近平总书记在两院院士大会上的讲话精神,我从"时代之问、我党之答、人民之判"三方面论证提出"解放全民创造力、大兴智业文明"的倡议。

一、时代之问

新千年伊始,人类要往哪里去? 回答此问题,首先应了解人类从哪里来。人类文明史,实质就是一部创造力的辉煌史。"力,形之所以奋也。"远古时代,人类以创造力解放"物之力",造就了五千多年的"农业文明"。人类用石刀、石斧,劈开了文明的初路;用铜器、铁器,敲奏出农业文明的强音。人类创造力在纪元的第二个千年,解放"能之力",造就了三百多年的"工业文明"。蒸汽机的发明,引发了第一次工业革命;内燃机的出现,使得轮船、汽车、飞机等相继被发明;电作为能源,以雷霆之力洞开现代文明的大门;核能的横空出世,终于集"物""能"之大成。在纪元两三千年之交,人类创造力瞄准"智之力",尝试开启"智业文明"。人类模仿自己蒙童时期即有的初阶计算智能,发明了计算机与互联网等,启奏了"智业文明"的序曲——数据为源、信息为流的信息时代,即托夫勒(Toffler)所称的"知识"文明时代! 进入新千年,人类迈向感知智能以及更高阶的认知智能新大陆! 类脑芯片、大数据、神

---

① 《习近平在学习贯彻党的十九大精神研讨班开班式上发表重要讲话强调 以时不我待只争朝夕的精神投入工作 开创新时代中国特色社会主义事业新局面》,新华社,2018 年 1 月 5 日。

经网络、深度学习等新技术群层出不穷,使人工智能在图像、自然语言识别及人机博弈性对抗中别开生面,呈"奇点临近"之势。

人类理性对自然、对自我的问究,无不经历数据、信息、知识与智慧四大阶段。自 20 世纪 80 年代,人们相继宣告知识经济时代、信息时代、大数据时代的到来。显然,其出现时序逆"数据→信息→知识→智慧"理性演进之逻辑,但恰好是其实用性之序。这一自然出现且井然有序的历史,预示着人类社会正走向集大成的最伟大时代——知识为源、智慧为流的智慧时代! 人类在相继凭借"物之力"完成农业革命、竭尽"能之力"实施工业革命后,正致力于解放宇宙间物之极、悟之际的"智之力",以发动文明史上再造乾坤、集大成的智业革命!

智业文明,发端何方? 将盛于何处? 这是世纪之问,亦是千年之问。根据我近来发现的文明演进惯性规律,处于任一文明形态的国家乃至大陆,如同物体运动一样,存在其固有的、抵抗改变的惯性,总是趋向于保持原有的文明形态不变;因此,新兴文明往往兴起于前一文明发展薄弱甚至缺如因而惯性较小、远离前一文明发祥地或兴盛地因而较易演替的国度与大陆。这一认识与人们已有的普遍预期完全相反! 过去,人们总会自然地以为前一文明的发祥地或兴盛地,因为已有基础雄厚,会有更多机会自动兴起、自发进入新的文明。实则决然相反! 人类起源于非洲,第一个人类文明(即农业文明)却起源于远离非洲的亚洲;紧随其后的工业文明也不是发端于亚洲,而是远离亚洲的欧洲;工业文明之后的知识文明同样也不是兴起于前一文明的发祥地欧洲,而是位于其大洋彼岸的美洲。以此类推,知识文明之后的智慧文明,也将不会在其前一文明的发祥地美洲! 而会在远离美洲的其他大陆! 但究竟"花落何处"? 如上所述,从始至今的文明潮头(新兴文明发祥)总是喜"新"（大陆）厌"旧"（大陆）！智慧文明，谁持彩练当空舞？依惯性规律推测，美洲以外各大陆皆有可能。

二、我党之答

中国共产党因中华民族救亡图存的时代呐喊而生，应中国人民幸福安康的时代呼唤而行。70多年前，中国共产党带领人民进行新民主主义革命，推翻三座大山，彻底解放劳动力，建立中华人民共和国，让最广大劳动人民当家作主，实现了站起来的百年梦想。这是中国共产党领导的第一场革命，也是新中国的第一次解放。40年前，中国共产党以人民的幸福安康为念，以自我革命的勇气力挽狂澜，进行对内改革、对外开放这一"新中国的第二次革命"，全面解放生产力，创造性地探索社会主义市场经济体制，实现了富起来的千年梦想。这是中国共产党领导的第二场革命，也是新中国的第二次解放。党的十八大以来，我国在以习近平同志为核心的党中央的带领下全面进入新时代，中国共产党心系人民对更美好、更幸福生活的向往，带领人民决胜全面建成小康社会这一古老的中华梦想；实施创新驱动发展战略，全面深化改革，彻底解放创造力，带领人民迈上全面建设现代化强国、实现中华民族伟大复兴的新征程。中华巨龙正飞出历史的峡谷，进入"海阔凭龙跃"的人类文明新时空，"强起来"的中国正迎来千年一遇的智业文明新时代！

智业文明，谁主沉浮？习近平总书记指出："在激烈的国际竞争中，惟创新者进，惟创新者强，惟创新者胜。"①一者，宇宙间最伟大的力

---

① 《习近平谈治国理政》第一卷，外文出版社2018年版，第59页。

是进化力,进化力最伟大的创造是生物界,生物界最伟大的造化是人类智能,人类智能最伟大的特质是创造力。只有创造力才是人类文明进步的根本动力,只有创造力才是扭转历史惯性的乾坤之伟力。二者,13亿中国民众创造力的解放,将汇聚起人类史上绝无仅有的磅礴力量!三者,为解放并汇聚13亿民众的创造力,我们党必须再次带领人民进行一场更为彻底、更为全面的社会革命!破除一切束缚人民创造力的体制机制。这将是我党领导的第三场革命,我们唯有完成此轮革命,方能实现新中国的第三次解放! 方能开创人类智业文明新纪元!

三、人民之判

人民之判,决定于民心向背。"人民,只有人民,才是创造世界历史的动力!"[①]中国共产党已完成的两场革命、实现的两次解放,无一不是一切为了人民、一切依靠人民、一切造福人民的结果。历史如此,未来依然。习近平总书记在十九大报告中指出:"永远把人民对美好生活的向往作为奋斗目标。"根据马斯洛理论,人类在温饱阶段主要是生理需要与安全需要,在小康阶段主要是社交需要与尊重需要,进入富裕阶段后则主要是自我实现与自我超越需要。一般来说,人们对某一层次的需要相对满足后,就会向高一层次发展,追求更高层次的需要成为驱使行为的动力。相应的,获得基本满足的需要就不再是一股激励力量。而创造力的充分发挥是人类需求层次中最高阶"自我实现与自我超越"的要义所在,这将日益成为富起来后的中国人民的重要人生向

----

① 《毛泽东选集》第三卷,人民出版社 1991 年版,第 1031 页。

往。因此,全民创造力的解放本身亦是我党新时代使命的应有之义,涉及我党对人民的郑重承诺。

四、几条建议

第一,组织专门力量,从文化、教育、社会、经济、政治、法律等诸方面,系统梳理制约全民创造力形成、发挥的因素,并研拟破题之策,为打造举世无双的创新生态环境、为孕育新的华夏创新黄金时代提供整体设计。

第二,确立改革、建设与发展各类工作中,以全民创造力的彻底解放与充分发挥为出发点和落脚点,研拟《解放全民创造力战略行动纲要》,部署、实施《创造中国行动》。

第三,确立中华民族伟大复兴的目标:复东方文明、集东西文明、兴智业文明。赋予民族复兴全球性、时代性、开拓性意义。如果说欧洲文艺复兴的主体是人类理性的苏醒,那么中华民族伟大复兴应在于人类灵性(即创造力)的苏醒。我国此轮复兴是复东方文明、集东西文明大成,创建人类命运共同体,开启智业文明新纪元。

第四,创新马克思主义理论,揭示智业文明时代的社会发展规律。如果说农业文明以"地"为本、工业文明以"资"为本,智业文明将以"智"为本,其政之理、法之理、伦之理、心之理等需重新审视,甚至重塑。如果说封建主义兴农业文明、资本主义兴工业文明,社会主义将兴智业文明。

第五,明确雄安新区的全球未来定位:复东方文明、集东西文明、兴智业文明的新千年大计,人类解放创造力的"特区",全球创新精英的乐园、世界创新时尚的乐土。如果说 19 世纪的世界之都在欧洲、20 世纪的世界之都在美洲,21 世纪的世界之都将在亚洲！如果说东方文明主导了人类纪元的第一个千年,西方文明主导了人类纪元的第二个千年,人类纪元的第三个千年将是东西文明会师、东西文明集大成的新千年！雄安应担负这样的使命！

加强基础科学研究　支撑科技强国建设

中国科学院上海生命科学研究院　李　林

一、强大的基础科学研究是建设世界科技强国的基础

《国务院关于全面加强基础科学研究的若干意见》(国发〔2018〕4号,以下简称《意见》)开宗明义指出:强大的基础科学研究是建设世界科技强国的基石。党的十八大以来,习近平总书记一直强调科技创新的重要性,多次提到"核心技术受制于人是我们最大的隐患"[①],"只有把核心技术掌握在自己手中,才能真正掌握竞争和发展的主动权,才能从根本上保障国家经济安全、国防安全和其他安全"[②]。不久前爆发的"中兴事件",凸显了当前我国诸多核心技术仍受制于人的严峻现实;也警示我们,加强基础科学研究、聚力源头创新是建设现代化经济体系进而建设社会主义现代化强国的必由之路。

---

① 习近平:《在网络安全和信息化工作座谈会上的讲话》,人民出版社 2016 年版,第 10 页。
② 习近平:《在中国科学院第十七次院士大会、中国工程院第十二次院士大会上的讲话》,人民出版社 2014 年版,第 10 页。

由芯片行业推及其他,"中兴事件"促使我们重新审视近年来我国基础科学的发展成效,虽然已取得了若干"点"上的突破,但就整体而言,跟踪性研究发展得快,修修补补的工作多,根本性的创新工作缺乏,转化成核心技术的能力不足,科学的基础仍很薄弱。究其原因,科技投入特别是对基础研究的投入和积累不足是主因。

国际经济合作与发展组织(OECD)2018 年 6 月 20 日公开的一组数据①显示,2016 年我国研究与试验发展经费投入占 GDP 的 2.12%,在经合组织 35 个成员国及 7 个非成员国经济体中低于奥地利、比利时、丹麦、芬兰、法国、德国、以色列、日本、韩国、瑞典、美国等,也低于 OECD 2.35%的整体投入水平;而当下的中国却是对科技创新需求最为迫切的国家。

再进一步聚焦基础研究投入,则会发现 2016 年我国基础研究投入占 GDP 的比重仅为 0.11%,2015 年这一数字为 0.10%(因有些国家 2016 年基础研究投入占 GDP 比重尚未收录,暂以 2015 年数据做参照),在上述 42 个经济体中居于最末;这与多年来我国对基础科学的投入一直维持在 R&D 的 5%左右有关,而发达经济体的这一数字为 17%左右。显而易见,目前对基础研究的投入力度与《意见》提出夯实建设创新型国家和世界科技强国的基础还相去甚远。

回首过去一个多世纪,甚至放眼更长的历史时间,我们对"纯科学"一直都没有给予足够的重视与支持。1883 年 8 月 15 日,美国著名物理学家、美国物理学会第一任会长亨利·奥古斯特·罗兰在美国科学促进会(AAAS)年会上做了题为《为纯科学呼吁》的演讲,相关文字后发表在《科学》(*Science*)杂志上,被誉为"美国科学的独立宣言"。当

---

① *Main Science and Technology Indicators*,Volume 2017,Issue 2.

年美国科学的发展与今日中国颇有相似之处,其演讲中甚至还提到了当时的中国:"纯科学与应用科学究竟哪个对世界更重要。为了应用科学,科学本身必须存在。假如我们停止科学的进步而只留意科学的应用,我们很快就会退化成中国人那样。他们只满足于科学的应用,却从来没有追问过他们所做事情中的原理,这些原理就构成了纯科学。他们知道火药的应用已经若干世纪,如果他们用正确的方法探索其特殊应用的原理,他们就会在获得众多应用的同时发展出化学,甚至物理学。因为只满足于火药能爆炸的事实,而没有寻根问底,中国人已经远远落后于世界的进步"。

上述评论很令人痛心,今天读来仍旧振聋发聩,对我们如何发展科学具有一定的警示意义。近年来,我国对基础研究重要性的认识不断深化,支持力度也稳中有增,如国家自然科学基金委员会一直是一支卓有成效的资助力量,国家科技重大专项、国家重点研发计划等也有一些布局,推动基础科学实现了一些"点"上的重要突破,由"跟跑、并跑"为主逐渐向"跟跑、并跑、领跑"三跑并行转变。

1976 年诺贝尔物理学奖获得者丁肇中曾以金字塔来阐述基础研究与应用研究的关系。他认为,基础研究是金字塔的底部,应用研究依托于底部不断向上延伸。每一次经济的复苏与快速增长,离不开科学技术的重大突破;每一次科学技术的重大突破,离不开创新价值链最上游的基础知识和方法创新。基础研究是科技创新的根基和源泉,也是创新的关键驱动力;没有基础研究的沉淀和积累,科技创新便难以获得长足发展。要以现状 5%的研发投入、0.11%的 GDP 投入力度夯实建设世界科技强国的源头创新根基,显然不符合科学发展规律。

20 世纪 50—70 年代,因为遭遇发达国家的封锁禁运,我国科学技术的对外依存度很低,不得不将立足点放在自力更生艰苦奋斗上,取得了人工全合成结晶牛胰岛素(1965 年)、发现青蒿素(1971 年)等重大基础研究成果,自主研制及成功发射了"两弹一星"(1964 年、1967 年、1970 年),体现了"集中力量办大事"的优势,奠定了当今有重要影响力大国的根基。

改革开放以来,我们通过"引进、消化吸收、再创新"重点推进了国际技术转移和本土化,迅速发展壮大了经济规模,但"我国发展到现在这个阶段,不仅从别人那里拿到关键核心技术不可能,就是想拿到一般的高技术也是很难的",当前经济面临较大的下行压力,倒逼我们"立足点要放在自主创新上",更加依赖从基础研究衍生出来的、拥有完全自主知识产权的源头式创新,支撑国家现代化经济体系建设。

二、全面加强基础科学研究成为建设科技强国的战略选择

我国该怎样布局基础科学才能更加有效地强化基础研究进而催生关键共性技术、前沿引领技术、现代工程技术及颠覆性技术呢?

(一) 加强基础研究的稳定支持和多元化投入

持续加大科技创新投入,如到 2020 年如期完成《"十三五"国家科技创新规划》中关于研究与试验发展经费投入强度达到 GDP 2.5%的科技投入目标。建立基础研究多元化投入机制,中央政府持续加大对基础科学研究的投入;鼓励地方政府,特别是那些经济发达、有较好的科研院所、研究型高校基础的省市,加大对基础科学研究的投入;通过税收杠杆,如落实企业研发费用加计扣除等政策,鼓励大型企业投入资源开展一些应用基础研究;出台相关政策鼓励个人和企业对基础科学

研究的捐赠资助;切实解决财政投入的结构性矛盾,探索和强化对优先布局优秀团队给予稳定支持,使其潜心致研长期深耕,促进重大原创成果产出。

(二)海外引进人才与本土优秀人才并重,加强基础研究人才队伍建设

当前,高端人才日益成为全球竞争焦点,发达国家利用优势地位持续增强对优秀人才的吸引力,新兴市场国家也纷纷推出各类人才政策和计划。我国也必须把人才战略放在更加突出的位置,坚持以人为本,强化人才支撑。更大力度推进实施国家"千人计划""万人计划"等高层次人才引进和培养计划;更加关注本土优秀人才成长,将人才计划与支持政策平等适用于引进与本土人才。真正集聚和培养造就一大批具有国际水平的战略科技人才、科技领军人才、青年科技人才和高水平创新团队。

(三)建立和完善符合基础研究特点和规律的评价机制

建立鼓励创新、宽容失败的容错机制,鼓励科研人员大胆探索,挑战未知,开展面向长远的探索性研究和突破性原始创新研究。完善分类评价机制,对自由探索类基础研究实行同行评价,突出中长期目标导向,营造"十年磨一剑"的创新氛围,评价重点从研究成果数量转向研究质量、原创价值和实际贡献。强化应用导向的基础研究,引导一部分科学家关注国家战略实施过程中面临的关键科学问题,引导创新企业联合大学和科研机构开展应用基础研究,共同瞄准产业关键核心技术瓶颈攻关,带动原创性基础研究,夯实产业核心技术研发的科学基础;目标导向类基础研究主要评价解决重大科学问题的效能,提高创新效率,使更多自主研发的前沿技术及时转变为现实生产力,逐步扭转关键核心技术长期受制于人的被动局面。

加强创新人才培育、强化支持基础研究，助力建设世界科技强国

中国科学院水生生物研究所　赵进东

改革开放 40 年来，我国的经济发展取得了举世瞩目的成就，已成为世界第二大经济体。随着经济的发展，我国的科学与技术也取得了巨大发展。不论是从基础研究与应用基础研究成果还是从科技创新环境看，中国取得的成绩都是巨大的，科学技术对经济发展的促进作用也越来越明显。但是，我国在重大科学发现和关键核心技术的源头创新上与世界科技强国相比还有相当的差距。在世界知识产权组织（WIPO）发布的《2014 年全球创新指数报告》中，中国被列为"学习者"，离"领跑者"还有较大距离。也就是说，我国还不是一个科技强国。要实现经济发展转型，保持长期可持续发展，必须大幅提高科技的支撑能力。

2016 年 5 月，中共中央、国务院印发了《国家创新驱动发展战略纲要》（以下简称《纲要》）。《纲要》的战略目标是分三步将我国建设成为世界科技强国，即：第一步，到 2020 年进入创新型国家行列；第二步，到 2030 年跻身创新型国家前列；第三步，到 2050 年建成世界科技创新强国，成为世界主要科学中心和创新高地，为我国建成富强民主文明和

谐的社会主义现代化国家、实现中华民族伟大复兴的中国梦提供强大支撑。为了实现这个目标,有很多方面需要考虑。其中,人才培养和基础研究在建设科技强国的进程中起着关键作用。

一、创新人才培养

在 2050 年建成世界科技强国意味着现在的小学生将是那个时候的主要创新力量。那么,我们现在的中小学教育体系能够培养出这样一大批创新人才吗?估计答案是否定的,至少不是那么肯定。创新的关键说到底是人才的培养。关于创新人才的培养,人们更担心的是我们的基础教育。未来国家和民族的发展靠什么?就是靠基础教育培养的下一代,就是靠这些孩子们。国家经济发展水平提高了,综合国力增强了,基础教育的改革应该更加关注保护孩子的天性、激发学生的创新意识、培养学生的创造能力、培养他们自由创造的精神。基础教育的体系应该更加科学、更加完善、提供更加丰富的教育资源,为学生提供更多发挥自由想象的空间。同时,让那些极具天赋的学生有成长的机会。换句话说,今天我们营造一个大环境将这些天才保护起来,让他们明天成为中国的爱因斯坦,中国的图灵。

综观全国各大中城市,现在大部分家庭每年都要花很多钱给培训机构,送孩子去上各种补习班,哪还有时间和空间去自由想象?其实,人天生有好奇心,创新是根深蒂固在人的本性里的,不能压抑孩子们的天性,要创造条件释放他们的创造力。若从小被管习惯了,就算长大以后从事科学研究,也多会选择一些跟随式的领域去研究,去证明别人的理论是正确的。哪怕技术是领先的,自己也不敢做太多原创的东西,害怕失败,害怕出格。

发达国家的教育更注重激发孩子的创造力,他们鼓励孩子们质疑老师、敢于在知识上挑战老师。这种方式下培养的孩子就善于发现问题,习惯于质疑,敢于提出别人不敢提的问题,想别人不敢干的事情,喜欢证明别人是错的,也就更容易创新了。当然,东西方教育各有优缺点,我们要做的是根据未来的需求,整合东西方文化和教育精华,保护学生创新的天性,呵护孩子们的好奇心,探索一条属于自己的道路。所以我认为我们国家应该把中小学教育的改革当作紧迫的任务,否则将无法实现在2050年建成世界科技强国这个目标。

中小学的教育体系改革不是一件容易的事情,涉及许多方面,其中一个重要因素就是大学教育的结构和体系。如果我们的好大学多一些,中小学的升学压力就小一些,改革的空间就大一些。高等教育在任何一个国家都是国家科研力量的重要组成部分,承担着培养高层次创新人才、开展高水平科学研究、产出高质量科技成果的重要使命,是国家创新体系中举足轻重的力量。那么,我们国家的高等教育能不能承担起建设科技强国的重任呢?

客观地说,我们国家重视高等教育,从恢复高考到现在四十多年的时间里,也通过"211""985"等一系列重大建设项目和工程,建设了一批重点高校和重点学科,带动了我国高等教育整体水平的提升。目前启动的"双一流"建设工程是在已有重大工程基础上开展的又一项全方位提升高校能力的举措,将为经济社会持续健康发展作出重要贡献。但是,我个人认为,高等教育在国家科技创新体系中的位置与它的贡献并不相匹配。我们学习《政府工作报告》或其他一些重要的报告、文件时会发现,高等教育一般会与其他各级各类教育在"提高保障和改善民生水平"的章节出现。然而,高等教育在创新人才培养和基础研究中的作用是十分重要且不可替代的,在国家发展战略中应该同企业和科研院所一样,都是创新工程的主体。近些年高校作为主要完成单位获得国家科技三大奖的比例占七成以上,在承担国家自然科学基金或其他国家重大科研项目中也有相对优势。更不用说,人才培养在创新体系建设中的作用怎么强调也不为过。所以高校应该在国家科技创新体系中占有更加重要的位置,也因此我建议在以后的《政府工作报告》中能否考虑将高等教育的相关内容,尤其是高校科技创新调整到创新体系建设的相关部分。这样一方面更有利于激发高校的创新活力,产出更多创新成果,也有利于促进高校科技成果转化,进一步提升高校在创新驱动发展战略中的作用。另一方面,也有利于社会各界的资金向高等教育投入,进一步加强高等院校的建设,让我们有更多的一流大学可以选择。教育是民生,也是国计,教育的发展需要社会和国家更大的责任和担当。

二、加强基础研究

人类科学技术发展的历史显示,基础研究的突破会带来巨大技术革新和经济发展,如电磁理论的发展使人类进入无线电通讯时代,DNA双螺旋结构的解析让我们进入现代分子生物学时代等等,这类例子不胜枚举。我国要建立完善的科技创新体系,建设创新型国家,基础研究不能削弱,只能加强。基础研究还有另一个重要但常常被社会各界所忽略的社会功能,那就是人类对自然的认知、对未知世界探索的精神是通过基础研究来体现的。著名的奥地利物理学家薛定谔就说过,科学研究同音乐、文学、艺术一样,都是人类社会的精华,是人类文明进步的动力。中华民族要实现伟大复兴,我们不仅需要强大的国防、稳定的社会、丰厚的财富,还需要有强大的精神力量,其中就包括研究和探索精神。世界上还有很多未解之谜,如宇宙起源、生命起源等等。我们希望看到,在中华民族的伟大复兴过程中,这些世界之谜的谜底是由中国揭开的,我们的科学家不断给世界带来概念上的革新。我们也希望看到经过基础研究培养出一批批有探索创新精神和能力的年轻人,在创新型国家建设的各个方面发挥重要作用。

要在国家层面上做好基础研究,必须有一个合理而完善的创新体系和相应的政策。《纲要》的出台为建立一个更加适合我国国情的科技创新体系提供了一个明确框架。根据这个框架,我个人认为有几个方面值得注意。

(一)稳定的政策

基础研究既要沉得住,还要可持续。改革开放以来,我们国家取得了辉煌的科技成就,在一些前沿领域取得了重要突破,并已经在一些重要领域方向跻身世界先进行列。可以说,世界上没有哪个国家和地区能够在这么短的时间里取得这样举世瞩目的成就。现在我们之所以提出实施创新驱动发展、建设创新型国家和建设世界科技强国,也是有赖于这几十年的科技创新发展积累。尽管在现行的科技体制下我们从 0 到 1 的重大原始创新成果不多,但不代表将来不会有,更不代表在现行体制下出不来。真正重大的创新成就、杰出的创新人才往往是需要多年积累,是需要时间等待的。当然,我们如果从科研投入、评估体系和科技管理等几个方面不断改进和提升,重大的原始创新成果的出现就会来得更快一些。

人才培养方面,需要有稳定的人才政策和稳定的经费支持。改革开放以来,我们出台了不少人才政策,很大地促进了人才引进,推动了科技发展。然而,有时我们也看到一些政策前后不一致,中央和地方的政策不吻合,地方政策之间不统一,这些都容易给学者们带来困惑。建立长期而稳定的人才计划,防止新计划否定旧计划,对于人才引进和人才培养十分重要。除了稳定的人才政策,还需要有稳定的支持和投入。我们国家的经济发展按五年做计划,科技体系也是五年规划。基础研究的周期常常较长,而且很不容易预测,很难作出很好的五年规划,所以似乎可以考虑在适应国家经济发展的前提下,把科技规划时间放宽一些,让研究有更多的发展空间和更长的稳定支持。与之配套,要建立稳定而合理的评估体系,这样才能鼓励原始创新,促进重大成果产生。

需要强调的是,没有一个计划或纲要是完美的。一旦开始实施,就会出现这样那样的问题。我们不能因为这些问题的出现就立即否定这个计划或纲要。事实上,在建设科技强国的道路上,最需要的就是稳定,而科技工作者最担心的就是政策的左右摇摆甚至反复。必要的调整是可以理解的,但是那种换一届领导就把政策推倒重来的做法是一种极大的浪费,它会严重延缓建设科技强国的进程。

(二)强化交叉

基础研究有自身的规律,一般来说,行政干预基础研究过多往往会带来负面结果。但行政干预并非一无是处,在促进学科交叉方面还是能够起到推动和促进作用的。我国的研究机构经常出现学科人才单一、交叉很弱等情况,不利于产生新思想,不利于产出重大成果。新型科技创新体系如果既在科研经费分配和课题设置方面加强合理管理,又在强化科技机构这个基本单元的设置上促进学科交叉,相信将会起到好的作用。

(三)多元化投入

近年来,中国的研发经费投入总量呈不断上升趋势,已连续多年成为仅次于美国的世界第二大科技经费投入大国。比如,国家自然科学基金也从当年的 20 多个亿增长到了现在的 300 亿。不过,虽然我国研发经费投入强度占到 GDP 的 2% 以上,但基础研究占整个研发经费的比重仍然太低。此外,我们国家基础研究投入主体、投入结构与发达国家相比有较大区别。在我国基础研究的投入构成里,政府的投入超过 90%,企业投入比较低,其他的社会力量投入也较少。在一些发达国家,政府财政投入占整个基础研究的比例可能不到一半,很多都是企业或者风险投资在支持基础研究和应用基础研究,还有一些社会力量、慈善机构、社会捐款等也都投向了基础研究。我们国家需要建立这样的体制机制,促进基础研究的多元化投入。基础研究具有长周期性,需要长期部署,因此必须增加地方财政和企业社会力量对基础研究的投入,以避免因时常出现经费"入不敷出""难以为继"而"动摇军心"的风险。同时,政府要充分考虑基础研究的特点,把眼光放长远,避免出现把基础研究的投入纳入政府工作近期绩效考核指标的做法。要相信只有长期支持,基础研究才能出成果,而且一定能出成果。

加强原始创新,实现科技强国

中国科学院上海药物研究所　蒋华良

最近,中美贸易摩擦和"中兴事件"等一系列风波表明,科学技术水平在国家发展、民族振兴过程中的重要性,也进一步彰显了科技强国的重要意义。从中外发展的历史进程看,尤其是发达国家和我国的近现代历史来看,科技力量的强弱,决定了一个国家力量的强弱。科技强,则国家强、民族兴,反之,则国家弱、民族衰。科技强国战略是实现中华民族伟大复兴的重要组成部分,而实施科技强国战略,必须加强科技原始创新。本文就"加强原始创新,实现科技强国"谈一些肤浅的思考和建议。

一、我国原始创新研究的现状

改革开放 40 年来,我国的科学技术发展迅猛,也极大地促进了我国社会和经济的快速发展,成就举世瞩目。然而,毋庸讳言,我国的科技创新能力还十分薄弱,与发达国家的差距还非常巨大。其中的一个重要原因是我国原始创新能力不足,缺乏原始创新成果。

"原始创新是指前所未有的重大科学发现、技术发明、原理性主导技术等创新成果。原始性创新意味着在科学研究和技术发展方面，特别是在基础研究和高技术研究领域取得独有的发现或发明。因此，原始性创新是最根本的创新，是最能体现智慧的创新，也是一个民族对人类文明进步作出贡献的重要体现。"对照这一原始创新的定义，无论是基础研究还是技术发明，除科技链条中的个别点外，我国几乎没有原始创新成果。具体表现在如下几个方面：

（一）基础研究多为跟踪型创新

多年来，我国的科技评价系统出了较大的问题，论文导向的评价方式，促使科研人员特别是青年科研人员追求在所谓的高影响因子期刊上发表论文。为了达到这一目的，相当一部分青年科学家追踪所谓的国际"热点"问题开展科学研究，失去了"甘坐冷板凳，十年磨一剑"的耐心和意志。无疑，这种研究科学可以发表高水平的论文，有些研究结果甚至可以发表在《科学》(Science)和《自然》(Nature)等国际"顶级"杂志上。然而，这些"热点"领域或科学问题是国外科学家首先提出并获得主要研究进展之后，我国的科研人员仅仅做一些"修修补补"的工作，将"热点"领域捧得更热。最终原始概念、原理或方法提出者获得了诺贝尔奖等国际大奖，我们的科研人员实际工作的效果是"为他人作嫁衣"。例如，2017年我国化学领域论文发表的数量和引用次数均超过美国，位居世界第一。然而，真正属于我国科学家开创的原始创新型基础研究成果不过两三项，大部分为跟踪式研究。十多年前，国际上掀起小分子催化研究热潮，我国大批课题组进入了这个领域，虽然发表了一系列"高水平"论文，我国在这一领域依然没有话语权；最近碳氢活化比较热门，我国大批青年科研人员一窝蜂地开始从事这方面的研究。这种跟风式研究造成的后果是，浪费了青年一代科技工作者的青春和创造力以及国家支持的科研经费,最终使国家失去了原始创新的活力。更加令人担忧的是,通过"青年千人计划"等人才计划回国工作的青年科研人员,相当一部分在国内开展的工作是延续国外博士后所从事的工作。我曾经三次参加化学领域有机化学专业"青年千人计划"的评审。当时,正是上述碳氢活化研究热潮,近三分之一的答辩人从事这一领域研究。因在国外实验室从事博士后研究期间发表论文记录较好,这些申请人均获得"青年千人计划"资助回国工作,但回国后拟开展的工作依然是博士后期间工作的延续,鲜有人提出有原创思路并有自己特色的工作计划。

(二)技术研发多为模仿式创新

在技术研发领域,快速模仿创新是我国目前缺乏原始创新核心技术的关键因素。1986年,我国实施了国家高技术研究发展计划("863计划"),1991年邓小平对"863计划"批示"发展高科技,实现产业化"。在这一思想的指导下,"863计划"的第一步目标是"跟踪研究外国战略性高技术发展",采用"引进、消化吸收、再创新"的策略,尽快推动科技产业的发展,促进我国社会经济的发展。"863计划"从1986年至2016年30年间,为我国科技发展特别是追踪世界科技前沿作出了不可磨灭的贡献,在"引进和消化吸收"国外先进技术方面取得了重要进展。然而,在"再创新"方面我国还远没有实现"863计划"设定的目标。其主要原因是,无论是研发机构(高校或研究所)还是企业,均没有把原始创新摆在产业发展的重要位置,而是一味地直接应用国外引进的技术,实施所谓"集成创新"的产业发展模式。采用这种发展模式的企业,可在较短的时间内获得规模和利润的爆发式增长,因此也无心发展自己的核心技术。这种中兴等企业所依赖的发展模式,是当前核心技术受制于人,被人"一剑封喉"的主要原因。

我比较熟悉的药物研发领域也存在类似的情况。20世纪90年代以前，我国基本上以研发仿制药为主；1990年以后，随着我国加入WTO，开始实行知识产权保护，创新药物研发受到了前所未有的重视，我国相继实施了"1035计划""863计划"和"重大新药创制"国家重大专项等研发计划，加速了我国创新药物事业的发展。然而，我们目前的新药创制依然是模仿型创新。在药物研究领域有一个专门的名词叫"me-too"，即国外研发机构或大制药公司研制上市了一个治疗某一疾病的药物，我国的研发机构或制药企业对这一药物进行结构改造，跳过其专利保护的范围，获得具有知识产权的药物经临床前和临床研究后上市一个类似的药物。这样的药物称为"me-too"类药物。真正的原创药物也有一个专门名词叫"first-in-class"，有如下特点：针对新发现的疾病发生机制或新的靶标（这部分工作必须有较强的生命科学基础研究作为支撑），发展疗效好、毒副作用低的新结构类型的化学小分子药物或抗体等生物大分子药物。新中国成立后至改革开放前，我国研发的青蒿素类抗疟药物（523工程大团队协作结果，主要发明人屠呦呦因此获得2015年诺贝尔生理学或医学奖）以及重金属解毒剂二巯基丁二酸（由中国科学院上海药物所研发）可以称之为原创新药。原创新药研发本身的难度较大，全世界每年上市的原创新药也不足20个。原创新药产出最多的国家是美国，占57%；其次是瑞士，占13%；日本、英国、德国和法国占6%—8%。改革开放40年来，我国没有一个原创新药上市，这与我国第二大经济体和第二大药物市场的地位十分不相称。造成这种局面的主要原因是，我国的生命科学基础研究与药物研发衔接不够，企业为了追逐快速效益，没有原创新药研发的积极性，投入较少，导致我国药物产值、利润等严重落后于发达国家（见表1）。

表1　国际和国内前十强制药公司销售额、
利润、研发投入和成果转化率比较

（单位:亿美元）

统计年份:2017	国际（前十强）	国内（前十强）	对比
营业收入	4366	530.03	7:1
利润	852	46.63	18:1
研发投入	718（约占营业收入的16%）	12.39（约占营业收入的2.3%）	58:1
成果转化率	～20%	～2%	10:1

注:"～"表示"约为"。

二、对策与建议

习近平总书记在党的十九大报告中发出"加快建设创新型国家"的号召,特别提出"创新是引领发展的第一动力,是建设现代化经济体系的战略支撑。要瞄准世界科技前沿,强化基础研究,实现前瞻性基础研究、引领性原创成果重大突破"。在2018年的两院院士大会上,进一步强调:"我们坚持走中国特色自主创新道路,坚持创新是第一动力,坚持抓创新就是抓发展、谋创新就是谋未来,明确我国科技创新主攻方向和突破口,努力实现优势领域、关键技术重大突破,主要创新指标进入世界前列。"要实现习近平总书记提出的这一科技强国目标,必须加强原始创新,提高我国原始创新的水平,加强具备原始创新能力的人才队伍建设。就此,我提出如下建议:

（一）建议实施人才培养和关键科技领域培育一体化计划

我国已经有多个人才培养计划,如中组部的"千人计划（包括"青年千人计划"）"、科学院的"百人计划"、教育部的"长江学者奖励计划"和国家自然科学基金委员会的"杰出青年项目"。与此同时,我们也有各种研发计划,如原来的"863计划""973计划"和现在的重点研发计划、国家重大专项和国家自然科学基金委员会的各种基础研究项目。这些人才培养计划没有与某一领域的具体研发项目挂钩,以往的项目研发计划也没有具体的人才培养目标。因此,现有的人才计划培养不出具有国际水平的高端人才,现有的研发计划也孵育不出引领国际的研究领域和特色技术。考虑上述情况,建议国家在谋划科技强国建设路径时,要加强顶层设计,制定以国家需求为导向、以人才培养为根本的"人才培养和关键科技领域培育一体化"的科技发展计划。

如果要实施这一计划,日本的《科学技术基本计划》值得借鉴。1995年1月,日本议会通过了《科学技术基本法》,并同时出台第一个《科学技术基本计划》,主要目标是为了摆脱日本经济持续低迷,让日本从一个模仿创新型国家转变为自主创新型国家,通过科技创新驱动日本经济增长。2001年3月,日本内阁制定并通过了第二个《科学技术基本计划》,其中的基础研究部分明确提出一项目标,即今后日本在以诺贝尔奖为代表的国际级科学奖的获奖人数达到欧洲主要国家水平,50年内本土诺贝尔奖获奖人数达到30人。这一计划的一个重要内容是研究领域培育和人才培养相结合,梳理出优势领域和优秀人才,给予充裕的人财物支持,让优势领域中的优秀人才在宽裕轻松的环境中进行原始创新研究或技术研发。在实施第一个《科学技术基本计划》时,日本选择试点支持不对称氢化反应中最具优势潜力的名古屋大学理学教授野依良治。政府给予5000万美元的资助,支持野依良治专注于不对称氢化反应研究,并给予非常轻松的研究环境,每年仅交两页纸的汇报。此后,他开发出了性能优异的手性催化剂,这些催化剂用于氢化反应,能使反应过程更经济和环保。这些工作也对手性氢化催化剂在工业上的应用起到极大的推动作用。目前,很多化学制品、药物和新材料的制造,都得益于野依良治的研究成果。野依良治也获得了2001年的诺贝尔化学奖。日本《科学技术基本计划》一直将有机化学新反应和新催化剂的发现及其在工业中的应用作为优势发展的领域,支持了一大批优秀科研人员。其中,铃木章和根岸英一因在"有机合成中的钯催化交叉偶联反应"方面作出的贡献获得2010年诺贝尔化学奖。自日本《科学技术基本计划》实施以来,共有17位日本科学家获得诺贝尔奖,日本已从一个模仿创新型国家转变成为真正的以自主创新为主体的国家。

(二)建议实施机构式资助模式,彻底解决"卡脖子"技术难题

习近平总书记在2018年的两院院士大会上强调指出:"实践反复告诉我们,关键核心技术是要不来、买不来、讨不来的。只有把关键核心技术掌握在自己手中,才能从根本上保障国家经济安全、国防安全和其他安全。"习近平总书记的话振聋发聩,如前文所述,由于原始创新累积少、基础差,我们自主掌握的关键核心技术有限。就拿生物医药领域举例,我国生命科学基础研究和新药研发所需的仪器设备(如电镜和质谱)和试剂(如血清)均是国外进口的,所采用的研发理念、策略、方法和技术也大多是发达国家提出或发展的。要彻底改变关键核心技术受制于人的困境,必须扶持我国关键技术自主研发机构和企业。关键核心技术的发展如同基础研究一样,需要沉下心来和时间积累,需要"甘坐冷板凳,十年磨一剑"的毅力。

这里举一个我熟悉的例子。华中科技大学骆清铭团队花了7年时间发展了显微光学切片断层成像(MOST)技术,并研制了相应的仪器设备。MOST技术是我国少有的具有国际领先水平的原创技术,骆清铭等用该技术获得了小鼠全脑神经细胞链接图谱,在国际上影响很大。

目前，美国、欧洲和中国三大脑科学计划均应用该技术或其产生的数据进行科学研究。2017 年，江苏省、苏州市和苏州工业园区联合投资 4.5 亿元人民币，专门为骆清铭团队建立研究中心，进一步改进 MOST 技术，并进行人脑神经细胞链接图谱的构建。

这一案例促使我想到采用机构式资助的方式来发展关键核心技术，即针对各领域或行业，遴选优势研究机构、团队或企业，由国家拨款专门资助研发领域或行业所需的关键核心技术。这可能会快速缓解我国当前面临的核心技术受制于人的困境。实际上，机构式资助并非是新生事物，当初我国发展"两弹一星"时的资助方式就是机构式资助，效果是显而易见的。在国际上，美国国立卫生研究院（NIH）和国家实验室也是采取机构式资助方式：政府每年按美国国立卫生研究院和各个国家实验室提出的预算拨款资助，保障科研人员潜心科学研究和发展关键核心技术。这也是美国关键核心技术遥遥领先于其他国家的一个重要原因。

（三）建议完善评价评估体系，充分调动科研机构和科研人员的创新活力

习近平总书记在 2018 年的两院院士大会上的讲话中指出："'项目多、帽子多、牌子多'等现象仍较突出，科技投入的产出效益不高，科技成果转移转化、实现产业化、创造市场价值的能力不足，科研院所改革、建立健全科技和金融结合机制、创新型人才培养等领域的进展滞后于总体进展，科研人员开展原创性科技创新的积极性还没有充分激发出来。"如习近平总书记所强调的，建立有序合理的科技评价体系势在必行，是解决这些问题的关键所在。当前，科技评价、项目申请和结题评估，都与拿项目、戴帽子和挂牌子紧密相关。即使是一个单位内部的科技评价（如职称晋升）也与项目和帽子紧密相关。这种状况如不改变，如不建立合理的评价体系,很难调动科研机构和科研人员的创新活力,实现科技强国的目标也会步履维艰。

借此机会,我举所在单位(中国科学院上海药物研究所)进行科技评价改革的实践,来说明科技评价对于激发科技创新活力的重要性。中国科学院上海药物研究所的战略定位是以"出新药"为核心目标,因此,建立了面向市场和需求牵引的评价体系,即分类评估机制。中国科学院上海药物研究所主体采用市场评价体系;基础和应用基础研究评价,以解决重大需求相关的科学问题和发展关键技术为准则;技术支撑评价,以提供优质服务为准则;技术转化评价,以知识产权保护的力度和转化效率为准则。为了激发科研人员新药研发的活力,专门建立了新药研发类职称晋升制度:获得一个 1 类新药证书,研究所给予研发团队 2 个正高级和 4 个副高级职称指标;获得一个 1 类新药临床批件,正高级职称和副高级职称人数指标减半,采用团队推荐,职称评定委员会审核的方式评价申请人是否符合条件晋升职称。这一制度极大地调动了科研人员的创新积极性。制度实施 3 年来,中国科学院上海药物研究所共有 19 个候选新药进入临床研究,实现产业转化合同额 14 亿元人民币,13 名科技人员因获得新药证书或新药临床批件获得职称晋升。

培养创新意识、构建创新环境，加快科技强国建设步伐

河北大学　康　乐

中国引进现代意义上的科学和技术仅有 100 多年的历史，在这期间，中国的科学和技术经历了艰难而又曲折的发展过程，虽然进步速度非常快，但与科技发达国家相比还有相当的差距。科技强国是中华民族实现伟大复兴的必由之路。改革开放 40 年来，中国的科学技术取得了长足进步，这些举世瞩目的成绩值得肯定，但是我们更应该看到差距和不足。没有科学上概念性的突破，没有关键技术的创新和独立研发能力，我们就会处处受制于人。因此，改革开放是一个不断拓展道路和寻求创新的过程。

当科学和技术发展到一定水平的时候，我们就开始关注科学和技术对国民经济发展的推动力有多大，科技成果转化的瓶颈是什么？政府从管理的角度深化项目评审、人才评价、机构评估改革，通过立法推动科技成果转化，这些政策的实施虽然取得了一定的效果，但是仍存在一些亟待解决的问题。40 年的改革开放历程，使我们清楚地认识到，创新的主体是人，没有人就没有创新，没有创新就没有发展；创新更需要优良的土壤和环境，促进创新人才充分发挥其才能。

创新是贯穿国家发展过程中的长期战略任务,人才资源是科技强国的第一要素,也是创新活动中最为活跃、最为积极的因素。加快科技强国建设,必须尊重科技人才成长的客观规律,从培养创新意识开始。同时,创新更需要多方面环境和制度的支持,而不是遇到了恶劣的国际环境,或者遇到了"卡脖子"问题时,才想起创新和人才问题。"百年树人"更需要我们坚守战略定力,把创新人才培养当成一项长期的工作来抓。

一、创新需要独特的思维、习惯和理念

在近五年的 QS 世界大学排名(QS World University Rankings)中,前十位几乎全部是美国和英国的高校。犹太人占世界人口的比例为0.2%,而自 1901 年诺贝尔科学奖设立至今,有 1/4 的获得者都是犹太人。匈牙利只有 1000 万人口,却拥有 14 名诺贝尔奖得主,是世界上人均获得诺贝尔奖数量最多的国家。这些国家有一个共同的特点,就是在教育的早期阶段就注重学生创新思维和习惯的培养。

"李约瑟之谜"和"钱学森之问"给我们提出了深刻的问题,值得我们每一名教育工作者和科技工作者去思考、去解决。创新和人才培养不是一蹴而就的事情,培养创新思维、习惯和理念需要长期坚持,要贯穿于学生求学的全过程。中国的教育比较注重知识的传授和技能的培养,而考查知识和技能掌握程度主要是通过考试。这样的教育和考核方式容易造成学生缺乏正确的学习动机,失去探索新事物的兴趣。刻板的教育还导致学生倾向于服从权威,在学习的过程中不会或者不善于提出问题,只注重现成的标准答案。长此以往,学生主动思维的能力

就下降了。

当前引起社会各界热烈讨论的"艰辛的高中"和"轻松的大学"等话题，反映出高中生在进入大学之后不善于自主学习，错失最佳获取知识的时机等问题。许多人把大学教育当成了就业教育，没有遵循教育的规律和人才的成长规律。"轻松的大学"纵容学生在思维上的懒惰、思想上的机会主义和行为上的短视，更不要说培养创新思维和克服困难的勇气了。学生从本科阶段进入研究生阶段，误以为科学研究也是答题式工作，不习惯于提出问题、解决问题，而是等着导师布置任务。把能否获得学位当成终极目标，一旦遇到难题和困难就情绪波动、难以承受压力。上述情况造成了人才培养质量下降和社会认可度降低等问题。在许多世界一流的大学里，老师讲授完一门课程后，一般通过考试、文献综述和项目实践来考查学生掌握知识的情况，拓展学生对知识掌握的广度和深度，培养学生提出问题和解决问题的能力以及合作精神。只有这样的训练，才能让学生牢固地掌握所学的知识，激发学生学习和探索的兴趣，从而培养出有创新思想的人才。学生能够发现问题和提出问题是首要的，而更为关键的是能够解决问题。在我看来，学生理想的状态应该是，本科阶段学有所爱，研究生阶段学有所长，工作后学以致用。因此，创新需要人的主观能动性、热爱和远见。

二、创新需要良好的社会文化氛围

推动科技创新涉及许多方面，能否培育良好的创新文化是重要基础。如果我们把创新人才看作是创新的硬实力的话，创新文化就是创新的软实力。就科技创新而言，创新文化是影响创造性科研活动最深刻的因素,是科学家创造力最持久的内在源泉。

首先,科学家为追求科学真理和技术发明所表现出来的执着的探索精神和锲而不舍的意志是弥足珍贵的。科学精神包括了优良传统、认知方式、态度作风、行为规范和价值取向等,表现为求真务实、诚实公正、怀疑批判、协作开放等精神。浮躁和浮夸是科技发展的瘟疫,很多科技工作者耐不住寂寞,坐不了"冷板凳",总想走捷径、弯道超车。我的科研经验告诉我,科研突破必须目标集中、长期坚守。近30年来,我没有跟风去追逐那些时髦的研究,而是长期坚持对生物表型可塑性的研究,发现了嗅觉感受基因和多巴胺代谢途径参与动物聚群行为的调控以及表观遗传调控机制。

培养创新人才,应尽可能为科研人员的兴趣提供更多的支持,允许科研试错,给予更多的宽容和鼓励,赋予更多的自主空间,促进科研人员形成敢于怀疑、敢于表达的创新思维模式。社会对创新的态度体现为一种价值取向,反映为社会是否接纳、欢迎乃至积极鼓励新思想和新变革。美国麻省理工学院自建校以来,先后诞生了近90位诺贝尔奖得主,这与其固有的创新文化环境密不可分。美国麻省理工学院在每年12月底到第二年2月初都有一个独立活动期,学生可以通过自由学习和交流,将很多创意转换成创新和创业成果。我们应在全社会大力弘扬科学精神和工匠精神,形成崇尚理性、尊重知识、勇于竞争、鼓励创新、宽容失败的文化氛围。我们不能刚刚支持了一个研究项目,就马上要求出成果、出人才。此外,基础研究与技术开发的成果是明显不同的,不能要求所有的科研成果都与应用或经济建设直接相关。

创新需要不同的理念和想法,走出一条独特的道路,创新同样离不开集体智慧的贡献和团队的合作。"单丝难成线,独木难成林",科研攻关在大多时候需要"大兵团"作战,形成创新合力,以解决重大的理论问题和技术难题。科研的合作精神也要长期培养，它是推动科研发展的重要因素。在团队中，要让不同年龄的科研人员发挥不同的作用，让每一位成员都了解自己的位置，才能够增强团队的凝聚力。高校和科研院所拥有形成多学科交叉融合的先天优势，但组织管理不好也将成为劣势：过于习惯单兵作战，创新的后发动力不足；团队结构单一，难以形成多学科交叉融合的创新性，最为关键的是不能形成老中青相结合的创新团队，使得科研创新缺乏连续性。因此，科研团队应树立"大科研"理念，不应仅限于单位内的合作，也要积极参与国内和国际的合作，在合作与竞争中构筑科研团队创新高地。

三、创新需要制度的保障

鼓励创新的价值观念是创新文化的核心，而相应的制度设计是创新得以广泛开展和持续进行的保证。适应于科技创新的制度，包括相应的体制机制、管理制度、法律法规等。制度形态既包括科学共同体内部的评价、荣誉、竞争、成果共享等各项制度和规则，也包括国家的科技政策、科技规划等。回顾40年来我国科技发展的历程，我国科技的发展始终围绕着国家经济发展的战略规划，顺应国家的战略需求。我国的科技投入不断增加，2017年研发经费投入总量为17500亿元，比上年增长11.6%，研发经费占GDP比重上升到了2.12%，位列世界第二。我国在许多科技领域已经走到世界的前沿，科技创新能力持续提升，战略高技术不断突破，基础研究国际影响力大幅增强。在此背景下，我们更应该总结经验、审时度势、因势利导、顺应潮流，完善有利于创新的制度和体系。

我国的科技规划在科技发展中发挥了重要的作用。科学与技术既有联系,也存在着巨大的不同。一般来说,我们可以根据技术和产业的发展规律,对技术和产业的发展作出较为准确的预测和判断。但是,对基础科学来说,我们很难对未来5—10年或更长时间的前沿问题作出判断和预测。因此,对基础研究而言,我们一般强调的是尚未解决的科学问题。因此,对基础研究进行资助的合理方式是提出资助指南,而不是阶段性规划。正如人们所知,诺贝尔奖是规划不出来的。

2018年,国家先后出台了《关于分类推进人才评价机制改革的指导意见》《关于深化项目评审、人才评价、机构评估改革的意见》,把调动人才的积极性、创造性作为改革的出发点和落脚点,把增强人才的获得感作为重要导向和检验标准。实际上,重大的原始创新都需要很长的周期,有的需要十年、二十年,甚至更长的时间。因此,分类评价是必由之路。对人才的评价,首先要关注评价标准。目前的评价,普遍存在"重学历轻能力、重资历轻业绩、重论文轻贡献、重数量轻质量"的问题,无论对什么类型的人才,都习惯用"一把尺子量到底"的评价方式。这种评价方法,不仅缺少客观公正性,而且也严重影响着人才激励效果。建立科学的人才评价体系,应该根据行业、职业属性和人才自身的优势、能力、意愿,结合业绩贡献等因素,开展对不同类型的人才分类评价、分类考核,使人才能够分类发展、分类竞争。比如,高校可以根据教师特长与兴趣,将岗位分为教学型、科研型、教学科研型和推广与成果转化型四类。这种改革方式,一方面优化了人才发展环境,激励不同类型人才发挥作用、施展才华;另一方面给人才留下足够的选择空间,让他们自主选择岗位类型,最大限度地满足个人职业生涯的发展需求。

尊重规律是人才评价的本质要求。长期以来,为了加快推动科研成果产出,迅速提升科研水平,大多高校和科研院所通过设置评价标准、评价周期,对人才成长进行强化管理。这种方式,客观上激发了人才的危机意识和竞争意识,促进了科研成果的快速产出,但其带来的负面后果也不容忽视:一方面,迫使研究周期变短,容易造成研究基础不牢,研究后劲不足;另一方面,各类考核评价过多,容易造成人才疲于应付,严重影响了在创新方面的精力投入。这种揠苗助长、竭泽而渔的评价方式,背离了人才评价的初衷,扼杀了人才的积极性和创造性。我建议,在严格人才考核评价的基础上,要本着尊重人才的理念,科学设置人才评价考核的周期,运用多种评价形式结合的方式,把人才从频繁的评价考核中解放出来,为其创造宽松环境,消除后顾之忧,鼓励他们安心投身科研、进行持续研究、完成长期积累,激发他们的创新活力。

称号泛滥也对人才评价产生不良影响。目前中央政府各部门、地方各级政府设立的人才称号名目繁多,而且大多都给予重奖,而且人才评选多以成果数量和质量为条件。在各种利益驱使下,不少人才追求"短平快",导致创新领域的浮躁之风愈吹愈烈。同时,人才称号评选存在着"马太效应",称号越多,评选称号越容易,人才评价变成了称号评价、依赖于称号叠加,对人才发展与培养机制造成不良影响。当务之急,应该加强对各类"人才称号"的统筹管理,推动称号的规范化、科学化,还要推动人才称号"去利益化",把人才称号还原为反映科研贡献和学术能力的科学荣誉,切断人才称号背后的"利益链条"。

习近平总书记在党的十九大报告中强调,创新是引领发展的第一动力,是建设现代化经济体系的战略支撑。人才资源是科技强国的第一要素,也是创新活动中最为活跃、最为积极的因素。今天的中国在各方面所取得的成就举世瞩目,在新时代的征程中,我们要不断发挥自己的想象力和创造力,借鉴有益的思想和技术,筑牢我国科技创新的根基,为到21世纪中叶建成世界科技强国,有力支撑我国全面建成富强民主文明和谐美丽的社会主义现代化强国贡献力量。

直面挑战，打赢生物技术创新的攻坚战

中国科学院动物研究所　周　琪

党的十九大提出了新时代坚持和发展中国特色社会主义的基本方略，描绘了把我国建成社会主义现代化强国的宏伟蓝图，强调创新是引领发展的第一动力，明确我国科技创新主攻方向和突破口，即力争实现优势领域、关键技术重大突破，主要创新指标进入世界前列。在建设创新型国家和科技强国的新征程中，生物技术领域的战略布局不可或缺。

一、生物技术已经成为继信息技术之后推动新一轮科技革命和产业发展的主导力量

生物技术是 21 世纪最重要的创新技术集群之一，具有引领性、颠覆性、渗透性、泛在性等特征。近年来，生物技术发展呈加速态势，颠覆性生物技术不断涌现，改变了生命受制于自然法则的历史，使人类能够实现从认识生命到改造生命、设计生命甚至创造生命的飞跃，这些技术的突破将会深刻影响人类健康、产业变革和生活方式，甚至影响人类演化与发展轨迹。据统计，2007 — 2016 年，全球生物和医学发表论文数

量占自然科学论文总数的45%，在所有领域中位居第一；过去十年，在《科学》(*Science*)杂志年度十大科技进展中，生物技术相关成果占据了60%；在美国公布的《2016—2045年新兴科技趋势报告》《自然》(*Nature*)杂志预测的2017年科学热点以及IBM预测的未来五年改变人类生活的五大创新中，生物技术都占据最高比例。

二、生物技术的颠覆性特征已经初显

随着测序分析、基因编辑、生物合成等底层核心技术的成熟度越来越高，技术实现路径越来越明晰，以生物技术为核心驱动的未来医学、未来农业、未来制造、未来能源等变革性远景正在加速成为现实，生物技术重塑人类自身以及人类经济社会可持续发展的关键节点已经来临。以干细胞和组织工程为核心的再生医学，将疾病治疗模式提升到"再生与制造"的高度；以嵌合抗原受体T细胞免疫疗法(CAR-T)、免疫检验点单克隆抗体等为代表的新型免疫治疗技术在癌症治疗方面已取得突破性进展，2017年美国食品药品监督管理局(FDA)批准了第一个CAR-T产品，为人类攻克癌症开启了一个新的时代；以基因编辑技术与合成生物学为代表的基因操作技术，将建立一种新的"调控生命"甚至是"创造生命"的模式。

基于基因解读、操作和编写的新技术体系的建立与完善，预示着生物技术革命的大幕已经开启，将会颠覆现有的世界科技格局，颠覆传统的产业结构，形成赢者通吃、差异化发展的新格局。颠覆性生物技术正在打破生命和非生命之间的界限，使人类能够按照特定目的创造人工生命体，将为改造极端环境、建立宜居生态、拓展生存空间提供新的技术手段。同时,生物技术也将颠覆性地实现有机体的修复与再造,增强生命机能,提高环境适应性,提升超极限活动能力,有效支撑人类探索未知世界,拓展人类生存与发展的新疆域。而这一系列技术的突破必将带来的是科学发现和理论的突破,人类将会找到困扰我们自身发展的根本问题的答案,解读包括意识形成、记忆存储和读取等重大科学问题,新的理论体系将会持续带来新的技术突破和生活形态的变化。

三、生物技术已成为全球关注和投资热点

正是因为生物技术产业的引领性、颠覆性的特点,近年来生物技术的应用推动着全球生物技术产业以近两倍于 GDP 年均增长率的速度发展,规模迅速壮大。经济合作与发展组织(OECD)在面向 2030 年生物经济这样一份报告中预测,到 2030 年生物技术产出将占全球农业产出的 50%、药品和生产资料产值的 80%、工业产值的 35%。① 生物领域的资本投入规模在迅速增长,2016 年全球研发投入 100 强企业中,来自制药和生物技术行业数量占比 25%,已成为新一轮经济发展的重要增长点。

围绕生物技术发展,世界各国竞相制定国家战略,优先部署、积极抢占生物技术战略制高点。美国 2012 年发布《国家生物经济蓝图》,先后启动实施"癌症登月计划"和"国家微生物组计划"等,联邦政府 2017 年用于生物及医药领域的研发预算占其非国防研发投入的 45.7%,继续在所有领域中保持第一。欧盟委员会通过《欧洲生物经济

① 《生命科学让生活更美好——来自 2018 世界生命科学大会中外专家的声音》,《光明日报》2018 年 10 月 28 日。

的可持续创新发展》战略，启动"地平线 2020"（Horizon 2020）科研规划，将健康、生物产业等纳入战略优先领域。英国 2011 年发布《英国生命科学战略》，2016 年发布《英国合成生物学战略计划 2016》，提出在 2030 年实现 100 亿欧元产值的目标，积极抢占合成生物学制高点。俄罗斯 2012 年发布《2020 年前俄罗斯联邦生物技术发展综合计划》。德国 2010 年发布《2030 年国家生物经济研究战略——通向生物经济之路》。日本自 2002 年起即将"生物技术产业立国"作为国家战略。印度发布了《国家生物技术发展战略 2015—2020：促进生物科学研究、教育及创业》，提出五大发展愿景和十大发展路径。

四、生物技术可以为全方位解决现实问题提供支撑

在农业领域，我国人口到 2030 年预计将达到 14.5 亿人左右的峰值，随着生活水平的提高，对粮食及肉、蛋、奶的消耗量还会持续上升，生物技术可不断提高农林牧渔等领域的生产效率；在绿色制造和资源环境领域，随着经济的发展，我国到 2030 年对煤炭、石油、钢铁等资源的需求仍将居高不下，而目前我国资源枯竭型城市已达 100 余座，生物技术将为可持续发展问题作出重要贡献；在人口健康领域，生物技术将会改变传统的求医问药之路，以靶向和精准为理念、以再生和修复技术推动重大疾病的治疗和健康的维护，整体提升人民的身体素质和健康水平。

此外，生物技术领域已成为国家安全的一个重要方面。生物技术的快速发展也使得发展人造病毒、新型生物武器的可能性迅速提高，很快就会形成新的恐怖威胁——从传统的核武、化武的无差别攻击进化为

针对特定种族和人群的精确定向攻击。全球生物安全形势非常严峻，生物技术给国家安全带来重大挑战，已成为国防和军事博弈的新焦点。

五、生物技术的发展需要顶层设计和统筹规划

我国已进入全面建设中国特色社会主义的新时代，经济社会飞速发展的同时，经济结构也面临着转型升级，人口、资源、能源、环境等方面的挑战严峻。把握生物技术发展大势，抢抓战略机遇，通过前瞻规划和布局生物技术，高质、高效地解决经济社会发展带来的矛盾，对于支撑国家未来经济社会发展、带动国家竞争力的整体跃升具有重要意义。

新中国成立以来，我国发挥举国优势，在生命科学和生物技术领域取得了一批原创性的重大成果，具有重大国际影响力。改革开放以来，我国生命科学和生物技术进展加速，科研产出的质和量均明显提升。但总体而言，与建设世界科技强国的伟大目标、国家经济社会发展的战略需求、国家民族的长远未来和当前生物技术迅猛发展的国际态势相比，我国生物技术发展还存在不小差距，短板弱项不容忽视。存在着如自主原创性成果少，技术转化效率低，产业化发展能力不足等问题，缺乏支撑科技创新的文化环境；客观、求真、务实、自信的科学创造精神不足；缺乏适应生物技术的产业转化路径和机制设计；生物战略资源保护和利用不够；生物技术创新体系不健全，适应生物技术快速发展的基础设施、政策法规、标准体系亟待进一步完善。突出表现在如基因测序、基因编辑、合成生物等目前战略必争领域，我国拥有的底层关键核心技术的专利数量和质量严重不足；缺乏总体设计，对前瞻性、颠覆性技术领域和变革性方向布局不够，国家战略性科技力量缺失，与生物产业发

展相配套的政策不完善；生物技术领域的专业教育、人才培养、人才引进不够，尤其是领军型人才、战略科学家严重不足。

在新的历史时期，为实现创新型国家和科技强国建设的宏伟目标，实现我国生物技术的跨越式发展，必须统筹加强生物技术研发的顶层设计和部署实施。提出几点相关建议如下：

一是在国家层面加强对生物技术发展的统一领导，成立国家生物技术领导小组，建立专门的生物技术行政管理机构，发挥举国体制优势，做好顶层设计，以技术、人才、政策为抓手，超常规部署，统筹推进生物技术发展，提升创新体系的整体效能。

二是着力推进源头创新和核心关键技术突破，系统布局建设生物技术国家实验室、国家技术创新中心、国家生物信息中心等战略力量和支撑平台；围绕重大战略方向，创新资源配置方式，持续稳定支持国家战略力量和领军人才团队，培育颠覆性技术的创新生态。

三是进一步加大国家财政对生物技术领域的科技投入力度，逐步提高其在总体科技投入中的占比。重点加大对基础性、前沿性、战略性和公益性生物技术研究稳定的支持力度；充分发挥国家财政资金的杠杆作用，调动地方财政投入的积极性。

四是紧密结合生物技术特点，建立有利于生物技术创新发展的体制机制，支持鼓励探索非共识方向、学科交叉融合研究，支持以人为本的原创性、颠覆性创新研究，完善以创新能力、质量、贡献为导向的生物技术人才评价和激励机制，制定有利于生物技术人才潜心研究和创新的评价制度，释放各类人才创新活力，积极培育生物技术创新动力源泉。同时，考虑到生物技术产业成长周期长、风险大、门槛高的特点，建议出台适应生物技术特点的、强有力的产业扶持政策。

综上所述，生物技术已进入创新不断涌现、产业迭代发展的新阶段,将推动全球范围内生产力、生产方式、生活方式的重大变革,引发全球经济格局、利益格局和安全格局的深刻变化。我们应该直面挑战和竞争,抓住发展生物技术的重大历史机遇;同时,面对生物技术对人类社会可能造成的全面影响,我们更应该未雨绸缪,制定全方位的发展和应对计划,在关乎未来的竞争中争取主动,在新一轮科技与产业变革中占据先机,推动创新型国家和科技强国的建设。

地学部

建设世界科技强国需要回答大问题

中国科学院地球环境研究所　安芷生　李　力

建设世界科技强国,是党中央审时度势,在重要历史机遇期作出的重大战略选择。实现中华民族伟大复兴,屹立于世界民族之林,需要科技界贡献中国智慧。作为从事地球科学研究多年的科技工作者,我们深感使命崇高、责任重大。

科技强国究竟是什么样的,恐怕不是一两个指标能够说清楚。然而,虽不能说满足什么样的指标就一定是科技强国,但科技强国一定不能少的指标却是很清楚的。从历史和现实看,没有一个国家在它回应人类共同关切的大问题之前可以被称为一个科技强国。科技强国,必须有能力和责任回应关乎人类命运的大问题,变革人类对自然的看法。这种改变世界观的巨大变革是要靠颠覆性的原始创新来实现的。我以为:从地球系统科学出发,研究人与自然如何和谐相处始终是引导科学发展的重要课题,努力回答这个大问题会推动我们国家早日建成科学强国。

一、原始创新是回答大问题时产生的

众所周知,创新分为原始创新、集成创新和引进消化吸收再创新。其中,原始创新是最具根本性和革命性的创新,决定了创新的高度和深度,是创新皇冠上的明珠。关于原始创新是科技强国的标志之一大家并没有异议。但原始创新不是凭空产生的,它需要有重大问题来驱动和激发。正如恩格斯所说:"社会一旦有技术上的需要,这种需要就会比十所大学更能把科学推向前进。"①科技强国的崛起绝不是小修小补的改进能够完成的,它需要回答大问题,为人类文明作出重要的贡献,变革人类对自然的认知。如果不能为人类知识宝库增加新内容,不向世界贡献智慧,即使有了一些奇技淫巧,积累了一些财富,也谈不上是一个科技强国。

二、研究大问题产生的重大效益不仅仅是经济效益,还能培养和激发一代人的创新热情

我们目前普遍存在的误解是割裂基础研究和应用研究。很多人认为基础研究完全是靠自由探索,是没有用的纯好奇心研究。其实,基础研究最终是会产生效益的,它体现的是目标引领,它集中在人类普遍感兴趣的领域,有内在标准和可能的巨大贡献。基础研究往往瞄准的是

① 《马克思恩格斯选集》第 4 卷,人民出版社 2012 年版,第 648 页。

解决人类重大需求的大问题,这个带动性往往是革命性的、颠覆性的。比方说,从地球静止观转化为运动观,是一个基础研究的进步,但它完全变革了地球科学的研究。其次,基础研究所瞄准的大问题能够吸引一代年轻人投身到这场伟大变革中去,宏大的使命感和解决最根本问题的荣誉感往往是年轻人投身科学的原动力。1959年,年轻的肯尼迪总统提出阿波罗登月计划,1969年美国宇航员登上月球。它完全不同于一项汽车改进计划,也不是一项煤矿开采技术的进步,它激励了美国最优秀的一代年轻人投入,有了这样一代优秀的科学家和工程师,美国才迅速成为当代科技强国。光有小目标,没有大题目,撑不起科技强国。

三、回顾历史,科技强国崛起回应时代重大问题

从整个地球科学的发展历程来看,所谓科技大国的崛起不光是经济、军事实力的壮大。更重要的是它们都在回应时代重大问题的同时掀起了科技革命,并且在重要科技领域中发挥了引领作用,显著改变了人类的生产方式、生活方式和思想观念。在过去的500年里,意大利、英国、法国、德国、美国先后成为世界科技活动中心,清晰演绎了瞄准重大问题,引领国际研究潮流,变革人类对自然的认识,再到科技强国的发展路径。从地球科学的发展历史来看,这个脉络也是十分清晰的。

以伽利略为代表的近代物理学奠基人,宣告了亚里士多德宇宙体系的瓦解,标志着意大利作为科技强国崛起;在地球科学领域,作为现代地质学的奠基人,佛罗伦萨的丹麦传教士尼古拉斯·斯丹诺

(1613—1683)提出了现代地质学三原理,也标志着近代地质学科学理论体系的萌芽,它回答的是如何认识世界的大问题,开启了以科学实验为手段,客观真实地认识自然。

18—19 世纪地球科学界的大问题是以魏纳(Werner)为代表的水成论和以赫顿(Hutton)为代表的火成论的争论,这也代表着现代地质学的诞生。赫顿的火成论战胜以圣经为主要论据的魏纳的水成论也是英国成为世界科技强国的一个标志。伴随着蒸汽机和机械革命[据说赫顿正是因为看到了瓦特(Watt)的蒸汽机才萌生了火成论的构想],1830 年,英国自然科学家莱尔(Lyell)将岩石分为水成岩类、火山岩类、深成岩类和变质岩类,"水火之争"这一问题才得以解决。接着,以莱尔(Lyell)和达尔文(Darwin)为旗手的新科学思想体系又战胜了以居维尔(Cuvier)为代表的灾变论和神创论的挑战,导致了均变论或现实主义原理的诞生。这是唯物主义对唯心主义的胜利,是人类对地球认知历史上第一次革命。同时均变论诞生奠定了地球科学的思想理论基础。

到 1914 年,德国从事科学研究的学生数量已经超过世界上的其他国家。英法在由第一次技术革命向第二次技术革命交替的过程中,被德国赶超。德国正是由于英法在对旧有技术和设备心有不甘、难以完全舍弃的情形下,直接进行了更彻底的升级,进而成为欧洲第一强国。在地球科学领域则以洪堡、魏格纳、米兰科维奇等的自然地理学、大陆漂移假说、气候天文旋回等理论的提出为代表,标志着大陆科技强国的崛起。特别是洪堡的整体自然观,认为"地球是一个自然的整体,被内在的力量赋予生命并加以驱动",已萌发了地球系统科学的思维,只是当时全面研究的条件还不具备罢了。

19 世纪末期,伴随着以电气和运输为代表的第三次科技革命,美国拉开了西部大开发的序幕,这也导致了地质学新分支——地貌学的出现。威廉·戴维斯(William M.Davis)将已经充分探讨的科学问题,以地貌学和地形形成有关思想为纽带进行了大综合,他借用了达尔文进化论中的概念,成功地将这些材料组成了有机的整体。美国逐渐成长为新的科技强国。尤其是第二次世界大战之后,伴随着第四次以相对论和量子力学为特征的科技革命,海洋地质研究的迅猛发展导致板块构造理论的兴起,美国领导了地球科学的一次革命。这一革命先后经过了大陆漂移、海底扩张和板块构造说和深海钻探计划(DSDP)钻探成果验证几个阶段。特别是 1968 年,在美国基金委资助下,斯克利普斯(Scripps)牵头 5 家单位开始深海钻探计划。该计划 1985 年转为大洋钻探计划(ODP),2003 年转为综合大洋钻探计划(IODP),2013 年之后 IODP 参加者通过大洋发现计划开展合作。通过前三次钻探的丰硕成果,该计划获得了 95000 米的岩心,吸引了英法德日和俄罗斯等国加入,成为地球科学领域最大的一个国际研究计划。有动力定位设备的"格珞玛·挑战者"号(Glomar Challenger)扬帆出海,标志着在地球科学领域新的科学强国的崛起。除成功验证了海底扩张说和板块构造理论的基本观点之外,它还验证了米兰科维奇等提出的冰期—间冰期循环的轨道参数控制假说。这次地球科学革命还是一次研究范式的重大转换(巧合的是,库恩著名的《科学革命的结构》一书正是 20 世纪 60 年代面世,J.T.威尔逊等人在他们的文章中都提到了库恩),从此开始,活动论战胜了固定论,海陆统一的新地球观取代了以陆地为基础的狭隘地球观,标志着人类观察地球的视野从局部扩展到全球。

同阿波罗计划一样,DSDP 极大拓展了人类对地球时空变化的认知,更加深刻地了解了地球和地球环境。在这个过程中,相关学科和技术手段也得到了充分发展,美国的航天科技、计算机技术使得地球系统模拟、大洋环流理论等研究进一步得到深化,巩固了美国的科技强国地位。

四、从地球系统科学角度回答人与自然的关系,是我们这个时代的一个科学大问题

板块理论的兴起并没有停止人类认识地球的步伐,人类还必须从更大的参照系来研究作为行星的地球,以及整体地球行为过程中物质和能量的交换。20世纪,地球科学已经超越了解决基本建设材料和能源的找矿和地球物理勘探,发展为资源与环境双轮驱动。地球科学具有复杂性和系统性,包含了大量跨学科的新研究思路。20世纪80年代,随着电子和信息科技为代表的第五次科技革命,地球系统科学诞生了,它打破了多圈层界限,努力揭示大气、海洋、生物圈之间都存在着的复杂物理和生物地球化学循环。科学界认识到,解答人类生存环境问题,要远远超过人类自身时空尺度,要认识更广大的空间和更长的时间尺度,还要关注跨越不同时空尺度的多圈层相互作用。与此同时,先进技术的引进也极大地丰富了地球科学的研究。对地观测,比较行星学在空间上拓展了人类的眼界。大数据互联网,地球工程、海陆气的耦合模拟,地质灾害的预警等借鉴了大量现代科技的手段和方法,不论是当前的火星还是探月,都是为了扩展人类生存空间,解决人类生存家园问题。

地球系统科学研究最为重要的成果之一,就是认识到现今地球系统的变化幅度已经超越了至少过去50万年的自然变率范围。目前,全球环境系统正在同时发生的这些变化,其变化的幅度和速率在人类所

认识的地质历史上,很可能是前所未有的。随着人类活动改造地球的营力逐渐超越自然营力,地球进入了人类世界。目前正在发生的地球气候环境变化,在某种程度上也体现了人与自然之间关系的变化。这些变化虽然发生的时间不长,但是其影响却很深远。它们对人类最终的影响,目前还难以被认识,也很难预测,有很大可能会以人类意想不到的方式和规模造成灾难性后果。如果这种状况持续下去,我们的地球最终将会变为一个不适合人类生存的星球,科技强国必须要有勇气和能力应对这一重大挑战。我们作为人类命运共同体,当前所面临的重大课题就是研究地球系统将如何运作。七十多亿人口生活在地球上,我们也只有一个地球,理解自己在世界上的位置,确定我们人类与自然的关系,最终将决定科学技术的发展方向。

地球科学是一门多学科交叉的复杂系统科学,许多地球科学问题,诸如多圈层相互作用、资源能源分布利用、区域全球气候环境变化等,都是全球性问题。提出这些大问题,能够吸引全世界科学家的智慧来协同创新,在挑战并试图解答这些大问题时,系统性思维方法、先进分析测量观测工具和手段也会得到长足发展。

五、发起并组织国际大科学研究计划无疑是走向世界科技强国的一个重要举措

总结一下,当前我们面前的大问题是如何科学认识和摆正人与自然关系问题,这是人类共同面临的挑战。从 DSDP 以及其后的 ODP、IODP 和 ICDP、IGBP 到未来地球等国际大科学计划的提出,都显示出全球科技界有意愿围绕这个大问题来回应人类共同面临的挑战。回顾

科学发展的历史,我们会发现这些能够吸引全球科学家和青年一代参与的重大国际合作往往都是围绕探索地球奥秘、拓展人类生存空间、变革人类对自然认识观念的大问题展开的。中国是一个人口众多、与自然有着长期斗争历史的国家,建设美丽中国的愿景,人地相互作用日渐频繁,都显示出我国将是一个实践人与自然和谐发展的理想实验室。在地球系统科学领域,因为现实推动、科技界的共识,以及各方面技术条件的成熟,我们有信心在这一领域为实现科技强国作出特殊贡献。正如习近平总书记指出的那样:"随着全球性挑战增多,加强全球治理、推进全球治理体系变革已是大势所趋。"① 对因经济快速发展造成严重影响的地球本身而言,亟须全新的规则和管理理念来共管共治。各国政府要将地球共治与经济、政治全球共治结合起来,各国地学机构要在开展双边合作的同时,更应加强多边合作交流,分享数据,分享人类共同的科学技术成果,共同应对挑战,促进人类与地球和谐发展。"聚天下英才而用之",构建全球创新治理体系,为解决世界性重大科学难题贡献中国智慧。

科学认识人地关系,确立人在地球上的位置,勇于承担起应对全球气候环境变化的挑战,团结全球科学家共同努力去回答世界共同面对的如何认识人与自然关系的大问题,是中国成为一个科技强国不可缺少的重要标志。

---

① 《总体国家安全观干部读本》编委会编:《总体国家安全观干部读本》,人民出版社 2016年版,第 24 页。

中巴地球科学中心:科技支撑
"一带一路"的桥头堡

中国科学院水利部成都山地灾害与环境研究所　崔　鹏

一、引言

党的十九大报告提出建设世界科技强国的奋斗目标,明确了中国科技界的使命。随着全球知识和信息的加速流动,人才和科技资源竞争的不断加剧,国际科技合作和国际化发展,已经成为众多国际一流科研机构和顶尖大学开展创新活动、提高自身和国家创新能力的重要手段。国际化是国际一流科研机构履行国家使命的重要途径,欧洲国家通过"外设机构"对全球科技资源进行有效利用。例如,德国马普学会以全球人才资源配置为导向,把马普研究所建在优秀人才集聚的国家和地区;法国巴斯德研究所则以独特研究资源为导向,围绕全球传染病源布局科研网络,建立了覆盖五大洲、26 个国家和地区的 33 个海外研究所。因此,构建(或共建)海外机构是建设科技强国的重要支点。

习近平总书记在两院院士大会上的重要讲话中明确指出:要深度

参与全球科技治理,贡献中国智慧,着力推动构建人类命运共同体。要深化国际科技交流合作,在更高起点上推进自主创新,主动布局和积极利用国际创新资源,努力构建合作共赢的伙伴关系,共同应对未来发展、粮食安全、能源安全、人类健康、气候变化等人类共同挑战,在实现自身发展的同时惠及其他更多国家和人民,推动全球范围平衡发展。①

中国科学院 2012 年就决定实施国际化推进战略,通过拓展国际合作网络和外设机构,有效推进了全球科技资源整合与布局,汇聚了全球科技人才,打造了开放包容的创新环境,国际合作与国际化发展取得了重要进展。特别是在科技支撑"一带一路"发展建设方面,中国科学院面向"一带一路"国家和地区超前布局,率先成立并全力推动建设"一带一路"国际科学组织联盟,形成了国内资助体系最完善、投入规模最大的国际行动计划,分别在亚、非、拉地区的不同发展中国家建设了 9个海外科教基地,成为支撑"一带一路"建设的核心战略科技力量,显著提升了我国的国际科技影响力。

二、"中巴经济走廊"建设亟待强化科技支撑

"中巴经济走廊"北接"丝绸之路经济带",南连"21 世纪海上丝绸之路",是"一带一路"倡议先行先试区和"旗舰项目",涉及交通、能源、减灾、环境、生态等领域的合作。受特殊的地质、地形、地貌、气候和水文条件限制,"中巴经济走廊"自然灾害非常频繁、生态环境极度脆弱、

---

① 习近平:《在中国科学院第十九次院士大会、中国工程院第十四次院士大会上的讲话》,人民出版社 2018 年版,第 17—18 页。

资源承载力极为有限，严重威胁区域安全和可持续发展。

自然灾害多发频发、重大工程密集布局、灾害风险高，亟须加强科技对灾害风险防控的支撑。自然环境使得"中巴经济走廊"成为地震、气象、冰雪、滑坡、泥石流、山洪、堰塞湖、洪水等灾害的密集分布区。特别是在北部山区，构造活动强烈，地质灾害发育，灾害频繁发生，严重威胁重大工程建设与民生安全。目前，"中巴经济走廊"建设已有铁路、高速公路、水电站等一大批重点项目实施，还有中巴铁路、油气管线、梯级电站、港口等重大工程正在规划。灾害防治已经成为复杂艰险山区建设工程重大的技术难点，中巴双方和工程建设单位对破解沿线工程技术难题、保障工程安全具有非常紧迫的科技需求。

极度脆弱的生态环境严重阻碍"中巴经济走廊"持续发展，亟须合作解决面临的关键科技问题。在气候变化、强震及人类活动加剧共同作用下，"中巴经济走廊"面临生态环境恶化、水资源短缺、区域发展滞后与民生困难等重大问题。可持续发展是必须重点关注的焦点问题，亟须开展系统研究，破解区域持续发展难题。

综上所述，"中巴经济走廊"面临的地质环境、防灾减灾、生态环境、山区发展问题，既是巴基斯坦面临的重大问题，也是中巴双方共同关注的重大问题，是两国进一步提升战略合作关系的重要契合点。深化双边和区域科技合作，创新合作机制，构建科技合作平台，共同应对两国面临的资源、环境、生态、灾害与可持续发展难题，以科技支撑民生安全与区域发展，解决联合国 2030 年可持续发展目标最关注的问题，促进"民心相通工程"和"人类命运共同体"构建，支撑和保障"中巴经济走廊"建设，发挥"一带一路"建设的引领作用，对于"一带一路"倡议高质量实施具有重要的示范意义。

三、区域性科学挑战呼唤联合研究机构

"中巴经济走廊"地处喜马拉雅西构造结,穿越喜马拉雅、喀喇昆仑和兴都库什三大山系的交会区,地质构造活跃、地形高低悬殊、气候差异明显、圈层相互作用剧烈,是地球科学的"天然博物馆和实验室",在地质地理、气象水文、生态、环境、资源、灾害等诸多领域,存在许多亟须破解的学科前沿难题。例如,(1)构造活跃区地质过程演化及地质环境演变规律;(2)气候变化、强震及人类活动耦合作用下生态、环境、资源响应与演变;(3)内外动力耦合作用下自然灾害形成致灾机理及风险防控关键技术;(4)脆弱区生态、环境与资源综合保护理论与模式;(5)资源环境与自然灾害协调的区域可持续发展机制与模式。

面对该地区独有的前沿科学问题和"中巴经济走廊"建设面临的资源、环境、生态、灾害与可持续发展等亟须解决的关键科技问题,加强中巴两国的合作与交流,吸引国际顶尖科学家加盟,开展系统、持续的科学研究,探索地球科学国际前沿,有望填补学科研究空白,突破前沿科学技术问题,引领国际地球科学发展。

习近平总书记在两院院士大会上指出:要把"一带一路"建成创新之路,合作建设面向沿线国家的科技创新联盟和科技创新基地,为各国共同发展创造机遇和平台。"中巴经济走廊"的前沿科学问题与发展问题启示我们:需要深化中巴双方的科技合作,建立联合研究中心,共同探索地球科学难题、应对社会发展的挑战、解决"中巴经济走廊"建设的瓶颈问题,为实现把"一带一路"建成创新之路的目标提供科技支撑和示范。

巴基斯坦政府和人民对"一带一路"倡议高度认同,把"中巴经济

走廊"建设置于国家顶层战略位置,提出"巴基斯坦 2025 发展愿景"(Pakistan Vision 2025)与"中巴经济走廊"建设对接。同时,政府与科学家充分认识到灾害、环境、生态对"中巴经济走廊"建设和国家发展的严重制约,把解决灾害、环境、生态与资源问题作为国家战略给予高度重视。巴基斯坦规划发展和改革部、高等教育委员会、灾难管理局、科技部、基金委、科学院、气象局、地质调查局等部门与国立科技大学、白沙瓦大学、真纳大学等十余所高校,对中巴双方开展地球科学全面合作抱有强烈愿望。中巴科研人员在建设中巴地球科学联合中心、共同研究前沿科学问题与区域发展问题方面的科技需求十分契合。

建立"中国—巴基斯坦地球科学中心"具有良好的合作研究基础。中巴科技合作五十余年,成效显著。中国科学院寒区旱区研究所 20 世纪六七十年代就参与了中巴喀喇昆仑公路(KKH)论证,完成沿线冰雪灾害活动特征、趋势分析与工程危害研究,支持中巴公路修建与安全运营;2006 年以来,中国科学院水利部成都山地灾害与环境研究所持续参与中巴喀喇昆仑公路改扩建工程,解决工程灾害防治技术难题,其中,Attadbad 巨型滑坡堰塞湖治理方案在与欧洲方案比选中胜出,节省建设资金 2.8 亿美元,被写入两国 2013 年的联合公报。中国科学院武汉岩土所开展岩爆机理与防护技术研发,持续支持巴基斯坦水电工程建设;中国科学院青藏高原研究所在气候变化、冰川、水文等与巴方具有深入合作;中国科学院南海海洋所与巴方科学家共同开展了莫克兰海域的蓝河航次考察。此外,中国科学院地质与地球物理所、地理与资源所、大气物理所、遥感地球所、新疆生地所等,以及中国地质大学、北京师范大学、清华大学、兰州大学、中国地质调查局等单位与巴方开展了卓有成效的合作,中巴双方的科技合作研究涵盖地球科学领域的绝大部分学科方向,具有共同建设地球科学联合研究中心的良好基础。

四、中巴地球科学中心的使命、任务和愿景

中巴地球科学中心将围绕"中巴经济走廊"建设面临的地球科学与区域发展的关键科技问题,开展全链条、贯通式研究,建设中巴科技合作与科教融合国家平台,建成综合性、开放性国际科技卓越中心,成为"一带一路"国际科技合作的"窗口"和具有影响力的国际科技机构。

中巴地球科学中心的目标是:聚焦"中巴经济走廊"地球科学前沿,立足防灾减灾、资源环境及可持续发展领域的重大科技需求,开展前沿性和填补空白性研究,产出地球科学重大原创性成果,解决"中巴经济走廊"防灾减灾科技难题,推进生态、环境与资源保护和科学利用,促进区域民生安全与可持续发展,深化中巴双边和区域国际科技合作,引领地球科学与资源环境科技创新,系统支撑"中巴经济走廊"建设。

中巴地球科学中心的工作主要有:开展基础理论研究,聚焦构造活跃区圈层相互作用及其资源环境效应的科学前沿,填补喜马拉雅、喀喇昆仑与兴都库什交会山区地球科学研究空白,引领国际前沿;开展防灾减灾全链条研究,服务安全与发展,为平安"一带一路"提供科技支撑;研究脆弱生态区资源环境保护理论与技术,提供区域可持续发展的模式与支撑技术;进行科教融合,强化高端科技专业人才培养,做好知识传播工作,提升社会弹性;进行两国关键技术的交流、融合、发展与推广和示范。

中巴地球科学中心的愿景为:建成科技支撑"一带一路"的桥头堡和"中巴经济走廊"建设科技支撑平台,吸引国际科技界共同参与"一

带一路"科技治理,利用国际创新资源,共同应对区域性、全球性挑战,成为国际科技合作的典范,为提升我国在全球创新格局中的位势作出贡献。

主动布局建设中巴地球科学中心,是中国科技界推进"中巴经济走廊"建设、落实"一带一路"倡议的生动实践,更是深化国际科技交流合作、积极利用国际创新资源的鲜活案例,将为中国深度参与全球科技治理进行有益探索,相信将会有力助推我国的世界科技强国建设。

创新地理科学，支撑生态文明建设

中国科学院生态环境研究中心　傅伯杰

　　美丽中国新图景的铺展离不开科技创新的强力支撑。以建设美丽中国为目标，创新地理学理论、方法和技术，是走向地理学强国的必由之路，也是建设世界科技强国的应有之义。地理学是研究地理要素和地理综合体空间分布规律、时间演变过程和区域特征的一门学科。近年来，地理学的理论、方法和技术得到不断创新和发展，在科学决策中发挥着重要作用。中国地理学正逐步形成具有鲜明中国特色、深远国际影响的地理科学体系，服务于国家社会经济与资源环境的协调可持续发展。作为人类文明新的发展阶段，生态文明以人地关系和谐为主旨，以可持续发展为依据，在生产生活过程中注重维系自然生态系统的和谐，保持人与自然的和谐，追求自然—生态—经济—社会系统关系的和谐。面对人口激增、经济发展、全球化等所带来的众多资源环境问题，中国地理学深深扎根于国家的重大需求，创新发展综合性的理论、方法和技术途径，为生态文明建设提供科学决策。创新地理科学，支撑生态文明建设，成为当代中国地理学的重要任务。

一、地理科学的发展与创新

地理学以地球表层为研究对象，用一种综合的多维视角来研究人与环境相互作用的机理。立足综合性、交叉性和区域性的学科特点，以解决资源、环境、发展面临的复杂问题为使命，地理学研究关注人地关系，强调自然和人文要素的综合，其研究目标不仅在于解释过去，更在于服务现在、预测未来。当前，以定性描述为主的地理学正在向定量化的地理科学进行华丽转身。新的技术变革、新的驱动机制和新的研究范式推动着新时代地理科学的不断深化与创新。

技术变革为地理科学提供了新的技术方法与新的数据来源。从定性描述到野外试验、室内外模拟及区域综合，地理科学"概念—模型—决策"的研究流程逐渐形成。该研究流程从地理学综合思维出发，构建概念模型，发现关联规则；将关联规则进行数据表达，赋予定量的物理、化学、生物、人文过程机理；经过多学科定量化实现，并进行数据验证与校准，提出机理性规律；最终通过地理学综合思维，总结规律并预测未来，应用于决策之中。当前，依托不同类型和不同精度的海量空间数据，地理信息新技术已贯穿解决地理学问题的各个环节，大数据、虚拟化和可视化成为刻画地理学复杂人文和自然过程、情景模拟和服务决策的重要工具，有效支持着进一步深化认识地理现象过程与机理。

全球变化和可持续发展推动地理科学形成新的发展目标和新的聚焦主题。气候变化、生态退化、环境污染深刻改变着地球环境，为实现可持续发展目标、应对全球环境变化，地理科学的总体发展特征是从"多元"走向"系统"。新时代地理科学强调以地球表层系统，尤其是陆地表层系统研究为重点,分析和理解全球变化背景下当今人类社会面临的重大问题。因此,新时代地理科学发展的特征集中表现在地理过程的综合与深化、陆地表层系统集成、陆海相互作用以及区域生态与环境管理应用。以格局—过程—服务—可持续性为研究纽带,解析全球变化的驱动机制、探索可持续发展的创新路径,地理学的知识—科学—决策有效链接进一步凸显。

复杂人地系统模拟推动地理科学新的研究范式形成。从地理学知识描述到格局与过程耦合,是从机理上理解与解决地理学综合研究的有效途径与方法。其中,格局指地理空间分布,过程指地理时空演变,耦合则描述了格局影响过程、过程改变格局的互馈关系。模型模拟不仅是格局与过程耦合的关键途径,更是通过情景预测进行科学决策的重要方式。随着计算机硬件设备的进一步强化,遥感和地理信息系统等技术的进一步革新,以及对格局与过程耦合认知的进一步深化,复杂人地系统模拟的能力将逐步提升。面向复杂人地系统模拟的研究范式,未来的地理学研究势必将更加综合化、更具前瞻性和更加定量化。

二、生态文明建设是国家重大战略需求

生态文明是人类为保护和建设美好生态环境而取得的物质成果、精神成果和制度成果的总和,是贯穿于经济建设、政治建设、文化建设、社会建设全过程和各方面的系统工程,反映了一个社会的文明进步状态。习近平总书记在党的十九大报告中指出,要加快生态文明体制改革,建设美丽中国,具体包括推进绿色发展、着力解决突出环境问题、加大生态系统保护力度、改革生态环境监管体制四部分内容。同时,他还

强调，我们要牢固树立社会主义生态文明观，推动形成人与自然和谐发展现代化建设新格局，为保护生态环境作出我们这代人的努力。

推进绿色发展，需要建立健全绿色低碳循环发展的经济体系。包括优化产业布局、传统产业升级、提倡节能减排、发展循环经济、调整能源结构，壮大节能环保产业、清洁生产产业、清洁能源产业，推进国家节水行动等资源全面节约和循环利用途径。在供给层面，绿色发展需要降低能耗、物耗，实现生产系统和生活系统循环链接；在消费层面，绿色发展需要倡导简约适度、绿色低碳的生活方式。

着力解决突出环境问题，需要在水、土、气、固等多个方面坚持全民共治、源头防治的理念。具体解决途径包括加快水污染防治，持续实施大气污染防治行动，强化土壤污染管控和修复，加强农业面源污染防治，加强固体废弃物和垃圾处置等。同时，在更宏观的区域、国家、全球层面，需要实施流域环境和近岸海域综合治理，开展农村人居环境整治行动，提高污染排放标准，积极参与全球环境治理并落实减排承诺。

加大生态系统保护力度，着重强调山水林田湖草的自然资源统一管理。通过实施重要生态系统保护和修复重大工程，优化生态安全屏障体系，构建生态廊道和生物多样性保护网络，从而提升生态系统质量和稳定性。立足多规合一的空间规划理念，完成生态保护红线、永久基本农田、城镇开发边界三条控制线的划定与整合。在国土绿化行动的开展中，需要推进荒漠化、石漠化、水土流失综合治理，强化湿地保护和恢复，加强地质灾害防治。在制度层面，需要完善天然林保护制度并坚持耕地的严格保护，扩大退耕还林还草并扩大轮作休耕试点。不仅要健全耕地草原森林河流湖泊休养生息制度，还要建立市场化、多元化生态补偿机制。

改革生态环境监管体制，集中表现为加强对生态文明建设的总体设计和组织领导,坚决制止和惩处破坏生态环境行为。随着国有自然资源资产管理和自然生态监管机构设立,生态环境管理制度进一步完善,自然资源资产所有者职责、所有国土空间用途管制和生态保护修复职责得到统一行使。具体表现为构建国土空间开发保护制度,完善主体功能区配套政策,建立以国家公园为主体的自然保护地体系。

三、地理科学对生态文明建设的支撑

生态文明建设中面临的现实问题往往具有要素的综合性、对象的区域性、学科的交叉性等特征。以综合的视角聚焦资源环境与可持续发展问题,地理科学在支撑生态文明建设上具有天然的学科优势。聚焦人地系统耦合理论与方法,面向国家发展的重大战略需求,创新地理科学,支撑生态文明建设,成为当代中国地理学的重要任务。

海量地理数据处理与可视化为复杂人地系统模拟提供了强大的数据与技术支撑,促使地理学研究范式从格局与过程耦合向复杂人地系统模拟迈进。与生态文明建设的重要国家需求相一致,地理科学理论与方法的创新体现为多源要素的进一步集成与多种过程的进一步耦合,包括:通过细致刻画人地耦合系统要素的时空关联特征,为自然资源统一管理提供基础依据;对人地耦合系统承载力的监测与预警,为主体功能区的政策配套完善和国土空间开发保护制度的建立提供定量指引;构建生态安全格局,系统应对全球、国家综合生态风险,为生态安全屏障体系优化、山水林田湖草优化布局提供可操作途径;通过直接观测和模型模拟解析人类活动对气候变化的综合影响,直接支撑中国参与全球环境治理及减排措施的制定;探索食物—能源—水综合可持续利用情景，为资源全面节约和循环利用提供区域实践方案；连接生物多样性保护与生态系统服务管理，从系统的视角提升区域生态系统质量和稳定性，并建立多元化生态补偿机制；评估环境污染的健康效应，服务于水、土、气、固等多个方面突出环境问题的解决，保障城乡居民健康；探究可持续的城镇化与乡村复兴道路，以优化城乡产业布局、治理城乡人居环境为抓手，推动形成人与自然和谐发展的现代化建设新格局。

我国宽广的疆域为人地关系研究提供了良好的研究对象和实验场所，庞大的人口基数与经济的高速增长为人地关系研究提供了前所未有的挑战和机遇。秉承以任务促进学科发展的历史传统，中国地理学一直在服务政府决策与国家需求中得到持续发展和提升。生态文明建设是中国地理科学与决策结合的重大历史契机，推进绿色发展、着力解决突出环境问题、加大生态系统保护力度、改革生态环境监管体制正是当代地理科学的关注焦点。以建设美丽中国为目标，立足地理科学研究前沿，创新地理科学理论与技术方法，将进一步推动我国从地理学大国走向地理学强国，也将更加有效地彰显地理学服务于科学决策的重要学科价值。

建立月基对地观测系统的思考

中国科学院遥感与数字地球研究所　郭华东

　　月球是地球唯一的自然卫星。在月球上建立对地观测系统有独特优势,可保障全球尺度上地球观测的时间一致性和空间连续性,有可能回答全球多圈层相互耦合的关键科学问题,有能力提供地球表层可持续发展的宏观信息。建立月基对地观测系统将是空间对地观测领域的一场革命,带动我国在空间、信息和地球科学技术等领域的引领性发展。

　　历经半个多世纪的发展,空间对地观测已经形成强大的技术能力。人类成功发射了各类人造地球卫星、载人飞船、航天飞机、空间站、空间探测器、日地 L1 点卫星等,并实施了大量综合性系列空间对地观测计划,为地球科学研究提供了直接观测信息,为人类对地球的理解和认识作出了重要贡献。但把地球作为一个整体研究的时候,面临全球尺度上时间一致性和空间连续性观测的难题,对经典对地观测技术能力提出了挑战。一个长期、稳定、具备星球尺度观测能力的对地观测平台将能够获取多传感器、多波段地球信息,从而有可能实现从地球系统科学角度对全球多圈层相互耦合的一系列关键科学问题给出新的解答。

　　我们提出了建立月基对地观测系统的概念,指在月球上布设传感器并构建对地观测平台,对地球进行长期连续观测。月球是地球唯一的自然卫星,也是人类目前唯一能到达且已经到达的星球;月球是一个长期运转的稳定平台,可以长时间"免费"使用;月球围绕地球运动,有一面总是面向地球,是难得的可进行大尺度、连续性、长期性工作的对地观测平台。

一、月基对地观测技术的优势

在月球上对地球进行长时间的观测,能为地球系统研究提供长周期科学数据支持。相比目前星载对地观测平台,月球对地观测平台具有约38万公里的更远的观测距离、更大的平台空间,同时是一个天然的具有确定运行规律的自然卫星平台。对于宏观地球科学现象的研究,月基对地观测具有如下优势。

(一) 长期性

人造卫星的寿命一般是数年,月球已经存在45亿年,今后也将长期存在,几乎是一个"永久"的平台。月基对地观测每天都能覆盖地球绝大部分区域一次,每月能覆盖目标所有地方一次。在月球表面建立对地观测系统,实现同一平台数十年、上百年的对地观测,没有不同传感器相互校准误差,有望形成长期的时间序列数据,成为地球科学包括全球变化研究宝贵的资源。

(二) 整体性

月球总是以其正面朝向地球,只需要很小的视场角就可以观测到地球整体,获取朝向月球的半球的数据。在月球广阔的空间可布设多模式、全波段、主被动多种传感器,实现对地球大气圈、岩石圈、生物圈、水圈、冰冻圈等各个圈层数据的获取,从而在水平方向和垂直方向上实现对地球的整体观测。

(三) 稳定性

研究表明,月震活动远比地震活动弱,月球要比地球稳定得多,是一个长期存在的稳定平台。与卫星平台相比,月球是一个具有广阔空间的刚性平台,传感器可以形成较长的稳定基线或较大的观测网络,从而能够完成一些精确的对地测量任务。对于不同太阳天顶角,月基观测具有连续改变视角观测的能力,可以获得宏观尺度上空间连续时间一致的多角度参数。

(四) 唯一性

月球是地球引潮力的主要来源,引起的大气、海洋和固体地球潮汐是塑造地球表面环境的重要影响因素。月球对地球的影响主要与月球运动相关,与月球公转有相同的周期,因此在月球上观测与这些现象相关的参数能提供独特的、唯一的视角。

二、月基观测的地球科学问题

月基多传感器的宏观对地观测潜力将为全球多尺度、多圈层集成研究提供独特的手段,本文特别关注并描述宏观地球科学现象。

(一) 认识固体地球动态变化

固体潮汐形变、全球板块运动及大陆变形、冰川均衡调整等地壳运动均体现整体上的大空间尺度、低形变梯度的地壳形变信号特征和局部的各向异性。固体地球动态变化取决于天体引潮力等,可用卫星遥感等测量方法获得固体地球变化,但是这些方法以小的空间面积测量为主,难以提供大尺度空间连续高分辨率固体地球动态观测能力。月球是一个十分稳定的平台,在月球上布设合成孔径雷达具有更大的可观测范围和测绘带幅宽、灵活的观测周期和观测模式(见图1),并且具备足够长时间的合成孔径积分能力和稳定灵活的干涉模式,可以为干涉测量提供足够长并且稳定的基线,其理论上的位置测量和形变测量精度要高于星载干涉雷达一个数量级,在月球上能够获取高精度、大空间范围的固体地球形变参数,另外月球也是引起固体地球潮汐效应的主要原因之一,在月球上可以不间断地连续跟踪星体间特定的固体地球潮汐效应。

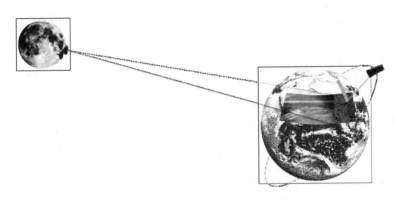

图1 月基对地观测雷达干涉测量示意图

注:纬度向宽条带为月基成像,经度向窄条带为卫星成像。

(二) 测算全球能量平衡

在地球大气层顶,辐射是能量交换的唯一方式。地球大气层顶的辐射差额反映了地球系统释放能量或积累能量,是全球气候变化最重要的总体指标之一。地球辐射差额的计算需要测量两部分辐射:太阳对地球系统的辐射、地球系统的向外辐射。目前的大气层顶部的辐射观测资料来自近地轨道卫星观测,总体不确定性较大,尚不能为全球气候变化提供结论性支持。月球距地球约38万公里,是地球半径的60

倍左右,月球正面总是朝向地球,在月球上布设传感器可以对地球进行整体、长期、一致的辐射探测,可以有效解决近地轨道卫星地球辐射探测中存在的问题,精确地计算出地球气候系统地球辐射差额。同时可为大气层顶辐射通量和反照率等参数的计算提供不同于卫星和优于卫星的长期连续观测数据,也能校准不同轨道、不同时间卫星的实测数据,提高全球能量平衡数据精度,促进对区域间能量再分配和多圈层耦合变化的理解。

(三) 认知地球整体长期反射辐射特征

寻找地外生命一直是人类的梦想。随着空间观测技术的快速发展,人类有机会能够探测到遥远行星的大气和表面以寻找生命信号。生命信号可大致分成气体生命信号、地表生命信号和时序生命信号三个大类。地球作为已知的唯一具有生命的行星,其上生命通过它的反射率、散射特性以及气体产物等在星球上留下了生命的存在和演化印记,因此,地球是地外行星生命探测研究的理想的样本和实验场。将月球作为一个观测平台,直接从月球观测地球生命信号已经成为该领域研究的新方向。通过在月球上布设具有偏振能力的辐射计,对地球进行长期的观测,获取的反射辐射信号及其偏振特征有助于了解地球表面和大气的物理属性。基于月基平台,既可以将地球作为一个整体来研究单点长期的生命信号波动特征;同时也可以开展地球表面生命信号相关各要素的时空变化规律。

(四) 观测地球各圈层之间的相互关系

地球系统的时空复杂性需要对各个要素开展综合观测。月基平台的大尺度、超大尺度观测特点和高时间分辨率观测能力,可直接观测各个圈层的宏观特征(见图2)。在月球上可以布设主被动多传感器集成系统,对多圈层开展多波段同步立体观测,并用多视角能力加强对地球整体观测,可以捕捉地球宏观科学现象的多种属性,加深对陆海气交互的能量、水及生物循环过程的理解。利用多基线层析反演全球植被三维结构,可以全面认识全球植被生物量变化。在月球表面布设多传感器系统,可以同步获取地球多圈层多维度参数,提高对海洋、陆地、大气科学现象的理解。同时,月基观测将可为百年千年时间尺度的地球气候变化以及气候突发事件提供科学支持,可期发现新的地球科学现象。

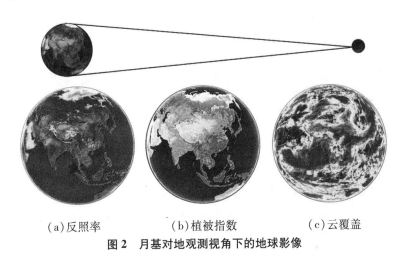

| (a)反照率 | (b)植被指数 | (c)云覆盖 |

图2　月基对地观测视角下的地球影像

三、构建月基对地观测系统

地球系统科学的深入研究向月基对地观测提出了需求,人类社会可持续发展向月基对地观测提出了需求,空间对地观测科技的发展向月基对地观测提出了需求。建议建立月基对地观测系统,并在科学、技术、理念上系统考虑。

在科学需求上,认识地球宏观科学现象是重要的。需要深入研究月基观测地球宏观科学现象的优势目标、月基传感器选择及参数优化、观测基地选址及平台构建优化问题。需要深入研究在月基远距离对地观测情况下宏观科学目标的自身特性,包括方向性、尺度效应以及敏感度及其与电磁波的相互作用。通过研究和理解长观测时段内月基观测大尺度现象的变化特征,建立地球宏观科学现象的月基观测模型,开发月基对地观测信息提取算法,研究月基对地观测应用模型和方法、可行性和敏感性,拓展其在固体地球、地球能量平衡、地球整体辐射特性、地球磁层电离层及各圈层相互作用等领域的科学价值。

在技术发展上,需要考虑现在和将来的技术,包括先进的传感器技术、月基超远距离多波段主被动成像技术、地月链路测量技术、月面能源供给技术、Gbit 数据超远距离传输技术、月基甚长基线干涉测量技术、月面仪器防护技术等。月基对地观测需要建设月球基地以长期稳定地获取地球观测数据,这对空间运载、基地建设、能源供给等方面的技术提出了很高要求。由于观测距离遥远,平台及传感器的微小抖动将会带来显著的观测漂移,这对观测平台及传感器的要求更为苛刻。对于主动类型传感器,接收信号信噪比将是一个关键问题,同时大量对地观测数据的远距离数据传输也将是一大挑战,月球环境、月地通信等也是将来要面临的问题。

国际上对月球的探索正方兴未艾,我国的探月工程取得重大突破,这些均为月基对地观测奠定了坚实的基础,月基对地观测系统离不开国家无人和有人值守月球基地的支持。联合国《空间宪法》规定了包括月球在内的外层空间利用应遵守的基本原则,提倡探索和利用外层空间的国际合作。月基对地观测是一个庞大的系统工程,涉及多学科及工程领域,联合有关国家开展此领域的国际合作应是一条必由之路。

月球是地球唯一的自然卫星,是一个巨大的、长期存在的稳定平台,它是人类走出地球、开拓太空的前哨基地,是人类认识和保护地球的天然卫星。把月球作为一个对地观测平台,在月球上布设传感器对地球进行全面、持续、长期观测是一种新概念空间观测手段,将为全球尺度多圈层集成研究提供特有的支持,使之有可能实现从地球系统科学角度,对全球多圈层相互耦合的一系列关键的科学问题给出新的解答。

把月球作为综合对地观测平台的设想,具有创新性、前瞻性和战略性,得以实施将是空间对地观测的一场革命。我国在此领域具有综合优势,通过及时部署、长期坚持,不仅可以与我国已有的月球探测计划相辅相成,还有望在国际上该领域起到引领作用。我们预测,同国际上月球探测研究一样,利用月球观测地球的研究必然是一热点方向。目前,开展月基对地观测的研究,我国已走在路上。这将是我国引领该领域发展的重要机遇,将成为人类和平开发利用太空的历史见证。

应对气候变化　发展冻圈科学

中国气象局/中国科学院西北生态环境
资源研究院(筹)　秦大河

20 世纪中期以来,人类社会面临着全球环境变化带来的严峻挑战。资源短缺、气候变化、环境污染、粮食安全、疾病流行等全球环境和发展问题对国际秩序和人类生存构成了严峻挑战。随着全球变暖加剧,生态环境保护、应对气候变化、实现可持续发展转型被提上议事日程,联合国提出 2015—2030 年可持续发展目标(Sustainable Development Goals,SDGs)。我国也提出了树立尊重自然、顺应自然、保护自然的生态文明理念,并推动构建"人类命运共同体",以实现保护地球、向可持续发展转型的目标。

气候变化是指气候系统五个圈层的变化。地球表层的大气圈、水圈、冰冻圈、生物圈和岩石圈五个圈层组成了气候系统。之所以称为气候系统,是因为这几个圈层都与大气圈互相作用,影响着地球气候状态。例如水圈,水面以其反照率和巨大的冷/热储影响着大气热量平衡,而大气的冷暖变化也影响水循环;冰冻圈的反照率、相变潜热、温室气体的源汇转化等影响大气圈,而气候的冷暖也直接制约冰冻圈各要素的形成和发育;生物圈和陆地表面的变化也与气候互相关联。

气候系统五个圈层中的任何一个圈层的变化,都应当被视为气候变化。例如,全球变暖不仅仅表现在器测数据显示的地表平均温度的上升,海洋热含量增加、冰川退缩、多年冻土活动层加厚、积雪和海冰范围缩小、生物多样性锐减等,都属气候变化的范畴。气候系统变暖,意味着冰冻圈也在变暖,冰川、冻土和积雪等冰冻圈各要素均呈退缩和减少的趋势。

冰冻圈是指地球表层具有一定厚度且连续分布的负温圈层,亦称为冰雪圈、冰圈或冷圈。冰冻圈包括陆地冰冻圈[冰川(含冰盖和冰帽)、积雪、冻土(含季节冻土、多年冻土和地下冰,但不含海底多年冻土)、湖冰和河冰]、海洋冰冻圈(海冰、冰架、冰山和海底多年冻土)和大气冰冻圈(雪花、冰晶等),构成一个完整的圈层。陆地冰冻圈占全球陆地面积的52%—55%。冰冻圈与大气圈、水圈、岩石圈和生物圈相互作用,通过物质和能量交换,促进了气候系统乃至地球系统各圈层之间的联系和联动,对人类社会产生影响并提供各种服务功能,在经济社会和可持续发展中扮演着重要角色。冰冻圈是气候系统最敏感圈层,显著特征是对气候变化的快速响应及其反馈作用,各要素更被视为"天然的气候指示计"。由此,成为全球变化研究的热点之一。冰冻圈与其他圈层相互作用以及对经济社会可持续发展的影响,更是自然科学和社会科学学科交叉研究热点。

冰冻圈科学是研究自然背景条件下,冰冻圈各要素形成、演化过程与内在机理,冰冻圈与气候系统其他圈层相互作用,以及冰冻圈变化的影响和适应的新兴交叉学科。冰冻圈科学的目的是认识自然规律,服务人类社会,促进可持续发展。国家目标也是区域冰冻圈科学的研究内容之一。

一、发展冰冻圈科学的重要意义

在全球变暖背景下,由于冰冻圈对气候变化高度敏感和重要的反馈作用,它成为气候系统最活跃的圈层之一和与可持续发展联系的热点之一,冰冻圈科学受到了前所未有的重视。

(一) 人类生存和发展面临气候变化的严峻挑战

气候是自然生态系统的重要组成部分,是人类赖以生存和发展的基础条件,也是经济社会可持续发展的重要资源。当前,全球气候正经历以变暖为主要特征的显著变化。联合国政府间气候变化专门委员会(IPCC)第五次气候变化评估报告指出,近百年来全球气候系统显著变暖,已经对人类社会和自然生态系统产生了广泛而深刻的影响。1750年以来,温室气体的增加是人为辐射强迫增加的主因,如果不对未来人为温室气体排放进行限制,将导致全球气候系统进一步变暖,自然生态系统和人类社会面临的气候风险将进一步加剧。预估21世纪末全球地表平均气温将继续升高,热浪、强降水等极端事件发生的频率和强度将增加,海平面将继续上升,冰冻圈继续变暖,并导致死亡、疾病、食品安全、内陆洪涝、农村饮水和灌溉困难等问题,影响人类安全。为遏制逐渐失控的全球变暖,需全球共同努力减排,迅速减少温室气体排放,走低碳和可持续发展道路。

气候变化成为21世纪人类生存和发展面临的严峻挑战,是当今国际社会共同面临的重大全球性问题。积极应对气候变化,加快推进低碳发展,已是国际社会的普遍共识。科技是应对气候变化的重要支撑,科学认识气候变化则是基础。积极应对气候变化,亟待增强气候变化科学对全球气候治理和促进绿色低碳发展的支撑作用。

（二）冰冻圈科学是气候系统科学的前沿领域之一

冰冻圈是气候的产物,受气候变化的影响,同时也在不同的时空尺度上影响着地表能量平衡、水文过程、大气环流等。雪冰表面反照率反馈效应、水—冰—汽的相变潜热和积雪对下伏土壤的隔热作用等,是冰冻圈影响气候变化的主要过程。冰冻圈变化与气候变化的强烈互馈作用,使得冰冻圈在全球气候系统变化研究中的地位跃升,成为气候系统科学的前沿领域。例如,南极冰盖、格陵兰冰盖等冰冻圈要素的变化,直接影响"大洋传输带",引起大洋环流的改变,对水圈和大气圈产生很大影响;北半球多年冻土区和北冰洋海底多年冻土是地球主要碳汇,储存大约18320亿吨碳,是1870—2012年期间人类活动排放的5550亿吨碳的3倍多,气候变暖冻土退化,加速多年冻土区有机碳的分解和释放,使大气中温室气体浓度上升,进一步加快气候变暖。凡此种种,都是当前国际科学前沿问题。

（三）冰冻圈科学是社会经济与可持续发展领域的研究热点

冰冻圈作为一种自然资源,是支撑南北极地区、北半球高纬地区和中低纬高海拔地区生态系统的基础,它还维持着中亚、北美西部干旱区生态系统,是冰冻圈作用区内居民生产生活和经济发展的基础外部环境,为冰冻圈影响区居民提供各类自然资源。如冰冻圈是地球重要的淡水资源,是世界上许多大江大河的源头,江河流水滋润大地,造福人类,但它们的变化也会影响人类生活和社会发展。

随着气候持续变暖,冰冻圈变化影响的风险增加,范围扩大。如水资源短缺、自然灾害加剧、基础设施受损、北极航道开通、冰冻圈服务功能改变等,需要未雨绸缪,超前部署,开展研究,拿出对策。冰冻圈科学已经成为为国民经济建设服务的新兴学科之一。预估未来50年,中亚、南亚和青藏高原的冰川、冻土的变化,可能影响北半球主要河流的径流量和淡水资源的供给,影响粮食安全和人类健康,而这里生活着45%的世界人口!在干旱少雨的中亚,冰川快速消融对下游流域的城市居民生活、生态和工农业用水影响巨大,影响经济发展。

以往也有成功的经验,如21世纪初建成通车的青藏铁路,就是在多年冻土区开展工程建设研究基础上,汲取前人经验,解决了冻土工程重大科学问题,是一个冰冻圈科学为国家建设服务并获成功的范例。

(四) 冰冻圈科学是生态文明建设和维护国家安全的重要支撑

冰冻圈维系的生态系统和提供的自然资源,是保证生态文明的基本条件。冰冻圈变化对人类社会文明和国家安全的影响不可低估,在人居环境、地理旅游、文化体育、民族宗教,甚至国防工程建设、地缘政治等方面带来新的课题。需要我们高度重视,学科交叉、夯实基础,关注冰冻圈作用区和影响区的实效,联系国家需求和政策导向,大力发展冰冻圈科学的这一新方向。

人类工业化以来,消耗化石能源带来了社会文明快速发展,但同时也导致全球变暖加速,严重波及冰冻圈系统,使其提供的自然资源和服务功能都大打折扣。目前,应对气候变化、建设生态文明、实现2030年联合国可持续发展目标已成为国际社会的共识,保护气候、保护冰冻圈,加强冰冻圈科学研究,加强环境保护综合治理,摒弃一味追求经济效益的短视行为,有重要的现实意义。

目前,中国正在开展推动"一带一路"建设,在"一带"的陆上,会遇到陆地冰冻圈变化影响的困扰,如道路翻浆、低温、冻融、雪崩、风吹雪等冰冻圈灾害。在"一路"的海上,海平面上升、资源开采的权益和运输、北冰洋海冰范围减小和北极航线的开通、特殊工程的建设等,既是冰冻圈和经济建设之间的关联,也与地缘政治密切相关,都是冰冻圈科学的重要研究领域。

总之,冰冻圈科学的社会经济和地缘政治的属性及其与可持续发展的紧密联系,已经成为国际热点之一,有特殊科学意义和长远战略意义。冰冻圈科学的发展,也可为国家大力推进的国际大科学计划和全球气候治理提供有力的支持。

二、我国冰冻圈科学的发展现状与面临的挑战

20世纪50年代以来,我国在冰冻圈要素(如冰川、冰盖、冻土、积雪)研究方面取得了长足发展,积累了大量科学数据,获得了瞩目的成果。在此基础上,中国科学家把握学科发展趋势,在国际上率先提出了冰冻圈科学的理念和科学内涵,2007年建立全球第一个"冰冻圈科学"概念的实验室——冰冻圈科学国家重点实验室,建立并不断完善冰冻圈科学体系,在冰冻圈的形成及机理和变化、冰冻圈与其他圈层的相互作用、冰冻圈变化的影响与经济社会可持续发展方面开展了系统的研究工作,在亚洲山地冰川、多年冻土和积雪研究方面取得了诸多原创性成果。

目前,冰冻圈科学在研究范畴、内容、技术手段等方面都发生着迅猛变化。冰冻圈与其他圈层的互馈联系研究不断深入,建模和预估未来变化的研究水平不断提高;冰冻圈工程建设、资源开发、防灾减灾,冰冻圈变化影响评估、未来风险防范,以及冰冻圈服务功能的开发利用和区划等许多方面,都受到格外重视。近年来,尽管我国冰冻圈科学发展迅速,然而,与冰冻圈科学研究强国相比,我国还存在差距,特别是在极地冰冻圈研究方面差距较大。

人才建设方面,尽管我国冰冻圈科学领域涌现出一批杰出人才,部分优秀青年人才在国际舞台上施展才华并得到广泛认可,但从整体来看,我国冰冻圈科学研究中心地处边远地区,缺少稳定的经费支持和政策扶持,人才流失严重,中青年创新人才欠缺,人才梯队有待完善。开展跨学科新兴领域和跨学科综合集成研究的人才少,知识面单一,应用其他学科(如物理、化学、生物学和数学建模)知识和技术的能力较弱,严重影响冰冻圈科学的创新和发展,以及学科间的深度交叉、融合和综合;冰冻圈科学野外工作环境艰苦,研究生就业面不宽,也难以吸引年轻的优秀人才攻读研究生,或长期潜心于冰冻圈科学研究。

三、建议

纵观近十年来国内外发展态势,冰冻圈科学在冰冻圈动态过程及其影响因素,以及在冰冻圈变化对气候、水文水资源、生态系统等影响与适应研究等方面做了大量研究,进展显著。冰冻圈科学已成长为气候科学、环境科学、地球科学、社会科学有机融合的新兴交叉学科。

中国冰冻圈科学应立足国家和区域的社会发展需求,紧扣国际前沿,在夯实和加强冰冻圈变化机理研究的基础上,深入开展冰冻圈变化影响与适应研究,重点开展冰冻圈服务功能价值定量化研究和灾害风险防范,完成服务功能的国家和全球区划与制图,在服务经济社会和生态文明建设、保障国家安全等领域做好布局安排。

为确保中国在冰冻圈科学的优势领域,弥补不足及相对落后的研究方向,应从能力建设、队伍建设、平台建设、国际合作政策、组织保障等方面出发,通过学科交叉、人才培养、国际合作、平台设施建设等综合途径推动冰冻圈科学的发展。

（一）加强冰冻圈科学学科建设

继续完善冰冻圈科学理论体系，创新冰冻圈科学研究方法，提升冰冻圈模拟研究的水平。加大冰冻圈科学科普宣传，提高决策层和公众对冰冻圈科学的认知水平。同时，推动冰冻圈科学体系走向国际，推动以我为主的冰冻圈科学国际计划，引领冰冻圈科学特别是冰冻圈与人类圈相互作用的研究。

（二）加强冰冻圈科学人才队伍建设

培养和引进具有国际视野和能够引领学科发展的高端人才和学术骨干，建设和培养若干自主创新能力强、专业特长突出、有国际影响力的冰冻圈科学研究团队，形成多支潜力巨大、水平先进、力量雄厚的冰冻圈科学研究队伍。加强培养海洋—大气—冰雪方面的知识复合型青年人才，加大各类人才的支持力度，使冰冻圈科学研究的人才梯度结构合理，青年人才成长迅速。通过参与和主导重大国际研究计划，与国际一流团队合作，培养造就以我为主的国际研究团队，使其在冰冻圈科学重点领域占据前沿，引领国际冰冻圈科学发展；增强国际交流，鼓励学术带头人参与国际组织的活动，争取在国际学术组织任职等。

（三）加强冰冻圈平台与监测能力建设

扩大和加强极地冰冻圈监测、加强野外观测平台体系建设和监测能力建设，提高我国冰冻圈科学数据的实效性和共享能力。通过独立自主与合作的方式，逐步拓展我国现有冰冻圈监测网络，布局涵盖全球的冰冻圈监测平台，整合冰冻圈各要素的监测标准，实现冰冻圈关键区域的自动化监测。加强我国冰冻圈科学领域各类平台的共享机制，整合现有数据资源，力争将冰冻圈科学国家重点实验室建成在国际上有影响的冰冻圈信息中心和数据共享基地。

（四）加大经费支持和政策扶持

给予冰冻圈科学研究平台建设与维持的稳定经费支持,进一步加强对重点实验室、定位试验观测台站的建设,加强冰冻圈野外调查和基础数据的获取及多源数据产品研发的能力。组织冰冻圈科学领域重大和重点项目,加大经费投入,开展组织方式多样化的研究。冰冻圈科学研究涉及的学科领域非常广,特别是我国极地冰冻圈研究迫切需要加大投入。加大对边远地区研究团队的政策扶持,尤其是在各类人才引进和待遇方面出台政策,稳定和发展研究团队。

（五）创新体制机制,加强冰冻圈科学各领域合作

瞄准冰冻圈科学的前沿领域,围绕国家重要需求,创新体制机制,加强对全国相关的科技力量的整合,建设冰冻圈科学领域的创新体系。组织专项计划,实施重大科技攻关,开展多学科、多部门的综合研究,力争在对国家生态文明建设和社会经济发展有关键性作用、在国际科学前沿能作出中国特殊贡献的重大科学问题和典型区域研究上获得突破,以带动整个冰冻圈科学的发展。国际上,依托我国已有的地域优势和学科优势,拓展新的领域,开展以我为主的大型国际研究计划,形成一批国际合作研究团队,引领学科发展前沿。

资源生态环境领域的发展,是建设美丽中国的重要组成部分,也是建设科技强国的重大任务。作为气候科学、环境科学、地球科学等学科有机融合的新兴交叉学科,相信大力推动冰冻圈科学的发展,将有助于促进资源生态领域的发展,将有助于推动美丽中国建设,也将有助于为科技强国建设"添砖加瓦"。

建设科技强国需要科技创新和
制度创新"双轮驱动"

——基于青岛海洋科学与技术试点
国家实验室的探索和实践

青岛海洋科学与技术试点国家实验室
中国海洋大学　　吴立新

进入 21 世纪以来,全球科技创新进入空前密集活跃的时期,新一轮科技革命和产业变革正在重构全球创新版图、重塑全球经济结构。海洋是高质量发展的战略要地。在海洋科技领域,海洋创新链条不断延伸,大平台、大协同、大交叉的系统科学特征日趋明显。海洋科学已经发展为几乎覆盖所有自然科学、工程技术、人文社科的超级科学。深海和极区海洋正在成为各国角力的新舞台,对深海进入、深海探测、深海开发关键技术的掌握,被视为海洋强国重要标志。海洋科技创新能力作为发展海洋经济、改善生态环境、保障国家安全、提升国际影响的战略支撑,已经成为全球竞争的焦点。

习近平总书记指出:"创新决胜未来,改革关乎国运。科技领域是最需要不断改革的领域。"[①]面对海洋科学全球化、综合化、系统化的发

---

① 习近平:《在中国科学院第十九次院士大会、中国工程院第十四次院士大会上的讲话》,人民出版社 2018 年版,第 13 页。

展趋势,以及日趋激烈的全球海洋竞争态势,如何塑造和强化我国海洋科技优势,为海洋强国建设提供强劲动力和坚强支撑? 这是摆在全国海洋科研单位和科学家面前的一项重大课题。青岛海洋科学与技术试点国家实验室(以下简称"海洋试点国家实验室")从 2015 年 6 月启动试点运行,在科技创新和制度创新"双轮驱动"方面进行了有益的探索。

一、海洋试点国家实验室"双轮驱动"的探索和实践

(一) 围绕国家海洋战略规划科研布局

海洋科学领域点多面广、学科众多。如何将有限的科研资源集中在国家需求最广泛、最紧迫的研究方向上? 这是海洋试点国家实验室试点运行之初面临的首要问题。为此,海洋试点国家实验室依托学术委员会和理事单位,通过专题咨询、设立智库课题等方式进行战略研究。按照海洋安全、海洋资源、海洋健康三大方向,布局透明海洋、蓝色生命、海底资源三大战略任务,确立了以国家安全和经济社会发展需求为导向的多学科综合交叉研究体系。

(二) 瞄准关键核心技术开展技术攻关

海洋科学是对技术装备具有高度依赖性的科学。突破关键领域的"卡脖子"技术,不仅是海洋科学向更高水平发起冲击的迫切需求,对海洋安全、海洋经济发展也具有极大的推动作用。技术研发的"溢出"效应十分明显。如何在海洋中潜得更深、游得更快、载得更多、测得更准、布得更广? 针对上述问题,海洋试点国家实验室对海洋创新链条的关键技术环节进行系统分析,对关键共性技术、前沿引领技术、颠覆性

技术进行研究。联合中船重工、中船工业、中国航天科技、天津大学等单位,在实验室建设海洋观测探测技术、海洋高端装备、军民融合等一批联合实验室,围绕若干关键核心技术开展联合攻关。

(三) 聚焦创新共性需求建设公共平台

针对超级计算机、科考船等大型科研平台投资大、建设周期长、维护成本高,一家单位建设难度大的问题,海洋试点国家实验室在大型科研基础设施共建共有共用方面进行了探索。采用"增量共享、存量补贴"的方式,联合相关单位共同建设了高性能科学计算与系统仿真、深远海科考船队、海洋创新药物筛选与评价等平台,联合中国地质调查局等单位共同推进建设大洋钻探船等更高水平的公共科研平台,初步实现了大型基础设施多单位、多学科、跨部门、跨系统的高效应用。

(四) 针对海洋创新特点搭建治理架构

海洋试点国家实验室在推进科学研究、技术开发和平台建设过程中,与隶属于各部门的多个单位开展了不同形式的深度联合,并正在与国外科学机构开展合作。原有部门管理、条块分割的科研运行体制已经跟不上发展需求。为提高创新效率,实验室探索搭建了理事会管理、学术委员会咨询指导、主任委员会负责的"三会制"管理架构。理事会由科技部、财政部、山东省政府等国家部委、地方政府、科研机构组成。此外,以协议合作方式,联合澳大利亚联邦科学与工业研发组织、美国国家大气研究中心、伍兹霍尔海洋研究所等共建国际研究中心。通过搭建包容性、结构化的新型治理架构,有效解决了跨部门、跨地区、跨国别汇聚创新资源,协调有序运转的发展要求。

(五) 秉持利益相融理念构建运行机制

习近平总书记指出:"功以才成,业由才广。世上一切事物中人是最可宝贵的,一切创新成果都是人做出来的。"① 要最大限度地调动人的积极性,就必须处理好两个层次的关系。首先是海洋试点国家实验室与各类关联科研机构的关系。我们坚持"引才不挖人"的合作机制,引进科研人员采用"双聘制",即人事关系档案保留在原单位,科研成果第一署名单位为原单位,海洋试点国家实验室为第二署名单位,真正落实以科研任务为导向的联合机制。实行人员分类管理,科研人员以科研产出为标准、依照科研合同进行管理考核,实验技术人员以服务对象为主体进行绩效评价考核,管理服务人员实行"职员制",实现职业化、专业化服务。通过上述种种制度安排,最大限度地调动各利益相关方的积极性,激发创新活力,强化组织凝聚力,提高创新效率。

二、海洋试点国家实验室"双轮驱动"的经验启示

试点运行三年来,在科技创新和制度创新的"双轮驱动"下,海洋试点国家实验室建设快速推进,各项科技创新活动有序开展,若干科研项目已经取得初步成果。围绕海洋环境感知与目标探测,研发出了一批具有自主产权的"卡脖子"技术与装备,助力守护"水下国门";构建了全球最大的西太平洋—印度洋—南海("两洋一海")区域定点观测网并持续运行,在国际上率先建立了全球高分辨率海浪—潮流—环流耦合模式和"两洋一海"预报系统,服务海洋环境预报与气候预测;深海战略性资源勘探取得重要进展,海洋生物资源开发与利用技术保持与国际并跑水平,致力打造中国"蓝色药库",服务"健康中国";赤潮治

---

① 习近平:《在中国科学院第十九次院士大会、中国工程院第十四次院士大会上的讲话》,人民出版社 2018 年版,第 18 页。

理关键技术走出国门,为治理全球海洋生态灾害提供"中国方案";在海洋多圈层相互作用基础研究方面取得了一批原创性理论成果。突破型、引领型、平台型一体的国家实验室初见雏形。

海洋试点国家实验室试点运行三年的实践经验表明,依靠科技创新和制度创新"双轮驱动",是在新的时代条件下更好汇聚和运用科技资源,进一步释放科技创新潜能,打造国家战略科技力量的必由之路。在三年科研和管理实践中,笔者深刻体会到以下几点。

(一) 制度创新必须服务于科技创新发展需求

海洋试点国家实验室的制度创新,恰逢全球科技浪潮涌动、国际海洋竞争加剧、我国海洋强国建设全面加快这个时代背景。随着海洋科技创新任务日趋大型化、综合化、交叉化,原有的条块化、部门化的科研管理体制已经不能满足国家海洋战略的发展需求,解决不同系统、不同学科、不同地域科研单位之间的联合、协作机制问题,成为当务之急。海洋试点国家实验室始终将搭建协作共赢平台、消除创新要素融合壁垒作为制度创新的核心,紧紧围绕国家海洋战略需求,瞄准海洋科技国际前沿,承担和实施了一系列综合性科研任务和若干大型科研基础设施建设,取得了比较明显的成效。

(二) 制度创新必须有所为有所不为

国家实验室不能包打天下、不能赢者通吃。只有根据科技创新规律和自身资源禀赋特点,集中精力瞄准那些国家亟须而一个单位干不了、干不好的高投入、长周期的战略科研方向,以国家重大战略任务为导向面向国内外组建科研团队,建设核心科研基础设施,持之以恒地加以推进,才能够真正履行好国家战略科技力量职责。海洋试点国家实验室试点运行以来,始终不忘初心、牢记使命,坚持与一般性科研单位和企业创新载体差别化定位,聚焦国家海洋国防、资源和环境安全方面亟待解决的重大问题,规划设计科技创新布局和体制创新安排。

(三) 制度创新必须以人为本

任何改革都不能忽视人的作用。如何最大限度地调动人的积极性,寻找参与各方利益的最大公约数,使科学家、科研单位的利益统一到国家实验室承担国家使命的共同利益上来,是国家实验室制度创新的另一个重要出发点。海洋试点国家实验室试点运行以来,通过"三会制""双聘制"、科研平台共建共享等一系列制度设计,有效打造了利益共同体、事业共同体,实现了共赢,从而打造了汇聚全国、全球海洋科技创新资源的国家战略科技力量。

从第三极走向三极，
服务全球生态环境保护

中国科学院青藏高原研究所
中国科学院青藏高原地球科学卓越创新中心　　姚檀栋

党的十九大报告指出，我们要"建设美丽中国，为人民创造良好生产生活环境，为全球生态安全作出贡献"，"积极促进'一带一路'国际合作……打造国际合作新平台"，"引导应对气候变化国际合作，成为全球生态文明建设的重要参与者、贡献者、引领者"。[1]

习近平总书记在 2018 年两院院士大会上的讲话中指出："要坚持以全球视野谋划和推动科技创新，全方位加强国际科技创新合作，积极主动融入全球科技创新网络，提高国家科技计划对外开放水平，积极参与和主导国际大科学计划和工程，鼓励我国科学家发起和组织国际科技合作计划。"[2]

第三极、南极和北极（以下简称"三极"）是全球生态环境的重要屏

---

[1] 习近平：《决胜全面建成小康社会　夺取新时代中国特色社会主义伟大胜利——在中国共产党第十九次全国代表大会上的报告》，人民出版社 2017 年版，第 24、60、6 页。

[2] 习近平：《在中国科学院第十九次院士大会、中国工程院第十四次院士大会上的讲话》，人民出版社 2018 年版，第 18 页。

障,是全球变化的敏感区,是全球生态环境风险的触发器。在全球变暖背景下,三极地区环境与气候的剧变不但正在影响美丽中国建设,也影响"一带一路"生态环境,同时也严重影响全球生态环境。通过组织大科学计划开展三极环境变化研究,是推动美丽中国建设、促进"一带一路"国际合作和构建"人类命运共同体"的重要科学抓手。

一、我国第三极环境研究取得丰硕成果

青藏高原是以西藏、青海为主体的中国地貌最高阶梯,面积约 260 万平方千米。关于青藏高原的重要性,习近平总书记指出,青藏高原是"世界屋脊、亚洲水塔,是地球第三极,是我国重要的生态安全屏障、战略资源储备基地,是中华民族特色文化的重要保护地"[①]。青藏高原及周边高地是地球第三极,也称高极,面积超过 500 万平方千米,主体海拔超过 4000 米。第三极近 10 万平方千米的冰川孕育了长江、黄河、雅鲁藏布江等亚洲大江大河,被誉为"亚洲水塔"。第三极环境变化影响了周边地区十几个国家 20 多亿人口的生存环境。第三极地区冰冻圈—大气圈—水圈—生物圈—岩石圈—人类圈多圈层之间错综复杂的相互作用,对于区域乃至全球的气候、水循环和生物多样性研究具有重要的意义,从而显著影响青藏高原及周边地区的社会和经济发展。

2009 年,笔者联合美国科学院院士郎尼·汤姆森(Lonnie Thompson)、德国科学院院士 Volker Mosbrugger 等活跃于青藏高原科学研究前沿的国际顶尖科学家,共同发起了"第三极环境(TPE)"国际计划。该计划

---

① 《习近平致信祝贺第二次青藏高原综合科学考察研究启动》,《人民日报》2017 年 8 月 20 日。

2011 年被列为联合国教科文组织—联合国环境规划署—国际环境问题科学委员会（UNESCO-UNEP-SCOPE）共同支持的旗舰项目。TPE国际计划由中国科学家主导，组织了具有地缘优势的 10 多个第三极周边国家的 30 多个研究机构，联合了具有知识技术优势的 10 多个西方国家的 20 多个研究机构，致力于揭示第三极的环境变化过程与机制、提高人类应对环境变化的适应能力、为实现人与自然的和谐发展服务。TPE 国际计划建成了北京中心和尼泊尔、美国、瑞典、德国等分中心，构建了国际旗舰观测网络和国际数据共享平台，实施了第三极多国联合科学考察研究，举办了资深专家论坛、美国地球物理联合会（AGU）和欧洲地球科学联合会（EGU）分会等，实施了暑期学校、留学生、空中课堂等人才培养计划，培养了一批活跃在尼泊尔、巴基斯坦、塔吉克斯坦、乌兹别克斯坦、伊朗等"一带一路"沿线的知华、亲华、爱华的高级青年科技与管理人才。TPE 国际计划在西风与季风相互作用、气候变化对水资源和生态系统影响等地球系统科学前沿方向产出引领国际的突破性成果，推动中国青藏高原研究团队跻身国际第一方阵，树立了国际科学品牌。TPE 国际计划培养了一批有国际影响力的中国科学家，他们凭借在青藏高原冰川和环境研究方面作出的突出贡献，获得 2017 年维加奖。

二、从第三极到泛第三极，服务绿色丝绸之路建设

随着第三极科学问题研究的深入和"一带一路"倡议的实施，泛第三极环境变化的重要性受到全球关注。泛第三极是第三极向西扩展，涵盖青藏高原、帕米尔高原、兴都库什、天山、伊朗高原、高加索、喀尔巴

阡等山脉,面积约 2000 多万平方千米,包括 20 多个国家的 30 多亿人口,与丝绸之路经济带高度重合。目前,泛第三极环境正在发生重大变化。西风与季风相互作用是触发泛第三极环境变化的动力源。超常的气候变暖是泛第三极环境变化的放大器。从过去的气候变化看,整个泛第三极地区的升温速率是全球平均变化的两倍,按照巴黎气候大会设定的全球升温 2°C 的上限预测,这一地区升温可能将高达 4°C。如此剧烈的气候变化会对这一地区生态环境和人类活动产生怎样严重后果,存在着很大的不确定性。气候变暖导致上游亚洲水塔区冰川退缩、湖泊扩张、冰湖溃决、洪水频发,将对"一带一路"沿线国家社会经济发展产生严重威胁。同时,冰雪融水是维系泛第三极地区重要的水资源。该地区特别是天山地区冰川的变化幅度大于全球的平均水平,冰川退缩正在改变水循环,使得下游中亚大湖区沙漠绿洲未来命运堪忧。此外,荒漠化等特殊地表过程加重了泛第三极地区生态环境恶化,"一带一路"建设六大经济走廊中的四条走廊带受到严重的荒漠化威胁。人类排放的 $PM_{2.5}$ 叠加于特殊沙尘暴过程,成为地球上环境和人类健康的最大威胁,其中,地球上 $PM_{2.5}$ 分布最严重的区域从中亚沙漠区沿泛第三极一直延伸到中国东部。泛第三极地区的快速气候变化和不断加剧的人类活动与这一地区特殊过程的叠加效应,导致该地区未来资源环境变化具有极大的不确定性。

为此,中国科学院启动了"泛第三极环境(Pan-TPE)"国际计划,以应对"一带一路"建设中的资源环境重大挑战,为全球生态环境保护和人类共同福祉服务。Pan-TPE 国际计划是已经成功实施的 TPE 国际计划的进一步深化,是 TPE 国际计划服务"一带一路"建设的新使命。Pan-TPE 国际计划的目标是阐明泛第三极地区的环境变化及其影响,评估和应对重点地区和重大工程的资源环境问题,提出丝绸之路建设的绿色发展路径。Pan-TPE 国际计划以自然和人类双重作用下泛第三极地区环境变化对绿色丝绸之路建设可持续性的影响、西风和季风影响下泛第三极地区环境变化不确定性为两大统领科学问题，聚焦如何应对绿色丝绸之路可持续发展所面临的挑战、如何科学认识和防范环境灾害风险、如何调控人类活动对环境变化的影响、气候变化如何影响生态与环境的协同演化、西风与季风作用如何影响环境和水资源变化五大问题。围绕上述研究问题，Pan-TPE 国际计划开展实施绿色丝绸之路建设的科学评估与决策支持方案、生态屏障动态监测与区域绿色发展方案、重点地区和重要工程的环境问题与灾害风险防控、人类活动的环境影响与调控、气候变化对生物多样性的影响与适应策略、西风与季风相互作用和水资源变化、地质演化及环境资源效应七大任务研究。

三、提出三极联动研究倡议，服务全球生态环境保护

随着研究的深入，科学家们认识到第三极或泛第三极的环境与南极、北极同样重要。三极共有的特殊地貌景观是无数冰川组成的巨大冰体，其变化可称为"深白"过程，是全球气候和生态环境变化的引擎。三极地区冰冻圈是全球气候系统的重要组成部分，其各组分的快速变化对地表能量平衡、大气环流、海洋环流、水循环、海平面变化等都有深远影响。三极维系着全球能量循环、水循环和物质输送，为区域乃至全球提供了丰富的水资源和生物多样性资源，是全球生态环境的重要屏障。三极环境与气候的改变可导致全球海平面变化、全球极端天气气候事件增加、全球洋流能量与物质输运的改变，并对三极及周边地区生态环境造成重大影响。作为全球环境与气候变化的敏感区，在全球平

均每 10 年升温 0.17℃ 的大背景下,三极地区的升温可达每 10 年 0.3℃—0.4℃。三极地区异常升温将对当地原住民的生存、生产和生活方式产生深远影响甚至巨大威胁。据联合国环境规划署统计,全世界目前大约有近一半的人口居住在距海岸 200 千米以内的范围内,三极冰川融化导致的海平面上升对全球特别是岛屿国家和沿海低洼地区的生存环境产生巨大威胁。应对海平面上升是人类命运共同体面临的严峻挑战。

三极在地理上虽然相互独立,但可通过大气、海洋、生物等过程相互联系、相互影响。越来越多的证据显示,三极的气候变化可以通过西风急流和季风环流过程相互作用。在北极加速增暖的背景下,海冰的融化会引起北半球冬季温带急流及冷空气的活动范围明显地向低纬度扩张。这一中高纬度大气环流的变化会影响青藏高原北支急流的位置和强度,并可能与青藏高原的南支急流产生相互作用,进而影响青藏高原地区冬季的温度和降雪。另外,青藏高原的热力作用可引起大尺度环流异常,改变中高纬度大气遥相关,并影响非洲、亚洲、北美洲和南美洲的温度和降水。

综上所述,三极彼此相互联系,通过大气圈、水圈、冰冻圈、生物圈和地球表层圈等相互作用,三极地区的环境和气候变化可以触发全球环境与气候改变,最终对全球生态环境产生重大影响。在过去的全球环境研究中主要探讨第三极或南极或北极各自对全球和区域气候的影响,而关于第三极与南极、北极联动的研究较少,对其内在物理过程及其影响机理的认识还很缺乏。三极环境与气候变化的联动研究是重新审视全球环境的切入点,有可能突破传统研究模式的瓶颈。通过发起三极环境与气候变化联动研究倡议,建立全球范围的三极对比观测和综合评估体系,研究三极环境与气候变化的动力机制和对全球生态环境的影响,可以为全球生态环境保护作出应有的贡献。

四、结语

第三极、南极和北极是全球气候变化最敏感的地区,受到气候变化影响的同时,对全球气候也具有重要反馈作用,了解三极环境变化在全球变化中的作用至关重要。三极环境相似,变化彼此联系、相互影响。以中国具有优势的第三极环境研究为切入点,联合南极、北极研究科学家,提出三极联动研究合作倡议,将三极作为全球环境与气候变化的一个整体,从地球系统科学的视角开展多学科交叉研究和综合科学评估,将能够产生新的重大创新成果,形成三极环境与气候变化的理念和实践引领,为推动全球环境与气候变化研究贡献中国力量,服务全球生态环境保护,也为建设世界科技强国提供探索布局、利用国际创新资源的有益示范。

创新图强　从我做起

中国地质大学　赵鹏大

　　"发展是第一要务,人才是第一资源,创新是第一动力"①这一理念已日益深入人心。实施创新驱动发展战略,建设创新型国家已成为各行各业的共同目标,这次两院院士大会更把建设科技强国作为一项根本任务提出。习近平总书记在两院院士大会讲话中指出:"努力实现关键核心技术自主可控,把创新主动权、发展主动权牢牢掌握在自己手中。""要强化战略导向和目标引导,强化科技创新体系能力,加快构筑支撑高端引领的先发优势……在关键领域、卡脖子的地方下大功夫……要把满足人民对美好生活的向往作为科技创新的落脚点,把惠民、利民、富民、改善民生作为科技创新的重要方向。"②习近平总书记在讲话中还特别强调要为青年人成才铺路搭桥,要为中国的孩子们实现他们当一名科学家的梦想做好教育和引导工作。所有这些,我们需要努力学习,深刻领会,积极执行,认真落实。作为一名中国科学院院

---

　　①　《习近平李克强栗战书汪洋王沪宁赵乐际韩正分别参加全国人大会议一些代表团审议》,《人民日报》2018 年 3 月 8 日。

　　②　习近平:《在中国科学院第十九次院士大会、中国工程院第十四次院士大会上的讲话》,人民出版社 2018 年版,第 11—12 页。

士,一名老科技工作者和教育工作者,更是责无旁贷。笔者今年虽已八十有七,但仍然把上述要求视为己任,要尽力而为,创新图强,从我做起。实际上,笔者也一直是这样做的。

首先,从开拓自己的学科领域做起。时代在变化,科技在发展,各类学科需要创新,要引领研究问题的不断深入和实际应用范围的不断拓展。笔者所从事的矿产普查与勘探学科,是为人类社会发展和经济建设提供能源和矿产资源保证的学科。这一学科的正式建立是在1940年,近80年的发展中,矿产勘查和开发经历了许多重大变革。当今,一方面,多年来对资源的高强度开发造成了人类生存环境的恶化,矿产资源面临着难发现、难开发、难利用的新局面;另一方面,随着高新技术和新兴产业的快速发展,对矿产资源又提出了一系列新的要求。面对这样的新形势,迫切需要新的矿产勘查开发理论和方法的指导与应用,学科发展面临大改革。针对这一情况,我们解放思想,拓展思路,把当今矿产勘查科学和地质勘探工作的特点概括为:"系统、综合、定量、智能、立体、新型、绿色、惠民"这16个字。"系统",不仅是地球各圈层相互作用的系统科学,而且当今的地质勘查工作还网罗于大数据系统之中。针对地球科学系统研究的需要,近年来,由莫宣学、翟裕生和笔者三名院士联合牵头,开展了以地球动力系统、成矿系统和勘查评价系统"三位一体"的大型、超大型矿床成矿地质特征和勘查评价的科学研究,探索将基础地质、矿床地质和勘查地质三者紧密结合、相互渗透的定性与定量研究,旨在建立和寻找大型、超大型矿床的成矿和找矿模型。这一研究工作还在继续进行中。"综合",不仅有矿产勘查手段的综合、勘查对象的综合和矿产资源开发利用的综合,而且还包括理论、数据、模型和工具的整合。"定量"与"智能",这是在大数据、云计算、互联网和物联网等信息技术条件下开展"数字找矿"与"智慧找矿"

所必需的。"立体",是深地探测所必需的,而且今日地质工作也必须是航天、航空、地面、地下立体的综合进行。"新型",是为满足技术和产业发展对矿产资源的新需求,要寻找和开发利用各种非传统矿产资源,包括新矿种、新类型、新领域、新深度、新用途、新工艺的矿产资源。"绿色",是当今环境保护和生态修复的迫切需要,是矿业可持续发展的需要。绿色勘查、绿色矿山、绿色矿业是未来矿业发展的必由之路,"绿水青山就是金山银山"的理念已成为开发矿业的基本指导思想。最后是"惠民",这是所有地质勘查工作的落脚点,是评价地质勘查工作成败得失的最根本准则。综上所述,这些矿产勘查的特征要素就成为"矿产普查与勘探"学科创新发展的主要方向,也应该成为在新的历史时期建立地质矿产勘查标准和规范的主要依据。

笔者所从事的第二个学科领域,即"数学地质",是从 1968 年在布拉格召开的国际地质大会上正式成立"国际数学地质协会"起便作为国际公认的新学科而存在,至今已有 50 年的历史。在当今大数据时代,信息技术有了更大的发展和更广泛的应用。在过去,"数学地质"作为地质学与数学的交叉学科,强调以地质为基础,以数学为工具,以计算机为手段,以解决地质问题为目的。而今天,信息技术高度发展,它在用于地质领域时随时随地产生的大量格式化、半格式化和非格式化的数据本身就是极其重要的资源,所以,笔者将当今"数学地质"学科的发展称为"数字地质"阶段,它是地质学、数学与信息科学三者交叉的新兴科学,"数字地质"是地质科学的数据科学。在大数据时代,任何科学都离不开数据,都需要通过对数据的分析研究获取数字知识,而不同学科和不同工作领域的数据特点不同,获取数据的数量、方式、难度和成本也各不相同,必须用不同的理论和方法处理不同类型的数据才能获得相应的信息和凝练出所欲获取的数字知识,因此,各门科学都需要有自己独特的数据科学。以地质科学为例,在当今研究领域拓展到"深空、深海、深地、深时"的四深时代,获取数据的数量、成本、难度都各不相同。如深地数据,除去利用各种物探方法获取地球深部的间接信息外,若想获取地球可观测的直接数据,则必须依靠数量有限、成本很高和难度很大的超深钻探。当前,地球上最深的超深钻孔是在俄罗斯科拉半岛钻孔深度为 12066 米的钻井,而我国松辽盆地近日完钻的松科二井深度为 7018 米。这些科研超深钻孔都可以通过采取岩心获取深地的直接数据,但这类超深钻孔毕竟数量极少,所以,获取数据难,而且很多情况下是按一定规范抽样获取数据。此外,地质数据还具有其他很多特殊性,如混合性,即多成因总体数据的混合性、代表性、方向性、空间性、定和性等。所有这些特性在解决不同的地质问题时,都要对数据采取不同的处理方法。因此,不同学科要求有自己的数据科学。为此,不久前,我们发起并邀请开设有"数学地质"课的院校系的老师共同商讨,分工编写"数字地质"教材,并建议各院校将"数字地质"作为地质系各专业本科学生的必修课,而不是像现在这样,"数学地质"仅作为研究生的选修课。今后的大学毕业生需要掌握与自己专业相关的数据如何获取,如何对所产生的数据进行分析处理,如何通过对数据的分析处理获取有用信息,如何将信息凝练为具有普适性或专业性的数字知识,再将这些知识转化为知识产品,进一步推进知识经济的发展,最终转化为服务社会,惠及民生的物质财富和精神财富,并进而在服务社会和民生的过程中又产生大量新的数据。这样,在大数据时代就形成了一个完整的数据链:数据→信息→知识→产品→经济→财富→社会→民生→数据。我们应该有意识、有目的地推进完整的数据链的实现。如果我们的研究成果仅仅是发表几篇论文而已,那么我们的"数据"就仅仅是到了"知识"这个环节。虽然创造新知识也很有价值，但如果知识没有实现产业化，科技成果没有转化为生产力，则没有实现其全部价值。所以，我们必须努力做到完成全部完整的数据链，使研究成果取得最大的经济和社会效益，落实到利民、惠民和富民的根本目的上。

其次，笔者作为一名老的教育工作者，为国家培养创新型人才责无旁贷。最近，笔者应教育部留学服务中心的邀请，为即将公派出国的两批留学预备生作了以"国际视野、家国情怀"为主题的心得体会交流。笔者认为，要成为一名对国家、对社会、对人民有作为、有贡献，能担当建设创新型国家重任的人才，必须具有国际视野和家国情怀。我们高等学校培养人才也必须立足于此。在笔者担任中国地质大学校长期间，曾于20世纪80年代初提出学校要培养"五强"人才，即"爱国心责任感强，基础理论强，计算机与外语能力强，创新能力强，管理能力强"人才，而学校要加强"四力"建设，即"创造力、贡献力、影响力、竞争力"建设。这些要求基本上都是国际视野和家国情怀的具体化。学校建设和人才培养要以国际先进标准为参照，培养人才应该胸怀祖国、放眼世界，不能鼠目寸光、坐井观天，不能只顾眼前和狭隘的利益而无远大志向和崇高理想。对于高等学校的功能，最早笔者提出应有"三项功能"，但发展至今笔者认为应该有五项功能，即"培养人才，科学研究，服务社会，传承文化，引领时尚"。前几项功能是高校天经地义的职责，而"引领时尚"则是要求高校应走在时代发展的前列，不能亦步亦趋。高校的一切工作不仅要适应社会和市场的需求，而且要引领社会和市场向更高级和更完美的层次上发展。这就要求高校在专业设置和课程建设、教学内容和教学方法、管理模式和管理效率、学术生态和学风建设等方面进行改革和创新。最起码的是在国家经济转型期，要从供给侧结构性改革这一主要着眼点来进行各方面的调整和改革。对于大学生就业,除号召他们毕业后到祖国最需要的地区和岗位上工作外,还要着重鼓励他们在社会上参与大众创业和万众创新的"双创"活动,对毕业生进行就业观念和择业方向的教育和引导。前不久,中国地质大学召开了两次历届毕业生在自主创业方面取得显著成绩和作出突出贡献的代表报告会,为在校大学生和即将毕业的学生介绍他们的创业经验和体会,同时也为即将毕业的校友到社会上就业牵线搭桥和建立必要的平台。另外,要大力开展科普工作,笔者除修改再版了早些时候撰写的科普著作外,还到清华附中等学校对青年学生进行一些科普报告,引导他们热爱科学、崇尚科学并建立今后献身科技事业的人生理念。这一切都是从不同角度和不同方面为推进创新型国家建设而努力开展的工作。最重要的是创新图强不能停留在一般号召上,不能搞形式主义,要踏踏实实从一点一滴做起,从现在做起,从我做起。

进军地球深部　助推科技强国建设

中国科学院地质与地球物理研究所　朱日祥

中国地质大学　王成善

中国地质科学院　董树文

上天、入地、下海是人类探索自然、认识自然的三大壮举。地球不仅仅是人类生活的家园，更是人类生活的根基。立足地表、向地球深部进军，探测研究固体地球的内部结构、物质组成与多圈层相互作用，深入认识变化中的地球及其资源环境效应，将在人类发展与地球系统自然资源管理方面起到关键的作用，也是完善和发展地球系统科学的重要基础。2016 年，习近平总书记在全国科技创新大会、两院院士大会、中国科协第九次全国代表大会上提出我国要在 2050 年建设世界科技强国宏伟目标的同时，明确提出"向地球深部进军是我们必须解决的战略科技问题"[①]。

一、地球深部是地球系统的根本动力来源

地球是一个复杂的巨系统，由固体地球和之上的水圈、大气圈、生

---

① 《习近平谈治国理政》第二卷，外文出版社 2017 年版，第 269 页。

物圈等组成。地球的动力来源于两个动力学系统:一个是来自恒星太阳的能量补给,另一个是来自地球内部的地核——地球发动机。以往的研究强调了固体地球外部与天文周期等有关的全球变化,由此产生了地球系统科学的革新。但是,我们对固体地球内部以及地球发动机的了解到底有多深?长期以来,我们总是无视固体地球内部更长周期、更具决定性的深部过程变化,导致对地球深部的认识还不如对外太空的认知程度。因此,是时候从固体地球内部补充完善并建立起真正的地球系统科学了。从能量角度来看,有人认为地磁场的倒转与强度变化是地球深部间歇式或变化的核裂变链式反应的自然结果。此外,地球深部产生的氦,也可能是核裂变的结果,可以在整个地质历史时期发生作用。地球行星磁场的起源与演化本身,也是地球与行星科学的巨大挑战之一。

始于 20 世纪七八十年代的国际地球深部探测,开辟了以深地震反射为先锋的深地探测新技术新方法体系。其中,美国大陆地壳探测计划(COCORP)的探测深度和精度达到前所未有的程度,发现地壳薄皮构造及山前逆冲推覆体之下的油气田,并由此引发了全球深部探测计划。20 世纪 80 年代国际岩石圈委员会(ILP)发起全球地学断面计划(GGT),在全球重要大陆和造山带完成了数十条数万千米长的断面。穿过阿尔卑斯造山带的深地震反射剖面,建立了碰撞造山理论和薄皮构造理论。英国反射计划(BIRPS)发现地幔反射,成为古老构造再活化的证据。穿过安第斯山中段的深地震反射剖面,证实了大洋板块平俯冲模式的存在。乌拉尔造山带深地震反射探测,首次发现了残留山根的古生代造山带,丰富了山根动力学理论。加拿大岩石圈探测计划(LITHOPROBE)证实 30 亿年前即发生了与板块构造有关的作用,对古老岩石圈板块碰撞和新地壳形成过程进行了重大修正,揭示了若干大型矿集区的深部控矿构造的反射影像。澳大利亚在研究岩石圈结构的同时开展了成矿带地壳精细结构探测,为研究成矿理论和资源评价提供了强大的技术支撑。

2003 年开始实施的美国地球透镜(EarthScope)计划主要包括以下四个项目:(1)美国地震阵列(USArray),旨在提高对地球深部壳幔地质结构的认识;(2)圣安德列斯断裂深部探测(SAFOD),了解圣安德列斯断层和其他板块边界断层的物理和化学过程;(3)板块边界探测(PBO),监测地震和火山爆发前的地壳变形过程,为预测地震和火山爆发提供基础;(4)合成孔径干涉雷达(InSAR)探测,勾画地震和火山爆发前后地面位移分布图像,进一步了解断层破裂和地震发生机制。

国际深部探测计划深化了对地球深部的认知水平,发现有地壳尺度的拆离断层、大陆俯冲构造、地壳熔融层、岩石圈精细结构和莫霍(Moho)性质等,催生了诸如推覆构造、碰撞造山、山根动力学、拆沉作用、断离作用、底侵作用、超高压变质和折返作用等地质构造理论等,推动了地球科学发展。近年来,国际深部探测更加关注深部过程的分析研究。地震学家已经能够获得大洋俯冲板片插向核幔边界、在非洲和太平洋之下形成"超级地幔柱"的震撼图像。地球透镜计划发现美国西部大盆地之下岩石圈坠落的地球深部过程证据。在矿产资源勘查方面,具备了揭示成矿空间精细结构及其与深部过程联系的能力,大幅提高了矿产资源勘查的能力,并发现了一批深部资源。

过去几十年来地球科学一个重要的进展,就是认识到深部地球动力学过程与地表—近地表地质过程之间紧密关系的重要性。越来越多的证据表明,地球表层看到的现象,根子在深部;缺了深部,地球系统就无法理解。越是大范围、长尺度,越是如此。深部物质与能量交换的地球动力学过程,引起了地球表面的地貌变化、剥蚀和沉积作用,以及地震、滑坡等自然灾害，控制了化石能源或地热（干热岩）等自然资源的分布，是理解成山、成盆、成岩、成矿、成藏、成储（热储）和成灾等过程成因的核心。地球深部探测揭开地球深部结构与物质组成的奥秘、深浅耦合的地质过程与四维演化，为解决能源、矿产资源可持续供应、提升灾害预警能力提供深部数据基础，已成为地球科学发展的最后前沿之一。

二、我国具有向地球深部进军的区位优势

我国大陆处在世界三大构造成矿域（环太平洋成矿域、中亚成矿域和特提斯成矿域）的怀抱之中，是现今欧亚大陆的重要组成部分，地壳组成与地质构造复杂特异，演化历史漫长。我国和东亚大陆的主体是由诸多微陆块碰撞、拼接而成的联合陆块，经历了构造体制转换、克拉通破坏和岩石圈减薄作用，具有复杂的地质构造和岩石圈结构，是解决诸多地球系统一级科学问题的关键所在。新生代印度—亚洲大陆碰撞造就了世界屋脊青藏高原和我国东、西部巨大的地貌差异，是影响亚洲乃至全球碳循环、气候和环境变化的重要因素。同时，我国还是世界上强烈的地震区与新构造活动区。

复杂的构造演化历史造就了我国矿产资源丰富、成矿成藏系统复杂、成矿成藏作用多样，形成各具特色的华南陆内成矿系统、北方增生与复合造山成矿系统、华北克拉通破坏成矿系统、青藏高原碰撞造山成矿系统，以及镶嵌分布的盆山系统等。前期勘查深度的限制，使得我国500—2000米深部的"第二找矿空间"矿产资源潜力巨大。中国地质调查局预测，我国深层地热资源具有优势，若能利用3千米—10千米深

度的地热能,就可保障我国能源使用数千年。在深层油气方面,由于突破了传统石油地质理论的油气"死亡线",我国克拉通盆地 6500 米以深的油气资源远景广阔。

我国具有全球岩石圈结构最复杂、表层系统对深部过程响应最显著、现代地球动力最活跃的地质背景,具有人口密度最大、人类行为对地球表层系统改造快速强烈的现实状态,是世界公认的地球科学"天然实验室"。我们需要将我国丰富的深部结构与资源能源优势转换为不可替代的深地科学研究地域优势,使我国在地球深部结构探测、物质和能量深循环、地球行为动力学及其表层系统响应和灾害效应等"深地科学"的前沿研究上跻身国际第一方阵,实现由地质大国进入地质强国的梦想。

三、如何探寻向地球深部进军的途径

2018 年,习近平总书记在两院院士大会上提出,深地探测等正在进入世界先进行列,我们还要根据国家重大需求进一步向地球深部进军。根据国际地球深部探测计划实施的经验,"科学引领、技术先行",采用最先进的地质、地球物理、地球化学和超深钻探技术,进行大尺度、多学科、系统性的地壳/岩石圈深部探测,是进军地球深部的最根本途径,代表了未来地球深部探测的发展方向。

地震学方法是地球深部探测与四维观测的主要途径。其中,近垂直深地震反射技术已经成为地球深部探测的先锋,天然地震台阵观测与主动源技术的结合是深部探测的重要发展方向;陆域移动式气枪震源显示出环境友好型探测方法的巨大发展潜力。天然地震层析成像成为窥探地球深部的一个窗口,接收函数 P-S 波转换和 S-P 波转换也被广泛应用于作为地壳底界的莫霍(Moho)面填图等研究之中。随着地震干涉测量技术的发展,环境噪音(即"微震")面波和体波层析成像成为可能,地震观测开启无源时代。数字化密集地震台阵列观测是获取深部结构的重要保障。地震波各向异性已经成为揭示深部构造的"探针";利用远震来估算地幔的各向异性,已经成为深部变形组构研究的"标准"方法。三维地震探测与精细成像方法也将应用于地球深部探测,并向四维观测与成像(加上时间维)发展。大地电磁测深成为探测地球内部导电性结构与流变学特征的重要途径,正朝着长周期与阵列观测方向发展,观测周期长达 3 万秒,有效探测深度可达 300 千米。

在深地资源能源方面,围绕成矿成藏系统形成演化的全过程,金属矿地震探测深度可达 3000—5000 米,油气资源地震勘探可达万米深度;地震勘探技术是目前深地资源勘查深度最大、分辨率最高的技术。在金属矿勘查方面,电磁探测已达 2000 米深度,国外先进的吊舱式时间域航空电磁探测深度在 500—800 米,航空重磁探测深度一般小于 500 米。在深层地热方面,干热岩开发突破了地热能开发的传统模式,已成为替代化石能源的重要途径之一。

科学钻探不断延伸对地球深部直接取样和观测的深度,被认为是获取深部物质的最直接手段和深入地球内部的望远镜,是建设深地实验室、对变化中的地球实施四维观测的重要手段,将从根本上改变人类对深地的了解与利用。目前,我国科学钻探的最大深度("松科二井")已经达到 7018 米,钻探能力("地壳一号")已达万米以深。

地球深部过程的构造物理模拟、高温高压—超高温高压实验和岩石探针、化学地球动力学,从物理化学模拟与物质组成分析方面,提供了进军地球深部的有效手段,由此可以建立起地球深部结构探测与深部过程之间的桥梁。中子和同步加速器射线使得高温高压条件下材料性质的复杂测试成为可能,可以直接得到行星地球深部极端环境下矿物材料的物理化学性质。

地球深部探测将进入"大数据"时代。数值模拟与仿真已经成为科学研究的第三种手段,地球科学领域也不例外。三维有限元数值模拟技术成为计算地球动力学的一个发展方向。以固体地球系统为核心的超级地球模拟器成为地球系统科学研究的中枢和心脏。两种或两种以上"独立"方法深部探测数据的联合反演,也将为得到最佳的地球深部物性结构提供有效途径。

目前,国际地学界已经拥有解决未来地球系统复杂问题的卓越能力。地球深部探测的国际发展趋势,将首先体现在由加拿大岩石圈探测计划(LITHOPROBE)首倡的地质—地球物理—地球化学多学科方法的使用与更紧密的结合上。我国深部探测技术与实验研究(SinoProbe)专项采取的多学科联合方法,正是这一发展趋势的代表。未来我们还应该超前部署深地领域颠覆性技术的研发,实现深地科技自主创新。

四、进军地球深部,将解开地球"深时"之谜

"深时"(Deep Time)是"不可企及"的地质时代,是时间的"深渊",包括过去、现在,甚至于未来。国际"深时"计划的提出,着眼于从沉积记录研究前第四纪地质历史时期的地球古气候变化,并试图为未来气候预测提供依据。沉积岩(物)构成了"深时"时期环境演变的重要档案库,记录了深远过去的岩石圈、水圈、生物圈、大气圈之间在地表的相互作用与环境效应,反映了来自地球内部与外层(空间)能量交换

和物质运动对生态环境的影响,是地球各圈层、太阳辐射、宇宙事件等因素相互作用的关键环节。

"深时"之谜就是地球历史的演化之谜,包括生命的起源、板块构造的启动时间、大气圈和海洋的形成、氧气的增加、极端气候事件等等。地球化学、同位素示踪和地质年代学定年技术记录了地球的起源和早期演化,反映了地幔非均质性的普遍存在,给出了地球深部过程和重大事件的时限,揭示出不同构造背景下,岩石圈深部的底侵、拆沉、板片窗、地幔柱、地幔崩塌、挤出、块体化等复杂过程。

地质历史时期地球经历的极端气候状态,从全球冰雪世界到极端温室气候,温室和冰室状态的持续时间长短、转换快慢过程及其机制,是研究地球系统过程的重要内容。谁是平抑地球这些极端气候变化的主因? 生物作用造就了适合自身生存的环境,还是化学风化的作用使地球环境—气候波动不会走向失控的极端状态?"深时"古气候研究的视角,借助已发现和最新发现的替代性指标,结合最新的分析技术,从高分辨率的时间和空间尺度,聚焦地球系统中的几个重大科学问题,以气候为纽带探寻地球大气圈、水圈、生物圈和地表岩石圈的复杂作用。通过解译(Read)、定年(Date)、模拟(Model)地球"深时",我们可以前所未有的程度重建古气候历史,并为预测未来气候走向提供依据。

从地球起源、生命演化到过去、现在与未来的全球环境变化,贯穿了地质历史的全过程。立足现在,认识过去,着眼未来,也是地球系统科学的重要研究内容,主要包括:探讨地球早期形成、演化过程,生命的起源和演化,生物更替与地质环境变迁,显生宙的大气演化历史;研究地质演化过程的古环境变化,并与现代全球气候变化比对,从地球过去变化的长周期规律预测地球未来变化的趋势;研究地球与类地行星的大火成岩省及其演化;标定地球结构的时间属性;发展地质定年技术和新方法。

五、构建深地科学体系,引领深地领域科技强国建设

深地科学是研究地球深部结构、物质组成与变化过程的科学,是理解地球深部的行为和动力学的钥匙。深地领域的科技强国建设,包括两个方面的内容:首先是深地科学,然后是深地技术。科学和技术虽然是不可分割的两个方面,但是,如果没有深地科学的引领作用,深地技术的发展几乎是不可能的。科技强国的标志,不仅在于技术领先,还需要科学引领。深地科技领域也是如此。因此,建设深地领域的科技强国,必须构建深地科学知识体系,强化深地技术的自主研发。

在深地结构探测方面,有必要强调采用现代物理学与地质学原理、先进的深地震反射和天然地震层析成像等技术,开展我国大陆乃至东亚地区的网格化探测,揭示地球深部结构和主要界面组成的奥秘,加速四维观测深地实验室的建设,以加强对变化中的固体地球进行动态观测与实时监测。

在地球深部物质组成的有关研究方面,宜加强地球深部物质组成的探测研究、化学地球模型的构建完善与地球深部极端环境下高温高压矿物岩石的原位实验研究,加快地球深部高温高压实验室的建设。

在地球深部过程研究方面,宜加强地球深部主要界面行为、固体地球各圈层相互作用等的研究,聚焦地球深部物质循环与地球化学过程的研究,开展诸如全球与深地的水循环、碳循环(深地碳观测)等在内的各种元素在地球深部循环的研究。其中,全球碳和水循环是与全球气候和生物圈变化息息相关的地球科学问题;地球深部在水圈和生物

圈形成过程中,以及在全球气候的突变和渐变过程中,都起着重要的作用。水是生命的基础,也是地球内部动力学的控制因素,地幔水被称为板块构造的"燃料"。地球深部在全球碳收支方面起着重要的作用,地球深部二氧化碳对地球表层环境具有深远的影响。长期以来,人们对此的分析研究还远远不够。固体地球是人类命运共同体的真正"终极"载体。

在地球深部过程与动力学方面,还需要加强有关青藏高原隆升的深部过程、大陆裂谷作用、大洋板片"俯冲工场"的资源环境效应和超大陆聚散前沿问题等研究,通过地球深部流变与地表变形的关系研究,揭示青藏高原隆升与生长的历史、我国大陆地貌的形成演化的深部原因,追踪西太平洋俯冲带与地震、火山形成与展布,探测洋壳板片俯冲到地幔过渡带(400千米—600千米)滞留诱发的大火成岩省与巨型成矿带的关系,预测未来超大陆发展的趋势,实现深地领域的重大科学发现和理论突破。

响应"向地球深部进军"的号召,我们还需要聚焦深地科学与深部资源勘查领域,从供给侧结构性改革角度出发,系统提供解决我国可持续发展面临的重大资源环境问题的地下深部科技解决方案,全面参与深地前沿科技博弈,抓住当前深地发展战略机遇期,采取"非对称"赶超策略,到2030年,在地球深部探测领域跨进世界第一方阵,创造深部新能源和新兴矿物材料勘查开发的巨型市场,为我国经济持续稳定健康发展提供新动力。

深地技术的发展可谓日新月异,探测能力已成为竞争的焦点。深地高科技领域的发展,正是由深地资源勘查与深地安全领域的巨大需要所决定的。为发现地球深部资源,更好地利用深地资源,我们在深地探测和资源开采方面都需要达到"大深度、高精度、安全快捷"的能力,发展深地探测技术装备,包括各种地球物理和地球化学探测技术装备、超深科学钻探设备。目前,我国深部探测核心技术与关键装备、数据处理高端软件进口率大于 90%,重力仪器、矢量磁传感器等高端技术与产品受制于西方,亟须加大研发力度,自主创新。

在深层地热开发方面,目前国际上已经突破第二代增强型地热系统(EGS)开发技术,开始研制第三代增强型地热热管技术,我国亟须开展干热岩发电利用的示范工程。

在国防安全领域,深地探测技术装备还被应用于深部地下目标体的精准探测、地下介质保密通信、核武器实验实时监测、大地电磁场人工扰动(监测流动舰船),甚至改装为定点打击的利器等,需要加快研究、实现突破。

为此,亟须开展我国地球深部探测工程实践的检验和应用,组织实施地球深部探测重大项目。地球深部探测为现代地球科学向以深地科学为代表的地球系统科学发展带来了巨大的发展机会和发展空间,是我国由地质大国走向地质强国、实现我国科技强国建设目标的重要途径。

建设世界科技强国要把
"软环境"作为"硬指标"

中 国 科 学 院 自 动 化 研 究 所
中央人民政府驻香港特别行政区联络办公室　　谭铁牛

2016 年 5 月,习近平总书记在全国科技创新大会、两院院士大会、中国科协第九次全国代表大会上发出了建设世界科技强国的号召。在 2018 年的两院院士大会上,他再次强调指出,我们比历史上任何时期都更需要建设世界科技强国。建设世界科技强国是以习近平同志为核心的党中央立足实现建成社会主义现代化强国的伟大目标,实现中华民族伟大复兴的中国梦而作出的重大战略决策。建设世界科技强国是一项复杂的系统工程,既需要不断增强科技创新"硬实力",也需要不断优化科技创新"软环境",提升创新体系效能,激发创新要素活力。

改革开放以来,特别是党的十八大以来,我国科技创新的投入规模快速增长,全社会研发(R&D)经费支出已居世界第二位,研发人员全时当量居世界第一位,科技创新的物质技术条件大幅改善。高强度的投入,推动我国科技创新"硬实力"发生了整体性、全局性、历史性重大变革。但与此同时,我们也要清醒看到,支撑科技创新发展的"软环境"还存在一些有待解决的突出问题,这越来越成为进一步提升我国科技实力与国际竞争力的短板。不够完善的科技评价与激励制度、不够理想的科研诚信与学术风气、有待加强的科技支撑管理队伍、不够开放的科技创新人才队伍等问题,都制约了科技创新资源效能的发挥和科技创新能力的提升。因此,建设世界科技强国不仅要突出硬实力指标,更要把"软环境"作为"硬指标"做实做硬,把"软环境"打造成为最大的新优势、最强的硬资源。

一、改革科技评价制度,形成正向激励机制

科技评价主要是指项目评审、人才评价和机构评估,它是科技工作的"指挥棒"。建立客观公正、科学合理的科技评价体系,对调动科研人员的积极性、激发科研人员的创新潜能、提升科技创新能力和效益至关重要。

当前,科技评价体系中的一系列问题,制约了"指挥棒"正向作用的发挥。一是名目繁多,消耗了大量精力。各种层面的评奖、评估、评审、评比、评定等,让科研机构和科技工作者应接不暇。被评对象不得不花费大量时间准备材料,参评专家不得不四处奔波参加各类评审会议。评价单位组织专家、召开会议、公示结果、奖励表彰等也消耗了大量人力、物力。二是标准单一,评价体系不够科学。考核科技人员过分注重论文数量和发表论文的刊物档次与影响因子,忽视了科研成果的实际价值和对社会的贡献,成果质量的评价异化为成果数量的点算。一些机构重海归、轻本土,重学历、轻能力,重数量、轻质量,影响了一部

分兢兢业业、踏实肯干的科研人员的积极性。三是行政主导,结果不够客观。行政力量对科技评价活动的影响仍然较大,科学共同体在科技评价中发挥作用不够。评价什么、如何评价、谁来评价、怎样使用评价结果等,往往取决于行政管理部门的意见特别是行政负责人的意见。科学共同体受自身管理体制和运行机制因素的制约,在组织科技评价方面的作用还没有得到很好发挥。四是利益导向,诱发了浮躁之风。评价结果与各种利益挂钩,评价结果不仅与科技人员的升职、涨工资、提职称、分房子等各种荣誉、待遇密切相关,也是项目评审、科技资源分配的重要依据。这在一定程度上引发了心浮气躁、急功近利的风气,使科学研究解决科学问题的本质追求出现了偏差,使科研人员无法静下心来潜心研究,真正解决科学问题。

我们要着力改革科技评价制度,建立以科技创新质量、贡献、绩效为导向的分类评价体系,正确评价科技创新成果的科学价值、技术价值、经济价值、社会价值、文化价值。一是要构建多元化的科技评价组织体系,由政府、科学共同体、企业按照不同目标需求,针对不同对象分类来组织或参与评价活动。政府主要针对体现国家战略意志的重大科技任务和专项进行评价。科学共同体主要针对原创性基础研究进行评价。企业通过市场手段对应用性研究进行评价。二是要坚持分类评价的原则,对不同性质的科研工作采取差异化的评价体系。对于面向世界科技前沿的基础性研究机构和人员的评价,要引入国际同行评议机制,主要评价机构和人员在所在领域的国际地位与学术贡献。对于面向国家重大战略需求的研究机构,重点评估其成果对满足国家战略需求的意义与价值。对于面向国民经济主战场的应用研究和技术开发性工作,要着重考察其成果的实际技术价值和经济价值。三是要大幅减少科技评价的数量和频次,取消过多的利益挂钩,让科研人员从过度竞争中解脱出来。应进一步深化国家科技奖励制度改革，减少各类奖项的数量，做到少而精、少而尊，进一步强化国家科技奖励制度荣誉性。应大幅减少或取消激励效果有限的一些地方和行业性科技奖励，鼓励科研人员提高站位，努力追求国际权威科技与学术奖项。

二、坚决查处学术不端行为，营造良好学术风气

纵观科学发展的历史，我们可以看出，追求真理、勇攀高峰的科学精神，勇于创新、严谨求实的学术风气，是推动科学事业发展的不竭动力源泉，也是引领人类文明进步的重要标杆。遵守科研诚信要求、杜绝学术不端行为，是每一位科研人员应始终铭记于心的道德底线。当前，我国科研诚信和学术风气总体是好的，但毋庸讳言，随着经济和社会环境的变化，在科研诚信和学术风气上出现了一些不容忽视的问题，成果拼凑、伪造、篡改、剽窃行为时有发生，论文"枪手"明码标价，评审过程打招呼、拉关系，等等。学术不端行为正在侵蚀学术的肌体，败坏科学家群体的公信力，成为社会关注的热点问题，影响了科技创新事业的健康发展。

2018年5月，中共中央办公厅、国务院办公厅联合印发《关于进一步加强科研诚信建设的若干意见》，对进一步推进科研诚信制度化建设等方面作出部署。推进科研诚信和学风建设要坚持预防与惩治并举，坚持自律与监督并重，重点要做好三项工作。一是要在学术科研领域"打虎""拍蝇"，坚持无禁区、无例外、全覆盖、零容忍，严肃查处违背科研诚信要求的行为。目前，对学术不端行为的惩处力度有待加强，一些影响较大的事件不了了之，学术不端行为获得的利益与付出的代价不

成比例。我们要从保持科技事业健康发展和维护科技界整体声誉的高度出发,加大对学术不端行为的监管和惩处力度。不管是影响广泛的著名科学家,还是刚刚入门的青年学者,只要有学术不端行为,有一个要处理一个,不能让弄虚作假、剽窃抄袭等任何学术不端行为有立足之地。二是要不断完善学术不端行为追责问责的体制机制,强化科研人员所在单位的监管主体责任。科研机构要建立和完善科研诚信制度,加强对科技人员的教育和学术不端行为的监督检查,将科研诚信内容纳入科研人员职业培训体系,引导科技人员严格自律。同时,要进一步明确对学术不端行为及时追责问责的责任主体。三是要加强科研诚信教育,让学术诚信真正根植于科研人员思想深处,内化为行为准则和精神追求。可以考虑将科学道德列入研究生必修课程,使青年学生从学生时代就养成恪守学术诚信的自觉,培养他们的科学精神和专业主义。研究生导师和研究团队负责人更要言传身教、率先垂范。

三、重视科技支撑管理队伍,提升科技创新服务水平

科技支撑管理队伍在科技创新工作中扮演着十分重要的角色,这支队伍的能力水平直接关系到整个科技创新活动的质量和效率。"好马配好鞍",没有一流的科技支撑管理队伍的支持与服务,即便一流的科技创新队伍也很难取得一流的科研成果。一直以来,我们高度重视科技创新人才队伍建设,各种科技人才计划与激励比比皆是,但对科技支撑管理队伍的重视不够,相应的人才计划与激励少之又少,客观上造成了目前科技支撑管理队伍建设中的一些问题。一是人员来源单一,长期在一个系统乃至一个单位工作,缺乏在市场经济条件下开展科技

支撑服务工作需要的复合型知识体系和丰富的人生阅历。二是职业通道不畅，上升渠道有限，奖励激励手段缺乏，使得优秀的人才从事科技支撑服务工作的意愿不高。三是国际化视野相对欠缺，综合利用国际国内两种资源开展科技支撑服务的能力不强。

针对上述问题，我们要采取针对性措施，不断加强科技支撑管理队伍的建设，着力提升科技创新服务水平。一是要突破内部化的约束，重视引进选拔不同背景及经历的人才。特别是科研院所等事业单位，应引入市场竞争机制，面向国内外的高校、企业、政府机关等部门以及海外人士，不拘一格，广纳贤才。二是要大力推进"旋转门"制度，加强科研机构管理人员、政府部门管理人员、企业管理人员多向流动。国家相关部门应充分发挥科技管理人员知识层次高、学习能力强的优势，制定专门的政策举措，鼓励推动科技管理人员到国家职能部门和地方政府任职，促进科技创新与经济发展深度融合。三是要提高现有科技支撑管理队伍的能力和素质。科研机构应制定系统的科研管理人员培训规划，以满足不同层次、不同工作类型的需求。要加强培训内容的针对性，突出针对科技创新规律认知、科技资源配置、科技成果转化、科技国际合作等方面的能力建设，提高科技管理队伍培训的层次与效果。与此同时，要加大对科技支撑管理队伍的奖励激励力度，不断提升这支队伍的职业荣誉感、专业化水平与爱岗敬业精神。

四、建设国际人才乐业环境，打造全球创新人才中心

从世界科技发展的历史看，世界科技强国都是全球科技创新人才的中心，世界科技强国演替的先兆，往往是高水平科技创新人才流动方

向的改变。我国建设世界科技强国,不仅要大力培养并使用好本国科技创新人才,还要创造一切条件吸引优秀国际科技人才,将我国打造成为全球科技创新人才向往的创新乐土。

近年来,我国的科研条件、科研环境已经取得了长足的进步。从中央到地方均积极推动科技人才引进政策的突破,在引进国际科技人才方面取得一定的成效。但是,目前吸引国际科技人才的制约和短板依然比较突出。从吸引外籍科技人才数量来看,以国家"千人计划"为例,目前,已经累计引进海外高层次人才 7000 余位,但是"外专千人计划"仅 381 人,说明我们引进的海外高层次人才大部分还是中国裔。从体制机制看,"中国绿卡"仍然是当今世界上最难取得的永久居留资格之一。而在"绿卡"基础上进一步入籍中国,则更加困难。与此同时,通过"外专千人计划"等人才计划引进的外国专家虽然取得了在华工作许可,但在申请科技项目、参与学术奖励计划等方面仍存在一定的政策限制,医疗、保险、住房、子女教育等很多方面的保障政策与配套措施出于种种原因不能有效落实,使得一些有意来华工作的外籍科学家望而却步、"望华兴叹"。

在 2018 年的两院院士大会上,习近平总书记强调指出,"要加强人才投入,优化人才政策,营造有利于创新创业的政策环境,构建有效的引才用才机制,形成天下英才聚神州、万类霜天竞自由的创新局面"[①]。我们要按照习近平总书记的要求,提前布局、扩大开放、优化环境,吸引更多海外优秀人才来我国工作,促进国际国内人才良性互动,不断提高我国科技创新队伍的国际化水平。一是要进一步推动创新资源向国际科技人才开放。应进一步改革相关科技管理政策,允许外籍科技人才

---

① 习近平:《在中国科学院第十九次院士大会、中国工程院第十四次院士大会上的讲话》,人民出版社 2018 年版,第 20 页。

担任相关科研机构的学术带头人或负责人;允许引进的外籍科学家领衔承担相关国家科技计划项目、申报科技奖励、参与学术组织等;通过开放创新资源进一步吸引国际科技人才。二是要加大力度吸引国际优秀青年学生和博士后来我国学习工作。博士生和博士后是科研的中坚力量,具有较大的发展潜力。随着我国学术声誉的提高和科研环境的改善,我国的科研机构已具备了吸引一流博士生和博士后的基本条件。我们要努力创造条件吸引优秀青年外籍人才,使其把最富创造力、最具开拓精神的时间留在中国。三是要下大气力优化完善外籍人才在我国安居乐业的环境。要为外籍优秀人才提供签证、入境、永久居留、就医、保险、子女入学、住房等便利,确保已经出台的便利措施落地落实,为他们营造良好的生活与工作环境,使海外优秀人才进得来、留得住、用得上、干得好。要考虑为发展急需紧缺的外籍高层次人才开通在华永久居留的绿色通道。

建设世界科技强国的号角已经吹响,征程已经开启,做强做硬科技创新"软环境"时不我待。建设优化"软环境"说到底是体制机制的变革,是理念思路的改变,是文化氛围的营造。"软环境"建设不能说在嘴上,要抓在细处,落在实处。我们要以习近平总书记关于科技创新的重要思想为指引,通过"软环境"建设推动硬实力提升,把科技创新与制度创新两个轮子转动起来,凝聚各方力量,厚植创新沃土,为建设世界科技强国提供源源不竭的动力。

关于进一步深化科技奖励制度改革的建议

中国科学院数学与系统科学研究院　　郭　雷

习近平总书记在 2018 年两院院士大会重要讲话中指出,"我们比历史上任何时期都更接近中华民族伟大复兴的目标,我们比历史上任何时期都更需要建设世界科技强国",并且指出,"我国科技管理体制还不能完全适应建设世界科技强国的需要"。① 我认为,这一判断是完全正确的。事实上,建设世界科技强国的基础性工作是科研环境建设,而科技管理体制改革是科研环境建设的核心内容。在目前我国科技管理体制中,科研评价体系发挥着举足轻重的作用,而对其产生重大影响的主要因素之一就是我国的科技奖励制度。

我国科技奖励制度实施几十年来,对在全社会营造尊重科技知识、尊重科研人才的氛围,起到过积极促进作用。这期间,科技奖励制度曾有过几次改革和调整,并且在评审细则上也不断完善。然而,随着我国从计划经济向市场经济的转变、整体科技水平从以落后跟踪为主到目前的巨大变化,现行奖励制度的弊端也逐渐暴露并日益凸显。

奖励制度设立的初衷无疑是好的,但科研活动是高度复杂的系统

---

① 习近平:《在中国科学院第十九次院士大会、中国工程院第十四次院士大会上的讲话》,人民出版社 2018 年版,第 8 页。

问题,参与者是具有生存意志、个人追求和竞争行为的人。因此,采用对简单机械系统的调控思路来施加影响,往往得不到所期望的效果。美国学者埃尔菲·艾恩在《奖励的惩罚》一书中曾经系统分析过奖励制度存在的弊端,认为长此以往会显示出负面效应,包括降低做事的内在驱动力等。如果进一步考虑评奖过程中实际存在的人为因素干扰,以及评价体系和奖励机制是否科学合理等因素,情况将更加复杂。

事实上,目前我国科技奖励制度的功能已经出现异化现象,授奖成果的水平乃至真实性不时受到质疑,奖励的导向性也出现了偏差,尤其是国家科技奖励与各种学术评估和人才选拔活动密切挂钩,使得许多部门和个人都把获奖作为追求的目标,对我国科研环境产生了不可忽视的影响。

进一步深化科技奖励制度改革,是我国科技管理体制深化改革的重要一环,对于推动我国学术评价体系和学术环境的改善,有效促进我国创新驱动发展战略的实施,应对国际科技和经济发展的挑战,实现建设世界科技强国的目标,具有重大意义。为此,提出以下三点建议。

一、建议进一步转变政府的奖励职能,有效促进社会性奖励的发展

虽然近年来社会力量设立的奖励有较大发展,但目前我国仍以政府设立的奖励为主导,其影响最大、所带来的相关利益也最大,并且直接影响学科评估、部门评价、人才评选等。特别是在传统意识和惯性思维下,社会上普遍以设奖部门的行政级别来决定奖励级别和水平,即使社会力量设立的某些重要奖励,也往往以政府性奖励为评审参考并深

受其影响。由于每年政府性奖励规模过大，获奖所带来的相关利益过多，争奖和评奖已经成为影响科技界的重要年度活动，偏离了授奖的宗旨，产生许多负面效应。实际上，政府大规模奖励制度自身存在特有的局限性。这是因为，当今科学技术发展的深化和细化程度，使得绝大多数评委在具体创新点的判断上"隔行如隔山"，只能靠一些表面现象或数字指标来评判，甚至希望一个项目或一个团队能从国际学术领先到实际应用效果"一竿子插到底"。在这种情况下，评委很容易在评审答辩过程中被"忽悠"，从而使一些包装拼凑、夸大其词乃至虚假不实的成果也能蒙混过关。具体到科技奖励的方式，原则上讲，对于基础研究成果应主要由专业学术团体来奖励，实行规范的国际化评审，逐步建立奖励的国际声誉；对应用研究成果的奖励应充分发挥市场机制的主导作用，通过市场机制的奖励来大力促进科技成果的转化。为此，政府应该进一步进行职能转变，更好地发挥引导、监督和保障作用。进一步减小政府性奖励的规模或数量，不但会减少不必要的政府风险和负面影响，而且还会留出空间，使得社会性和市场性奖励机制得到更好的培育和发展。

二、建议政府性奖励的对象以科学家个人为主

从历史上看，在科学研究中作出最关键一步重大贡献者往往是个人，并且他们并不以获奖为科研目的。随着我国整体科学技术水平从以跟踪为主到更多并跑甚至领跑这样一个历史过程的转变，我国科学家作出的重大原创性成果必将越来越多。奖励以作出杰出贡献的科学家个人为主，也是国际上通行的做法。例如，诺贝尔奖、沃

尔夫奖等著名国际科学大奖,美国国家科学奖章和国家技术奖章等,也都是以奖励个人为主。目前,我国大规模奖励科研项目成果的做法,或通过奖励科研项目而奖励科学家个人的做法,往往会模糊原创性贡献和关键性人员,不但使拼凑包装的做法容易蒙混过关,而且容易造成一些排名不公、免费搭车等现象,降低奖励的荣誉感和激励效果。随着国际合作的广泛深入开展,奖励项目成果的做法,还存在知识产权方面的隐患。因此,建议对政府性奖励的主要对象进行改革。特别是建议在国家层面,主要奖励杰出科学家个人(终身成就或单项杰出贡献),并且在每一学科领域内每次授奖原则上不超过一名,不设置奖励等级。

三、建议通过少而精的奖项设置来尽量减少奖励的负面效应

显而易见,一项奖励越受政府和社会重视,其导向性和影响性越大。为了减少目前大规模奖励所带来的负面效应,政府性奖项应该设置得少而精,并且要宁缺毋滥。在现有评审奖励制度下,不是没有高水平成果获奖,而是许多不应该授奖的成果也得到奖励,而不少本该得奖的成果却没能得奖,造成"劣币驱逐良币"现象,不但会产生不良示范效应,污染整个学术环境,而且会对高水平的落选者造成心理上的"惩罚"作用。只有奖励人数少,才有可能从机制上保证奖励的水平和质量,才可能减少外在奖励对科研人员内在创新驱动力的干扰影响,使广大科研人员长期安心专心从事困难性和探索性更大的创新工作,形成良好的科研氛围。此外,当政府性奖励真正做到少而精之后,目前奖励

的等级设置也就没有必要了。因此,进一步减少政府性科技奖励的规模和奖项设置,不但不会影响政府对科技发展的重视和支持态度,反而会使得政府奖励在评审机制上更有科学性保障,进一步提高政府性奖励的声誉。

发展我国量子信息技术的若干思考

中国科学技术大学　郭光灿

随着科技水平的不断提高,层出不穷的重大技术突破深刻地改变着人类的工作生活方式和经济社会形态。近几十年来,信息领域的发展最不容忽视,与科技强国的建设密切相关。

一、抓住机遇,大力发展我国的量子信息技术

当代信息技术的核心器件半导体、激光等均是基于量子力学原理研发出来的,但这些器件本身仍然属于经典器件,因为它们遵从经典物理规律运行。量子信息技术是直接运用量子特性开发出来的量子器件。正是量子特性如量子叠加性、量子纠缠、量子不可克隆性等,使量子信息技术在信息处理、精密检测、信息安全等领域能够超越经典信息技术的物理极限。因此,量子信息的诞生标志着人类社会将从经典技术跨越到量子技术的新时代。世界各大强国都将发展量子信息技术列入国家战略竞争方向。当前,我们面临着的是一场未来信息核心技术的竞争。我们必须抓住这个难得的机遇,精心布局,发挥自身优势,去

抢占这场竞争的制高点。正是因为经典信息核心技术的缺失，我国高技术发展严重受制于西方强国。未来信息核心技术绝不容错失，这是实现科技强国的重要支柱。

量子特性是量子技术的优势所在，但也是量子技术研发和应用的主要障碍，因为量子特性十分脆弱，环境将不可避免地破坏量子性。正是这种消相干过程使得我们宏观世界不必考虑各种器件和技术的量子效应。量子器件实际上是在宏观环境中人造的量子系统，如果无法有效地保护其量子特性，很快地自动演化为经典器件，其优势便消失殆尽。科学家已经研究出各种有效保护量子器件的量子特性的方法，因此实现量子信息技术已不存在原则性的困难。但具体实施和研制相应的技术依然困难重重。量子信息技术的前景十分诱人，但其发展道路也困难重重，不应指望很快就能获得广泛实际应用，短期内能走进千家万户。

这几年，国内媒体在量子信息的宣传上存在许多失实的报道。在实验室里演示的某种现象和功能，发表了高水平论文，这本是件好事，却常常被宣传为已研制成可用的重要器件，进一步夸大为"世界首创""领先世界"云云。更有甚者，量子信息本身是科学研究的产物，常被渲染为"非科学灵物"，无所不能，可以实现"时空穿越"。似乎别的领域那些迷茫不解的难题，只要有量子纠缠便可迎刃而解。量子力学本身就令人感到神秘，这种过分、不实的宣传令人深存疑虑，怀疑量子信息技术究竟是否靠谱，甚至怀疑量子力学是否正确。希望秉承科学精神和实事求是态度开展科普宣传。当然，我们也不能因为这些不科学或夸大宣传而否定发展量子信息技术的必要性，倒洗澡水不能连孩子一起倒掉，仍应坚定不移地抓住机遇大力发展我国的量子信息技术。

二、实事求是,精心制定我国量子信息技术的发展规划

我国的量子信息究竟发展到了什么水平?在国际上地位如何?这是大家关注的问题。我国在 20 世纪 90 年代初期就着手量子信息的研究,在国际上属起步较早的国家之一,但真正获得大发展还是 21 世纪初期:我国量子信息的实验条件不断改善,研究队伍迅速扩大,建立了若干设备先进的实验室,研究成果无论数量和质量都大幅度提升,在这个新兴的交叉学科领域中位于国际第一梯队行列。在量子纠缠、量子模拟、量子密码和量子精密测量等诸多方向上作出国际领先的工作。更重要的是,一批富有活力的学术带头人成长起来了。因此,我国已具备参与"未来信息核心技术"竞争的基本条件。

尽管如此,我们却不能轻言"中国正在领跑国际量子信息的发展"。我们的主要成就在于对物理实验方案进行改进、发展,特别是技术层面、器件性能、实验技术等方面逐渐占据优势地位。因此,当今量子信息的各主要领域都能不断地听到我们中国人的声音,成为国际上举足轻重的一支生力军,发挥着越来越重要的作用。但需要清醒地看到,我们原创成果还不多,很多方向上还是沿着国际发展的潮流在奔跑着。

科技强国应当建立在坚实的基础之上。我们客观地分析自己的优劣势,目的是更好地参与到未来信息核心技术的竞争之中。这场竞争刚刚开始,离终点还很远,我们应当发挥自身优势、凝聚力量,加快国家战略目标的实现。

当务之急是在国家层面上制定我国发展量子信息技术的中长期规划。规划应包括两个层次的内容：一个层次的内容是战略目标较为明确的量子技术，例如量子计算、量子保密通信、量子传感等，应当将目前分散的力量集中起来，围绕目标分工协作。应当把"以发表论文为导向的科研模式"改变为"以掌握核心技术为目标的团队作战"，最终以对提升国家实力的贡献作为考核指标。另一个层次的内容是应用前景尚不明朗但有发展前景的基础性研究，加强原创性的研究工作，以解决重要的科学问题和关键性技术为目标，从学术价值和应用价值来考核研究成果。

参与制定国家规划的专家应当从国家需求和学科发展的趋势，把握住主流发展，制定既立足于当前又放眼未来的研究内容，不应过分强调自己团队的工作。当前我国的科技发展主要短板不是经费、人才，而是科学精神。应当提倡实事求是，弃除浮躁浮夸；应提倡多干少说，而不是少干多说，甚至是未干先说。不良的学术气氛将严重地阻碍着我们健康发展的步伐，会削弱我们的国际竞争能力。

三、奋起直追，抢占量子计算研究的制高点

量子计算是量子信息领域的主流，是颠覆性的新技术，谁掌握其核心技术，便占据了未来信息技术的制高点，目前已成为各国战略竞争的焦点。美国从20世纪90年代起便布局了量子计算的发展规划，在由国家主导的基础性研究取得突破后，近年来各大公司敏锐地感到量子计算机的研制已不再遥不可及，便纷纷成立量子计算研发中心。起初只有谷歌、IBM等少数几家积极投入，后来其他公司担心落后会分不到

这个新技术的红利也相继加入这个研发行列。各公司采用不同的技术途径,彼此竞争,并不断取得进展。从此,量子计算的研究便从单纯的学院式基础研究迈进到技术工程的研发新阶段,这大大促进了量子计算机的研制进程。

研制量子计算机最严重的障碍是环境的消相干,量子计算机是人造的宏观量子系统,由成千上万个量子比特构成,其量子特性很容易被环境消相干所破坏,必须在完成运算任务之前保护其相干性。科学家提出量子纠错和容错,能有效地确保量子计算机的运行。因此,我们说量子计算的实现不存在原则性困难,但在物理实现上难度太大。量子纠错是通过将起码五个以上的物理比特编码成一个逻辑比特(即运算单元)来纠正消相干引起的各种错误,其代价是消耗更多的量子资源。量子容错能纠正因操作误差等引起的各种错误,但这种容错只能在操作保真度高于某个阈值时才能有效运作,这个阈值在目前实际的物理系统中很难达到,这就是实现普适(通用)量子计算的主要困难。另一个困难就是实际可用的量子计算机需要成千上万个量子比特数,这就要求物理体系应当有良好的可扩展性。近年来美国在物理可扩展性方面取得重要进展,已研制出 50 个量子比特的可编程芯片,于是便提出要实现"量子霸权",亦即其运算能力超越当下最好的电子计算机。

至于量子霸权需要多少量子比特才能实现,这还依赖于经典算法研究进展。随着算法的不断改进,电子计算机的运算能力也会迅速提升。据估计,实现"量子霸权"的量子比特数应在 50—100 之间。

当然"量子霸权"实际上并未采用量子纠错和容错技术,因此其运算任务必须在量子计算机的相干时间内完成,它只能处理在相干时间内可完成的那类问题。所以它还不是通用而是专用量子计算机。即使实现了"量子霸权",距离通用量子计算机的最终实现仍然还有很长的路要走。

当下量子计算机的研制到了关键的时刻。我国的研究状况如何呢？我国以往在量子信息领域的投入布局上忽视了这个国际竞争的主流方向的部署，量子计算机的科研经费所占比例非常少。直到最近才开始有所重视，但目前我们量子计算机的发展已落后于美国，不仅在量子芯片等硬件研制上落后，量子软件的研究人员很少，而且作为量子器件基础的量子材料尚未有布局。国内实际从事量子计算机研究的人员不多，有着十年以上研究积累的研究团队寥寥无几，屈指可数。这几年随着国际上量子计算机研究浪潮的到来，许多高校、研究所纷纷成立量子计算研究中心，但其实力有限、人员分散、研究重复。国内企业长期以来对量子信息技术并不重视，大约五年前我们曾邀请国内电子芯片主流企业、研究所共同研讨成立协同中心，研发我们的量子计算机，结果令人大失所望，国内企业明确表示只对三年内可以成为产品的项目才有兴趣。随着国际著名的企业大力开展量子计算机的研究，2015年开始国内大企业才陆续成立"量子计算研究中心"之类，但起步晚、人才短缺、目标不明，竞争力不强。从国外引进的人才多数属理论研究，真正从事量子芯片实验研究的人才不多。因此，就目前国内现状而言，无论是高校、研究所还是公司、企业，都无法单独承担研发我国量子计算机的重任。

那么，是否可以借助于国际合作来发展我国的量子计算机？看看美国各大公司之间的竞争态势，就不难知道这些国外公司肯定不会愿意与我们分享其核心技术的。科学是无国界，但核心技术却是私有的。

按照目前国内量子计算研究的状态，实力不强、分散重复、各自为战，以发表论文为导向，在这种格局下，即使国家投入大量经费，结果会怎样呢？无疑将是我们在国际一流刊物上发表高水平论文越来越多，学术影响会不断增强,会收取国际上越来越多的点赞,但最终我国还将不得不向美国购买量子计算机,进口大量的量子芯片,可能不断出现量子"中兴事件"。

因此,面临严峻的局面,我国应当采取有效措施才能奋起直追,迎头赶上。敢于正视现实,揭自己的短处不是自卑而是自信。量子计算的竞争大幕刚开启,虽然美国目前走在前面,但离实现通用量子计算的终点还很远,鹿死谁手尚难以预料。我们国家的竞争优势在举国体制,有集中资源办大事的能力,因此只要正确部署,奋起直追,完全可以后来居上。

量子计算的研发应包括硬件(包括量子芯片、操控系统、输入输出等)、软件(包括量子算法、量子编程等)以及量子材料。后者最终可能成为我们研制量子计算机的软肋,量子材料应具有相干时间长、操作时间短的性能,适用于制作量子芯片。美国在超导材料已占有巨大优势,最近英特尔公司宣布已研制成适用于硅基量子芯片的高质量材料。量子材料是我们的短板,缺少高性能材料难以研制成功通用的量子计算机。新型材料的研究,投资大、周期长、见效慢,必须尽早部署。

建议将国内现有分散的研究量子计算的队伍组建成两个梯队,第一梯队以研制100个可编程量子芯片的专用量子计算机为近期目标,这个专用机可以用来解决某些特定问题。可按照当前有望实现此目标的不同物理系统分成若干由高校、研究所、企业组成的协同团队,围绕目标,分工协作。应坚持以掌握核心技术为导向。第二梯队包括量子模拟和具有研制量子计算机潜力的物理系统的基础和应用基础研究,应以解决科学问题和关键技术为导向。适用于研制通用的量子计算机的物理系统,必须同时具备物理的可扩展性和优质的量子相干性。现有的所有系统都未做到。因此,基础性的研究仍然是我们参与竞争的基石,必须重视。

量子计算机的研究需要几代人的努力,因此必须营造良好的科研生态环境,吸引有志年轻人参与到这个领域中来,这就需要制定相应的特殊政策,解决年轻人迫切关注的实际问题。总之,发挥举国体制的优势,我们有能力与国际上任何集团竞争,抢占到量子计算的制高点。

点燃科技强国的加速引擎

西安电子科技大学　郝　跃

"中国要强盛、要复兴,就一定要大力发展科学技术,努力成为世界主要科学中心和创新高地。我们比历史上任何时期都更接近中华民族伟大复兴的目标,我们比历史上任何时期都更需要建设世界科技强国!"[①]这是 2018 年 5 月 28 日习近平总书记在两院院士大会上的重要讲话,他从人类社会演进、中华文明发展、世界科技革命的全局高度和历史站位,揭示了一个颠扑不破的真理:"科技兴则民族兴,科技强则国家强",并为我国科技创新明确了目标,指明了道路,确立了重点,吹响了新时代建设世界科技强国的号角。这无疑给我国科技工作者注入了一剂"强心针",为建设世界科技强国点燃了加速引擎。

当今世界,风起云涌的科技浪潮正在加速推动人类社会生产力新的飞跃,科技创新能力已经成为国际竞争力的关键核心因素,攸关国家兴衰未来。习近平总书记的重要讲话再次把科技创新提到了前所未有的高度,实现建成社会主义现代化强国的伟大目标,实现中华民族伟大复兴的中国梦,我们必须把握大势、抢占先机,直面问题、迎难而上,瞄

---

① 习近平:《在中国科学院第十九次院士大会、中国工程院第十四次院士大会上的讲话》,人民出版社 2018 年版,第 8 页。

准世界科技前沿,引领科技发展方向,肩负起历史赋予的重任,勇做新时代科技创新的排头兵。

一、加快发展重在突破核心科学技术,坚持自主创新之路

核心科学技术事关创新主动权、发展主动权,也事关国家经济安全、国防安全和其他安全。掌握不了核心技术,就会"缺芯少魂"。对此,习近平总书记在讲话中指出,如果这个"命门"掌握在别人手里,"那就好比在别人的墙基上砌房子,再大再漂亮也可能经不起风雨,甚至会不堪一击"①。信息技术,尤其微电子和集成电路技术是进不来、要不来、讨不来的,必须依靠我们自己。基础研究是根本,技术创新是关键,人才培养是核心。

实践告诉我们,自力更生是中华民族自立于世界民族之林的奋斗基点,自主创新是我们攀登世界科技高峰的必由之路。我们不能总是用别人的昨天来装扮自己的明天,不能总是指望依赖他人的科技成果来提高自己的科技水平,更不能做其他国家的技术附庸,永远跟在别人的后面亦步亦趋,我们没有别的选择,国之重器必须立足于自己,走自主创新的道路。我国宽禁带半导体器件和材料的发展已经说明:发展信息技术,尤其是微电子技术确实要有强烈的创新信心和决心,既不妄自菲薄,也不妄自尊大,坚持建设世界科技强国的奋斗目标,坚持走中国特色自主创新道路,坚持创新是第一动力,勇于在攻坚克难中追求卓

---

① 习近平:《在网络安全和信息化工作座谈会上的讲话》,人民出版社2016年版,第10页。

越,在科技创新的国际大赛场上,抢占未来经济社会发展的制高点,我们是一定能够有所作为的。

二、加快发展重在破除思想制度藩篱,革故鼎新助推人才培养

为了更好地推进科技创新,就要破除一切制约创新的思想障碍和制度藩篱。习近平总书记指出科技体制改革要敢于啃硬骨头,敢于涉险滩、闯难关,坚持科技创新和制度创新"双轮驱动",以问题为导向,以需求为牵引,在实践载体、制度安排、政策保障、环境营造上下功夫。

笔者作为一名大学的教师亲身感到,作为肩负为信息技术发展培养人才的大学更要解放思想,以改革创新推动一流大学的建设。今天,民族在振兴,国家在强大,科学在进步,技术在变革,信息技术在引领、在辐射,更需要我们始终坚持问题导向,以改革兴利除弊,以创新破除制约一个大学发展的各种体制机制障碍,以国际化的视野和行动,向更大范围、更深层次、更广空间延伸力量,在信息技术领域拥有更多话语权。

在创新国家、创新科技、创新人才和创新教育四者之中,创新教育是整座大厦的根基。在"大智移云"已经到来的新时代,面对知识增速加快、人员流动加快、价值观文化冲突加快的新形式,以课堂为中心、以考试为中心的教学方式,已经很难支撑起未来教育的"彩虹桥",亟须高校构建新的环境,按照新的方法培养新的教师,建立新的人才培养模式。当前,我国发展面临的重大科技瓶颈亟待突破,关键核心技术受制于人的格局亟待从根本上扭转;科学无国界,但工程和技术有国界,国

家对有家国情怀的一流工程科技人才的需求比以往任何时候都更加迫切。在技术和教育深度融合的环境下,探索新的人才培养模式,这是时代赋予一所大学的新的使命。

三、加快发展重在深化国际化交流和合作,营造开放创新环境

"科学技术是世界性的、时代性的,发展科学技术必须具有全球视野。不拒众流,方为江海。自主创新是开放环境下的创新,绝不能关起门来搞,而是要聚四海之气、借八方之力。"[1]习近平总书记的话为我们正确理解自主可控和开放创新指明了方向。

同时,我们发展科学技术不仅要为中国人民谋幸福,也要为人类进步事业作贡献。深度参与全球科技治理,主动布局和积极利用国际创新资源,共同应对人类共同挑战,这也是"构建人类命运共同体"的应有之义。

我们要坚持自主创新,但绝不能变成封闭的"自我创新"。具体到芯片产业,这是一个需要全世界共同贡献的领域,即使美国也不可能把所有的芯片技术全"包圆儿"。不能认为我们只有把整个集成电路产品都做完了才是完全的自主可控。我国仍然是一个发展中国家,一些关键的技术和产品还需要外国提供是历史造成的。在开放创新的道路上,引进技术环节的目的是为了提高自主研发的起点。

要解决受制于人的问题,需要"两条腿走路":一条是"另起炉灶",

---

① 习近平:《在中国科学院第十九次院士大会、中国工程院第十四次院士大会上的讲话》,人民出版社 2018 年版,第 17 页。

争取基本上用自己的技术实现自给;另一条是与国外合作,走"引进—消化—再创新"的路。"另起炉灶"和"引进—消化—再创新"是互补的两条道路。"另起炉灶"的安全可控性较高,但生态环境要重新培育,一开始性能可能不如国外主流产品,因此要努力打造自主的生态环境,尽快提高产品性能;而走引进消化再创新的路,一开始可借用国外的生态系统,起点高一些,但安全可控性较差,要下大力气排除可能的后门和安全隐患,争取获得发展的自主权。

开放创新意味着在全球市场中的竞争与合作。我国拥有巨大的集成电路市场,应该在诸如通信、汽车电子等特定领域培育自己的优势,形成有竞争力的产品,真正做到"你中有我,我中有你",才能在激烈的竞争中拥有话语权。

我们在芯片产业中要有所为有所不为。首先要在自己最擅长的地方不断超越,取得突破,形成优势领域,这样才有与国际合作的良好基础。如果各方在产业中相互依赖,就不用担心现在的境况会出现。

集成电路技术现状及发展趋势

中国科学院微电子研究所　刘　明

实现关键核心技术的自主可控,是建设世界科技强国的主攻方向。作为《中国制造 2025》的重要组成部分,集成电路是信息技术的核心,支撑着经济社会发展和国家安全保障,是培育发展战略性新兴产业、推动信息化和工业化深度融合的基础。近年来,得益于物联网、云计算、大数据、人工智能等领域的快速发展,集成电路的应用范围正在不断扩大。根据中国半导体行业协会统计,2017 年中国集成电路产业全年销售额达到 5427.2 亿元,同比增长 25.2%,至 2020 年,中国集成电路产业规模将超过 9000 亿元,2017—2020 年年均复合增长率高达 20.8%。但中国集成电路市场自给率仍然处于较低水平,在 2008 年仅为 8.7%,2014 年为 12.8%,预计 2018 年为 16.0%,2018 年供需缺口将达到 1135 亿美元。

1958 年集成电路问世以来,以硅互补金属氧化物半导体(CMOS)技术为基础的集成电路一直遵循摩尔定律不断向前发展,即通过缩小器件的特征尺寸来提高芯片的工作速度、增加集成度及降低成本,集成电路的特征尺寸由微米尺度进化到纳米尺度。在未来可见的 5—10 年,集成电路产业将沿着以下三个技术路线向前发展。

一是延展 CMOS 技术:在器件结构、沟道材料、集成工艺等方面综合创新的基础上,继续微缩尺寸提升集成电路的性能和密度。逻辑器件的发展呈三个重要趋势:从结构上看,将由平面转变为立体,三维晶体管技术,如鳍式场效应晶体管(FinFET),成为主流器件技术;从材料上看,沟道材料将由硅转变为高迁移率沟道材料;从集成上看,将由二维集成技术向三维集成技术演进。通过抑制晶体管的漏电和优化器件性能,实现能效的综合提升,突破集成电路持续微缩的技术瓶颈,相关技术路线已经规划到 1 纳米节点。

二是扩展 CMOS 技术:以价值优先和功能多样化为目标,不强调芯片特征尺寸的缩小,而是通过功能扩展及多功能集成,发展新功能器件与系统集成,实现应用层面的系统性能提高。沿着这条技术路线,电子系统的集成将不仅依赖于尽量缩小片上系统,还要能把芯片上难以集成的"功能"集成进去。通过穿过硅片通道(TSV)三维集成技术将处理器、存储器、传感器、微机电系统(MEMS)、能源、生物芯片等整合成一个整体,实现集成电路发展从集成度增加的纵向发展向功能扩展应用的横向突破性发展。

三是超越 CMOS 技术:采用传统硅基 CMOS 场效应晶体管技术以外的新原理器件,例如隧穿器件、二维纳米材料器件、原子开关、自旋场效应晶体管(Spin-FET)、量子器件等,从电子器件工作的基本物理机理与技术实现方式上突破现有的技术限制,实现规模化并逐步走向实用。

目前,国际芯片制造厂商先后公布了它们的最新制造工艺,2018年 4 月,代工巨头台积电宣布其 7 纳米工艺技术已经成熟,并开始量产;同月,三星也宣布了 7 纳米工艺开发的完成,比预计的 2018 年下半年提前了 6 个月;英特尔宣布其 10 纳米制程于 2018 年下半年开始量产。我国的集成电路产业起步于 1965 年,经过多年的发展,现已初步形成了包括设计、制造、封装共同发展的产业结构。但是总体来讲,我国集成电路产业仍然比较弱小,在芯片制造领域,国内与国外先进水平还存在 3 代左右的差距,中芯国际作为国内半导体代工的龙头,其 28 纳米多晶硅栅(POLYSION)工艺已进入量产,28 纳米高 K 金属栅(HKMG)以及 14/12 纳米工艺还在研发中。2017 年集成电路进口额超过石油,达到 2601.4 亿美元,但高端产品自给率不足 10%,比如中兴通讯的手机芯片、基带芯片、存储芯片、光学元件等核心零部件都来自美国的高通、博通、相思、英特尔、新飞通等科技巨头。2018 年备受瞩目的美国制裁"中兴事件",使中兴通讯付出了惨痛的代价。在国外高端设备限制出口和本土集成电路制造水平落后、人才缺乏的情况下,要赶超国际巨头还需要时间以及行业经验的累积。

中国政府近年来对集成电路产业的自主发展重视程度日益增加。党的十八大以来,习近平总书记多次强调科技创新的重要性,并指出核心技术受制于人是最大的隐患,而核心技术靠化缘是要不来的。十三届全国人大政府工作报告明确指出,要推动集成电路、第五代移动通信、飞机发动机、新能源汽车、新材料等产业发展。2018 年 4 月 26 日习近平总书记在武汉新芯考察时再次指出,具有自主知识产权的核心技术,是企业的"命门"所在。这些具有针对性和前瞻性的重要讲话为我国集成电路的发展指明了方向。

我国需要充分认识到集成电路产业的发展特点,把握住当前集成电路产业动力切换的重要机遇,明确集成电路产业的发展战略和目标,合理选择集成电路发展的技术路线。随着物联网、云计算、大数据、人工智能、医疗电子、智慧家居等新兴电子产品应用的发展,高速、低功耗、高密度信息处理和存储技术的需求越来越高,然而集成电路工艺进入亚 10 纳米技术节点以后,传统逻辑和存储器性能难以通过尺寸微缩继续提升,无法满足未来信息技术的需求,集成电路产业正处于重大技术革新时期,为我国集成电路产业发展提供了难得的机遇和挑战。我国未来集成电路发展战略建议考虑以下几个方面。

一是加强基础和关键共性技术研究的支持力度。正如党的十九大报告所指出的,加强应用基础研究,拓展实施国家重大科技项目,突出关键共性技术、前沿引领技术、现代工程技术、颠覆性技术创新。我国的基础研究和原始创新能力与发达国家比较还有很大差距,制约着科技创新的整体和长远发展。建议进一步加大基础研究的支持力度,营造良好、宽松的学术环境,给人才充分的信任和自主权,通过立法保障创新成果的权益。建立国家级创新平台,加大对关键共性技术的支持力度。充分发挥高校研究所灵活性和前瞻性的优势,开展关键共性技术的研发。后摩尔时代,集成电路技术的发展越来越多地依靠新技术的融入和新材料的应用,加大在新材料、新结构、新原理器件的关键技术和基础问题上的投入,为我国发展具有自主可控的集成电路产业提供技术基础和智力支持。

二是从国家层面对集成电路技术进行系统、科学的规划和布局。加快 2020—2035 年集成电路重大专项布局,加大集成电路关键材料、核心装备的研发和工程化的支持力度,建立以企业为主体、市场为导向、产学研深度融合的技术创新体系,加强对中小企业创新的支持,促进科技成果转化,完善我国集成电路产业链。

三是积极推进微电子学科教育建设。微电子学科是研究在半导体基片上构建的微小型化电路及系统的电子学分支,有很强的应用背景,同时也有很强的科学研究价值。随着我国集成电路产业的迅速发展,集成电路领域专业人才无论从数量还是质量上都面临迫切的需求。我国集成电路技术代之所以落后国际先进水平2—3代,除了光刻机等设备受限外,具有丰富设计、工艺经验的集成电路人才,特别是具备综合知识背景的高端人才的欠缺,才是更重要的原因。据估算,我国未来需要70万集成电路人才,目前只有不到30万。为此需要瞄准未来20年中国微电子产业的发展,建设世界一流的集成电路产业研究基地,培养一支技术过硬、创新意识强的人才梯队,加强战略性、前瞻性的先进微纳电子技术和行业共性关键技术的研究,支撑我国新一代集成电路产业的重大跨越。

四是采取积极的税收政策鼓励企业创新。政府在鼓励企业自主创新方面出台了很多积极政策,同时还设立了主要由企业牵头的专项资金,这些政策和资金扶持对激发企业的创新活力产生了积极效果。但也要看到,很多项目的设立还是专家出题、企业答题,这些题目和企业目前面临的创新问题有多大关联性、解答这些问题是否能够给企业带来有市场竞争力的产品还不得而知。建议进一步推进简政放权,营造有利于企业创新的良好环境。整合国家和地方创新平台,加强产学研合作,构建长期稳定的协同创新网络。

随着物联网、人工智能等技术的发展,这些新兴领域将为国内集成电路产业带来前所未有的发展契机,相关的电子产品在全球都处于初期发展及应用阶段,中国具有巨大的终端市场,在国家政策的扶持以及市场需求的双重带动下,如果能够把握住市场发展机遇,定能开创出一片新的天地。

"墨子号"的使命和对中国科技创新的思考

中国科学院上海技术物理研究所　　王建宇

物理学在 20 世纪前期主导着科学的发展,其中最有代表性的是两大发现——1900 年普朗克发现量子论和 1915 年爱因斯坦提出相对狭义论。而从对目前人类物质文明的发展而言,量子力学的贡献可能比相对狭义论更大。量子力学被誉为最难懂的学科,而"墨子号"量子科学实验卫星的科学原理源于量子力学的分支——量子信息学,包括量子通信、量子计算和量子测量等前沿内容。

一、"墨子号"的使命:三大科学目标

"墨子号"是"十二五"期间国家为中国科学院自行部署的先导项目中首批启动的四颗科学实验卫星之一,"墨子号"作为国际上第一颗量子科学实验卫星,主要任务是要完成三大科学目标。

第一个任务是实行星地高速量子密钥分发实验。通过卫星和地面光学接收站的对接,产生量子密钥,并通过卫星分发到多个光学地面站,实现星地量子密钥分发。它的可行性意味着可以彻底解决经典密

钥体系中密钥分发过程中的安全漏洞。通过星地实现量子密钥分发，是建立全球量子密钥通信网的重要组成部分。把空间量子网和地面量子网合起来，才可以形成全球完整的量子通信网。由于量子密钥的分发过程具有绝对安全性，这个实验的意义不同一般。

第二个任务是开展星地量子纠缠分发实验，验证量子理论的完备性。量子纠缠是20世纪量子力学中一直具有争论的事情，直到20世纪60年代，科学家贝尔（Bell）提出一个可验证纠缠是否存在的不等式；1972年有人在实验室里作出了实验；2011年中国在青海湖完成了100公里的实验；若要看1000公里以上的范围还是否成立，就需要通过卫星来验证。

第三个任务是地星量子隐形传态实验。这是量子世界中一种信息传输方式，对物理学有着重要的科学意义。量子隐形传态是通过量子纠缠来实现的，并在地面得到验证。我们希望通过量子卫星对地面已经得到验证的量子隐形传态，在太空之中的几百、上千公里范围内得到验证。

所以，"墨子号"是一颗用于科学验证的科学实验卫星。对于工程目标而言，我们设计了一个小卫星，500公里轨道，640公斤重量。卫星上装备四个用于量子通信的设备（载荷）：量子纠缠发射机、量子密钥通信机、专门产生纠缠光子对的量子纠缠源和量子实验控制与处理机。

卫星工程建了五个地面站：北京兴隆、乌鲁木齐南山、青海及德令哈、云南丽江和西藏阿里，选址考虑到可以两两配对，都相距1200公里，便于增加纠缠分发实验的时间。纠缠分发就是一对纠缠的光要发到两个相距1200公里的面站，由两个接收系统测量它们是否是纠缠的；设两组也方便工程上备份。西藏阿里是发射站，做隐形传态。

"墨子号"是中国人设计的国际上第一颗量子科学实验卫星，为科学家们提供了国际一流的空间量子科学实验超大平台。"墨子号"于2016年8月16日凌晨在我国酒泉卫星发射基地成功发射,2017年1月18日卫星在发射四个月后正式交付。2017年6月和8月,量子卫星的科学实验成果论文分别发表在《科学》和《自然》杂志上向全世界公开。

"墨子号"成功发射后,国内外反响很大。《科学美国人》评选的2016年度"改变世界的十大创新技术"中,"墨子号"作为唯一诞生于美国本土之外的创新技术入选;《自然》杂志2016年世界八大科学事件,"墨子号"名列榜首;《华尔街日报》详细报道了量子卫星发射成功的过程,标题为《沉寂了一千年,中国誓回发明创新之巅》,将其视为中国创新能力提升的重要标志。

《科学》杂志几位审稿人称赞该成果是"兼具潜在实际现实应用和基础科学研究重要性的重大技术突破",并断言"绝对毫无疑问将在学术界和广大的社会公众中产生非常巨大影响"。《自然》杂志审稿人称赞:"这些结果代表了远距离量子通信持续探索中的重大突破。""这个目标非常新颖并极具挑战性,它代表了量子通信方案现实实现中的重大进步。"

二、从量子卫星的成功,对中国科技创新的思考

量子实验卫星的成功发射并圆满地完成全部科学实验,是中国高科技逐步从跟踪到引领的一个典型案例。从"墨子号"概念的提出、关键技术攻关到卫星工程的立项,一直到卫星研制、发射和成功开展星地科学实验的全流程,分析中国高科技如何从跟踪到引领之路,应对中国式科技创新有所启迪。

（一）多年的开放为我国科学家的原创提供了条件，为"墨子号"注入了灵魂

量子科学实验卫星的首席科学家是中国科学技术大学的潘建伟院士，他主要从事量子物理和量子信息等方面的研究。作为国际上量子信息实验研究领域开拓者之一，他是该领域有重要国际影响力的科学家，取得了一系列有重要意义的研究成果，特别是他作为第二作者的量子态隐形传输实验，取得"量子信息实验领域的突破性进展"。这个实验被公认为量子信息实验领域的开山之作，研究成果入选《科学》杂志"年度十大科技进展"，与伦琴发现 X 射线、爱因斯坦建立相对论一同被《自然》杂志选为"百年物理学 21 篇经典论文"。1999 年，他获得奥地利维也纳大学博士学位，在德国海德堡大学任教几年后，又回国组建自己的量子实验室，得到国家上上下下的全力支持。2008 年，他入选中组部首批"千人计划"，其研究成果曾多次入选两院院士评选的"中国年度十大科技进展新闻"、欧洲物理学会评选的"年度物理学重大进展"和美国物理学会评选的"年度物理学重大事件"。

量子密钥分发实验，国际上竞争非常激烈。2005 年，清华大学和加拿大的科学家同时提出地面量子密钥分发的原理；潘建伟团队和国外团队又同时在实验中实现了光纤量子密钥分发超过 100 公里，我们开始逐步领先于国外，2010 年中国完成了 200 公里光纤量子密钥分发。在地面量子通信的一系列实验取得国际性领先成果的基础上，他又提出了在我国率先开展星地量子通信相关实验的建议。2008 — 2011 年，中国科学技术大学和中国科学院上海技术物理研究所联合团队在青海湖附近做了大量的实验，一方面是解决星地量子通信中的关键技术，另一方面也在地面上开展新的量子通信实验。在量子密钥分发实验中，最远可达到 98 公里，同时，开展了热气球这样的高空运动状态下的密钥分发。同时，又做了100公里的量子纠缠分发和隐形传态。这些在国际上也是首次。

在中国科学院的大力支持下，量子科学实验卫星作为中国科学院空间科学先导专项中首批启动的四颗科学实验卫星之一，在2011年年底正式立项，潘建伟院士出任卫星工程首席科学家。所以说，公平竞争、科学开放的环境，给科学家提供了创新和领先世界的机会。

（二）中国航天技术和空间激光技术的长足进步，为"墨子号"提供了工程基础

1957年10月4日，苏联成功发射了人类第一颗人造卫星，开启了人类向太空进发的第一步。四个月后，美国发射"探险者1号"，并逐步成为航天工程的头号大国。中国当年的科研工作受到"文化大革命"的冲击，但人造卫星的研制工作并没有停止，在1970年4月发射了我国第一颗人造地球卫星"东方红一号"，成为世界上第五个用自制火箭发射卫星的国家。

现在，我国航天领域的成果喜人。载人航天技术的进步，证明了我国具备了天地往返能力、在轨对接控制能力和人类在外空的生存能力；探月工程的成功，证明了对超远距离卫星测控和控制能力，"嫦娥四号"即将着陆到月球背面，到月球需跨行38万公里，接下去火星探测要经过6000多万公里；美国卫星对地分辨率最高可达0.1米，但要把轨道降低到距地200公里，我们目前也能从空间获得优于0.5米分辨率的遥感图像。在应用卫星的研制上，我国也在通信卫星、气象卫星和其他多个对地观测卫星的研制上走到了世界的前列，而且在部分技术上取得了领先的水平。目前，中国航天每年发射量居世界第二位，如2016年是22次。所以，目前我国已经成为一个航天大国。但不足的主要是航天创意，如探月、载人航天等目标都并非来自我们原创。

除航天技术外,"墨子号"还大量应用了空间激光技术。1960 年,美国发明了人类第一台波长为 0.6943 微米的"红宝石"激光器。中国也不甘落后,于 1961 年造出第一台"红宝石"激光器,但在产学研上落后于国际。从 1994 年开始,各国将激光用在航天领域,美国人先后发明了各种激光雷达,欧洲航天局也即将发射更先进的云—气溶胶探测激光雷达的卫星。中国也紧紧跟上,2007 年"嫦娥一号"上搭载了我国自主研制的激光高度计,不但获取了全月球的三维高程图,而且填补了拍摄月球两极地形的国际空白。这项自主研发产品的指标也达到了国际先进水平。

激光通信技术也很热门,目前最快的一秒钟可传完 5G 多的 DVD 光盘。1995 年日本发射卫星成功与地面站实现了激光通信,2005 年实现世界首次星间激光通信;欧洲在激光通信领域也长期处于领跑地位,2008 年德国实现了世界首次空间相干激光通信;2000 年美国发射的一颗激光通信卫星因为没有完成和地面链路的建立而失败,但在 2013 年他们完成了与 40 万公里外的月球之间的激光传输。我国的第一次星地激光通信也于 2011 年在"海洋二号"卫星上成功实施,同时最近分别在"天宫"飞船和"墨子号"上完成了 1.6G 和 5.1G 的激光通信实验。

这一切说明,任何高技术的发展都不是凭空出现的,国家对相关领域的长期支持和科技工作者持之以恒的努力和积累,为"墨子号"的成功打下了坚实的基础。

（三）多学科交叉融合,强强联合,使得量子卫星在多个核心技术上取得突破进步

一般的卫星对地观测把照片拍完传输下来就完成任务了,而"墨子号"要应对天地上下激光交互对接、保护好量子信息源接受震动和低温等考验,要在天空完成纠缠源等实验,它是量子理论、激光技术和航天工程的完美结合,多项技术是国际首次。

通过多学科交叉融合,强强联合,我们集中实现了七项关键技术的突破。

例如,天地链路的建立、高精度跟踪和量子光路的精确指向就是核心技术之一。通俗来讲,就是要抓得住、跟得牢、打得准。卫星的飞行速度为每秒钟 7 公里以上,要求一出地平线的 1000 公里以外就得抓牢,抓牢之后建立光的通信链路,量子光路顺着链路打出去要精确指向地面站。美国人做激光通信时,第一次就因为没能和地面完成链路对接而失败。为了做纠缠分发,天上的卫星还被要求同时对准两个地面站,在同一时间段内达到同样的高精度指向。我们多个研究团队分工合作,精心设计,反复实验,上天后所有动作都一次获得成功,多项技术指标超过工程要求。

又如,天地链路中超远距离的单光子接收也是卫星中最难解决的技术问题之一。在地面、天上都要求能够探测到光的极限形式——一个光子,在购买国际上高灵敏度单光子探测器后,克服多个技术难点,成功突破了这类探测器在空间环境下不能长期使用的难题。

还有高亮度量子纠缠源。量子源是激光通过非常特殊的晶体干涉出来一对对光子对,极有难度。我们不但研制了全世界最亮的量子源,而且发射上了天。

同时,突破了近衍射极限光量子发射和多源同轴配准、偏振态保持与基矢跟踪测量、高精度时间同步技术等。

（四）中国科研组织和管理模式,为"墨子号"的成功发射提供了强有力的保障

回顾量子卫星的研制过程,2003 年潘建伟院士回国提出星地量子通信的概念,2008 年立项开展地面攻关,2011 年完成百公里量级的水平量子密钥分发,2011 年年底量子卫星工程正式立项,2016 年发射。

13年间,凝聚了多个单位的众多团队:中国科学技术大学、中国科学院上海技术物理研究所、上海小卫星工程中心、国家天文台、光电技术研究所、上海光学精密机械研究所、航天科技集团第八研究院等;而且,在研制过程中,我们集聚了一批具有强大创新能力的青年科技工作者,可以说"80后"是研制卫星的主力。

在众多的因素中,以下几点是"墨子号"的成功要素。第一,量子卫星和阿波罗登月、载人航天一样,是一个大工程项目,需要国家的支撑,需要兵团式作战的科研方式,不是个人或几个小团体可以做成的;第二,这是高技术的比拼,要解决许多前人没有遇到过的技术难题,这不但需要有坚实的科学技术基础,更需要攻克关键技术时的创新和合作;第三,这一类重大航天工程的科研项目,是一个复杂系统,不允许在任何环节出现重大差错,因此一流的工程管理水平和科学技术水平是同等重要的;第四,对科学技术的追求和未知的探索,是需要爱国精神和理想信念来支撑的。

"墨子号"是我国科技创新一个成功的典型案例,由此引发我对中国式科技创新的几点思考。第一,科学家原创思想是灵魂,这得益于我国的改革开放和2018年以来对基础研究的重视。第二,管理层快速决策是资源保障,这是中国特色的高执行力。第三,兵团式多团队联合,工程管理是技术也是艺术和科学。第四,科学团队和工程团队的互补,交叉融合"1+1>2",能够提高工作效率和创造力。中国式科技创新源于天时、地利、人和——国家支持、科学开放、团队互补。

中国式科技创新正从追求"相同"到追求"不同",正从"跟踪"向"引领"跨越,正从"科学的春天"到"创新的春天"。"墨子号"只是开始,中国科技正从跟踪向引领跨越,中华民族将对人类科技发展作出应有的贡献。

不忘初心、牢记使命，加快建设世界激光科技强国

中国科学院长春光学精密机械与物理研究所　王立军

一、勇做新时代激光科技创新的排头兵

2018 年 5 月 28 日，习近平总书记在两院院士大会的讲话中指出："实现建成社会主义现代化强国的伟大目标，实现中华民族伟大复兴的中国梦，我们必须具有强大的科技实力和创新能力。"[①]习近平总书记的重要讲话有着宏大的视野和深刻的洞察力，从世界科技发展进程和历史意义的高度，深刻分析了全球科技创新的大势，从战略高度系统论述了科技创新在实现中华民族伟大复兴历史进程中的地位和作用。这为我国科技创新提出了新目标和新要求，也提供了新指引。同时，习近平总书记还希望我国广大科技工作者要把握大势、抢占先机，直面问题、迎难而上，勇做新时代科技创新的排头兵。理解、把握这一大势对每位科技工作者来说都至关重要，我们要把思想和行动统一到习近平

[①] 习近平：《在中国科学院第十九次院士大会、中国工程院第十四次院士大会上的讲话》，人民出版社 2018 年版，第 2 页。

总书记重要讲话的精神上来，切实增强科技报国的责任感、使命感，为实现建成社会主义现代化强国的宏伟蓝图勇挑重担、建功立业。作为一名从事激光领域40年的老科技工作者，笔者也将牢记科技报国的使命，为加快建设世界激光科技强国而努力奋斗，勇做新时代激光科技创新的排头兵。

二、激光科学技术已经成为人类社会发展的重要驱动力

1960年人类发明激光器以来，它就与原子能、计算机、半导体技术并称为20世纪人类的"四大发明"。激光的诞生极大地改变了古老光学的面貌，使经典光学物理拓展为包含经典光学和现代光子学的全新高科技学科领域，为人类社会的发展作出了不可替代的贡献。它涵盖了非线性光学、量子光学、量子计算、激光传感、激光通信、激光等离子体物理、激光化学、激光生物学、激光医学、激光光谱学、激光计量学、激光功能材料、激光制造、激光3D打印等二十多个国际前沿学科。

激光科学是从科学思想到科学技术持续创新的产物，它推动了能量光子学和信息光子学的发展，引领人类社会进入了"光子时代""光信息时代"及"光制造时代"。激光科学的特点是发展快、成果多、学科渗透广、应用领域宽、支撑作用大。它促进大批交叉学科诞生，引发多领域技术变革，带动众多行业跨越式发展，形成大量的高新技术产业群，取得巨大的经济及社会效益，由其带动和支撑的经济数量是其自身价值的数十倍乃至上百倍。激光在世界各国涉及国家安全的光电信息对抗、航空航天、海陆空天四大军种的军事现代化方面，也正在影响和

改变世界各国军事力量对比的格局,在促进世界各国新军事变革的战略和战术层面发挥着不可替代的作用。激光已经成为人类社会与经济发展的重要驱动力和国家战略高科技竞争的重要支柱之一。

三、国际激光科学技术的发展现状和趋势分析

近十年来,国际激光科学技术在多领域多层面上都取得了突飞猛进的发展。例如,激光在量子物理和量子电子学、量子隧道效应等方面应用取得的成果喜人。激光强场物理主要源自超强超短激光的不断提升,是最重要的前沿学科,发展迅猛,不仅改写了许多光学领域的新纪录,也推动着相关前沿应用研究取得众多突破性进展。量子信息是量子物理与信息科学融合的新兴交叉学科,其发展极大地推动了对物理学基本理论及实验技术的研究,对国民经济、国家安全等都有着直接而重大的影响。从技术上讲,量子信息的进展有赖于快速发展的激光技术,后者所达到的器件能力使得当前的量子信息传输成为可能,并具备无限的发展前景。由于纳腔光子晶体激光器体积非常小,可作为微型光源用于血管等医学领域以及未来的微机器人系统中,应用前景十分广阔,将成为未来激光器件向微型拓展的最重要的方向。基于硅基激光及其集成技术的全光子学集成芯片与系统已经成为激光领域的重要发展方向之一,它在计算、通信、信息感知和医学等领域的应用前景十分光明。同时,激光在精密测量和先进传感器上的应用已经催生了数量庞大的应用领域。此外,近十年来,国际上新型种类的激光器件和技术发展也十分迅速,出现了随机激光、超辐射激光、生物激光、反激光、极化激元激光器等各种新型激光器件。其中,半导体激光器的发展主

要得益于微纳米结构制备能力的提升，而光纤激光器的进步主要得益于材料掺杂和微结构下特殊光纤制备能力的进步。我国在超短超强激光方面取得了较大进展，总体研究水平处于国际一流；在深紫外激光器研发方面，走在世界前列，是世界上唯一能够研制实用化、精密化DUV-DPL 的国家；半导体激光、光纤激光技术更取得了快速发展。

激光科学不但促进大批交叉学科诞生，而且推动了众多学科的快速发展。它首先对光学的发展带来了本质性的推进，促使光子学学科发展突飞猛进并引发了光子应用的多层次革命。同时，它对物理、化学、生物学、环境科学、地球物理学、天文学等学科发展的影响也不容忽视。不仅从技术工具和手段上提供了关键基础，更从认识的可能性和突破性上给这些学科带来了前所未有的挑战，也极大地丰富了这些学科的发展。未来十年，将是国际激光科技快速发展的关键时期。

四、建设世界激光科技强国的几点思考与建议

（一）建设世界激光科技强国，必须坚持走自主创新之路

坚持创新是第一动力，坚持抓创新就是抓发展、谋创新就是谋未来。激光基础研究是激光科学体系的源头，要高度重视激光基础研究，夯实建设世界激光科技强国的根基，改变我国激光领域前沿原创性成果少、重大前沿突破少、跟踪性强以及偏理论性研究多等现状。

（二）建设世界激光科技强国，必须把核心技术掌握在自己手中

中国作为人口大国、世界制造加工大国，在先进制造业、信息感知、通信和医疗健康等诸多领域，已经成为全球最大的市场或潜在市场，受全世界瞩目。是否能够采用先进的激光技术提升我国装备制造业现代

化水平,已成为衡量我国国际竞争力的重要标志之一。近二十年来,我国激光科技发展速度比较快,基础科研上的覆盖面与国际基本相同,但原始性创新能力不强;应用研发上与国外存在较大差距,应用创新成果不多,核心技术以跟踪和模仿为主。在产业发展上,我国经历了快速的发展过程,工业产值逐年增长,已经在国际上占有一席之地,但我国激光科研后续深化研究和延伸性的应用开发水平,与国外相比差距较大。激光器件创新少、技术和工艺重点突破少。对已有成果的工程性、实用性研究不够深入,各类支撑技术和配套技术的匹配能力与集成能力相对不足。激光器件的科学设计与整机集成、器件的批量生产与系统性能、高端激光器件产品等方面存在较大差距。

几十年激光领域发展历史也证明了"关键核心技术是要不来、买不来、讨不来的",只有把关键核心技术掌握在自己手中,才能从根本上保障国家经济安全、国防安全和其他安全。我们要攻坚激光领域的关键核心技术,敢于走前人没走过的路,努力实现关键核心技术自主可控,努力实现激光科技强国梦。

(三) 推进自主创新,破除体制机制障碍,加强整体规划

推进自主创新,最紧迫的是要破除体制机制障碍,最大限度解放和激发科技作为第一生产力所蕴藏的巨大潜能。目前的主要问题是激光领域的创新体系整体效能还不够强,科技创新资源分散、重复、低效,且激光基础科学研究短板依然突出。

一方面,要加强我国激光科技人才的队伍建设。必须树立以人为本的理念,从体制、机制、政策、计划和文化等各方面着手,出台激励措施,创造尊重人才、信任与使用人才、吸引与培养人才的良好环境。激光科技人才评价体系要以创新能力、质量、贡献为导向,同时要形成并实施有利于科技人才潜心研究和创新的评价制度,从而鼓励科研工作者甘坐冷板凳，进行长时间的创新研究。如果社会没有形成这种鼓励敢为人先、宽容失败的氛围，科研人员就不敢冒险去做一些带有探索性的原创的基础研究，也就很难取得原创性的成果。自主创新是迈向创新高地的必由之路。

另一方面，要加强顶层设计和整体规划。激光科技的发展规律是：理论发展是前提，器件发展是基础，应用发展是牵引，市场发展是目的。因此，必须发挥市场在资源配置中的主导作用，推动政、产、学、研、用、资等多方面融合，建立"需求牵引基础创新+市场机制产业发展全链条协同"的创新模式，从而有效实施科学创新、技术研发、产业化"三位一体"的无缝对接，形成我国自身激光企业群的合理分布与关联发展。为此，必须进行总体的布局设计与调整，特别是加强支撑基础布局、提升产业应用研发布局以及增进市场关联性布局，支持更多的前瞻性基础研究，建设更先进的大型综合性科技设施，建设更多的产业应用和示范平台，建设更有效率的产业转移基地和孵化平台。同时，建立并实施关键器件和关键技术突破的专门战略，改变关键的工艺设备和配套技术需要依赖进口的格局，保障国家安全和产业经济安全及相关基础能力的可持续发展，加快建设世界激光科技强国。

（四）重点组织和大力支持高端半导体激光芯片的研发

国际社会已经进入"光子时代"，以先进半导体激光芯片技术为代表的光子技术是"后摩尔时代"的核心及颠覆性技术之一，已经成为当前和今后国际产业竞争的制高点，相关技术研发"要摒弃幻想，要靠我们自己"。半导体激光芯片是整个激光产业的源头，是大部分光电系统不可或缺的核心，不仅是国防军事激光领域的基石，更是先进制造、绿色能源、通信存储、信息感知、航空航天、生物和医疗健康等国民经济支柱产业的共性基础，对国民经济的发展具有重大意义，是"国之重器"。半导体激光芯片是必须自主研发的基础性高技术产品,对"中国制造2025""数字中国""健康中国"等国家战略实施具有重要支撑作用。我国激光产业市场巨大,但是高端半导体激光光源"空芯化"现象比较严重,成为制约当前乃至未来我国激光产业技术发展的重大瓶颈,是我国强"芯"发展无法回避的问题。只有充分利用国家投入,适度引入社会资本,集中激光领域内的优势科研力量和产业基础,协同开展攻关研究,强化基础前沿创新与产品技术开发,夯实先进激光芯片设计的理论基础和关键技术,形成一系列完全自主的知识产权,促进先进半导体激光芯片技术的快速提升,才能从根本上解决相关产业发展的基础芯片问题。

加快建设世界激光科技强国,要不忘初心、牢记使命,普及激光知识,探索激光奥秘,驾驭激光神奇,遨游激光世界。

混合智能：迈向人工智能2.0的新突破

浙江大学　吴朝晖

科技创新关乎社会生产力和综合国力的提升，是牵动国家发展全局的关键所在。人工智能作为引领未来科技创新的战略性技术和推动产业变革的核心驱动力，是经济发展的新引擎、社会进步的加速器，已成为全球战略必争的科技制高点。在2018年的两院院士大会上，习近平总书记从建设社会主义现代化强国的战略高度，明确提出要以信息化、智能化为杠杆培育新动能，推进互联网、大数据、人工智能同实体经济深度融合。这为人工智能发展指明了战略方向。

在移动互联网、大数据、超级计算、传感网、脑科学等新理论新技术以及经济社会发展强烈需求的共同驱动下，人工智能进阶到2.0的发展新阶段。混合智能是人工智能2.0阶段最为重要的发展重点和突破方向之一，其在学科、理论、技术等方面的整体推进，必将引发经济社会从宏观到微观各领域的重大变革，深刻改变人类生产生活方式和思维模式，实现社会生产力的全面进步。

一、从人工智能到混合智能的跃升

放眼全球，世界主要发达国家、国际组织、顶尖大学等均把脑科学和人工智能发展放在战略层面进行系统布局、主动谋划,希冀以此获得战略新主动、打造竞争新优势、开拓发展新空间。诚然,脑科学和人工智能都在各自领域实现了超乎想象的引领性发展,如人类对脑结构、脑功能和脑智能的探索和认识日新月异;人工智能呈现出深度学习、跨界融合、人机协同、群智开放、自主操控等新特征,但从脑神经科学研究角度来看,要完全弄清脑智能仍是件比较遥远的事情;从人工智能发展角度看,目前人工智能高级认知功能还远弱于人类自身。人类智能(脑)和机器智能(人工智能)研究智能问题的起点虽有不同,但两者之间相互影响、相互促进愈发深入,为人类从多个角度探索更强智能提供了可能和启发,如人们开始思考利用深层次的人类智能去创建更智慧的机器等问题。

(一) 机器智能与人类智能的融合优势

半个多世纪的人工智能研究表明,机器在搜索、计算、存储、优化等方面具有人类无法比拟的优势,然而在感知、推理、归纳和学习等方面尚无法与人类智能相匹敌。鉴于机器智能与人类智能的互补性,我们多年前提出了混合智能(Cyborg Intelligence,CI)的研究新思路,即将智能研究扩展到生物智能和机器智能,融合各自所长,实现互联互通,创造出性能更强的智能形态。如图 3 所示,混合智能是以生物智能和机器智能的深度融合为目标,通过相互连接通道,建立兼具生物(人类)智能体的环境感知、记忆、推理、学习能力和机器智能体的搜索、计算、优化、存储的新型智能系统。

比传统的仿生学(Bionic)或生物机器人(Biorobot)更进一步的是,混合智能系统要构建一个双向闭环的,既包含生物体又有人工智能电子组件的有机系统。其中,生物体组织可以接收人工智能体的信息,人工智能体可以读取生物体组织的信息,两者信息无缝交互。同时,生物

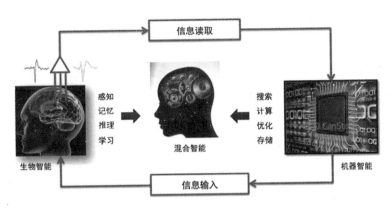

图 3　混合智能：新型智能形态

体组织可以实时反馈人工智能体的改变情况，反之亦然。混合智能系统不再仅仅是生物与机器的融合体，而是同时融合生物、机械、电子、信息等多领域因素的有机整体，实现系统的行为、感知、认知等能力的增强。

（二）混合智能的融合形态

其智能形态表现为生物智能与机器智能在不同层次、不同方式、不同功能以及不同耦合层次的交互融合，如表 2 所示。

表 2　混合智能的形态

分类方式	混合智能形态		
智能混合方式	增强型混合智能	替代型混合智能	补偿型混合智能
功能增强方式	感知增强混合智能	认知增强混合智能	行为增强混合智能
信息耦合方式	穿戴人机协同混合智能	脑机脑合混合智能	人（脑）机一体化混合智能

从层次角度看，我们可以将生物智能体系和机器智能体系粗略地分成感知层、认知层和行为层三个层次。三个层次之间存在紧密的相互联系。层次化是混合智能最显著的特点之一。

从智能混合方式看,混合智能系统可采用增强、替代、补偿三种不同的方式,其中,增强是指融合生物和机器智能体后实现某种功能的提升,替代是指用生物/机器的某些功能单元替换生物/机器的对应单元,补偿是指针对生物/机器智能体的某项弱点,采用生物/机器部件补偿并提高较弱的能力。

从功能增强方式看,混合智能可以分为感知增强混合智能、认知增强混合智能以及行为增强混合智能,三种系统分别实现感知、认知及行为层面的能力增进。

从信息耦合方式看,混合智能可分为穿戴人机协同混合智能、脑机脑合混合智能以及人(脑)机一体化混合智能。穿戴人机协同混合智能通过穿戴非植入式器件,实现生物智能体与机器智能体的信息感知、交互与整合,机器智能体和生物智能体的耦合程度较低;脑机脑合混合智能采用植入式器件实现机器智能体与生物智能体的信息融合,两者不仅仅是简单的信息整合,还包括多层次、多粒度的信息交互和反馈,形成有机的混合智能系统;人(脑)机一体化混合智能是深度的信息、功能、器件与组织的融合,系统呈现一体化态势。

二、混合智能的原型实现与平台构建

围绕感知增强、认知增强以及闭环交互,我们从混合智能的计算体系展开研究与探索,分别研制了视听觉增强大鼠机器人、学习增强大鼠机器人、癫痫预测—抑制大鼠闭环系统,以及混合智能软硬件支撑平台Cyborgware,从而验证了智能增强的可行性与科学性,推动了混合智能的创新性发展。

（一）视听觉增强大鼠机器人

面向混合智能三层体系结构的感知行为层与机器端任务规划层的相互调用目标,我们构建了视听觉增强大鼠机器人(参见图4)。该工作将计算机的视听觉识别能力"嫁接"到大鼠上,实现复杂环境中大鼠机器人的精确导航,达到了以机器智能增强生物智能的目的。生物体和机器在感知能力上各有优劣,机器某些具有优势的感知能力可以弥补生物体自身的不足,即以机器智能增强生物智能。我们将计算机视觉理解、计算机语音识别这两种分别代表视觉与听觉的机器智能感知方式,融合到大鼠生物体,建立了视听觉增强的脑机融合混合智能原型系统。

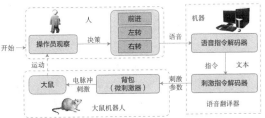

(a)视听觉增强大鼠机器人导航　　　　(b)听觉增强大鼠机器人模型

图4　视听觉增强大鼠机器人

（二）学习增强大鼠机器人

基于感知、决策与行为层互联互调,我们构建了学习增强大鼠机器人。通过行为学实验发现,混合智能的大鼠比单纯生物大鼠表现出更好的迷宫探索能力。因此,我们设计了多种复杂的迷宫求解任务,分别让纯生物大鼠自由探索、纯计算机算法探索、混合智能(计算机辅助)的大鼠探索。实验结果表明,以探索步数及覆盖率进行性能衡量,混合智能的大鼠比纯生物大鼠的表现好,也比纯计算机算法探索的表现好。

这是第一次从行为学角度为混合智能的智能增强提供了验证,也揭示了机器智能能增强生物体的感认知能力,部分回答了脑机融合后是否能获得智能增强的疑问。

(三) 癫痫预测—抑制大鼠闭环系统

双向互适应机制是混合智能系统的核心要素。如图5所示,我们研究并构建了脑机互适应的癫痫实时预测与调控双向闭环系统,实现了从大脑皮层读取神经信号、对信号进行在线解码,进而将调控信息实时输入到大脑皮层的闭环过程。此工作探索了动物平台的"癫痫预测—电刺激抑制"脑机互适应融合机制。一方面,机器从生物读取信息,智能感知脑的状态以适应脑的变化;另一方面,机器向生物输入随大脑状态变化的调控信号,由于脑对外部输入具有可塑性,从而形成脑对外部刺激的适应。

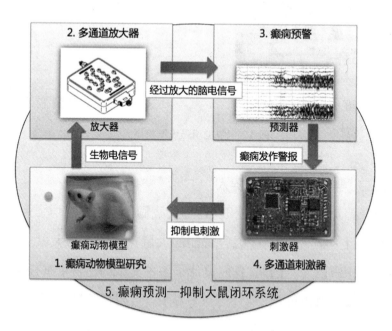

图5 癫痫预测—抑制大鼠闭环系统的各分系统

（四）混合智能软硬件支撑平台 Cyborgware

为了能够更加方便、快速地构建一个混合智能系统并支撑其运行，我们特别研制了混合智能软硬件支撑平台 Cyborgware V1.0。目前的版本支持大鼠机器人混合智能系统的构建，主要功能包括大鼠行为仿真运行环境、大鼠自动训练模块、视听觉感知模块、脑机融合控制决策模块、神经微电刺激背包等。考虑到系统开发人员进行系统开发的便捷性，我们还针对混合智能特点，设计了一种新型的脚本编程语言 Cyboript，以更好地支持脑机混合编程中的异步机制与消息反馈机制。目前，我们正在将 Cyborgware 逐步扩展到对非人灵长类动物和人的支持。

三、混合智能的应用前景与发展展望

随着信息技术、神经科学、材料科学等科技的快速发展，计算嵌入到生物体并与之无缝融合，将成为未来计算技术的一个重要发展趋势。在此背景下，混合智能探索生物智能与人工智能的深度协作与融合，有望开拓形成一种非常重要的新型智能形态。

（一）混合智能的应用前景

从混合智能的功能来看，其具有广阔的应用前景，可以为肢体运动障碍与失能人士的康复带来新仪器，比如融入混合智能的神经智能假肢、智能人工视觉假体等；可以为神经疾病患者提供全新的治疗手段，比如老年痴呆患者的记忆修补、帕金森患者的自适应深部电刺激治疗、癫痫发作的实时检测与抑制、植物人意识检测与促醒等；可以为正常人感觉认知能力的增强带来可行的途径，比如听视嗅等各种感官能力的增强、学习记忆能力的增强、行动能力的增强等;可以为国防安全与救灾搜索等提供重要技术支撑,比如行为可控的各种海陆空动物机器人、脑机一体化的外骨骼系统、人机融合操控的无人系统等。

(二) 混合智能的发展展望

作为一个新兴的研究方向,混合智能在理论、技术等领域都亟待进一步的研究与探索。这里列举混合智能未来发展的若干趋势与关键挑战。

在认知增强方法方面,相较于运动增强与感知增强,认知增强是一个更难的问题,因为人类对运动和感知神经原理与机制的认识相对比较清楚,但对认知神经原理与机制则了解相对较少,认知过程也更加复杂,例如学习、记忆等。如何充分利用当前认知神经原理与机制方面的研究成果实现认知增强,仍是一个巨大挑战。

在脑机融合相互学习相互适应方面,大脑神经系统的一个重要特性是可塑性,而机器也具有一定的学习能力。脑与机学习方式的差异,使得学习能力无法直接融合。如何让脑与机在系统层面实现在线相互学习相互适应,达到更高级的脑机融合,是混合智能未来发展的一个重要趋势。

在神经环路与网络的层间交互方面,因为处在神经系统的层次化计算框架中,从神经元到神经集群再到神经环路的机理相对清楚,但从神经环路到大的神经网络,则涉及更广泛的神经区域,过程极为复杂,目前研究相对有限,两层之间的交互方式与技术仍有待重点攻克。

在生物相容性电子器件方面,生物自身的排异生理特性,使得一般电子器件难以长久地保持与生物系统畅通连接。混合智能最终目标是达到脑机一体化的融合程度。设计实现生物相容优秀的各种电子材料与器件,是构建真正实用的脑机一体化混合智能系统的关键所在。

　　面向全面建设社会主义现代化国家的新征程,以混合智能为代表的新一代人工智能将进一步服务国家战略需求,聚焦机器学习算法、大数据智能、跨媒体感知计算、混合增强智能、人机协同智能等重大问题开展前沿研究,加速构筑人工智能先发优势;将进一步引领学科交叉汇聚,深度推动神经系统科学、认知科学、计算机科学等领域的互动融合,不断优化人工智能的学科体系与发展生态;将进一步打通创新发展链条,更加主动适应人工智能创新链和产业链深度融合的趋势,持续推动人工智能的应用转化。未来可期,只要我们在混合智能等前沿领域乘势而上,实现关键核心技术的重大突破,就一定可以抢占人工智能发展的先机,加快推进我国的科技创新事业,为建设科技强国贡献力量。

坚持自主创新，推动国防科技发展走在建设科技强国前列

航天工程大学　周志鑫

2018 年 5 月 28 日，习近平总书记在两院院士大会上强调，"我们比历史上任何时期都更需要建设世界科技强国"①。这是习近平总书记深刻洞察世界科技革命发展大势，站在中华民族伟大复兴的战略高度，对建设科技强国发出的动员令，为新时代加强科技创新、建设社会主义现代化强国指明了前进方向。先进国防科技是科技强国的最重要标志、是维护国家和国防安全的重要支撑，新时代国防科技建设要坚持自主创新、走在建设科技强国的前列。

一、坚持引领发展，将国防科技置于国家科技和国防体系优先重点发展的位置

从发展历史看，最先进的科技成果往往首先被应用于军事领域，国

---

① 习近平：《在中国科学院第十九次院士大会、中国工程院第十四次院士大会上的讲话》，人民出版社 2018 年版，第 8 页。

防科技是世界大国竞争最激烈的领域。未来二三十年,国防科技领域的竞争,将直接改变世界大国战略格局和未来战争胜负的走向。进入新时代,我国建设世界科技强国和建设世界一流军队进入关键历史时期,必须把国防科技置于引领崛起、优先发展的重要战略位置。

国防科技是科技强国的最重要标志。建设世界科技强国就是要具有强大的科技实力和创新能力,成为世界主要科学中心和创新高地,以科学技术的整体领先支撑国家富强和民族复兴。科技强,首先必须是国防科技强。新中国成立以来,我国一直将国防科技作为优先发展领域和重点,建立起来了独立的门类齐全、系统配套的国防科研和装备生产体系。国防科技代表了国家科技发展的最高水平,同时,国防科技的发展直接带动了国家科技水平的整体进步。我国航空、航天、船舶、核电以及电子信息等技术和产业,都是在国防科技的直接带动下快速发展起来的。新时代,军用和民用技术的界限日益模糊。随着军民融合的深入推进,国防科技创新发展对国家科技的引领和推动作用必将越来越广泛和深入。

国防科技是国家和国防安全的重要战略支撑。国防科技发展水平直接反映了一个国家的科技、经济和国防实力,是国家综合国力的重要体现。国防科技和武器装备是军队现代化的重要标志,是国家安全和民族复兴的重要支撑,是国际战略博弈的重要砝码。世界各主要国家都把国防科技创新摆在国家安全和发展全局的战略位置,力图抢占先发优势,形成战略竞争优势。当年,"两弹一星"的成功,有力捍卫了我国国家安全、奠定了我国重要国际地位。进入21世纪,特别是党的十八大以来,"神舟"十号、"北斗"导航、"神威"超算等重大国防科技成就的取得,不仅带动了我国科技快速发展,而且彰显了我国的综合国力,进一步巩固了我国的大国地位。

国防科技是引领军事变革和影响未来战争胜负的核心要素。习近平主席指出,科技是核心战斗力。他的论断深刻揭示了现代战争的制胜机理,是对马克思主义战争理论的新贡献。国防科技是直接用于国防领域的科学技术,是最现实和最直接的核心战斗力,直接决定着未来战争的胜负。甲午战争以来的近代史表明,正是国防科技的落后才使得我们一败再败。20世纪以来发生的几场局部战争和战争行动充分表明,谁掌握了先进国防科技、谁拥有了技术装备优势,谁就拥有了更多的战场主动权。科技发展史表明,国防科技的进步一直是引领军事变革的核心要素,信息化、智能化和无人化等前沿技术发展必将催生新的作战样式,国防科技发展水平对未来战争胜负的影响将越来越大。

二、坚持自主创新,牢牢掌握国防科技创新和发展主动权

习近平总书记指出:"自力更生是中华民族自立于世界民族之林的奋斗基点,自主创新是我们攀登世界科技高峰的必由之路。"[①]自主创新的本质,就是要在科技创新特别是国防科技创新发展上,始终坚持自力更生、掌握关键技术,把国家和国防安全的命脉牢牢掌控在自己手里。

国防科技创新发展面临机遇和挑战。当前,新一轮科技革命和产业革命发展迅速,国防和军队现代化步伐加快,国防科技发展迎来了大

---

① 习近平:《在中国科学院第十九次院士大会、中国工程院第十四次院士大会上的讲话》,人民出版社2018年版,第10页。

好发展时机。但必须清醒认识到,国防科技自主创新面临新的矛盾和问题,基础科学研究短板突出,重大原创性成果较少,技术瓶颈问题仍须突破,关键核心技术受制于人的局面没有得到根本性改变,国际上对我国的防范形势更加严峻。近期的"中兴事件"可以说给我们敲了一次警钟,让我们应该对关键核心技术发展有更清醒的认识。我们要把握好新时代国防科技发展的战略机遇期,也要认清国防科技创新发展面临的严峻形势,坚定不移走自主创新道路,进一步增强使命感和紧迫感。

国防科技必须走自主创新之路。国防科技特别是关键核心技术,一定要立足自力更生,坚持以我为主,这是我国国防科技发展的历史经验总结,也是建设世界科技强国和世界一流军队的内在要求。我们这样一个大国、这样一支军队,必须通过自主创新掌握主动,否则就会处处受制于人。习近平总书记强调,"关键核心技术是要不来、买不来、讨不来的"[1]。依靠进口武器装备是靠不住的,走引进仿制的路子是走不远的。我们一定要牢记习近平总书记的嘱托,丢掉幻想,向钱学森、朱光亚等老一辈科学家学习,做"两弹一星"精神的传人,努力实现关键核心技术自主可控,把创新主动权、发展主动权牢牢掌握在自己手中,把国家安全和发展的命脉牢牢掌握在自己手里,从根本上保障国家和国防安全。

国防科技自主创新要重点突破。国防科技发展要加强战略研究,抓好顶层设计,加强对影响根本和全局的科学问题进行研究。坚持有所为有所不为,既要解决重大现实问题,更要着眼长远、大力发展引领未来的重大关键技术,在关键方向、重点领域,集中优势力量攻关,尽早取得突破。要高度重视基础性、原创性研究,加强对前沿科技、颠覆性

---

[1] 习近平:《在中国科学院第十九次院士大会、中国工程院第十四次院士大会上的讲话》,人民出版社 2018 年版,第 11 页。

和关键核心技术的研发,不断加大投入,提升国防科技自主创新的起点高度。

三、坚持多措并举,进一步激发国防科技创新激情和活力

习近平总书记强调,要深化科技体制改革,破除一切制约科技创新的思想障碍和制度藩篱。当前,国防科技创新要坚持以问题为导向,要在政策保障、制度机制、环境营造和人才引领上下功夫,不断提升创新体系效能,激发各类创新主体激情和活力。

进一步解放思想。习近平总书记强调,创新是第一动力。党的十八大以来,国防和军队改革深入推进,为国防科技创新提供了坚强的组织保证。国家科技领域改革在政策制度上也在创新探索,取得了显著成效。在国防科技领域,如何最大限度激发创新活力是必须解决的重大现实课题。国防科技创新领域从来都是最活跃和充满不确定性的领域,特别是随着市场经济的不断发展、军民融合的不断深入,在国防科技领域中与新时代要求不相适应、与创新驱动发展不相适应的现象还十分突出。国防科技领域要进一步解放思想,破除一切制约国防科技创新的思想障碍和制度藩篱,在创新主体、创新基础、创新资源和创新环境等方面,持续用力,与改革同步,先行先试。

加快推进制度机制创新。习近平总书记强调:"实施创新驱动发展战略是一项系统工程,涉及方方面面的工作,需要做的事情很多。"[1]

---

[1] 中共中央文献研究室编:《习近平关于科技创新论述摘编》,中央文献出版社 2016 年版,第 56—57 页。

制度机制创新牵动着国防科技发展全局，要加强制度设计的关联性、系统性、可行性研究，使各项政策相互配合、相互促进、相得益彰。改革开放以来，我们在制度建设方面的许多成就得益于将先进经验和有效政策制度化。当前，国防科技领域的制度机制建设滞后于改革要求，不仅和科技强国相比有较大差距，即便是与国家科技政策机制比较也无优势可言。迫切需要既充分考虑国防科技特点，又要借鉴地方成功经验和做法，破解当前国防科技领域发展的现实难题，大力改革和创新国防科技领域科研经费和使用管理办法，改革国防科技评价机制，将人的创造性活动从不合理的管理和评价机制中解放出来。

牢固确立人才引领发展的战略地位。千秋功业，要在得人。国防科技领域的竞争归根到底是人才的竞争。当前，人才竞争态势异常激烈，国防科技领域的人才竞争面临国际、国内人才争夺的双重压力。国防科技领域人才制度政策的比较优势正在丧失，特别是随着国防和军队改革进程的深入，人才保留和流失问题时有发生。长期以来，国防科技领域发展靠事业留人、感情留人、情怀留人，凝聚了一大批淡泊名利、无私奉献的科学家队伍。但根本和长远的要靠政策制度留人。破解这一难题，考验着我们的智慧，更考验着我们的胆略。要创新与新时代发展相适应的国防科技人才评价体系，转变观念，特别是要克服急功近利的思想，鼓励和倡导坐冷板凳、啃硬骨头，形成并实施有利于科技人才潜心研究和创新的评价制度。要进一步完善国防科技奖励制度，让国防科技人才得到合理回报，充分激发国防科技人员的创新热情和活力。

大力营造才当其用的创新环境氛围。要在全社会积极营造鼓励创新、勇于创新的良好氛围，既要重视成功，也要宽容失败。当前，尤其要针对国防科技人才建设中的现实矛盾问题，加快推进法制保障和管理机制创新，给予高校、科研院所和科研人员更多的自主权，为国防科技人才潜心探索研究营造良好的环境氛围。在这方面,我党一直有着优良的传统。聂荣臻元帅在主持国防科技工作时提出,必须保证教学科研人员每天有充足的时间搞业务,要摒弃形式主义,尽量减少不必要的社会活动。要大力培养青年科技人才,重点支持那些能够开展原创性研究、具有奇思妙想精神的后起之秀,既要期待他们成功,也要宽容创新失败,塑造青年人才静心科研、献身国防的情怀担当,充分释放创新活力。

技术科学部

增强创新动力　推动创新发展

清华大学　邱　勇

创新始终是推动人类社会进步的重要力量。21 世纪是一个创新的时代,人类社会比以往任何时候都更加需要强大的创新动力。创新是一个国家兴旺发达的不竭源泉。2018 年 5 月 28 日,习近平总书记在两院院士大会上指出:"要优化和强化技术创新体系顶层设计,明确企业、高校、科研院所创新主体在创新链不同环节的功能定位,激发各类主体创新激情和活力。"①推动创新发展既是时代的迫切要求,更是建设世界科技强国的战略需求。

一、大学是推动创新发展的持续内在动力

大学是培养拔尖创新人才的基地,是创新思想的发源地和重大科

---

① 习近平:《在中国科学院第十九次院士大会、中国工程院第十四次院士大会上的讲话》,人民出版社 2018 年版,第 15 页。

325

技突破的策源地。纵观近代人类文明的发展史,几乎所有重大科学突破都与大学有关。近年来人工智能发展迅猛,其思想就源自大学。1956 年,美国达特茅斯学院的数学系助理教授约翰·麦卡锡等人发起了"达特茅斯会议",首次使用了"人工智能"概念,标志着人工智能的正式诞生。当时会议的六位主要参与者,有四位来自大学。2015 年,人类首次直接探测到引力波,三位重要贡献者都来自大学,并共同获得2017 年诺贝尔物理学奖。知识经济的兴起使得大学在创新中的地位进一步提升,大学的创新教育和创新活动在推动社会创新发展方面发挥着越来越重要的引擎作用。2012 年,斯坦福大学科学与工程管理系的副教授查尔斯·埃斯利和商学院教授威廉·米勒发布了一份调研报告《影响力:斯坦福大学通过创新创业产生的经济影响》(*Impact：Stanford University's Economic Impact via Innovation and Entrepreneurship*),认为斯坦福大学共孵化了 39000 多家企业,创造了约 540 万个工作岗位,这些企业每年创造的国内生产总值(GDP)总和约 2.7 万亿美元,相当于全球第十大经济体。2015 年,麻省理工学院斯隆管理学院教授爱德华·B. 罗伯茨在研究报告《麻省理工学院创业与创新——持续的全球增长与影响》(*Entrepreneurship and Innovation at MIT Continuing Global Growth and Impact*)中指出,麻省理工学院的校友 2014 年在全球经营着 30000 多家公司,雇员达到 460 万人,年收益 1.9 万亿美元,相当于全球第十大经济体。

大学具有历史悠久、学科齐全、氛围宽松的特征,这是大学在推动创新上的独特优势。历史悠久的大学可以立足基础、着眼长远,做长周期、需要持续努力的事情,从而推动实现前瞻性基础研究、引领性原创成果的重大突破。学科齐全的大学可以整合不同的学科资源,有效促进学科交叉,让不同院系的师生交流碰撞,培养跨界、跨领域的创新人才,不断推动产生创新的思想。氛围宽松的大学鼓励尝试、宽容失败,充分尊重科学研究灵感瞬间性和路径不确定性,允许科学家自由畅想、大胆假设、认真求证,从而形成良好的学术氛围。

基础研究和人才培养是整个科学体系的源头,大学是基础研究的生力军,既产生高水平的基础研究成果,也是基础研究人才培养的重要基地。世界上各个国家都十分重视基础研究。目前,世界上主要国家基础研究经费占研发经费比重普遍处于15%—30%之间,而我国长期徘徊在5%左右,低于美国、日本等发达国家,同时也低于韩国、俄罗斯、南非等新兴市场经济体。因此,我国首先要逐步提升基础研究投入,将目前基础研究投入占研发经费比重的5%左右提高到国际可比的15%左右。同时,要改变对于大学基础研究的考核和评价方式,不能用短平快的目标来要求基础研究。2018年6月,1985年诺贝尔物理学奖获得者、德国马普学会固体物理研究所主任克劳斯·冯·克利钦来清华访问时特别强调,对于基础研究,在短时间寄予过分高的期望是不正确的。基础研究不能给出框框,不能预设结果,不能用项目指标来约束研究人员的自由探索。基础研究需要自由飞翔的环境,既要加大经费投入,又要给予更大的研究自由。对基础研究而言,自由探索空间的大小决定了思想飞翔的高度。

二、企业是推动创新发展的强大外部动力

大学推动创新,更多是从科学本身的逻辑出发,去努力探索未知领域,从而给予人类社会发展持续的内在驱动力。企业则是更多地从科技发展的外部需求入手,有效地配置各类创新资源和创新要素,从而成

为推动创新的强大外部动力。恩格斯提出:"技术在很大程度上依赖于科学状况,那么,科学则在更大得多的程度上依赖于技术的状况和需要。社会一旦有技术上的需要,这种需要就会比十所大学更能把科学推向前进。"①

把握市场对于科技的需求、激发潜在的市场活力是企业所擅长的,但这远远不够。企业要拥有自主可控的核心技术和持续提升的科技创新能力,才能真正地做大做强。企业特别是高科技企业要特别注重关键核心技术的研发。实践反复证明,"关键核心技术是要不来、买不来、讨不来的"。在当今这个快速变化的社会,高科技的发展改变了人类社会和人类生活的基本构架,但这种基本构架往往是以底层基础技术群为支撑的,所有终端应用技术及其产品都必须建立在底层基础技术的平台之上。只有掌握了底层基础技术,才真正拥有了高科技发展的主导权,才有可能成为国际竞争的主导者。

无论在国内还是国外,政府都是基础研究投入的主要投入者,但企业在基础研究投入中也占有很重要的地位。企业只有加大基础研究的投入,才能保持长远的领先地位。根据《美国科学和工程指标 2016》数据,2013 年美国基础研究经费中,联邦政府投入占 47.0%,企业占26.4%,大学占 11.7%,其他非营利组织占 12.1%,州政府占 2.9%。相对比而言,我国企业对于基础研究的投入偏低,2016 年我国基础研究投入经费中,中央财政占到 90.4%,地方财政占到 6.3%,而企业资金只占到 3.3%。

企业的本性是逐利的,但企业对基础研究的投入一定不是追逐短期利益,而是要服务于长远规划。不是所有的企业都有能力做基础研

① 《马克思恩格斯文集》第 10 卷,人民出版社 2009 年版,第 668 页。

究,但行业引领性企业必须重视并投入基础研究,这样才可能掌握技术发展的主导权。我国的华为技术有限公司长期投入基础理论的研究,1999 年在俄罗斯建立专门的算法研究所,突破了移动网络瓶颈。这使得华为成为全球第一家实现 GSM 多载波合并的公司,能够通过软件打通 2G、3G 和 4G 网络。2016 年,华为在法国成立了数学研究所,致力于通信物理层、网络层、分布式并行计算、数据压缩存储等基础算法研究,聚焦 5G 等战略项目。华为的研发创新走过了从"工程师的创新"到"科学家与工程师并重的创新"历程,这也被认为是华为得以崛起的重要原因。

三、大学与企业的协同创新是推动创新发展的关键

大学和企业是创新的两个关键主体,它们之间各有分工又需要相互合作,缺少任何一方都将使创新的价值和效果大打折扣。

企业要从大学获取创新灵感、吸收创新人才,从而持续储备创新技术、推动技术突破,并不断提升对技术、产品和行业发展趋势的判断力。19 世纪下半叶,英国科学家法拉第制成了第一台电动机模型,英国剑桥大学的物理学家麦克斯韦提出了完整的电磁学理论。但是,英国并没有成为电力革命的先导者,而是美国最先将电力系统应用于工业生产。导致这个结果的一个重要原因是英国的企业对于新思想、新技术不够敏锐,而美国的企业则相继建立了自己的工业研究实验室,充分发挥了科学家和工程师合作与开发研究的潜能,大大缩短了科研理论成果向生产应用转化的时间。1895 年,通用电气公司聘用了数学家斯泰因梅茨,在 1900 年 11 月创立了有着"神奇之屋"美誉的中心实验室,这

也是美国第一个现代意义上的工业实验室,在推动电力技术的应用研究和生产转化方面发挥了重要的作用。

基础研究的优势不能自然转为技术和产业领先优势,大学要主动和企业合作,把引领新兴产业和支撑关键产业发展作为基础研究的重要使命。成立于1980年的美国麻省理工学院媒体实验室,是一个著名的科学、艺术和设计相融合的跨学科实验室。媒体实验室采用开放式研发模式,许多项目直接与企业合作或受企业委托。这使得媒体实验室能迅速地发现市场的需求,实验室产生的原创性成果也能及时得到应用。科学论文一定程度上反映了基础研究的水平,但基础研究的作用和价值不完全体现在论文上,还体现在技术突破和应用上,这是基础研究的长远效益。

一流大学和一流企业之间有着广阔的合作空间,合作成效的大小完全取决于合作机制的创新。我们必须在深入推进创新发展中,正确处理好大学和企业的关系,解决基础研究和应用研究之间的矛盾,创新体制机制,发挥大学和企业各自的优势,推动协同创新,使双方的资源得到最佳的互补和配置。

百舸争流,奋楫者先;千帆竞发,勇进者胜。在这样一个日新月异的时代,大学和企业应当奋勇争先、竭力进取,提升自身科技实力和创新能力,为建设世界科技强国、实现中华民族伟大复兴的中国梦作出新的更大贡献。

攻克高端轴承的核心技术

中国科学院金属研究所　李依依 李殿中

材料是人类生存及发展的物质基础,是国民经济和国家安全的重要基石。因此,必须从国家层面高度重视材料领域的研究和发展,把发展高端材料领域作为建设科技强国的重要组成部分。

一、务必真正践行"材料先行"的理念

"中兴事件"暴露出我国相关领域缺乏核心技术的发展短板。对这种受制于人的切肤之痛,作为材料领域的科技人员我们感同身受。材料既是当代高新技术的重要组成部分,又为其他高新技术的发展提供物质基础和先决条件。但实际上,国内长期以来对材料领域重视程度不高。例如,各行各业在研究开发新整机设备时常常是一些不懂材料的人在用材料,也不愿意邀请研究材料的人一起参与,一旦遇到事故又推责给材料。又如,材料很难得到独立的研究课题。

我国设立的"973计划"项目中原来没有新材料专项,而是把材料分割到各个专项中;后经过师昌绪先生争取,"973计划"才增加了新材

料领域专项。同样,《中国制造 2025》,如果制造业发展只讲制造不讲材料,产出的机器设备难免会有材料方面的问题,届时再来解决材料问题恐怕为时已晚。

因此,务必真正践行"材料先行"的理念,即在机器设计阶段就做出材料供设计人员选择。笔者所在团队发现,当前国家大型工程需要的装备日益大而厚,要求大钢锭越来越大,其中心的缺陷与偏析也严重增加。经研究,我们认为是氧的含量高与铝形成三氧化二铝,而后吸附硫化锰形成团簇上浮这一过程导致。笔者所在团队就从钢水的纯净化问题入手,前往企业直接对接,将钢水中的氧浓度控制到 10ppm 以下,同时改善钢锭保温效果,从而获得了均匀的钢锭。

二、自力更生推动高端轴承国产化

轴承是重大装备的关键零部件,广泛应用于航空、航天、高铁、汽车、风电、机床、工程机械、国防军工等各个领域,是所有运转设备的关键,是衡量一个国家科技水平和工业水平的重要标志。目前,我国高铁轴承、航空轴承(或者轴承材料)等高端轴承的年需求量约为 250 万吨,对外依存度很高。但是,瑞典斯凯孚(SKF)、德国富爱其(FAG)、美国铁姆肯(TIMKEN)、日本恩斯克(NSK)等国外著名企业从来不向中国出口最高等级的轴承。显然,靠购买,中国永远也得不到最好的轴承!因此,我们必须自主研制轴承制造的核心技术。

轴承制造包括轴承设计、轴承钢材料制备、轴承加工制造、轴承应用等多个环节,是一条涉及材料、设计、制造和使用等多方面的完整产业链。高端轴承一直未能国产化,主要问题来自三个方面:一是轴承钢材料问题。虽然轴承加工制造、轴承润滑、轴承设计等方面与国外相比有一定差距,但主要问题仍然来自材料。多年来,轴承钢的品质和稳定性与国外相比始终存在一定差距,这是制约轴承国产化的根源。二是产业链合作问题。轴承材料研发与生产单位、轴承制造企业、轴承用户各自为战,缺乏顶层设计和牵引,未能形成政、产、学、研、用"链式"合作模式,阻碍了高质量轴承国产化的推进。三是高端轴承生产规范没有实现标准化。用户担心国产轴承质量不稳定,也不愿意使用,导致高端轴承国产化没有应用试错空间。

随着我国科技创新能力的大幅度提升,轴承国产化已经具备一定条件。在轴承钢材料方面,我国冶金装备能力已经达到国际一流水平,但轴承钢的稳定性与高质量仍有差距,尚达不到高端轴承的稳定化供应,国外企业在国内占有很大市场。如何提高材料的纯净度、均质性和力学性能方面使之达到国际先进水平?我所在团队从源头上解决了稀土在钢中应用的这个老大难问题,也是国内攻关数十年几乎要抛弃的问题。近三年来,中国科学院金属研究所联合相关企业,已进行了20多万吨的轴承钢工业化试验,吨钢只需加入200克镧铈轻稀土,就解决了钢的纯净度和均匀性问题,轴承钢的疲劳性能和韧性稳定提高,实现了高端轴承钢工业化应用的重大突破。经过轴承台架对比测试,国产稀土轴承钢与国外著名公司的高端轴承钢在加工成轴承后的性能相当。我们团队与相关企业信心十足,一定要把祖国的轴承创出国际品牌。

稀土是中国的优势资源,加微量稀土后的国产轴承材料具备了超越国外的条件。在轴承加工方面,生产线的自动化和智能化程度越来越高,人为因素逐步减少,这也为轴承的稳定化制造打下了良好基础。

与我所在团队合作的我国轴承钢生产企业主要包括:中信集团下

属的湖北新冶钢厂、青海省国有西宁特钢、营口石钢京诚，东北特钢也生产部分轴承钢材料；民营企业包括山东的西王特钢、天马轴承厂等。

与我所在团队合作的轴承制造企业主要包括两大类：一是以哈尔滨轴承厂、瓦房店轴承厂和洛阳轴承厂（简称"哈瓦洛"）为主的国有企业；二是以人本、天马为代表的轴承制造民营企业，在规模、效益和活力上甚至好于国有企业。

为当前及长远发展考虑，笔者提出建议如下：

第一，在国家相关部委的支持下，以中国科学院金属所为技术依托，将钢厂、轴承制造厂、用户联合起来，进行"链式"合作，推动航空、高铁、机床、工程机械、汽车、军工等高端轴承国产化。

第二，轴承制造可形成两条生产线，一条以国有企业为主的生产线，以解决国家重大急需为主；一条以民营企业为主的生产线，利用其灵活性的机制，以面向市场化为主。国家对两类企业都要给予适当支持，建议设立一个轴承国产化专项：以高精密、长寿命的轴承为主，用于新能源汽车、机床、航空航天、军用舰船等，定点、定向合作攻关，实现高端轴承超越国际水平，并带动齿轮、模具等特殊钢材料和零部件制造问题一并迎刃而解。

第三，建议尽快组织力量，研究制定我国高端轴承的生产标准和技术规范。

第四，建议借鉴三峡工程大型铸锻件国产化的成功模式。该工作由原机械工业部副部长陆燕荪牵头，成立了国家大型铸锻件检查组，组织中国科学院金属研究所、清华大学、中国一重、中国二重、宁夏共享等铸锻件生产企业，哈尔滨电气集团有限公司、东方电机有限公司等主机制造企业，在用户——中国三峡总公司的大力支持下，依托中国科学院金属研究所等研究单位制定了严格的生产标准和技术规范，一直沿用至今。根据该标准和规范生产的产品性能稳定,确保了三峡大型转轮不锈钢铸件等实现完全国产化并陆续出口,成为解决"卡脖子"零部件国产化问题的典范。

高端轴承国产化势在必行。关于高端轴承国产化,我们已经多次发出呼吁。经向中国科学院原院长路甬祥、原机械工业部副部长陆燕荪汇报,他们极重视该问题,推动了工信部和机械工业学会组织研究、生产、使用的合作单位进行多次对接和讨论。参与者都认可高端轴承材料的新工艺和效果等进展,一致决心攻下国产高端轴承的核心技术,制定出我国的生产标准和技术规范,为高品质轴承稳定生产提供保障,让我国高端轴承不再受制于人,为建设世界科技强国作出应有贡献。

以知识产权助力世界科技强国建设

国家知识产权局　　申长雨

建设世界科技强国是党中央站在新的历史起点上作出的重大战略部署。习近平总书记明确指出，到 2020 年时使我国进入创新型国家行列，到 2030 年时使我国进入创新型国家前列，到新中国成立 100 年时使我国成为世界科技强国。这与"两个一百年"奋斗目标高度契合，是实现中华民族伟大复兴的战略支撑。知识产权是激励创新的基本保障，建设世界科技强国，离不开知识产权的有力支撑。我们必须按照中央的部署，大力倡导创新文化，强化知识产权创造、保护、运用，助力世界科技强国建设。

一、知识产权是建设世界科技强国的重要内容

无论从国际还是国内来看，知识产权都是建设世界科技强国的重要内容，世界上以科技见长的国家，如美国、英国、德国、日本、韩国等，无一不重视知识产权，在知识产权相关指标上表现优异。例如，美国是世界上第一个将知识产权制度写入宪法的国家，最近又授出了第 1000

万件发明专利。英国是现代知识产权制度的发源地。德国为我国专利制度的建立提供了很多支持和借鉴。日本的发展经历了由"贸易立国"到"技术立国"再到"知识产权立国"的战略升级。韩国面对全球金融危机及时启动实施了知识产权强国实现战略。所有这些,都有力助推和支撑了这些国家的科技创新,是其崛起成为科技强国的重要保障。

党的十八大以来,以习近平同志为核心的党中央将创新摆在国家发展全局的核心位置,确立了建设世界科技强国的宏伟目标,并作出了建设知识产权强国的战略部署,引领我国科技事业和知识产权事业发生历史性变革、取得历史性成就。

一是创新成果大量涌现,专利技术量质齐升。从 2012 年到 2017 年,我国国内有效发明专利拥有量从 43.5 万件增长到 136.6 万件,成为继美国、日本之后第三个国内有效发明专利拥有量突破 100 万件的国家。每万人口发明专利拥有量从 3.2 件增长至 9.8 件,增长了两倍多。年度 PCT 国际专利申请受理量从 0.55 万件增长至 5.1 万件,跃居世界第二位。在高铁、核能、航空航天、载人深潜、人工智能、移动通信、生物医药等众多领域,研发掌握了一批自主知识产权核心技术。在由世界知识产权组织发布的《2017 年全球创新指数》报告中,中国名列第 22 位,成为首个跻身全球前 25 位的中等收入经济体。

二是知识产权保护力度不断加大,创新环境持续改善。中央专门作出了实行严格的知识产权保护制度的重大部署,持续加大知识产权保护力度。行政执法方面,深入开展打击侵犯知识产权专项行动,仅 2013 年至 2017 年就查处专利侵权假冒案件 19.2 万件,有力地打击了各种侵权行为。同时,专门成立了 3 家知识产权法院和一批知识产权法庭,加大司法保护力度。调查显示,2012 年至 2017 年,我国知识产权保护社会满意度由 63.69 分提高到 76.69 分,整体步入良好阶段。

国外有关媒体报道,中国的知识产权保护环境得分居于中等收入国家前列。

三是知识产权运用效益不断提升,科技成果加速转化。近年来,各方面通过完善知识产权权益分配机制,推进知识产权运营平台体系建设,大力培育和发展知识产权密集型产业,知识产权运用效益加速显现。专利密集型产业增加值占 GDP 的比重提升至 12.4%。2017 年,全国涉及各类知识产权的技术合同 15.3 万项,成交额 5550.67 亿元,同比增长 9.78%。其中,发明专利成交额 870.69 亿元,同比增长 19.15%。知识产权使用费贸易总额 333.84 亿美元,同比增长 32.7%。其中,出口额 47.86 亿美元,同比增长 311.5%,增速居国内服务贸易之首。

四是知识产权管理改革取得重大突破,为创新提供了更好支撑。在体制机制方面,中央作出了重新组建国家知识产权局的重要部署,更好支撑创新发展的知识产权管理体制和运行机制加快形成。在战略协调层面,建立了国务院知识产权战略实施工作部际联席会议制度,由国务院领导同志担任召集人,统筹协调能力极大增强。在微观管理层面,两万多家企业完成国家知识产权管理规范贯标工作,越来越多的高校、科研院所推进重大科研项目知识产权管理,研发效率明显提高。

此外,知识产权国际合作扎实推进,成功推动世界知识产权组织设立中国办事处,并共同建设技术创新支持中心,与有关国家和地区开展了一系列知识产权多双边合作,为科技创新营造了良好的国际环境。知识产权服务业加快发展,为创新活动提供了有力支撑。通过持续开展知识产权宣传和教育普及工作,"尊重知识、崇尚创新、诚信守法"的知识产权文化理念日益深入人心,为科技创新营造了良好环境。

二、知识产权是激励创新的基本保障

党的十八大以来,党中央、国务院高度重视知识产权在促进科技创新中的重要作用。习近平总书记强调,知识产权保护不仅是中国履行国际义务的需要,更是中国构建创新型国家、实现自身经济社会发展目标的需要;要树立保护知识产权就是保护创新的理念;完善知识产权运用和保护机制,激发科研人员创新活力,让各类人才的创新智慧竞相迸发。李克强总理指出,要深入实施知识产权战略行动计划,坚决打击侵权行为,切实保护发明创造,让创新之树枝繁叶茂。《中共中央 国务院关于深化体制机制改革加快实施创新驱动发展战略的若干意见》明确,要让知识产权制度成为激励创新的基本保障。所有这些都从不同层面、不同角度,深刻阐明了知识产权在促进创新中的重要作用。

知识产权之所以在创新中扮演如此重要的角色,关键在于两个方面。一方面,知识产权为创新提供了重要的动力源泉,解决了创新中的"两个驱动"问题。从通常意义上来讲,我们国家的科技创新依靠的是"双轮驱动"。一个"轮子"是依靠政府驱动,包括载人航天、"嫦娥"登月、"蛟龙"深潜、重大基础研究等,都是由国家支持的。这方面的创新投入大、风险高、周期长,市场缺乏动力,但又买不来、等不起,必须依靠政府支持,坚持走自主创新道路,才能从根本上提高国家战略科技力量。这也是习近平总书记反复强调的,要研发掌握更多拥有自主知识产权的核心技术,从根本上解决关键技术领域受制于人的问题。另一个"轮子"是依靠市场驱动创新,也就是充分发挥市场在资源配置中的决定性作用和更好发挥政府作用。市场经济说到底是法治经济,实施创新驱动发展战略,关键是要建立有利于创新的法治环境。党的十八届四中全会强调,要加强重点领域立法,完善激励创新的产权制度、知识产权保护制度和促进科技成果转化的体制机制,也就是要通过知识产权,保障市场经济环境下的创新活动有效开展。

另一方面,知识产权为科技成果转化、为现实生产力提供了"桥梁"和"纽带"。知识产权一头连着创新,一头连着市场,是实现科技强到产业强、经济强、国家强不可或缺的关键一环。因为知识产权制度本身蕴含着"三个重要机制"。首先,知识产权制度是一种新型的产权安排机制,它通过赋予创新成果财产权,明确了创新主体对创新成果拥有合法的支配权和使用权,解决了科技创新领域"有恒产者有恒心"的问题。2016年,《中共中央 国务院关于完善产权保护制度依法保护产权的意见》出台,专门将加大知识产权保护力度作为重点任务加以部署。其次,知识产权是一种创新激励机制,它通过依法保护创新者的合法权益,来激发人们的创新热情,解决创新领域"劳有所得、劳有所获"的问题。美国著名的《拜杜法案》就通过这种激励机制,有力地促进了国家的科技进步。目前,我们国家也在深化知识产权权益分配改革,解决知识产权的所有权、处置权和收益权"三权问题",处理好国家与单位、单位与发明人、权利人与社会公众之间的"利益关系",建立科学合理的权益分配机制,从根本上调动单位和发明人实施成果转化的积极性、主动性。最后,知识产权还是一种有效的市场机制,是针对知识产权无形性特点制定的许可转让规则,使知识产权在市场环境下,可以顺利转移转化,产生效益,推动发展,实现创新投入与创新回报的良性循环,解决的是科技成果转化为现实生产力的"最后一公里"问题。

三、以知识产权助力世界科技强国建设

一是加强政策引导,激励高水平发明创造。贯彻中央关于推动高质量发展的要求,坚持质量第一、效益优先,深入实施专利质量提升工程,强化发明创造的质量导向,鼓励和支持研发掌握更多拥有自主知识产权的核心技术,努力在"高、精、尖、缺"领域实现突破,破解工业母机、高端芯片、基础软硬件、基本算法、基础元器件、基础材料等方面存在的瓶颈,努力实现关键核心技术自主可控,牢牢掌握创新主动权、发展主动权和竞争主动权。

二是加强知识产权保护,营造良好创新环境。以机构改革为契机,加快知识产权保护体系建设,统筹推进知识产权严保护、大保护、快保护、同保护各项工作。特别是要着力提高知识产权审查质量和效率,强化源头保护;提高立法标准,加快《中华人民共和国专利法》修改,建立侵权惩罚性赔偿制度;加大行政执法力度,推动综合执法,提高办案水平和效率;加快知识产权保护中心建设,建立便捷、高效、低成本的维权渠道,严厉打击各类侵权行为。

三是加强知识产权运用,促进科技成果转化。深化知识产权权益分配机制改革,实行以增加知识价值为导向的分配政策,从根本上调动发明人实施成果转化的积极性和主动性,让创新者通过创新获得合理回报。要加快知识产权运营平台体系建设,多渠道盘活用好知识产权资源,加速科技成果向现实生产力的转化。要大力培育和发展知识产权密集型产业,推动我国产业向全球价值链中高端跃升,促进实体经济发展,提高经济竞争力。

　　四是完善知识产权服务体系,服务科技创新。扎实做好知识产权机构改革,建立高效的知识产权综合管理体制,探索支撑创新发展的知识产权运行机制。打造一批知识产权公共服务平台,打破知识产权"信息孤岛"和"数据烟囱",更好促进创新创业。大力发展知识产权服务业,建设一批具有国际水平的知识产权服务机构,为创新主体提供高水平知识产权服务,让创新者有更多的时间和精力投入创新活动中去。

　　五是深化知识产权国际合作,促进开放创新。习近平总书记深刻指出,科学技术是世界性的、时代性的,发展科学技术必须具有全球视野。自主创新是开放环境下的创新,绝不能关起门来搞,而是要聚四海之气、借八方之力。因此,要发挥好知识产权在开放创新中的支撑保障作用,通过良好的知识产权保护,更好地融入全球科技创新网络,最大限度用好全球创新资源,在更高起点上推进自主创新。同时,也让中国的知识产权在国外得到有效保护,促进互利共赢、共同发展。

中 国 工 程 院

机械与运载工程学部

建设"航空强国"

中国航空工业集团有限公司　张彦仲

2014 年 5 月 23 日,习近平总书记在视察中国商用飞机有限公司(以下简称"中国商飞")时指出,研制大飞机承载着几代中国人的航空梦,搞大飞机和我们的"两个一百年"奋斗目标是一致的。我们要做一个强国,就一定要把装备制造业搞上去,把大飞机搞上去。2016 年 8 月 28 日,习近平总书记在中国航空发动机集团公司成立时批示,"加快实现航空发动机及燃气轮机自主研发和制造生产,为把我国建设成为航空强国而不懈奋斗"[①],向我们提出建设航空强国的奋斗目标。

一、航空强国是现代化强国的重要标志

习近平总书记 2014 年 5 月 23 日在视察中国商飞时说,"大型客机

---

① 《习近平对中国航空发动机集团公司成立作出重要指示强调:加快实现航空发动机及燃气轮机自主研发和制造生产　为把我国建设成为航空强国而不懈奋斗》,《人民日报》2016 年 8 月 29 日。

研发和生产制造能力是一个国家航空水平的重要标志,也是一个国家整体实力的重要标志"①。在 21 世纪中叶,中国将进入世界强国行列,航空强国将为中国更加频繁地参与全球事务、经贸往来、交流合作提供强大支撑,也将为中国推动全球经济、政治、军事体系的发展提供强有力手段。更重要的是,航空科技创新作为建设航空强国最核心、最有效的战略步骤,也将为实现科技强国的战略目标提供强大的驱动力。成为航空强国不仅意味着中国拥有了在 21 世纪保持持续繁荣和长治久安的经济和军事支柱,也意味着中国将重新成为尖端科技和工业文明的先行者。

(一)航空强国是经济强国的重要标志

航空业是美欧自第二次世界大战以来经济和社会发展的重要支柱。到 21 世纪初,包括航空制造业、航空运输业、航空基础设施和运行保障、军用航空等的航空业整体,为美国提供了 1300 万个高质量就业岗位,占美国全部雇员的 15%。② 2015 年,美国航空制造业产品和服务的增加值占国民生产总值的 1.8%,出口占全国出口的 10%,航空制造业成为美国经济的战略性支柱。③ 据日本通产省研究,按产品单位重量创造的价值计,如果船舶为 1,则轿车为 9,彩电为 50,电子计算机为 300,喷气飞机为 800,航空发动机达 1400。美国兰德公司统计,民用飞机工业可以为相关产业提供 12 倍于自身的就业人数,航空工业每投入 1 亿美元,10 年后航空及相关产业将产出 80 亿美元。航空制造业还具有巨大的产业辐射和带动作用。在航空制造业的带动下,美国发展出

---

① 《习近平在上海考察时强调:当好全国改革开放排头兵 不断提高城市核心竞争力》,《人民日报》2014 年 5 月 25 日。
② 《美国航空航天未来委员会报告》,美国国会专门委员会,2002 年。
③ 《美国航宇工业协会报告》,美国航宇工业协会网站,2016 年。

全球先进的材料、元器件、软件、工艺装备、工业控制、动力能源工业，美国的冶金、化工、机械、仪表等配套的基础性工业也始终保持在全球基础性工业分工的价值链顶端。欧洲空中客车公司在欧洲的供应链体系就涉及 1 万多家企业，近半个世纪以来一直是拉动欧洲制造业持续升级最强有力的火车头。航空业是一个国家装备制造业水平的重要标志。

（二）航空强国是军事强国的重要保障

自第二次世界大战以后，美欧严格限制其盟国发展军用飞机。目前，美国军用固定翼飞机的规模仍保持在 10000 架左右，旋翼机规模保持在 6000 架以上，超过俄、中、英、法等其他安理会常任理事国的总和。[①] 美军隐身飞机可同时投放的远程空对地精确打击弹药的能力超过 1500 吨；战略空运能力达到 1.3 亿吨公里/天，超过全球其他国家能力的总和。由于高度重视制空权和空基打击在现代战争中的核心作用，美军近三十年来仍将采办费用的一半用于配置现代化的航空和空基武器装备。[②] 航空装备是空中优势、海上优势和陆地优势的重要保障。

（三）航空强国是科技强国的重要引擎

随着航空深入人类生活的方方面面，航空科技的全体系特征愈发突出。按照我国的学科分类标准，航空涉及 13 大学科门类中 9 个门类的近 2000 个三级学科。航空业的每一次重大科技进步，都带动着相关学科和技术向前发展，并引发整个社会科技水平的全面提升。由于投资航空科技发展具有巨大的体系带动效应，航空成为主要国家科技投资的重点领域。日本的一项研究表明，在当时被调查的 500 多个技术

---

① 参见《世界空中力量》，英国简氏出版集团，2018 年。
② 参见《武器系统费用》，美国国防部，1986—2016 年。

扩散案例中,60%的核心技术源于航空工业;欧洲的一项研究表明,在航空领域每投入 1 亿美元研发,后续可以形成每年 9000 万美元的产出。[①] 美国对航空在整个科技体系中的作用有着非常深刻的认识,第二次世界大战以后由国家航空航天局、国防部、交通运输部等长期稳定投资航空研发,近二十年来仍然保持每年百亿美元规模的航空研发投入,不仅形成了全球最强大的航空研发力量,而且带动了空气动力学、固体力学、工程热物理、计算数学、物理学、化学、电子学、信息、控制学等众多门类的基础科学和工程技术长期保持世界顶尖的研究创新和工程应用。欧盟连续 9 个框架计划中,航空是研发投入增长最快的战略性领域。美欧都将航空研发作为驱动整个科技创新的战略引擎。

20 世纪以来的强国竞争史已经雄辩地证明,不是航空强国难以成为真正的现代化强国。航空在英、法、德、意、俄、日等国的强国发展史上都留下过浓墨重彩的一笔,第二次世界大战中的各强国无一不全力谋求航空优势,苏联更是曾经与美国在军用航空领域分庭抗礼。在航空领域的竞争失败,是许多国家未能继续现代化强国进程的原因之一。第二次世界大战结束后,对德、日、意等战败国发展航空工业作出严格限制。德国积极与欧洲通过技术和市场的联合发展,使民用航空成为欧洲复兴进程的主要支柱;日本在第二次世界大战之后,航空高度依附美国,没有形成自主发展格局,没有为日本的发展作出巨大贡献。从目前的发展趋势看,航空强国仍然是所有全球性强国发展不可或缺的重大战略依靠,超越对手形成航空优势是现代化强国发展进程中面临的最重大战略挑战。

---

① 参见《航空,真正的互联网》,牛津经济研究所,2008 年。

二、航空强国的战略目标

深刻认识我国全疆域快速运输和高效治理的战略需求。我国陆地和海洋面积超过1200平方公里,只有建立强大的航空运输体系,才可以支撑我国全疆域"门到门"运输效率提升到 12 小时以内(欧盟 2050 年的目标是欧洲全境 4 小时)。即使按照较低的航空运输年增长率①来估算,20 年后,我国航空客运规模也将从目前的每年 0.8 万亿人公里提升到每年 3.6 万亿人公里,我国民航机队的规模将从目前的不足3000 架达到超过 7000 架,新机购置数量超过 6000 架,价值超过 1 万亿美元。即使实现了这个目标,我国年人均乘机次数也仅是从目前的0.35 次提升到 20 年后的接近 1 次。进一步提高陆域和海域的开发、运营、管控和治理水平,支撑我国无论是地理位置边远的村落,还是人口高度密集的城市,都能达到相对一致的社会文明程度和国家治理效率,有效解决发展不平衡、不充分的问题,还需要大力发展我国的通用航空。需要特别指出的是,从国家治理能力和效率的角度出发,航空运输和通用航空体系都不能存在全局性受制于人的战略性风险。

深刻认识在全球性体系中确保我国生存和发展空间的战略需求。到 21 世纪中叶,作为一流军队的重要组成部分,我国航空装备要在空、天、网、电、陆、海全部六个作战域的占有信息、敏捷机动、精准打击、跨域作战、自主后勤等方面占据领先位置,以稳定的军事能力持续有效覆盖全部潜在冲突区域,以真正的战斗力和威慑力维护我国的主权和全

---

① 我国过去 40 年的航空运输年增长率保持在两位数以上,是国民经济增长率的 1.8 倍。这里按航空运输年增长率 6.8% 计算。

球利益。我国航空装备不仅要在数量和质量上与持续快速进步的竞争对手形成全面抗衡的局面,而且还要以低于竞争对手的资源占用和整体成本,形成超越对手的作战实力和作战适用性。作为联合国安全理事会常任理事国、世界第二大经济体,我国航空装备还要支撑战略性资源的全球快速到达能力,支撑中国作为大国在全球体系中发挥基本职能作用。

深刻认识我国航空工业和整个制造业转型升级的战略需求。我国经济发展模式已经进入一个极端重要的转型升级期,其成败取决于高端制造业的发展水平、发达程度。美国和欧洲向全球市场提供了"航空"这一不可或缺的公共产品,自身也获得了巨大的经济回报和产业增长。波音和空客公司目前都是拥有千亿美元以上创新资产的产业巨擘,它们还领导着拥有数万亿美元创新资产的欧美航空工业。简而言之,我国经济要持续发展,航空产业是制造业必争之地,也是世界航空市场必争之地。

为满足我国未来航空发展需求,支撑国家"两个一百年"奋斗目标的实现,必须确立航空强国的发展目标。航空强国的战略目标可划分为 2035 年和 2050 年两个阶段。

第一阶段,到 2035 年,步入先进航空国家行列,基本实现我国航空现代化。

自主研发先进的航空产品;自主掌握航空核心技术;形成全面的航空技术体系和产品体系;建成先进的航空产品设计、制造、生产和运营支持能力;培养一支高水平的人才队伍。军用航空装备能有效支撑军队现代化,民用航空产品有效占据世界市场份额,初步建立基于自主航空的高速、高效国家运行和治理体系,有力支撑国家全疆域经济和社会的平衡发展。

第二阶段,到 2050 年,成为世界一流航空国家,建成世界航空现代化强国。

研发出世界一流的航空产品;领先创新能力突出、掌握有战略优势的航空核心技术;航空技术体系和产品体系完备;建成一流的航空产品设计、制造、生产和运营支持能力;培养世界一流的人才队伍。航空装备全面支撑一流军队的持续发展,全面支撑国家全疆域经济和社会的平衡发展,全面支持我国参与全球治理体系。我国民用航空产业成为世界航空产业链的重要力量,支撑人类命运共同体可持续发展的新篇章。

三、航空强国的建设

进入 21 世纪以来,数字化、网络化、智能化融合发展,为全球科技创新不断提供新的发展空间和创新驱动力,推动着科技革命和产业变革以更加迅猛的方式影响人类生活的方方面面。与此同时,未来航空发展已经向人类科技创新提出了最强有力的挑战,航空领域也进入了科技革命和产业变革期。

在航空运输安全性方面,人类已经可以达到灾难性事故率 1 次/亿飞行小时水平,但面对持续增长的运输需求,欧美已经提出在 21 世纪中叶将航空运输安全性再提高一个数量级的目标;在与自然和环境协调发展方面,能源转换和能效提升、绝对排放规模大幅收缩、与全球生态体系共存等要求,已经在国际层面被认定为未来航空获得进一步长足发展必须实现的基本条件;在与人类社会协调发展方面,有人无人飞行器混行、风险和偏远空域的有效管控、人类个体与群体行为冲突等,都已经通过重大事件的方式对航空的发展提出了战略性挑战,必须发展出更加强大的技术和管理,人类才能继续保持对发展和应用航空的信心。

国家要强,科技必须强,航空科技体系更要强。航空科技必须以自主领先创新为发展理念,以掌握核心技术为发展重点,以新时代军民融合体制为发展动力,抓住历史机遇,在航空强国建设进程中长足发展、作出巨大贡献。

(一) 立足自主创新推进航空强国建设

习近平总书记指出:我们(在航空领域)要彻底改变"造不如买、买不如租"的逻辑,要"形成我们独立的、自主的能力"。我国航空自主研发活动启动晚、研发决策多变、研发体系不健全等,是 20 世纪后半叶影响我国航空自主创新的问题。航空工业几十年发展经验证明:无论是民用飞机还是军用飞机,凡不坚持自主创新,想依赖西方国家的技术,都遇到重大挫折! 当前最重要的自主创新部署,是着眼长远、持之以恒地开展航空研发活动,在国际国内市场和供应链高度融合的状态下,坚持自主开发和创新核心技术。以自己的核心技术,掌握项目和产品的技术与市场主导权。

(二) 重点突破航空关键核心技术

习近平总书记指出:"关键核心技术是要不来、买不来、讨不来的。只有把关键核心技术掌握在自己手中,才能从根本上保障国家经济安全、国防安全和其他安全。"①当代航空工业的核心技术,不仅涉及航空体系、飞行器平台、发动机和机载系统、专用部组件、材料和工艺、元器件—软件—标准件等各个层面,还涉及需求开发、技术验证、工程和制造研制、小批和大批量生产、使用和保障等各个环节的设计开发工具、工程验证手段、体系保证方法和运营支持技术。重点要突破飞机、发动

---

① 习近平:《在中国科学院第十九次院士大会、中国工程院第十四次院士大会上的讲话》,人民出版社 2018 年版,第 11 页。

机和机载系统的关键核心技术。

飞机关键核心技术:飞行器总体综合设计技术,绿色飞行器高效气动设计技术,长寿命高可靠性轻质航空结构技术,系统集成技术,飞行器试验测试技术,大部件复合材料设计制造技术等。

发动机关键核心技术:大涵道比涡扇发动机设计和验证技术,高效率、高稳定裕度压缩系统,低排放燃烧室技术,高温长寿命涡轮技术,先进数字控制系统,高功率密度传动技术,综合燃油管理技术,高温材料及制造技术,测控技术等。

机载系统关键核心技术:综合模块化航电系统、非相似余度电传飞控系统、燃油系统、液压系统、空气管理系统、电力系统、起落架系统、辅助动力系统设计和验证技术等。

(三) 军民融合,建立新时代强国体制

航空是支撑国防和国家安全、国家运输体系、国家应急体系、国家公共安全体系、自然资源保护、生态环境保持、农村农业发展、文化旅游发展、城市化和分级医疗体系建设的重要手段,集合并充分发挥与发展航空、应用航空、管理航空的各方面力量,建立新型强国体制,我国航空工业才能够敏捷开发和交付产品响应市场与军事需求,才能够高效组织创新链和供应链降低发展与运行成本,才能够形成较高的投资回报吸引产业资本和优秀人才,才能够形成良性持续发展模式自主、快速、领先发展,才能够在全球航空产业的各层次、各领域竞争中胜出,才能够在我国制造业各领域的人才和资本的竞争中胜出。新型举国体制,需要以更强大、更专业的国家基础研究体系来支撑航空领域的自主创新,以更流畅、更完备的技术转化和转移体制来加速航空领域的创新进程,以更广泛、更深入的经济和社会应用来驱动航空领域的技术产品化、产业化进程。

时不我待,航空发展已经进入"两个一百年"的奋斗征程。推动航空强国建设,是实现"两个一百年"奋斗目标不可回避的战略挑战、不可或缺的战略基石、不可动摇的战略途径。中华民族有智慧、有能力成为世界航空科技和航空产业发展的重要力量,航空也将为中华民族的伟大复兴插上翅膀!

航天创新发展　支撑科技强国

中国运载火箭技术研究院　龙乐豪

科技兴则民族兴,科技强则民族强,科技创新是实现中华民族伟大复兴梦想的必由之路。在 2016 年全国科技创新大会、两院院士大会、中国科学技术协会第九次全国代表大会上,习近平总书记首次向全国科技工作者发出了建设世界科技强国的伟大号召;在 2017 年党的十九大报告中,习近平总书记描绘了我国建设社会主义现代化强国的宏伟蓝图,提出了建设科技强国、质量强国、航天强国、制造强国、海洋强国的全面目标;在 2018 年两院院士大会上,习近平总书记再次强调了科技创新的战略地位,指出:实现建成社会主义现代化强国的伟大目标,实现中华民族伟大复兴的中国梦,我们必须具有强大的科技实力和创新能力。

一、认识与体会

航天梦是中华民族伟大复兴中国梦的重要内容,航天强国是科技强国的重要内容和有力支撑。习近平总书记非常关心中国航天的发展,多次强调要建设航天强国。早在 2013 年 6 月 11 日,习近平总书记在接见"天宫"一号与"神舟"十号载人飞行任务参试人员时就指出,"发展航天事业,建设航天强国,是我们不懈追求的航天梦"①。2016 年 4 月,习近平总书记就设立中国航天日作出重要批示:设立"中国航天日",就是要铭记历史、传承精神,激发全民尤其是青少年崇尚科学、探索未知、勇于创新的热情,为实现中华民族伟大复兴的中国梦凝聚强大力量。

航天是国家安全的战略基石,是国家综合国力的集中体现,是大国竞争博弈的焦点。冷战时期美苏两个超级大国竞争的焦点就在航天领域。1957 年 10 月 4 日,苏联出其不意地发射了人类第一颗人造卫星,不久又第一个将宇航员送入太空,每次都在全世界引起巨大轰动,并直接刺激美国实施了阿波罗载人登月工程计划。双方你来我往,竞争十分激烈,客观上极大地推动了航天事业的发展,促进了科学技术的进步,加快了人类文明前进的步伐。基于航天技术的广播、通信、遥感、导航、天气预报等许多技术,为人们生活带来了极大的便利,甚至改变了人类的生活方式。

中国航天的发展史,就是一部自主创新的奋斗史。20 世纪 50 年代,新中国成立不久,朝鲜战争又刚刚结束,国家一穷二白,百废待兴。在这种政治、经济极度困难,科学技术及工业基础又极为薄弱的条件下,党中央毅然作出了发展航天事业的决定,确立了"自力更生、艰苦奋斗、大力协同、无私奉献"的指导思想,立足自身……经过艰苦卓绝的奋斗,我们成功研制了"两弹一星",极大地振奋了民族精神,震慑了帝国主义等敌对势力,挺直了中国人民的脊梁,保住了自己的命根子,

---

① 《发展航天事业　建设航天强国　为实现航天梦谱写新的壮丽篇章》,《人民日报》2013 年 6 月 12 日。

为中华民族赢得了和平建设发展的环境。进入改革开放时期,中国航天迎来新的跨越发展,实施了载人航天工程、探月工程,启动了北斗导航、高分辨率对地观测等工程建设,运载火箭能力不断提升,空间基础设施日益完善,战略导弹和中远程精确打击体系不断发展,中国整体进入世界航天大国行列。航天技术的发展也同时促进了中国科学技术进步,带动了中国机械、电子、材料、化工、冶金、装备制造等行业的发展,推动了系统工程技术、质量管理水平的进步。

二、差距与挑战

我国已是航天大国,但还不是航天强国,与美俄等航天强国相比,我们还有很大的差距。那么,具备什么样的航天技术和能力才能叫航天强国,或者说航天强国都有哪些标志呢? 在这方面,也有很多人在研究。我认为,要成为航天强国,至少必须具有以下五方面的标志:

第一,航天强国要有世界一流的航天工程成果,工程成果是最直接、最具有说服力的标志。航天领域的重大标志性事件(如发射第一颗人造地球卫星、首次将人类送入太空、发射首个空间站、首次发射月球探测器等),重大活动、重大工程的实施(美国的阿波罗工程,中国的载人航天工程、探月工程等),最能体现一个国家在航天领域的意志、决心、技术及能力。一个国家如果没有最终的工程成果,即使具有最先进的航天技术与工业基础,也不能被称为航天强国。

第二,航天强国要有世界一流的创新能力,要具备强大的原始创新和系统集成创新的能力,能够率先提出和实践航天领域的新概念、新原理、新方法,并在若干重要前沿领域引领世界航天科技的发展。人类探索航天的时间还很短,航天事业的发展还刚刚起步,在概念研究、原理探索、方法创新等方面还有广阔的空间。如果没有原始创新成果,没有综合各学科的技术实现集成创新的能力,就不能引领航天技术的发展,难以被称为航天强国。

第三,航天强国要有世界一流的航天技术和产品,要形成体系健全、功能完备、数量足够、有效管用的军事航天装备、空间基础设施,要有居世界前列的火箭发射数量与发射成功率,要具有全面的宇宙探索开发能力,除了满足自己国家的需要,还能为其他国家提供服务。如果没有足够的火箭、航天器,发射卫星要租用别国的火箭,预报天气、转播电视、观测灾区都要租用别国的卫星,则难以被称为航天强国。

第四,航天强国要有世界一流的工业基础及产业发展,要拥有系统、完备的航天工业体系和强大的自主保障能力,能够独立自主地实施航天工程、开展航天活动。航天涉及材料、器件、电子、机械、自动化、通信、制造等多个工业领域,如果原材料、元器件不能自给自足,关键仪器设备需要进口,设计、制造、试验需要依赖外国,就会存在安全隐患,会被别人"卡脖子",则难以被称为航天强国。

第五,航天强国要有世界一流的国际竞争力,要拥有一批具有国际信誉度的航天品牌、航天企业和具有国际知名度的领军人才,在世界航天科技发展和国际航天组织中具有很强的影响力和话语权。如果没有知名的航天产品、航天企业、航天专家,在国际组织中没有声音和影响力,则难以被称为航天强国。

对照这些标准,我们国家的差距还是很大的,尤其是 20 世纪 60 年代前后美苏两个超级大国展开激烈的军备竞赛,各自在航天领域投入了巨大的资源,取得了丰硕成果。中国当时由于国力弱、底子薄,虽然很努力,但一直处于追赶状态,难以跟美俄比肩;这些年虽然差距在缩小,某些方面甚至开始领先,但整体差距仍然明显。

现在,中国特色社会主义进入新时代,国家经济实力和综合国力上升了,科学技术及工业基础发展也很快,尤其是党中央明确提出了建设科技强国、航天强国的奋斗目标,我们有条件、有能力、有信心加快航天事业的发展,在顶层谋划、系统布局的基础上,将我们国家建设成为空间基础设施完备、航天装备强大、科技创新能力领先、产业带动作用明显、自主保障体系健全、人才队伍实力雄厚、国际竞争实力突出的航天强国,实现我们的航天梦、中国梦,让中华民族屹立于世界文明之巅,为人类文明的发展贡献智慧和力量。

三、思考与建议

(一) 启动新的标志性重大工程,形成世界一流的里程碑成果

不管是载人登月还是登火,重型运载火箭都是必不可少的运载工具,应尽快启动立项研制,争取在 2030 年前后首飞,随即实施载人登月和月球科考站建设;探索浩瀚宇宙是人类共同的梦想,应该前瞻性开展重大深空探测工程,开展火星、小行星探测及资源利用;建设天地一体化信息网络系统、空间太阳能电站、太空"加油站"等新型空间设施;在可重复使用天地往返、临近空间、组合动力飞行器等新兴领域加快实施步伐,率先取得工程化的里程碑成果。

(二) 提出并实施一批新概念计划与装备

加强航天技术与物理、化学、生物、人工智能等学科的融合发展,牵引高校、科研院所围绕航天领域开展新概念、新原理、新方法研究,培育原创性的成果;推动核热推进、空间核动力等新型动力技术,碳纳米管

等新型材料技术,天梯等低成本、重复使用大规模进入空间技术,星际穿梭机等快速空间往返技术的研究,适时开展演示验证试验。

(三) 壮大装备队伍,补齐能力短板

完成运载火箭的更新换代,完善、优化新一代运载火箭型谱,持续提升运载火箭性能和可靠性,降低成本;丰富和完善空间基础设施,形成规模化、体系化的空间装备;推动基础设施的应用,提高空间信息服务能力、卫星应用产业化能力,扶持商业航天发展,壮大太空经济规模。

(四) 夯实工业基础

以航天装备及国防需求为牵引,以《中国制造 2025》等计划为驱动,有重点、有步骤实施一批重大基础项目,推进原材料、元器件、装备制造与工艺等技术发展,形成军民融合的标准体系;鼓励、支持民营企业承担星箭零部件、电子设备、整机设备等产品的设计与制造,提升民营企业的能力及水平,进而带动整个工业水平的全面进步。

(五) 加强国际航天合作,提高国际影响力

加强对外开放与合作,可以利用"天宫"号空间站、无人月球科考站及其他深空探测项目,联合其他航天国家开展航天探索研究活动,进行优势互补的合作;支持没有能力独立开展航天活动的第三世界国家参与我们的航天活动,为他们提供搭载服务、卫星资源服务、空间探索服务;经常性举办或参与国际学术交流活动,推荐专家到国际空间组织任职,为其他国家提供培训。

此外,在管理上要适应时代发展,与时俱进提高管理水平。要提高决策效率,改变一个型号论证短则三五年、长则二三十年的状况;尊重航天企业创新主体的地位,各级主管部门和用户减少对企业技术和行政管理的过多干预;优化政策,支持企业加强自主研发投入,尊重和保护企业的知识产权;避免航天企业在低水平上重复投入、恶性竞争,提

高本就有限的资源的利用效率;有序引导民营航天发展,让民营航天企业真正成为航天事业的有益补充,而不是炒概念、圈钱、从国有航天企业破坏性挖人。航天精神代代相传,让我们有一支"特别能吃苦、特别能战斗、特别能攻关、特别能奉献"的优秀队伍,队伍一旦被瓦解,造成的影响将是灾难性的。

习近平总书记在两院院士大会上说:"我们必须清醒认识到,有的历史性交汇期可能产生同频共振,有的历史性交汇期也可能擦肩而过""形势逼人,挑战逼人,使命逼人。"①作为科技工作者的代表,我们必须深刻认清形势、把握大势、牢记使命、奋勇拼搏,肩负起历史赋予的重任,为建设航天强国、科技强国而努力奋斗!

---

① 习近平:《在中国科学院第十九次院士大会、中国工程院第十四次院士大会上的讲话》,人民出版社 2018 年版,第 8—9 页。

发展轨道交通产业　推进科技强国建设

中国南车集团株洲电力机车有限公司　刘友梅

轨道交通装备制造业是立国之本、兴国之器、强国之基。

轨道交通已经成为我国"干线、城际、市域、城市"的主体交通模式,提升速度也就成为现代轨道交通发展的奋斗目标。轨道交通利用技术创新推进了轨道交通运营速度的升级,从低速(100 千米/小时)到中速(160 千米/小时)、快速(200 千米/小时)、高速(250—400 千米/小时)、超高速(400—600 千米/小时),目前已成为轨道交通装备工程设计的定位。轨道交通装备为了获得更优的 RAMS(可靠性、可用性、可维修性和安全性)性能,要跨越传统轮轨式轨道交通装备技术模式,研发性能更优的磁浮交通装备技术模式已成为速度提升所需的技术创新现代化目标。坚持走中国特色自主创新之路,以实现"科技强国""交通强国"之中国梦。

一、轨道交通发展现状

轨道交通在全球已历经近两百年的发展,牵引动力从蒸汽机、内燃机进化到电力牵引,已成为全球客货运输的主体形式。我国轨道交通发展也有一百余年,凭借着人口众多、需求巨大的市场优势,二十多年来,在各级政府高强度投入和新技术应用的推动下,具有后发优势。我国地铁运营里程已超过 5000 公里,日均客流超 5000 万人次;干线铁路运营里程超 12.5 万公里,高铁运营里程突破 2.5 万公里,日均客流超 900 万人次,最高运营速度达 350 千米/小时。我国轨道交通的多项指标已跃居全球第一。

当前,我国"十三五"期间正在研制 400 千米/小时跨国互联高速列车。国际上德国、日本、法国等国最新推出的面向未来的高速列车最高速度均在 350—360 千米/小时,研发的重点主要在轻量化、低能耗、高舒适性和信息化等技术领域,轨道交通进一步提升速度所面临的安全性、技术性和经济性挑战十分巨大。

同时,我国正在城区大力兴建城市和城际轨道交通系统,实施过程中也存在诸多困难和障碍:地下轨道交通投资高昂,且不能彻底消除振动的负面影响;地面和高架轨道交通对周边环境所带来的环境噪声和振动难以达到国家环境保护标准的要求,众多工程建设项目在环评初期即因周边居民的强烈反对而难以实施,这些都给城市轨道交通发展带来了极大的制约。

总之,轨道交通依赖轮轨黏着和机械传动,引发轮轨相互作用产生磨耗和振动,并存在可能出轨等一系列固有的风险,制约了其技术进一步的发展,亟须采取一种全新的技术体系来改变。从目前轨道交通技术现代化发展来看,磁浮交通技术和智轨交通技术是轨道交通的奋斗方向。

二、磁浮交通的发展现状

磁浮交通技术发明于 20 世纪 30 年代,基本原理是依靠磁力悬浮和直线电机驱动实现列车非接触运行,可称为"贴地飞行",完全消除了轮轨技术的现存固有缺陷。由于近代车辆控制技术和电力电子器件技术的发展,世界上一些国家在 20 世纪 70 年代相继研制出了磁浮交通运输系统,其中德国和日本是公认的技术引领者。日本建成了山梨高速磁浮试验线,并于 2015 年试验达到了 603 千米/小时的陆地交通第一速。德国建成了埃姆斯兰德高速磁浮环形试验线,并将高速磁浮技术引入中国建成了商业化的浦东机场线,于 2002 年试验运行达到 500 千米/小时。在中低速磁浮交通领域,日本、韩国、德国都建成了试验线,其中前二者已实现了商业化运营。

我国的磁浮交通研究起步于 20 世纪 80 年代中期,虽然和国外相比起步较晚,但由于国家对磁浮交通技术研发的持续支持,以及国内轨道交通市场的多样化需求,目前我国磁浮交通技术已经走在全球第一方阵。我国已建成了全球唯一商业化的高速磁浮和最长的商业化中低速磁浮线路,目前全国已有二十几个城市拟规划兴建磁浮交通线路,仅湖南省磁浮规划里程就超过 400 公里。国家"十三五"重点科技研发计划设立了磁浮交通技术重点研究专项,由中国中车承担,于 2021 年我国自主研发的 600 千米/小时高速磁浮和 200 千米/小时快速磁浮交通系统将完成研发,并有望商用化。目前国内从事磁浮技术研究的高校和院所主要有国防科技大学、同济大学、西南交大、北京交大、中国科学院电工所等。

三、磁浮交通的技术优势

磁浮交通的优势是安全性高,抱轨运行不出轨;可用性好,非接触运行无磨耗，振动小，爬坡能力强；全寿命周期可维护性成本低等。磁浮交通有利于更高速度和更严格环境要求的城市区域运行。

传统高速电动列车车载驱动功率虽达到了 20 千瓦/吨全球最高的比功率水平，而依靠长定子驱动的高速磁浮列车可达到 100 千瓦/吨水平。目前传统的高速列车仍难以满足 400 千米/小时以上商业运行的动力需求。同时，轮轨磨耗和机械传动损耗给运营带来了巨大的成本，脱轨安全性也时刻给运营带来巨大风险；轮轨列车驶入城区的噪声和振动水平是磁浮列车的三四倍，爬坡能力仅为其三分之一，严重制约了传统轮轨交通系统在市域、城际交通网的经济应用。

磁浮交通也有其固有的劣势，这就是车辆悬浮支撑需要消耗一定的功率，根据运行速度的不同平均消耗功率约为 0.9—1.2 千瓦/吨，在低于 160 千米/小时的运用场合，磁浮交通能耗要高于传统轮轨交通，但在高于 160 千米/小时的运用场合则能耗水平要低于传统轮轨系统，这是因为机械阻力带来的能耗超过了悬浮所需的能耗。

四、磁浮交通的关键技术

磁浮交通的关键技术在于悬浮、导向和驱动系统。

悬浮的实现方式有两种，一种是利用电磁吸力抵消重力以保持车辆悬浮（即电磁悬浮，Electromagnetic Suspension，EMS），另一种是利用电磁斥力抵消重力以保持车辆悬浮（即电动悬浮，Electrodynamic Suspension，EDS）。

中低速磁浮交通一般采用了电磁悬浮，车辆悬浮架上设置可控制磁场强度的电磁铁，轨道上铺设导磁性能优异的磁钢，车载电磁铁和地面磁钢感应形成闭合磁路,N-S极产生电磁吸力克服车辆重力以使其悬浮,改变电流大小即可改变电磁吸力的大小,通过气隙传感器不断精准地采集气隙值的大小,以持续控制列车稳定悬浮。电磁悬浮的气隙大小一般为8—10毫米,对线路轨道安装精度要求较高。

高速磁浮交通一般采用电动悬浮,利用低温超导永磁体切割磁力线产生的力实现悬浮。当车速较低时电磁斥力不足以克服重力,车辆依靠支撑轮支撑,当车速超过150千米/小时时,车辆逐渐悬浮脱离地面,最大速度时悬浮间隙可达100毫米,无须主动控制悬浮间隙,对线路轨道安装精度要求较低。

中低速磁浮交通的导向是通过垂向悬浮力在横向的分力实现,称之为被动导向;而高速磁浮交通是通过单独控制水平电磁线圈的吸力来实现,称之为主动导向。导向力是为了克服列车过曲线时产生的离心力,列车运行速度越高,需要克服的离心力越大。被动导向的导向力增加,会引发悬浮力减小,这需要通过增加悬浮力来弥补,这种被动控制的导向原理和轮轨约束的导向原理类似,是一种简单、经济的方式,但是不能产生太大的导向力,因此通过弯道的速度受到了一定约束。高速磁浮最高运行速度可达500千米/小时,为确保弯道通过速度尽量不降低,采用了主动导向控制,可产生较大的导向力,是一种性能更优但成本较高的方式。

磁浮交通车辆的驱动普遍采用直线电机,分短定子和长定子两种模式。一般中低速磁浮交通采用装在车辆上的短定子异步感应直线电机驱动,高速磁浮交通采用装在轨道上的长定子同步感应直线电机驱动。

目前商业化的中低速磁浮列车最高运行速度为100千米/小时,继续提速至140—160千米/小时所需要的比功率尚不高(10—15千瓦/吨),采用车载驱动的短定子方案能够实现且较经济,只需在轨道上铺设铝感应板。但速度要提至 160 千米/小时以上乃至更高,短定子方案的功率就难以满足,必须采用高速磁浮的长定子方案,将整个轨道上全部铺设了铁芯和三相定子绕组,这样可成倍增加驱动功率,但轨道造价、维护成本和难度就相应增加。

五、发展磁浮交通的建议

我国是第一个具有高速磁浮交通和中低速磁浮交通商业化应用的国家,磁浮交通的研究与应用已达到了世界先进水平,特别是在中低速磁浮交通领域,我国已完全自主掌握技术并已引领全球;而高速磁浮交通技术是引进德国技术,我国尚未自主掌握,亟须加快推进工程示范应用,验证自主的悬浮、导向控制和长定子驱动技术。目前世界范围内尚无完整的中速磁浮交通系统,如何在现有技术的基础上研发经济可靠的中速磁浮交通系统,以适应城市群发展快速磁浮交通的战略需求,已成为当前迫切的一项科研任务。

我们认为,应在国家层面大力支持发挥我国现有的磁浮交通技术优势,加快中速和高速磁浮轨道交通关键技术基础研究和工程示范,尽快实现不同速度等级、不同制式的磁浮交通系统型谱化,抢占技术制高点,助力我国科技强国和交通强国战略。发展磁浮交通有利于提升我国国际轨道交通竞争力,促进产业升级,推动"中国制造 2025"高端装备制造业发展的进程。

为此,我们建议如下:

一是政策引导。通过国家重点研发计划、地方政府重点科技项目、产学研合作项目,分别布局磁浮交通的有关基础研究、关键技术攻关,以及产业化培育项目。

二是产业落地。积极推进快速磁浮交通的示范运用,在实践中不断进行科技创新,带动上下游产业的发展,为实现高速度的磁浮交通系统应用奠定基础。

建设国防科技创新体系
为强国战略保驾护航

南 京 理 工 大 学　李鸿志

中国兵器第201研究所　王哲荣

中 国 兵 工 学 会　许毅达

党的十九大关于新时代中国特色社会主义的战略部署,分两步把我国建成富强、民主、文明、和谐、美丽的社会主义现代化强国,重申始终坚持以经济建设为中心,通过实施创新驱动和军民融合发展等七大战略实现这个宏伟目标。

经过改革开放40年的艰苦奋斗,我国已经成为世界经济发展的重要引擎,所取得的翻天覆地的伟大成就令全球瞩目。一些心怀叵测的国家芥蒂于中国的发展,忌惮于中国的强大,从未停止过干预、破坏、包围和侵扰,致使我国从南海、东海到黄海,从东北、西北到西南,安全形势不容乐观。

为确保我国经济建设有一个安全、稳定的发展环境,必须加强国防和军队建设,构建完善的国防科技创新体系,让强大的国防工业基础和强大的人民军队为强国战略保驾护航。

一、国防科技工业是强国战略的重要基石

国防科技工业是强国战略的首要支撑。世界上的任何战争,前台展现的是军队和武器装备间的绞杀,后面支撑的则是经济实力、科技实力和国防工业基础能力。

近二十年来,国防科技工业在改革中探索发展,实现了重大的历史性跨越,完成了大批量先进武器装备的研制,为军队现代化建设作出了重要贡献。在发展过程中,以军事需求为牵引,以创新驱动为引领,以掌控核心关键技术为重点,将军工技术大力向民用产品转移,总体发展态势良好,表现出相当的活力,为带动国家科技进步、促进国民经济发展作出了重要贡献。

但是,在取得巨大成就的同时,国防科技工业也暴露出一些问题。譬如重复投资、重复建设比较严重,创新活力与发展动力明显不足,管理落后、封闭保守、体内循环、效率较低下、国际竞争力不高,改革意识和大局意识不强,等等。习近平总书记在 2015 年"两会"解放军代表团全体会议上尖锐地指出了这些问题,要求各有关部门,必须强化大局意识、强化改革创新、强化战略规划、强化法制保障,以强烈的责任担当推动问题的解决。

夯实国防科技工业基础,构筑稳固的强国基石,首先要从提高国防科技创新能力入手。通过实施军民融合发展战略与创新驱动发展战略,从顶层管理体制和运行机制入手,打破生产关系对生产力的束缚,广泛吸纳全社会的优势资源,解决国防科技工业目前存在的主要问题,使之适应经济社会发展要求,在提高武器装备水平的同时,推动国民经

济跨越发展、创新驱动发展,实现真正的富国强军。

二、国防科技创新必须走军民融合发展之路

习近平主席指出,把军民融合发展上升为国家战略,是我们长期探索经济建设和国防建设协调发展规律的重大成果,是从国家发展和安全全局出发作出的重大决策,是应对复杂安全威胁、赢得国家战略主动权和发展优势的重大举措。

党的十八大以后,党中央突出强调了两大国家战略,一是创新驱动发展战略,二是军民融合发展战略。从一定意义上说,实施创新驱动发展战略,是要通过转变发展方式,解决中国经济社会发展的质量问题,提高软实力;实施军民融合发展战略,是要通过统筹经济建设和国防建设的关系,解决中国面向未来发展的效率、效能问题,提高硬实力。对于国防和军队建设而言,实现科技领域的军民融合,建设并完善国防科技创新体系,是贯彻落实这两大国家战略的最佳交汇点,也是实现强军、强国战略的最佳切入点。

在中央军民融合发展委员会成立后的第一次全体会议上,习近平主席强调,要贯彻落实总体国家安全观和新形势下军事战略方针,突出问题导向,强化顶层设计,加强需求统合,统筹增量存量,同步推进体制和机制改革、体系和要素融合、制度和标准建设,加快形成全要素、多领域、高效益的军民融合深度发展格局,逐步构建军民一体化的国家战略体系和能力。

国防科技工业不仅是我军武器装备和实战能力的提供者、支撑者和维护者,更是国家战略威慑的核心力量,同时也是国家科技和经济竞

争的战略制高点。国防科技工业领域的军民融合是军民融合的重中之重,解决了武器装备科研生产领域的军民融合,就解决了军民融合的主要矛盾和基本问题,也就解决了军民融合的核心与关键。正如习近平主席指出的,国防科技工业军民融合的发展状态是衡量军民融合深度发展的标志。

三、完善国防科技创新体系是落实强国战略的当务之急

2015年下半年,军队改革力度加大,速度加快;2016年,中央政治局审议通过了《关于经济建设和国防建设融合发展的意见》。这一切,都为国防科技工业向军民融合深度发展目标迈进指明了方向,提出了要求。为了形成全要素、多领域、高效益的军民深度融合发展格局,使经济建设为国防建设提供更加雄厚的物质基础,国防建设为经济建设提供更加坚强的安全保障,必须进一步完善有利于军民融合发展的体制机制和政策法规制度,推进重点领域军民融合取得实质进展;到2020年,基本形成军民深度融合发展的基础领域资源共享体系、中国特色先进国防科技工业体系、军民科技协同创新体系、军事人才培养体系、军队保障社会化体系、国防动员体系。

中国特色先进国防科技工业体系,是指建立在"军民深度融合"的国家科技工业体系基础之上的国防科技工业体系。

科技是经济社会发展中最活跃、最关键的要素。没有科技引领,不是通过创新驱动发展的国防科技工业体系,肯定不是先进的;机构臃肿、体制机制落后、创新动力不足、游离于国家科技创新体系之外的国

防科技工业体系,肯定不是先进的;抱残守缺、封闭保守、没有民营企业广泛参与、不能深深地植根于国家科技工业体系之中的国防科技工业体系,肯定不是完善的。

创新是引领发展的第一动力,实施创新驱动发展战略是我国发展的迫切要求。经过改革开放40年的发展,我国的发展正在从规模速度型转变为质量效益型,而促成这种转变的关键就是创新驱动。创新能力不仅是国家科技竞争力、国防工业核心竞争力的体现,也是军队战斗力生成与保障的核心要素。

国防科技工业是国家战略性产业,是一支强大的战略威慑力量。"军种主建、战区主战",离不开"军工主供"。在推进科技领域军民融合的过程中,国防科技工业的主体作用要进一步强化,国有军工企业要切实做优做强。同时,必须采取有效措施,摒除陋习,焕发活力,创新发展。要积极主动吸纳优势民营企业和优秀民营企业创新成果,进入国防科技创新体系,带动社会资源更多地参与国防建设。

要达到上述状态,必须通过顶层设计,尽快建立和完善国防科技创新体系。

目前,由于种种原因,我国的国防科技创新体系尚未形成,一些制约创新要素健康生长、创新主体有效发力、创新链条有机衔接的体制性障碍、结构性矛盾、政策性问题亟待解决。

我国国防科技军民融合创新体系,应具有如下特征:

一是体制机制有保证。要建立完善的、从科学研究、技术开发、产品研制到装备使用与保障等环节的军民高度统筹、高度协调的政策法规、制度和标准体系,形成有效的工作体系与运行机制。

二是顶层规划计划高度统筹、协调统一。要构建统一领导、军地协调、顺畅高效的组织管理体系,不应各自为政,条块分割,相互割裂、独立,甚至对立。

三是法律法规健全,知识产权得到保护。形成系统完备、衔接配套的制度体系,充分运用市场经济规律,发挥金融、证券等对优质资源、创新成果和优秀人才的激励作用。

四是各创新主体的责、权、利清晰合理,利益与约束统一。在进一步深化国家科技体制和教育体制,特别是国防科技工业科研体制改革后,使各个创新主体回归本位。

五是要完善制度设计。改革评价体系和考核标准、理顺价值取向,真正使产、学、研、用各方利益共享、资源共用、公正待遇、公平竞争、良性发展。

总之,一定要通过政府宏观引导、法律和制度保障,继续弘扬和发挥社会主义集中力量干大事的优势,根据团结协作、协同攻关的要求,按照军队提出的需求主导,形成科研院所、高等院校、企业优势互补、有机互动、不同所有制共同参与,建立与国家科技创新体系完全融为一体的军民融合创新体系。

实现这个目标,国防科技创新才能实质性推进,中国特色先进国防科技工业体系才能形成,强国基石才能稳固,国家安全才有保障,实现中华民族伟大复兴才能成为现实。

科技强国建设应关注的几个问题

中国航天科技集团有限公司　杜善义

　　习近平总书记在 2018 年两院院士大会讲话中指出："中国要强盛、要复兴,就一定要大力发展科学技术,努力成为世界主要科学中心和创新高地。"①科技创新,关乎国家根本,进军世界科技强国,是实现"两个一百年"奋斗目标,实现中华民族伟大复兴中国梦的历史抉择,也是当代中国科技工作者不可推卸的历史使命。

一、科技创新是人类社会文明演进的主要驱动力

　　人类文明的发展是一部创新史,文明发展的实质是不断创新和满足人类层层递进的生活需求。纵观历史发展,历次科技革命都深刻地改变了世界格局,科技创新已成为国力消长的决定因素,是民族兴衰的关键所在。

　　中华民族拥有 5000 年灿烂文化,为人类文明的发展作出了突出贡

---

　　①　习近平:《在中国科学院第十九次院士大会、中国工程院第十四次院士大会上的讲话》,人民出版社 2018 年版,第 8 页。

献,世界科技史前 24 项发明中 16 项源于中国,封建中国作为世界科技中心,保持了千年辉煌。然而,自明代后期至清代鸦片战争前的两百多年时间内,封建中国闭关锁国、夜郎自大,与世界科技革命失之交臂,科技实力与西方社会差距不断拉大。鸦片战争后,由一个万国来朝的泱泱大国,沦为了任由列强欺凌的积弱之国。新中国成立后,中华儿女在中国共产党的领导下,历经风雨,砥砺前行,勇攀科技高峰,创造了世界历史上一个又一个奇迹,"两弹一星"、载人航天、高铁、量子通信……我国的科技发展取得了一系列举世瞩目的成就。时至今日,我国研究与开发(R&D)经费投入总量稳居世界第 2 位,研究与开发人员投入总量连续 9 年居世界第 1 位,收入美国《科学引文索引》(SCI)论文总量连续 8 年居世界第 2 位,国内发明专利总量居世界第 1 位……我国已经是一个不折不扣的世界科技大国,但我们还不是科技强国。我国科技创新综合指数排名仅列世界第 17 位,虽领跑发展中国家,但相较于欧美发达国家还存在不小的差距,尤其是在一些关键领域的核心技术自主研发能力不足、受制于人,科技发展大而不精、快而不稳的现象仍然突出,在全球化浪潮和日趋激烈的国际竞争中,我们正处在一个历史性的交汇期,虽然比历史上任何时期都更接近实现中华民族伟大复兴的目标,但自信的同时也必须对自身的基础和水平有着清醒的认识,科技强国建设仍有艰难之路要走。

二、自主创新是建设科技强国的必由之路

科技是国家强盛之基,创新是民族进步之魂,成为科技强国必须具有世界一流的原始创新能力,尤其是在一些关键核心技术领域,事关创

新主动权、发展主动权,也事关国家经济安全、国防安全和其他安全,不掌握关键核心技术,就会"缺芯少魂"。历史的经验反复证明,只有自力更生,努力实现关键核心技术自主可控,才能够把创新主动权、发展主动权牢牢掌握在自己手中,否则"那就好比在别人的墙基上砌房子,再大再漂亮也可能经不起风雨,甚至会不堪一击"①。

新一轮科技革命的兴起,极大改变了世界产业格局,是否掌握核心技术不仅影响全球产业布局,更成为综合国力的重要标志。长久以来,"以量取胜"、赚廉价"加工费"的制造业模式曾经为我国经济的高速发展作出过贡献,但随着"人口红利"、资源消耗等都亮起红灯,生态环境压力越来越大,获得尖端技术,以质的提升取代量的扩张已经势在必行。

历史上,在历次科技革命中,凡是能够抓住机遇,攻克核心技术、掌握前沿技术、创造颠覆性技术的国家,均成为科技强国和经济强国。英国、德国和美国的发展历程完全证明了这一点。第二次世界大战后的日本,围绕关键领域核心技术的长久攻关是其走向现代化强国的制胜因素,它不仅造就了一大批顶尖科学家,而且迅速在前沿科技领域取得突破,连续17年获得17个诺贝尔奖。网络时代,电脑、手机、服务器等领域的中国制造占全球五成以上,但高端芯片与操作系统核心技术并没有完全为我国所掌握,对标国际一流,盲目跟踪仿制,历经多年发展发现对标的技术早已是明日黄花,我们并不缺少这方面的教训。知识和技术更新速度不断加快,从18世纪的几十年,到20世纪不超过十年,进入21世纪可能是两三年的事情。快,是挑战,从科技角度讲,不仅是大鱼吃小鱼,而且是快鱼吃慢鱼。要建设科技强国,重视基础、突

---

① 习近平:《在网络安全和信息化工作座谈会上的讲话》,《人民日报》2016年4月26日。

出原创,下大气力打牢根基,攻克核心技术绝非一朝一夕。我们所努力的目标不应该是"另一个",而应该是"下一个";我们应该从"跟跑"为主转变为"并跑"和"领跑",这样才能实现真正的超越。

三、航天科技创新是走向科技强国的开路先锋

航天科技是在认识自然和改造自然的过程中最活跃、发展最迅速、对人类社会生活最有影响的科学技术领域之一,空间资源是人类第四资源,极为丰富,远未开发利用,航天产业集成了最为尖端的科学与技术,在其极端应用需求的牵引下,带动了产业链中一系列新兴学科的创新发展,是表征一个国家科学技术先进性的重要标志,也是科技强国建设进程中最具活力的开路先锋。

新中国成立以来,中国航天事业自力更生、艰苦奋斗,坚持科学发展、自主发展、和平发展、创新发展、开放发展的原则,服务于国家整体战略,在空间科学、空间技术与空间应用等领域取得了令人惊叹的巨大成就:我国运载火箭发射能力并列世界第一,长征系列运载火箭完成近300次飞行,成功率高达96%以上;迄今为止,我国已发射360余颗卫星,拥有实际在轨运行卫星150余颗;通信、导航、遥感、科学实验四大类卫星已经初步形成体系,并开始服务于国民经济发展;我国是世界上第三个独立开展载人航天任务的国家,"神舟"系列飞船、"天宫一号""天宫二号""天舟一号"等等,只用了短短18年时间,已经达到了世界先进水平;我国是世界上第三个实现月球软着陆和巡视探测的国家,月球取样返回和月背着陆计划进展顺利;临近空间高超声速飞行的研究,已经能够与世界一流相比肩;我国对外提供通信、遥感卫星研制服务,

已交付多颗整星，完成 40 余次商业发射，发射近 50 颗卫星。

经过六十余年发展，我们已经昂然屹立于世界航天大国之林，但相较于航天强国，我们仍存在不小的差距，在党和国家的亲切关怀下，中国航天人心向太空，立志建设航天强国，突破重型运载火箭、空间技术设施建设、空间科学卫星、长寿命空间站、载人登月、火星（小行星）探测、空间飞行器在轨服务与维护、天地信息一体化、临近空间开发利用等领域核心关键技术，2050 年之前要全面建成航天强国，实现我国航天科技由"跟跑""并跑"向"领跑"的历史性跨越。航天成就取得的法宝之一是坚持自主创新，航天强国建设更要发扬自主创新的精神。

四、军民融合是建设科技强国的必然需求

创新是没有军民之分的，随着新一轮世界科技革命、产业革命、军事革命加速发展，国家战略竞争力、社会生产力、军队战斗力的耦合关联越来越紧密。党的十九大报告中指出："坚持富国和强军相统一，强化统一领导、顶层设计、改革创新和重大项目落实，深化国防科技工业改革，形成军民融合深度发展格局，构建一体化的国家战略体系和能力。"[①]历史经验表明，一个国家在走向强盛的过程中，必须正确处理发展和安全的关系，否则就可能出大问题，甚至影响和改变国家前途命运，加快推动军民融合深度发展，统一富国和强军两大目标。新材料、新能源、新器件、新制造、新信息等新的科技成果，首先都是在国防领域应用，因此军民融合是我国建设科技强国的必然需求和重要保障。

---

① 习近平：《决胜全面建成小康社会　夺取新时代中国特色社会主义伟大胜利——在中国共产党第十九次全国代表大会上的报告》，人民出版社 2017 年版，第 54 页。

当今世界,在新科技革命浪潮中,军民融合、创新发展已经成为科技强国的主要特征。以美国为例,成立国防部高级研究计划局(DARPA),聚焦颠覆性创新,使得互联网、远程医疗等技术得以快速孕育成熟,惠及全球的同时也造就了其网络空间的霸主地位;向民营资本开放航天运输市场,成就了美国太空探索技术公司(SpaceX)、带动了大批颠覆性技术发展的同时,也使得美国航天发射成本大幅度下降;大力支持波音公司技术创新,使得其占据了全球民用客机半壁江山,同时在军事领域,波音也是美军电子和防御系统、导弹、卫星、发射装置以及先进的信息和通信系统的最大供应商之一,此类事例在现阶段的科技强国中已经不胜枚举。在我国,军民融合发展也取得了丰硕的成果。例如,碳纤维是军民两用战略性材料,中国碳纤维目前已接近世界先进水平,国防需求带动碳纤维的发展,而一批民营企业家急国防之所急,攻克了碳纤维关键技术,可满足国防需求,而国防应用又带动了民用各领域对碳纤维的应用,这个例子充分体现了军民融合的必要性。

我国已经将军民融合发展上升为国家战略,强化对军民融合发展的集中统一领导,促进了国家战略体系和能力新发展。历经"十二五"的艰难破冰,军民融合发展成果十分显著,但也暴露出很多问题,仍需要在科技、产业、机制、人才等方面的深度融合上进一步探索,不断完善有利于科技发展的创新体系。

五、人才是建设科技强国最主要的战略资源

科技强国战略是人才引领发展的战略,硬实力、软实力,归根结底要靠人才实力。只有拥有一流的创新人才,才能产生一流的创新成果,

才能拥有创新的主导权。科技人才是科技强国建设的主力军,需要大量高端人才尤其是高层次复合型人才的支撑,要突破人才困境,就需要从政策、机制、体制等多方面共同努力,人才队伍的建设是一个系统工程,涉及两个重要问题亟须关注和解决:其一,是科技工作者迫于评价体系和奖励机制等多方压力,他们用在非科学研究的所谓"科研应酬"上的时间太多,应尽快保证科技骨干人才在科研第一线的时间,必须以法规形式来保证他们的时间充分利用,时间的浪费就是人才资源的浪费;其二,我国高端人才队伍存在一定两极分化的倾向,高校、科研院所培养出来的人才,具备学术基础扎实、原始创新能力强、眼界开阔等优良素养,能够发表很多高水平的文章,但缺乏工程实践经验;而工业单位培养出来的人才,具有实践经验丰富、集成创新能力强、掌握大量核心数据等优势,但大多存在为了工程而研究技术的情况,视野受限,同时在保成功压力下往往得注重循序渐进,对创新的动力和热情有所影响。20 世纪包括钱学森在内的一些科学家提出了工程科学(或技术科学)理念,他们认为它是纯自然科学和工程技术之间的桥梁,而工程科学家正是这座桥梁的建设者。我们需要工程科学家,造就具有科学家潜质的工程师和有工程意识、为工程师服务的科学家队伍,才能够为我国的科技强国事业提供源源不断的创新动力。

新科技革命浪潮的兴起,给原有科技体系和世界格局带来了巨大的冲击,历史性变革的脚步已经不可阻挡。在"两个一百年"奋斗目标的关键历史交汇期,深入贯彻创新驱动发展战略、突出自主创新核心战略地位、大力推动军民融合创新发展模式、努力培养高端人才队伍,以创新谋颠覆、以颠覆谋跨越,把我国建设成为富强、民主、文明的现代化科技强国,是实现中华民族伟大复兴中国梦的最重要一环。

开动大国复兴科技引擎
提升航空动力创新实力

中国航空发动机集团有限公司　尹泽勇

工业革命以来,每一次科学技术的大飞跃都推动了不少国家经济社会的大发展,但我国却因与科技革命失之交臂曾陷入落后挨打的悲惨境地。习近平总书记在两院院士大会上指出:进入 21 世纪以来,全球科技创新进入空前密集活跃的时期;中国要强盛、要复兴,就一定要大力发展科学技术,努力成为世界主要科学中心和创新高地;我们迎来了世界新一轮科技革命和产业变革同我国转变发展方式的历史性交汇期,既面临着千载难逢的历史机遇,又面临着差距拉大的严峻挑战。

在这一伟大的历史性使命中,航空发动机技术及产业的自主创新至关重要。众所周知,自 1903 年人类首次实现有动力飞行以来,航空史上的每一次重要变革都与航空发动机领域的科技进步密不可分,而航天事业对人类社会文明的进步则产生了并将继续产生巨大而深刻的影响。航空发动机技术及产品除了在军民用航空领域广泛应用,还可为舰船、坦克、车辆、电站、泵站等提供优良动力,对相关科学技术基础研究也具有巨大激发作用。可以说,航空发动机不仅是各类军民用飞行器的动力、是航天事业的引擎,也是人类社会科技、经济、军事、政治发展的重要推动力之一。

航空发动机是当今世界上最复杂的多学科高度集成融合的工程系统之一。它涉及热力学、气动力学、固体力学、燃烧学、传热学、机械科学、材料科学、制造科学、控制理论等众多领域,需要在高温、高压、高转速和高载荷的严酷条件下工作,并满足推力/功率大、体积小、重量轻、油耗低、噪声小、排污少、安全可靠、寿命长等众多十分苛刻而且互相矛盾的要求,因此被称为"现代工业皇冠上的明珠"。当今世界上能够独立研制先进航空发动机的只有美、俄、英、法四个欧美国家及我国,航空发动机技术之先进及产业之复杂由此可见一斑。正是因为航空发动机技术及产业已成为彰显大国强国综合科技水平、综合工业基础和综合经济实力的重要标志,美欧俄等国始终将航空发动机技术列入国家高科技战略性领域,如美国长期将推进技术作为国家五大关键技术之一优先安排,在其《2020 年联合构想》中将喷气发动机列于九大优势技术的第二位。

几十年来,我国航空发动机技术及产业走过了"维护修理、测绘仿制、改进改型、自行研制"的发展道路,经过几代人的艰苦奋斗,航空发动机技术及产业从无到有、从小到大,取得了长足进步和显著成绩,为国家安全和经济建设作出了重要贡献,为未来发展奠定了一定的技术和产业基础。但由于历史原因,航空发动机技术及产业目前仍是制约军民用航空平台发展的主要"瓶颈",甚至面临与国际先进水平拉大差距的危险。党中央、国务院、中央军委高度重视航空发动机技术及产业发展,作出了实施"航空发动机及燃气轮机"国家科技重大专项、组建中国航空发动机集团的重大战略决策,目前已经在诸多方面出现了新气象,科技、管理创新,研发体系构建,仿真分析与试验条件建设,共性、共用关键技术攻关以及重大专项、重大科研生产任务都取得了重要进展。认真学习习近平总书记在 2018 年两院院士大会上的讲话,面对开动大国复兴科技引擎、提升航空动力创新实力的大好时机,我们应当进一步认识和处理好以下几个问题。

一、进一步解放思想,坚持航空动力自主创新不动摇、不走样

长期以来,航空发动机技术及产业发达的国家一直对先进航空发动机技术及产品严禁转让、严密封锁,少数例外的技术及产品无一不是之前一二代状态。近期爆发的美国所谓贸易限制,实质上是对我国包括航空发动机技术及产业在内的科技自主创新发展的战略扼制,让我们更加警醒,如果不掌握科技自主创新能力这个发展的"命门",我国的航空发动机技术及产业就经不起风雨。

习近平总书记指出,"实践反复告诉我们,关键核心技术是要不来、买不来、讨不来的"①。航空发动机这样真正的关键核心技术不可能外来,只应当内生。我们必须进一步解放思想,坚持走独立自主创新、自力更生发展的道路不动摇。在国家人财物资源有限的情况下,要汇集有关力量集中完成好国家科技重大专项任务及其他重大任务,要防止以短期可见一定效果为由退回到之前走过的变相测仿非先进产品的老路,尤其要防止有章不循、各自为战且相互重复的测绘仿制。事实上,我国之前已经在航空发动机领域进行过成功的自主创新探索并取得了明显的研发及使用效果,国家科技重大专项的根本目的及重大意

---

① 习近平:《在中国科学院第十九次院士大会、中国工程院第十四次院士大会上的讲话》,人民出版社 2018 年版,第 11 页。

义就是要在战略上实现航空动力的全面自主创新。我们对此要充满信心，只有这样才能从根本上保障国家经济安全、国防安全和社会安全。

我们还要清醒地认识到，几十年来测绘仿制航空发动机很多、自主研制航空发动机极少所形成的格局，不仅在关乎方向、方法及细节的科学技术层面上，而且在涉及指挥、组织及执行的思想理念层面上，都是航空发动机技术及产业自主创新的巨大桎梏。我们航空动力科技工作者，无论是从事型号研制还是课题研究，都应当进一步解放思想，坚持走独立自主创新、自力更生发展的道路。不能像《法门寺》中的贾桂那样"站惯了，不想坐"，不能只同我们之前工作水平比较，一定要与世界先进水平"对标"。当然也应当分阶段实施、实现真正先进的目标，但绝不应该由于降低目标的所谓"创新"再次拉大同发达国家的差距。我们要科学合理地利用"后发"优势真正做好航空动力自主创新工作。

习近平总书记要求我们"矢志不移自主创新，坚定创新信心，着力增强自主创新能力"，所有航空发动机从业者及有志于此者，面对机遇都应有奋发有为的态度和求真务实的作风，面对挑战都应有知难而上的勇气和刻苦钻研的毅力，面对未来都应有一往无前的决心和跬步千里的行动。

二、实事求是，正视航空动力自主创新的复杂性及艰巨性

从完全独立自主研发先进航空发动机的角度来看，我们的"启动"时间比航空发动机技术及产业发达国家美、俄、英、法晚几十年，"成功"时间则既与我们自主创新的决心、信心有关，也与我们是否及如何

实事求是地面对航空动力自主创新的艰巨性及复杂性相关。为此,至少要注意以下几方面工作。

首先,要脚踏实地,推进由自主创新攻克关键技术向工程技术实际应用的转化进程。要按国家科技重大专项的安排突出重点,在完成这些任务的过程中,注意总结推广科学求实的态度及严慎细实的作风等好的经验。要进一步提高工作效率,及时应对工作中出现的能力欠缺及条件不足等问题,采取有效措施。还要根据工作进展适时论证及启动后续工作,推动自主创新能力的持续提升。

其次,要立足当前,放眼未来。在大力做好近中期目标的自主创新研发工作的同时,也要在这些工作基础上积极启动开展面向未来的新概念、新方法、新技术探索性基础研究。要科学预测并探索以信息技术、智能技术等为基础,以一体、高速等为目标的"地平线外"先进航空发动机技术,为实现跨越发展提前打好自主创新基础。

此外,要进一步深刻认识航空发动机技术及产业是长链条的科技及工程创新,是多领域的协同创新这一基本特点。航空发动机的冗余度不可能过大,它的每一个部件、每一个系统乃至每一个零件,都可以说是"成事不足败事有余",单独一个零部件不能使发动机正常运转,但任何一个零部件的故障却可能使整台发动机无法工作。系统集成者既要抓好发动机"本体"的仿真分析及试验研究自主创新,还要真正从系统工程高度做好体系化安排,高度重视以各类高温材料及复合材料为代表的材料工艺技术,以轴承、各类传感器为代表的成附件技术,以各类控制元器件为代表的电子技术等的自主创新工作,统筹研究、布置、检查、验证和应用,做好自主保障。

最后,要遵从实践出真知的规律。国家和各层次用户应该出台、推行和真正执行相关政策和具体措施,鼓励、支持我国自主创新研发的元器件、成附件、新材料乃至发动机产品获得应用机会,鼓励、支持这些产品在使用中不断提升成熟度与技术水平,鼓励、支持各领域研发人员在其产品使用过程中进一步增强航空动力自主创新的能力与信心。

三、学业两界紧密结合,加强航空动力自主创新应用基础研究工作

基础研究是整个科学技术体系创新的源头,基础理论研究为我们提供科学知识,应用基础研究提出可能供工程应用的先进方法及技术,航空发动机型号等产品的研制则是将上述科学和技术成果工程化为高科技含量、高附加价值、低研发使用成本的先进产品。

特别要强调包括某些基础研究及预先研究在内的应用基础研究,它处于学术界的科学家、学者与产业界的专家、工程师各自工作范围的结合部。西方工业发达国家通过几次工业革命,相关人员对于这一结合部工作的极端重要性、其特点及内容、其分工合作方式等均有广泛深刻的认识和丰富成功的实践。例如,人类首次有动力飞行的许多关键技术的解决,就是莱特兄弟提出来并与不少科学家、学者、专家共同攻关的结果,国外政府部门及著名航空动力企业长期联合组织开展的各类应用基础研究计划实质上也是在这样工作。我国之前自主创新应用基础研究工作开展不足,既未充分认识这类工作极端重要,也欠缺开展这类工作的成功经验。要自主创新研发先进航空发动机,就必须高度重视并开展好这一工作,否则就还会出现之前那样型号研制阶段降指标、拖进度、加经费的情况。此外,由于这类工作经费相对较少、学术"形象"不高,又难以直接显现其军事和经济价值,在不当评价机制下,

我国航空发动机领域的高校、科研机构及企业中本应努力从事应用基础研究的有限力量,有的花过多时间于所谓高"档次"论文,有的转向于各类型号研制工作,减弱了我国航空动力自主创新的基础研究尤其是应用基础研究力量。

要根本改变这一局面,就要从认识和行动上真正把基础研究尤其是应用基础研究上升到事关航空发动机技术及产业长远发展的战略高度。我们要按照习近平总书记讲话精神,学界与业界紧密结合,以推动国家科技重大专项及重大型号研制任务为抓手,各层次用户尤其是主导龙头企业明确工程技术需求,学业两界共同凝练共性及共用关键技术,广泛动员业内外力量有针对性地更多开展面向应用的基础研究,合理区分衔接产学研用各方不同形式的验证及验收方式,同时还要通过精神与物质奖励让高校、科研机构及企业的优秀人才心无旁骛地开展应用基础研究创新工作。只有这样,才能疏通应用基础研究和产业化连接的快车道,促进创新链和产业链精准对接。这几年国家部委及主导龙头企业正在通过不同计划、各类基金大力支持应用基础研究工作,但还应进一步针对"结合部"特点改进合作模式,增强合作效果。

此外,也要防止应用基础研究成为跟随国外研究热点"亦步亦趋"的"学步式"研究,要对学科专业核心问题和符合我国航空发动机工程发展需求的突破方向有独立的思考。在数字化、智能化及新材料、新工艺蓬勃发展的大环境下,要通过宽广领域、多门学科、多类技术之间集成融合的基础研究及应用基础研究,通过原始创新寻求新的技术发展方向和目标。例如,可尝试通过光、氢新能源,智能新材料,基于3D打印的拓扑无约束新构型等颠覆性方法及技术形成非对称优势,实现当前尤其是未来航空发动机技术及产业的自主创新超越。

四、全力推进军民融合，加快形成"小核心、大协作、专业化、开放型"科研生产体系

随着全球科技迅猛发展、武器装备快速更新换代以及民用航空要求不断升级，航空发动机技术的复杂程度及产业的经济成本均不断提高。必须立足国家科技和工业基础，充分利用和集成全社会资源，按照以企业为主体、市场为导向、军民深度融合的方式推动航空发动机技术及产业自主创新。

为此，应当在政府和用户部门指导、授权下，由作为航空发动机技术及产业自主创新主体的航空发动机龙头企业主导组织，对我国军民科技研究及生产能力开展细致调查和准确分析，掌握相关军民资源的产品、能力、发展前景及参与意愿等。首先，要以此为基础，主导龙头企业才能主动地、科学地提出优化自身乃至国家航空发动机技术与产业布局分工的方案及建议，以发挥各方优势，有序扩大并提高基础研究及型号研制的力量及水平，并以信息化基础上的协同创新方式打破壁垒，实现资源的优化配置和成果利益的公平共享，形成真正意义上的"国家队"。这既是国家航空发动机技术及产业发展的长远战略，也是避免资源短缺状况下还无序竞争和低水平重复"创新"、确保国家科技重大专项和重大科研生产任务顺利完成的一条途径。

其次，要以军促民，积极推动军用动力技术向民用动力领域的转移及应用。不能把我国以及世界民用航空发动机尤其是通用航空发动机这一巨大市场让给外国资本。我们要在保军首责前提下发挥航空发动机、直升机传动、航空材料等技术的带动作用和产业辐射效应，推动民

机动力、燃气轮机、民用高精传动、非航空用材料等技术及产业发展。

最后,要考虑到民用航空动力的大批量、高利润及在高压缩比、高燃烧效率、长寿命等方面的技术牵引效果,不论是从经济角度、生产质量保证角度,还是从技术进步角度,都应当高度重视以民支军,否则军用航空动力技术难以单独长远发展。

五、开放协作,建设面向全球的航空动力自主创新能力体系

航空发动机技术及产业的自主创新应该是开放环境下的当代创新,要聚气借力。当今世界的航空发动机技术及产业尤其是民用航空发动机技术及产业已呈现出高度国际化竞争与国际化合作的态势。在努力提升我国航空动力自主创新实力的过程中,要依据我国需求特点及相对优势积极开展国际合作。我们在这方面已经开展过有益的探索并取得明显效果,今后要继续坚持和扩大。

我们要以开放的态度把人才及技术"引进来"。以航空发动机技术及产业自主创新需求为导向,面向全球有关和有兴趣的力量,组织例如未来民机先进动力探索国际重大科学工程,积蓄跨越式发展能力。

同时,要充分利用国际合作"走出去"。要把握我国民用航空市场高速增长和民用涡轴发动机、民用大涵道比涡扇发动机研发稳步推进等机遇,将航空发动机技术及产业自主创新能力建设融入"中俄全面战略协作伙伴关系""一带一路"等国际化合作内容之中,也要为形成航空发动机技术及产业的全球科研、生产和服务保障网络做准备。

科技兴则民族兴,科技强则国家强,建设世界科技强国的号角已经

吹响。在习近平新时代中国特色社会主义思想指导下,作为大国复兴科技引擎之一的航空发动机技术及产业,要努力提升航空动力自主创新实力,为把我国建设成为世界科技强国作出应有的贡献,让中华民族以崭新姿态屹立于世界民族之林。

信息与电子工程学部

航天军民融合智慧城市技术
体系的创新与发展

中国航天科工集团第二研究院　钟　山

习近平总书记在党的十九大报告中强调,要坚定实施军民融合发展战略,"形成军民融合深度发展格局,构建一体化的国家战略体系和能力"[1];在十九届中央军民融合发展委员会第一次全体会议上明确指出"要强化思想和战略引领,推动军民融合发展战略在各地区各部门落地生根,在重点领域、重点区域、重点行业取得实效"[2]。

数十年来,航天科工在军民融合领域不断开拓创新,凭借专业领域的技术优势,不断深化在民用产业方面的应用,形成了一系列军民融合高科技技术及产品,将航天空天防御体系的理念、技术,延伸到民用产业的应用和发展,从国家的空天防御体系建设走向我国的智慧城市建设。

---

[1] 习近平:《决胜全面建成小康社会　夺取新时代中国特色社会主义伟大胜利——在中国共产党第十九次全国代表大会上的报告》,人民出版社2017年版,第54页。

[2] 习近平:《真抓实干坚定实施军民融合发展战略　开创新时代军民融合深度发展新局面》,《人民日报》2018年3月3日。

一、航天空天防御体系的建设与发展

1956 年航天领域建业,1957 年建立中国航天科工集团第二研究院(以下简称"二院"),经过六十多年的研制工作,在航天防务方面取得了创新发展,二院已经发展成为空天防御技术研究院,深入发展网络化、数字化、智能化的现代防御技术体系。该体系主要基于航天系统工程思想理念,以目标预警探测系统、空间目标检测与识别系统、指控通信网络数据链系统、防御技术总体设计系统、高速运载器技术、多功能固态相控阵雷达技术、红外成像跟踪制导技术、制导与导航的复合技术、系统仿真与效果评估技术等不断创新与融合为基础,形成综合集成一体化、分布协同数据化、控制制导精准化、光电全息自动化、微型工艺精细化的部分空天防御技术体系,实现国家防务,保障国家领土完整和国家安全。这些理念、技术与系统也是我国航天军民融合技术的基础,其创新发展与应用,支撑了航天科工圆满完成北京奥运会、上海世博会、北京 APEC 峰会、平安城市、智慧城市等大型复杂系统工程的建设。

二、航天军民融合技术创新与发展——从空天防御走向智慧城市

基于航天空天防御的技术基础,航天科工在着力新一轮军事、科技竞争的同时,积极推动军民两用技术融合发展,凭借专业领域的技术优势,围绕国计民生和国民经济主战场,在信息技术与信息安全、智慧产

业、高端装备制造等方面开发了一系列军民两用高技术产品,并成功应用于我国多地智慧城市的建设。

第一,航天系统工程理念和方法指导了我国多地新一代智慧城市的顶层设计。智慧城市是一个复杂的巨系统,其采用的顶层规划设计理念正是我国"两弹一星"研制中最重要的理念之一。航天科工将其先进的系统工程思想应用在智慧城市规划设计、建设的全过程,指导北京、江苏、浙江等五十多个城市(城区)的智慧城市建设和公共安全、智慧管网等智慧城市多个领域的建设。

第二,发挥航天系统技术创新和技术集成的优势,打破了国外技术垄断,综合运用雷达、视频、光学、声学、无线电等基础探测手段,集成了我国首个具有自主知识产权的天地一体化大型综合安保科技系统,并成功应用于北京奥运会、上海世博会、广州亚运会、深圳大运会等重大国际活动中,圆满完成了安全保障任务。如在上海世博会的安全防控上,实现了空域、水域、地面全方位立体化的安全防控,将空天防御的理念、思想和技术成功应用到保障人民群众生命财产安全方面,收到了很好的效果。

基于空天防御技术理念、技术和系统,进一步构建了智慧城市安全体系,提升智慧城市总体安全防控能力。航天空天防御的监测技术、数据处理和指挥系统、模拟仿真和评估预警技术、数据融合和数据分析挖掘技术已应用于智慧城市综合解决方案中,成为保障城市安全的重要技术手段。基于该技术理念和基础的天安门地区整体防控体系建设项目,结合天安门地区的防控要求,建设了基于高清数字摄像机的多模式传感器融合系统、复杂环境下的人脸识别系统、业务与勤务管理系统、基于互联网的防控信息分析系统等,提升了天安门地区的安全预警、整体防控及快速反应能力。航天科工承担了浙江绍兴智慧安居项目,有效化解居民矛盾,提升居民生活安全感和幸福感。

第三,综合利用航天物联网感知探测技术,提升城市基础设施、环境资源的综合管理水平。航天科工安全运行的智慧基础设施系统,以从进入城市最小单元社区到服务民生的各种类型水电气热管线、井盖、消防设施等基础设施为管理对象,以物联网技术对各类基础设施精确探测和定位为基础,可全面掌握城市基础设施的分布情况,感知各类基础设施破损、故障等事故,构建覆盖所有类型基础设施的全生命周期综合管理信息平台,及时预警、处置和管理,保障智慧城市的基础设施安全。航天智慧的环境资源系统以空气、水、温度、湿度、能源等为监测对象,通过航天特色传感设备对城市环境及资源利用进行感知、探测、分析、辅助决策,提升环境综合监管水平和资源使用效率。2016年,已经建设完成的苏州太湖新城智慧基础设施系统在一次大雨管道泄漏事故中,准确感知到管道泄漏的位置区域,并快速处置,减少了开挖地面面积,降低了维护成本,减少了经济损失。

第四,以航天大系统大平台建设能力构建智慧城市大数据平台,有利于城市(城区)信息资源的整合与协同。基于航天空天防御领域大型复杂系统的平台技术基础,结合在公共安全、智慧管网、社会管理等多个领域建设实践,构建了智慧城市大数据平台,将城市中众多的信息系统进行整合,解决了多平台运行的问题,具有更大的感知、计算分析与控制能力,更具有学习提升、产生知识的能力,为实现城市管理与服务的深度共享、高效协同提供有力的支撑。航天科工已经运行3年的航天智慧苏州太湖新城大数据平台整合了社区管理、基础设施、房屋建筑、环境资源等领域的数据信息,取得良好的经验和区域运行管理效果。

第五,航天军民融合高新技术及装备已经越来越多地应用在智慧城市建设的各个领域。当前,航天模拟仿真和评估预警技术、数据融合和数据分析挖掘技术已成为城市运行体系中的重要组成部分;专家支持、知识库、情报研判等一系列先进技术,为城市管理提供更加快速、可靠的预警,也使国家和各级政府建立城市运行预警、分析、指挥平台成为现实;物联网、云计算、智能图像、北斗导航、综合传感等一系列航天高新技术也逐步运用于智慧城市各领域的系统解决方案中,成为城市管理和服务越来越重要的技术手段。航天自主可控的计算机、存储设备已经成功应用于多个地方政府部门,为国家信息安全保驾护航;航天科工自主研发的"天网一号"低空慢速小目标探测与拦截系统,在广州亚运会、沈阳全运会等大型活动中得到成功应用;为遵义、沈阳开发并已经投入使用的智能交通指挥通信系统,将城市公共管理中各个分散部门的人员、信息、装备等资源进行协同指挥调度,形成整体合力,达到"1+1>2"的效果;无人机、数字化单兵系统、高空灭火装置、排爆机器人、移动发电站等应急救援与保障装备,广泛应用于智慧城市建设的方方面面,迅速提升了我国智慧城市技术装备水平和安全防控能力。

三、以航天系统工程与综合集成思想构建智慧城市技术体系

在充分吸取航天空天防御技术及理念的基础上,结合航天传感、探测、分析、预警等技术,形成智慧城市技术框架模型。以此技术框架模型为基础,基于城市发展和社会管理的最迫切需要,融合物理空间、人类社会空间和信息空间,"三元空间"协同发展,构建集空、天、地、网、电于一体的智慧城市技术体系,形成全时空、全天候、全方位、立体化的

智慧城市管理与服务模式。以航天系统工程、综合集成思想为理论基础,实现航天遥感、光电探测、物联网、大数据、云计算、人工智能、建模仿真、智能控制、数据融合、卫星定位、新一代通信等多技术的融合。通过在智慧城市所涉及的城市管理、基础设施、社会民生、资源环境等领域的综合应用,为政府提供快速高效、精确智能的管理手段,为公众营造安全便捷、幸福和谐的社会环境。实现对城市社会管理各领域元素的全面感知、深度共享、高效协同、精细控制、协调指挥、智慧服务、快速处置、安全可控,提升智慧城市的管理与服务水平。

智慧城市总体技术架构通过"感""传""知""用"四个层级构建。"感",主要是利用卫星、雷达、遥感、无人机、北斗定位、射频识别(RFID)等各类传感设备,构建空、天、地一体化的智能化感知体系,对城市中的人、地、事、物等要素进行智能的、无处不在的感知和信息自动获取,为业务应用提供数据支持。"传",是要根据智慧城市业务领域的划分,按实际需求对城市网络环境进行规划设计。在对城市进行光网设计的基础上,通过卫星通信、数字集群通信等多种应急通信手段,推进天、地一体化信息网络建设,完成视频、语音、数据、图像等的传输,并进一步推动以信息传输为核心的数字化、网络化信息基础设施,向集融合感知、传输、存储、计算、处理于一体的智能化信息基础设施转变。"知",是要以系统建模、大数据、云计算、高性能计算、协同仿真、人工智能等多种技术手段建立城市各类数据接入、汇聚、整合、存储、共享、分析应用的大数据平台,实现城市业务应用系统信息资源的共享,实现业务流程的跨区域、跨系统调用和集成。提高相关数据信息获取、分析的实时化、精细化、系统化和智能化,为智慧城市的各领域应用提供支持。"用",是建立在大数据平台基础之上,涵盖智慧城市建设所涉及的公共安全、基础设施、民生服务、资源环境等领域构建支撑分析、决策、预警、指挥和处置的应用系统。

四、航天军民融合智慧城市技术体系发展建议

（一）发展空天防御体系和建设智慧城市、智慧社会

发展空天防御体系是完善国家安全防务、建设科技强国的重要任务之一；建设智慧城市、智慧社会也是创新型国家建设的重要途径。

从空天防御体系建设到智慧城市体系建设，在思路、方法、工具、装备等多方面有基础参考、理论应用、技术共享、大力协同领域的双向创新，形成"双轮驱动"军民融合深度发展的格局，进一步支撑科技中国建设。

（二）深度融合智慧城市发展体系与空天防御技术体系

政府要对本地区智慧城市理念、规划、建设、运营等具体发展历程深入研究，结合地方特色，总结提升经验，将智慧城市发展体系与空天防御技术体系进行深度融合，技术共享，高效协同。

一方面，考虑建立具有地方特色的军民融合智慧城市示范建设区，推进军民融合智慧城市技术的应用推广；另一方面，在智慧城市建设基础良好的城市，进行技术创新发展的先行先试，提升智慧城市建设的水平和效果。

（三）建设军民融合创新人才队伍

一是要依托高校、科研院所，建立多学科交叉的创新型人才培养体系；二是要研究出台相应的人才引进政策，鼓励优秀人才和团队在军民融合智慧城市领域的创新研究；三是要依托城市政府、企业，在智慧城市建设地为地方政府培养应用型人才，支撑智慧城市的建设及运营。

习近平总书记指出,要进一步做好军民融合式发展这篇大文章,坚持需求牵引、国家主导,努力形成基础设施和重要领域军民深度融合的发展格局。实践表明,空天防御技术体系在发展理念、总体技术系统的创新应用方面与建设智慧城市、智慧社会具有高度的融合和共享性,也正是军民融合深化发展之路。要继续将自主创新与航天精神相结合,深化军民融合技术创新应用,为建设航天强国、智慧城市、智慧社会而努力奋斗。

建设科技强国的路径探讨

中国科学院计算技术研究所　李国杰

建设科技强国是几代中国人的梦想。"两弹一星"的成功点燃了中国人科技强国的自信心,改革开放以来我国科技的巨大进步使人们看到了科技强国的希望。但近年来某些媒体的自我吹嘘使一些民众盲目乐观,过高估计了我国的科技实力;2018 年发生的"中兴事件"又令许多人感到迷茫,觉得实现科技强国可能会遥遥无期。科技强国的目标能不能实现?我国的科技强国之路究竟应走什么道路?本文从以下几点进行分析。

一、科技强国必须体现于强大的高科技产业

人人都在讲科技强国,但每个人心中想象的科技强国并不一样。有些人可能看重一个国家对科学技术发展的贡献,如作出了划时代的重大科学发现或技术发明,得了很多诺贝尔奖,发表了很多高水平的论文或获得了很多有重大价值的专利等。更多人可能看重国防科技,他们认为科技强国的主要标志是军事强国。这些看法都有一定道理,但

可能不全面。我认为产业强国是科技强国的主要目标，"产业上不受制于人，居于全球价值链中高端"是具有科技强国实力的主要标志。只有站在产业强国的高度上才能真正理解科技强国，只有真正重视产业需求的科技才能成为强大的科技。

强国的本质是经济实力，科技强国也不只是体现在论文、专利上，而是必须体现在高科技产业的实力上。长期以来，我国习惯将科技工作与教育、文化、卫生事业放在一起，称为"科教文卫"，其背后的潜台词是将科技看成是上层建筑的一部分。党的十九大以后，科技和教育由两位副总理分管，刘鹤副总理分管科技、商务和金融，凸显了科技是经济高质量发展的重要支撑，体现出科技本质上是经济基础的一部分。

媒体上流行的说法是，科技强则产业强，似乎只要科技强，产业强是水到渠成的必然结果。但实际上科技与产业并不是单向的因果链条，而是有相互影响的共生关系。"科技强则产业强"不是指先后实现的时间顺序，而是要共同实现的孪生目标。

纵观世界历史的发展，英国、法国、德国、美国、苏联、日本曾先后成为科技强国。仔细分析可以发现，这些国家并不是先成为科技强国，再由科技带动发展为产业强国。世界科学技术中心从德国向美国的转移是在20世纪中期完成的，但使美国成为世界科技中心地位的产业基础在此前一百多年的铁路化和电气化中已经形成。1914年，美国人均收入已远远高于其他主要工业国家，但20世纪初美国的科学仍落后于欧洲。这些事实说明，一个国家的战略产业是驱动本国原创技术发展的基本动力。

我国许多科研人员并没有把产业强国作为科研的目标，评价科研成果一般只考虑论文、专利和产品原型，所谓经济效益往往是找企业开一张应用证明对付。很少有人把科研目标定成原创的技术发明能开辟一个 10 亿美元以上的新市场。专家们在做国家科技发展规划时,提出的国家重大战略需求几乎都是指国防安全,普遍认为做强产业是企业的事,算不上国家重大战略需求。其实,只有做强产业,国家安全才有坚实的基础,科研人员应把发展战略产业放在心上。

我国还不是科技强国的主要表现是企业的技术水平不高,研发投入不足,创新能力不强。2017 年我国企业投入研发经费为 13733 亿元,占全国研发总投入的 78.5%。看起来比例很高,但其中有不少水分,除了华为、阿里巴巴等少数龙头企业外,大多数企业真正的研究开发投入并不多,基础研究投入更是少得可怜,只占企业研发投入的千分之一。在 2016 年全球上市企业 2000 强名单中,美国有 14 家芯片公司和 14 家软件公司,中国尚无一家。之所以出现这种局面,与企业研发投入有关。我国有 70 家上市芯片公司,2017 年研发费用合计为 287 亿元人民币,不到英特尔一家公司研发投入(130 亿美元)的一半。只有当我国的企业把增加研发投入作为提高竞争力的主要途径,真正成为技术创新主体,才能成为科技强国。

不论是建设科技强国还是产业强国,关键都是提高自主创新能力。技术本身不能自由移动,能力的提高不能通过技术引进自然获得,只能在亲身实践中培育和成长。我国平板显示器件曾经像集成电路一样受制于人,京东方公司通过引进(消化)掌握核心技术后来居上、扭转乾坤,建立了全球首条 10.5 代线,开创了 8K 屏和柔性显示屏新纪元,引领全球有源矩阵有机发光二极体面板(AMOLED)产业发展。京东方的笔记本电脑、智能手机、平板电脑显示屏的市场占有率已居世界第一,液晶电视面板的市场占有率世界第二,被习近平总书记誉为我国供给侧结构性改革的成功案例,为我国如何走科技强国和产业强国之路树立了榜样。

二、建设科技强国必须"两条腿走路"

我国是一个发展中国家,我们要走的科技强国之路必然与西方发达国家不同。在漫长的两百多年中,西方发达国家以串行的发展方式,顺序走过了工业化、信息化和网络化。我们要后来居上,一方面要通过"后发追赶"弥补基础能力的不足,另一方面又要在某些技术方向上实现"换道超车",只能是一个并行叠加的发展过程,在发展方式上表现为"两条腿走路"。

"两条腿走路"方针是毛泽东同志对中国建设社会主义的一整套"同时并举"方针的形象概括。1956年在《论十大关系》中提出基本思想,在1958年召开的党的八届四中全会上确定为中国社会主义建设总路线的基本点。当时讲的"同时并举"是指工业和农业、重工业和轻工业、中央工业和地方工业、大型企业和中小型企业等。在建设科技强国的征途上,今天我们讲的"两条腿走路"包括科学与技术、任务与学科、全球化与本土化等诸多内容。

历史上科学与技术的发展就是两条腿交替前进,有时候科学先迈一步带动技术,有时候技术先迈一步带动科学。我们不能把科学与技术的关系理解成线性的上下游关系,不能认为技术只是科学的应用而已。现在大家讲的基础研究主要是指数理化、天地生,实际上科技强国主要体现在技术科学,而技术科学正是我国的短板,在顶层设计上要高度重视、加强技术科学研究。

"两弹一星"成功的经验是"任务带学科"和"集中力量办大事"的举国体制,因此现在许多人把实现科技强国的希望寄托在举国体制。

不管是国防任务还是经济建设任务,多半是国外已经完成而我们还没有实现的事。如果所有的科技活动都采取"任务带学科"的做法,可能难以摆脱跟踪别人的局面。科技进步有其内在的逻辑和机制,知识的积累会把科学技术自身推向前进,这种进步就体现在学科的发展上。当我国的科技从跟踪走向引领时,除了"任务带学科"以外,"学科引任务"应该是今后要高度重视的另一种科研模式。只有学科发展到更高的水平,才能把过去不可能完成的任务变成可以实现的任务,只有学术领先,才能成为真正的科技强国。

发展集成电路和基础软件等核心技术,也需要采取"两条腿走路"的策略。一条路是由内向外发展,自主设计 CPU 芯片和操作系统,先在国防和安全等级高的党政军应用中形成"根据地",培育自己的产业生态环境,再逐步向民口市场扩展;另一条路是由外向内发展,先融入国际主流,与国外大公司合作,在引进、消化、吸收的基础上逐步掌握高端 CPU 和操作系统的设计技术,通过分析国外芯片和基础软件的安全隐患提高芯片的安全性,由安全等级较低的应用逐步向安全等级高的应用发展。这两条路走好了都可能成功,实现殊途同归。

建设科技强国要全面、辩证地理解全球化和本土化,从某种意义上讲,坚持全球化战略和扶植本土高端产业也要"两条腿走路"。纵观世界历史,后发国家从产品低端走向产品高端,几乎没有一个国家不是先利用国内市场,保护和培育自主高端产品。完全靠企业参与全球的所谓"公平竞争",完全靠市场"这一只手",不可能实现后发国家从产业低端走向高端。政府"这一只手"必须有作为,要在国内开辟一块市场做根据地,通过政府采购和国内新产品首购等政策,培育和发展决定国家命运的战略产业,理直气壮地推进高端产业本土化。

三、建设科技强国要从科技生态抓起

为了建设科技强国,我们需要启动大科学工程,构建先进的科技基础设施,还需要实施各种科技计划,投入大量科研经费,这些都是物质层面的事。虽然"批判的武器不能代替武器的批判",但精神对物质有巨大的反作用,发展科技要从精神层面抓起,首先要致力于营造良性的科技生态。

如同动植物生长需要良好的自然生态环境一样,科技的发展也需要健康和谐的科技生态环境。所谓科技生态环境是人类科技活动赖以正常进行的一切要素的总和,其中特别重要的是科学精神和科技文化。科学技术发展的正常生态是质疑、批判、共享、协作的环境,早在 20 世纪 40 年代,美国社会学家默顿就提出科学共同体的规范是:普遍性、公有性、无私利性和有根据的怀疑。科技人员应该有追求"真善美"的高尚情怀,为了实现强国梦,科技人员还应具有"科研为国分忧、创新与民造福"的价值观。

中国的知识分子有求真务实和忧国忧民的传统,总的来讲,目前我国的科技人员是可信赖的群体,大多数在兢兢业业地工作。但近十几年来,由于科技评价制度的误导,急功近利和浮躁之风盛行,SCI 论文、政府奖励和各种人才帽子成为追逐的对象,价值导向出了问题。科技界对不合理的科技评价反应很强烈,引起了中央领导的高度重视,最近中共中央办公厅、国务院办公厅印发的《关于深化项目评审、人才评价、机构评估改革的意见》,受到科技人员的普遍欢迎,希望这一文件对建立正常的科技生态环境起到拨乱反正的作用。

发展科技靠人才，人才培养靠教育，教育是科技之母。对建设科技强国而言，加强全民教育、提高全民科学文化素质是根本性的大事。邓小平同志早就说过："我们的最大失误是在教育。"今天看来，教育的失误仍然是影响科技发展的重要原因，不但出不了钱学森盼望的大师级人才，一代青少年的精神素养也令人担忧。要想实现科技强国，提高科学人文素质的教育必须先行。

科技强国不是自封的，中国变强的过程就是与目前的科技强国既合作又博弈的过程。自吹自擂、自欺欺人与强国之路背道而驰，只有保持自省、自励、自敛的精神，谦虚谨慎、戒骄戒躁，既不狂妄自大，又不妄自菲薄，才能最终达到强国的目标。

科技强国的重要基础

——微电子与光电子芯片

中国科学院半导体研究所　陈良惠　祝宁华　李明

芯创智微电子有限公司　吴汉明

中芯国际集成电路制造有限公司　郑凯

信息基础设施是网络强国乃至于科技强国的"基石"，微电子与光电子芯片是信息产业的核心，习近平总书记在2016年网信工作座谈会上要求务必把握的三大技术之一的基础技术和通用技术，也是世界公认的使能技术。集成电路应用领域几乎无所不在，其技术水平和产业能力，已成为衡量一个国家综合实力和国际竞争力的重要标志。光电子芯片是光网络的核心器件，在传输和交换设备的成本占比分别达到60%和70%。在无线通信系统中，85%以上的天线到基站信号传输采用了光纤通信技术，因此，有人说光电子器件支撑了整个社会的信息流动也不无道理。

由于芯片产业链极长，对资金需求之高，对技术要求之广，没有其他产业可以比拟。在当今国际化大势下，没有一个国家可以做到完整产业链的完全自主可控，因此我们发展的目标可以设为掌握芯片核心技术，实现产业链的关键环节自主可控。

我国加强核心芯片攻关一直受到来自国家高层的高度关注和重视。2015年5月，国务院公布《中国制造2025》规划，在新一代信息技术产业领域中指出，要掌握新型计算、高速互联、先进存储、体系化安全保障等核心技术，全面突破超高速大容量智能光传输技术、"未来网络"核心技术和体系架构，推动核心信息通信设备体系化发展与规模化应用。2018年4月，习近平总书记到湖北考察时鼓励说："你们所从事的光通信行业很重要，要建设网络强国，需要你们加快脚步，更快地占领一些制高点。"[①] 2018年5月在两院院士大会上讲话时他又强调："自主研发的人工智能深度学习芯片实现商业化应用……工业母机、高端芯片、基础软硬件、开发平台、基本算法、基础元器件、基础材料等瓶颈仍然突出……"[②]因此我们需要抢占先机迎难而上，建设世界科技强国。《国家集成电路产业发展推进纲要》中明确指出：到2020年，集成电路产业与国际先进水平的差距逐步缩小，基本建成技术先进、安全可靠的集成电路产业体系。到2030年，集成电路产业链主要环节达到国际先进水平，一批企业进入国际第一梯队，实现跨越发展。

在美国挑起贸易战、对我国实施高端芯片禁运背景下，我们在继续支持全球化的同时，也要牢牢记住习近平总书记的再三叮嘱："实践反复告诉我们，关键核心技术是要不来、买不来、讨不来的。""在关键领域、卡脖子的地方下大功夫，集合精锐力量，作出战略性安排，尽早取得

---

① 《习近平总书记湖北之行第三天》，新华网，http://www.xinhuanet.com/2018-04-26/c_1122749285.htm。

② 习近平：《在中国科学院第十九次院士大会、中国工程院第十四次院士大会上的讲话》，人民出版社2018年版，第5、7页。

突破"。① 摆脱过度依赖西方国家供应链,掌握核心技术,迅速提升创新能力,加快成果转化周期,提高成熟技术产能尤为重要。只有这样,才能从根本上保障我国的产业安全、信息安全和国家安全。

一、我国微电子与光电子发展现状

通过"863""973""重大专项"等计划在微电子与光电子技术研究方面的投入和支持,我国微电子与光电子技术和产业均取得了长足的进步。

在微电子方面,我们认同专家对现状的保守评估:我国集成电路制造设备、成套工艺、关键材料和先进封装等领域初步掌握了一批核心技术,自主技术产业化水平达到 90、65、40、28 纳米节点。国内企业的持续创新能力有了显著提高,培育了多家行业内的世界级企业和高端创新团队,建立了具有中国特色的专项实施机制,作为先导技术的 20-14 纳米工艺也取得了可喜的进展。具体进展表现在国产集成电路高端装备包括刻蚀机、PVD、清洗机等取得突破,在大生产线成功稳定运行,产品销量持续提高,部分装备进入国际主流市场;成套工艺实现跨代升级,初步形成国际竞争力;高端封装技术取得自主重大突破,实现批量生产,部分技术达到世界先进水平,三家企业已经进入全球封装企业前十名,实际进展远不止这些,不一一列举。

根据中国半导体行业协会统计,中国集成电路产业销售额自 2014

---

① 习近平:《在中国科学院第十九次院士大会、中国工程院第十四次院士大会上的讲话》,人民出版社 2018 年版,第 11 页。

年以来,增长率都在 20%左右,2017 年达到 5411.3 亿元,同比增长 24.80%,如图 6 所示。外销占比相当可观,2017 年中国集成电路出口金额 668.8 亿美元,同比增长 8.9%,出口集成电路 2043.5 亿块,同比增长 13.1%。

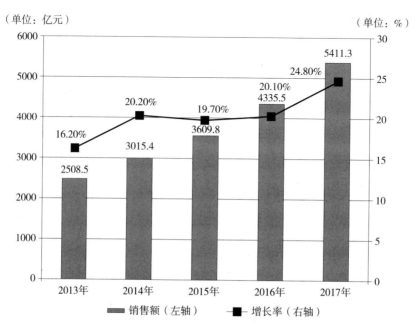

（单位：亿元）   （单位：%）

图 6 2013—2017 年中国集成电路产业销售额及增长率①

然而,据中国海关统计,2017 年中国进口集成电路 3770.1 亿块,同比增长 10.1%,进口金额 2601.4 亿美元,同比增长 14.6%,成为超过石油的进口大户,见图 7。

集成电路装备核心技术突破也促进了我国 LED 产业发展,我国半导体照明产业工艺流水线设备国产化率几近百分之百,关键材料生长设备 MOCVD 的国产化也取得突破,大大提高了国际竞争能力,目前全

---

① 根据中国半导体行业协会统计数据绘制。

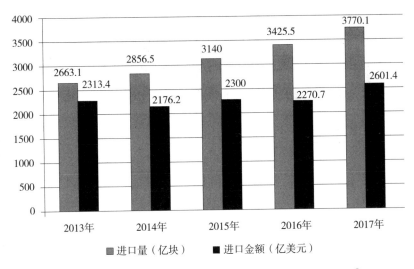

图 7 2013—2017 年中国集成电路产品进口量与进口金额①

产业链销售额达 5000 亿元以上,产业规模跃居世界第一,技术水平也进入世界先进行列。

不过我们更应该清醒看到,整体而言,我国芯片产业大而不强,产业链软肋明显。整个制造产业呈现出"市场大、系统强、芯片弱"的倒三角式产业结构。主要体现为产业规模跟不上市场发展。我国半导体市场接近全球的三分之一,但国产化率水平极低,特别是高端的核心芯片,国产占有率都几乎为零(见表 3),处于短板、软肋被"卡脖子"的状态。

表 3 集成电路国产芯片的占有率②

系统	设备	核心集成电器	国产芯片占有率(%)
计算机系统	服务器	MPU	0
	个人电脑	MPU	0
	工业应用	MCU	2

① 根据中国半导体行业协会统计数据绘制。
② 数据来源:《2017 年中国集成电路产业现状分析》。

续表

系统	设备	核心集成电器	国产芯片占有率(%)
通用电子系统	可编程逻辑设备	FPGA/EPLD	0
	数字信号处理设备	DSP	0
通信装备系统	移动通信终端	Application Processor	18
		Communication Processor	22
		Embedded MPU	0
		Embedded DSP	0
	核心网络设备	NPU	15
内存设备系统	半导体存储器	DRAM	0
		NAND FLASH	0
		NOR FLASH	5
显示及视频系统	高清电视/智能电视	Image Processor	5
		Display Processor	5
		Display Driver	0

在光电子方面,"十二五"期间我国在多波长激光器阵列、超高速长距离光传输、高速光调制器、大规模光交换芯片以及全光信号处理芯片等多个方面取得了重要进展。在研发层面上,如70Gb/s硅基调制器、40Gb/s锗硅探测器、24GHz模拟直调激光器、高效光栅耦合器及波分复用器等光电子单元器件部分指标已经达到国际先进水平。

在光电子相关产业方面,我国光通信系统整机和设备制造能力已经位居世界前列,例如自主整机产品已占全球光网络的五分之二,光接入设备占全球的四分之三,光纤光缆占全球的二分之一。形成了以武汉光谷区域、珠三角区域和长三角区域为光电子技术和产业的主要聚集区,培育了一大批优秀光电子企业,武汉光迅、青岛海信、河南仕佳、中航光电、成都新易盛、厦门优迅和中科光芯等企业分别从事光电子有源无源芯片、模块或光通信 IC 的研发生产,为光电子领域注入了活力。最近几年,根据咨询机构 Ovum 数据,全球通信光电子器件市场规模总体呈增长趋势,2016 年,全球光电子器件市场规模达到 106 亿美元,并且光电子器件保持快速增长,预期 2020 年收入规模将达到 166 亿美元,我国的光电子器件市场规模占全球市场的 50%,呈现快速增长势头。①

同样应该清醒看到,目前,国产的光电子芯片主要集中在中低端,25Gb/s 及以上速率的光模块国产化率仅为 10%,10Gb/s 速率的光芯片国产化率接近 50%,但是 25Gb/s 及以上速率的光芯片国产化率远远低于 10Gb/s 速率,高端(单信道 25Gb/s 及以上速率)光芯片几乎全部依赖进口,见图 8。高端芯片的研发能力明显不足,无论是基础工艺、性能指标还是集成程度等,与国际著名研究机构或公司(如

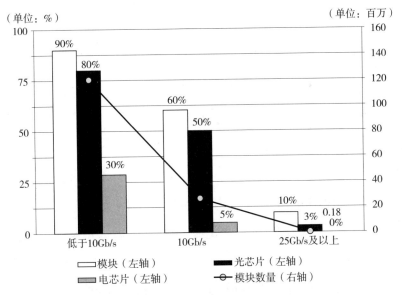

图 8　2017 年光收发模块及光芯片、电芯片国产化率②

① 世界电信产业界富有权威性的中立咨询顾问公司 Ovum 的数据。
② 数据来源:工信部《中国光电子器件产业技术发展路线图(2018—2022 年)》。

Infinera、Intel、IBM 等）差距较大，不少核心技术仍然是空白，严重制约了相关产业的发展。制约我国光电子技术发展的突出问题包括光电子器件加工设备研发实力薄弱，缺乏标准化和规范化的光电子器件工艺平台，以及芯片模块化封装和测试分析技术落后等，导致国内自主芯片和工艺装备一直处于十分落后的状态，差距有逐渐扩大的风险。

二、突破路径分析

我国的微电子与光电子芯片发展目标可以分为近期和中长期两个阶段。近期目标是技术寻求多点突破，把已经掌握的成熟技术做精、做透、做全，并加以延拓，为全面实现核心芯片自主可控超越的中长期目标奠定基础。我国核心芯片技术虽取得长足进步，但发展步伐显然还跟不上支撑国家科技强国的需要。

直接影响我国芯片产业发展速度的要素主要有三个：资金、技术和政策。其中资金是技术发展的必要条件，只有持续充裕的研发经费支持，才能使得技术研发实现跨越式的发展。世界龙头企业去年的研发经费达到空前高度，仅 Intel 一家 2017 年度研发经费就超过130 亿美元。我国在国家重大专项和集成电路大基金的支持下，项目布局得以实施，但研发和产业化专用经费还远远不够，需大幅度提高并长期支持。

资金到位并不就意味着成功，正确的技术路线才是决定因素。芯片技术路线主要有两大类，即自上而下实施和自下而上支持构建顶层。前者，尖端技术的研发提出底层技术支撑需求，光刻机顶层技术需要底层的镜片、精加工和自控技术支撑。芯片制造成套工艺提出基础的光刻、刻蚀和薄膜制备等工艺模块需求。后者则相反,从底层技术做起:先掌握光刻机零部件制造技术,然后通过技术集成制造光刻机;先掌握先进工艺模块技术,然后通过工艺集成研发先进成套工艺技术。

中芯国际芯片产业 0.13 微米技术代的后端铜互连工艺技术研发和新加坡特许半导体 65 纳米技术代,是引进、消化、吸收、再创造的成功案例,当年的技术引进和今天的收购兼并,因技术换代迅速,若没有创新和再创造必将重蹈引进—过时—再引进—再过时的覆辙。

我国芯片产业底子薄,需谨慎选择顶层设计路线,以应对紧迫的进口替代需求。从战略层面上看,应走自下而上的发展路线,优先发展基础产业技术,如装备的核心部件(真空泵、机械手、流量计、电子吸盘等)和芯片的关键材料(大硅片、Ⅲ-Ⅴ族和第三代半导体、掩模版、光刻胶等)。基础产业水平提升支撑先进芯片制造必需的核心装备和材料制备,才能逐步摆脱受制于人的局面。

芯片产业中,相对而言,光电子器件正处于从分立走向集成的关键技术变革期,国内外都刚起步,抓住难得机遇有望缩短差距,并在不太长的时间内实现赶超。2015 年,美欧发达国家竞相启动了光电子集成技术重大研究计划,美国集成光子制造创新研究所(AIM Photonics)作为其先进制造重点发展计划备受关注。2017 年年底,作为重大专项的重要补充,"光电子与微电子器件及集成"国家重点专项正式启动,建议加大支持力度,尽快启动实施,以加快芯片研发进程,特别在重大专项接续发展规划中,建议把光电子芯片作为重要方向予以列项支持。

三、芯片产业近期和中远期目标

（一）近期目标以替代和多点突破为主

手机通信产品中最为核心的芯片（手机芯片、FPGA 芯片、射频芯片、模拟芯片）目前基本上还是外国龙头企业垄断。目前国内外市场上有很多量大面广的芯片，例如功率管理、MCU、显示驱动和 CIS 等依然主要依靠进口（见表3），若国内的芯片设计和制造公司联合，通过短期的协同攻关有望得以替代。我们已拥有相对成熟的工艺技术，而大量的设计公司依然到海外流片，其重要原因之一就是缺乏基于国内工艺线基础的高效设计 IP 的支持，无论是核心 IP 的自主研发还是 IP 的设计服务都无法满足设计公司的需求。为此建立一个为国内芯片设计企业提供 IP 支持的公共平台就显得很有必要而且刻不容缓。另外，作为产业链核心环节的装备和材料的国产化成果，也需在大生产线上开展工艺验证。

后摩尔时代的特点给我国带来了机遇和挑战。由于市场的碎片化和高端芯片的贵族化，原先认为逐渐要被淘汰的 200 毫米芯片工艺线和 300 毫米的中低端工艺线有可能进入盈利佳境。可预期，先进工艺技术发展到 3 纳米以后，由于成本制约，产业化前景具有相当大的不确定性。市场数据表明，在 28 纳米技术节点以后，每单个晶体管的价格不降反升，导致芯片设计公司失去了追逐高端技术必备的热情。由此推断，后摩尔时代的特征有利于我国的成熟芯片工艺向量多面广的市场化推进。综上所述，国产化的装备、材料、设计 IP 和特色工艺技术都需要在一个工艺平台上验证发展。为此迫切需要建立一个国家级的产业链技术创新中心来推进国产化进程,以支持国家 IC 产业链整体发展。

作为芯片发展过程中不可或缺的光电子芯片,短期(三年)内要研发出 Tb/s 光传输、Pb/s 光交换、40Gb/s 光接入、100Gb/s 光互连、宽带光电融合 5 类核心光电子集成器件,达到实用化水平,并实现小批量生产。到 2025 年,实现中低端光电子芯片的国产化率达到 60%,高端光电子芯片的国产化率突破 20%,解决国家战略需求和产业急需的替代。

(二) 中远期目标是超越计划

《国家集成电路产业发展推进纲要》要求:到 2030 年,集成电路产业链主要环节达到国际先进水平,一批企业进入国际第一梯队,实现跨越发展。实际上,实现关键技术自主可控,正是"产业链主要环节达到国际先进水平"的重要注脚。

微电子与光电子芯片产业的特点是产业链长而领域宽。国家科技重大专项"十三五"结束后,理应继续滚动高强度支持,加强定向投入,并把光电子芯片列为信息领域专项滚动发展的重要方向。基于目前集成电路主流技术的四大发明(高 K 金属栅 HKMG、3D 晶体管 FinFET、源漏提升 Raised S/D、应变硅 Strained Silicon)都是十年以上的基础研究成果的应用事实,应给予集成电路和光电子集成相关的基础研究至少十年的高强度持续投入支持。优先支持企业规模发展,压缩先进技术成果转化为市场产业化的时间。关注培植本土的 IDM 企业成长,一个具有规模的 IDM 企业,是产业强国的必备标志之一。

搭建Ⅲ-Ⅴ族高端光电子芯片、硅光集成芯片以及芯片封测工艺平台,打造光电子芯片行业的设计、流片、封测完整产业链,形成高水平的共享平台,加强国际合作,实现核心芯片自主可控。

未来市场发展驱动或许在应用人工智能 AI 芯片及先进 5G、6G 通信等芯片上,这是我国实现赶超的难得机遇。相应芯片技术代应该在 7/5 纳米以后。这些芯片也许以 IP 核的方式存在或通过各种 SoC 集成组合来实现。微电子和光电子器件技术正朝着集成化方向快速发展,面临着速率、能耗与智能化等诸多重大科学问题与挑战,这也是难得的实现超越的机遇。

四、政策建议

(一) 加强基础研究,通过技术创新实现超越

前瞻技术创新中心应鼓励企业、高校和研究所积极参与。主要研究方向在超前世界产业技术 2—3 代的各个技术环节(例如目前集成电路的 3 纳米技术节点和光电子的超高速器件和 Micro-LED 技术等),包括相关工艺和材料、装备和零部件、设计 IP 和 EDA 工具的研发。研究方向由企业提供,研发经费主要由国家支持,研发成果与知识产权由平台拥有。通过产学研协同创新,五年形成初具规模的公共创新基地,十年成长为世界级的研发中心。

(二) 创新商业模式,推动我国芯片产业可持续发展

二十多年前,芯片代工模式引导台积电进入世界一流。我国在芯片制造方面有一些新的商业模式呈现可以加以评估借鉴。青岛最近尝试采用 CIDM 模式筹建芯片厂,可使 IC 设计公司拥有芯片制造厂的专属产能及技术支持,同时 IC 制造厂得到市场保障,实现了资源共享、能力协调、资金及风险分担。武汉正在以东湖开发区和烽火科技为首打造"中国造"世界级光电子信息产业集群,推动我国光电子信息产业发

展。这些做法都是芯片制造商业模式创新的有益尝试。

针对我国中小芯片设计企业多的现实,可合建一条成本只有全流程三分之一的后段工艺代工生产线,前段可由芯片代工厂完成,各设计公司只需设计后段的互联就可线上生产各自产品。这种极大节约投资成本的商业模式可称为部分 IDM(Partial IDM)。同时发挥我国制度优势,利用宏观调控杠杆,支持鼓励产业链的垂直整合,产业链上制造、装备和材料互相持股,使得利益捆绑,从而共同发展。光电子产业也可借鉴部分 IDM 模式,只是这里所谓芯片代工厂要从代工外延片生长拓延到标准的工艺制造阶段。

(三) 人才建设是芯片产业发展之本

完善科技创新激励机制,提高专业技术人才自主创新和参与科研成果产业化的积极性和主动性。采用人才引进和本土培养相结合的途径,建立和完善产学研合作的人才培养模式。

我国为引进人才成功实施一系列专门计划,如"百人计划""千人计划"等,通过各种途径引入世界级的人才,包括世界龙头企业的高管或世界著名高校研究机构领军人物,给他们以舞台发挥作用,政策上保护支持、研发经费倾斜支持和生活上人性化关心。鉴于国内高房价,出台可行又有吸引力的人才住房新政策并向芯片人才倾斜尤为重要。同时,要着意培养本土人才的成长,在培养本土高管方面,我国华为和京东方有不少成功的经验可以借鉴。

(四) 保护我国的自主知识产权

加大知识产权保护力度,把微电子与光电子核心技术纳入重点管理范围,严防技术泄露、严惩产业间谍和建立知识产权权威。加强海外专利布局和支持条例,推动我国知识产权体系建设,提升专利价值度,建议成立一个美国国际贸易委员会(ITC)式的机构,以子之矛攻子之盾,防御外来知识产权大棒,保护我国的自主知识产权合法权益。

中国是全球最大的集成电路市场,拥有全球最大的互联网用户群,能够为产业提供市场优势,这些优势是 13 亿多中国人民给的,是党的改革开放政策使人民生活大大提高造就的。虽然我国集成电路芯片技术和产业已取得长足进步,但要实现关键技术自主可控、不受制于人,还任重道远。光电子芯片技术和产业的发展亦如是!需要举国体制,以工程而非课题模式持续实施重大项目,需要大大提高经费支持力度和支持周期,需要各部门齐心协力共同推进。要在解决燃眉之急实现替代的基础上,开展基础研究,探索产业商业模式创新和技术创新,持续加大产业政策扶植,加强人才引进与培养,为我国芯片产业实现自主可控和可持续发展打下坚实基础。

科技创新要敢于盯住难啃的硬骨头

西安电子科技大学　段宝岩

建设世界科技强国是实现中国梦的应有之义,科技创新是建设世界科技强国的必由之路。

2016年,中央召开了规格与规模都相当罕见的"科技三会"。会上习近平总书记明确提出我国建设世界科技强国的"三步走"战略:到2020年时使我国进入创新型国家行列,到2030年时使我国进入创新型国家前列,到新中国成立100年时使我国成为世界科技强国。

时隔两年之后,在2018年5月召开的两院院士大会上,习近平总书记强调指出:我们比历史上任何时期都更需要建设世界科技强国!这是十九大召开以后,面对新时代新任务,党对我国科技事业发展的再强调再部署,与之前的提法可谓一脉相承。

习近平总书记高度赞扬了当前我国科技创新取得的新突破,清醒研判了我们正面临的新形势和新机遇,同时又明确指出了应该如何继续推进建设世界科技强国,并提出了新的要求,即充分认识创新是第一动力,矢志不移自主创新,全面深化科技体制改革,深度参与全球科技治理,牢固确立人才引领发展的战略地位。

习近平总书记关于建设世界科技强国的讲话高瞻远瞩、统揽全局、意蕴深厚,是指南也是奋斗方向,对于广大科技工作者来说,既能从中感受到温暖和鼓励,也让人感受到了压力和责任。

一、提高对科技创新的认识,创新从来都是九死一生

作为一名科技工作者,我们该怎么看待正在经历的这个历史阶段呢?

习近平总书记在讲话中指出,当前我国科技实力正处于从量的积累向质的飞跃、点的突破向系统能力提升的重要时期。这一判断既对之前取得的成绩进行了充分肯定,又对当前存在的不足提出了努力方向和新要求。

我们所处的这个时代,不仅是全球科技创新进入空前密集活跃的时期,而且也是一个大有可为的时代。因为新一轮科技革命和产业变革,正在重构全球创新版图、重塑全球经济结构。

建设世界科技强国的伟大方略,规划了从现在起直到未来 30 年、50 年国家科技事业发展的总目标和分阶段任务,为我国科技活动开展和创新氛围营造,提供了一个难得的历史机遇,创造了良好的政策环境,具有重大现实意义和深远历史意义。

习近平总书记一再强调,科技是国之利器,国家赖之以强,企业赖之以赢,人民生活赖之以好。在 2018 年两院院士大会上,他又明确了新时代科技发展的主攻方向:第一,充分认识创新是第一动力,提供高质量科技供给,着力支撑现代化经济体系建设。第二,矢志不移自主创新,坚定创新信心,着力增强自主创新能力。第三,全面深化科技体制改革,提升创新体系效能,着力激发创新活力。第四,深度参与全球科

技治理,贡献中国智慧,着力推动构建人类命运共同体。第五,牢固确立人才引领发展的战略地位,全面聚集人才,着力夯实创新发展人才基础。

深入分析可以发现,这五个方面都离不开"创新"二字。建设世界科技强国,就是要始终不渝地抓科技创新,这是我们攀登世界科技高峰、实现中华民族伟大复兴的必由之路。可以说,新时期、新形势、新任务要求我们必须在科技创新方面有新理念、新设计、新战略,也要求我们在持续开展科技创新活动的过程中,要拥有克服困难、迎接挑战的足够勇气,要做好付出巨大努力、承受巨大压力的心理准备。

科技创新是当今时代发展的主要动力之一,也是我国经济社会发展当前迫切需要解决的核心问题。当前,世界正在进入以信息产业为主导的经济发展时期,科技创新活动必将在很大程度上重塑世界格局,但目前我们对于科技创新的困难程度和复杂挑战还缺乏深刻的认识。

今天,全世界主要国家都在积极开展科技创新,这不禁让人想起两百年前开始的人类迁徙。1815 年至 1930 年间,共有 5600 万欧洲人移居国外,主要是前往美国、加拿大、澳大利亚等国家,这是人类历史上最大规模的迁徙活动,也是那个时代人们最大的冒险和"创新"。与此同时,人们付出的代价是:仅在 1846 年一年当中,全部乘客中就有超过 20%的人在到达北美之前死去;1830 年至 1900 年间,英国水手中有20%在大海上丧命……

今天的科技创新活动,短期内或许并不会以创新者的生命为代价,但困难和挑战一定会比我们预料的多、想象的难,而从更长远的维度去观察,在国家这个层面,科技创新最终决定的必将是话语权。从这个意义上说,这确实是一场你死我活的战争。作为一名科技工作者,应该提高对科技创新的认识,把压力转化为动力。正如习近平总书记在讲话中说的那样,创新从来都是九死一生。

二、重视高端电子装备制造,这是一块难啃的硬骨头

习近平总书记在讲话中列举了我国科技领域当前面临的瓶颈问题,包括工业母机、高端芯片、基础软硬件、开发平台、基本算法、基础元器件、基础材料等。他强调,我们关键核心技术受制于人的局面没有得到根本性改变,还需要在关键领域、"卡脖子"的地方下大功夫。

关键领域是什么?"卡脖子"的地方在哪里? 我认为,我国当前科技领域中的关键领域,主要集中体现在高端电子装备(如雷达、通信、导航、计算机、网络等)制造领域;而"卡脖子"的地方,就是围绕高端电子装备制造的各个环节,譬如微电子与光电子核心芯片的成套工艺及关键装备和材料,操作系统基础软件与关键自主知识型工业软件,以及下一代显示技术与计算技术等。

高端电子装备制造不仅是科技创新中的一块硬骨头,也是我们建设世界科技强国必须要迈过去的一道门槛。作为一名科技工作者,要将研究方向聚焦到建设世界科技强国的关键领域中,要把聪明才智运用到攻克"卡脖子"的核心技术上。一句话,科技工作者的科技创新活动,一定要死死盯住那些难啃的硬骨头。

怎么啃硬骨头? 我想以大型微波天线设计专家叶尚辉教授,带领我参与500米口径球面射电望远镜建造的经历举个小例子。

1994年11月,我从国外做完博士后回来,就碰到了要建造新一代大射电望远镜的问题,其难度可想而知。叶尚辉教授是这个领域的专家,他带着我们参与其中。1995年10月,在贵州召开了一个国际会

议,我们提出了光机电一体化创新方案,用大跨度柔索将馈源悬吊起来并实现高精度动态定位,重量一下子从美国提出方案时的达近万吨降至30多吨。

从那时起,前后20年时间,我们先是建立了大射电望远镜的5米实物模型,对相关理论进行了实际验证。后来,又建立了两个大射电望远镜的50米试验天线,通过大量实验验证创新方案的可行性。如今,被誉为"天眼"的500米口径球面射电望远镜已经落成并启用,为我国开展世界级科学研究奠定了重要物质技术基础。

回想从事科研工作走过的道路,特别是参与500米口径球面射电望远镜项目的经历,我深刻地体会到,啃硬骨头就是要树立对待科技创新的正确态度——不畏惧任何艰难险阻,再困难再复杂也要顶着压力上。同时,还要学会坚持,板凳一坐十年冷,科技工作者在自己领域迈出的每一小步,流下的每一滴汗水,都是在为国家整个科技事业作出贡献,要勇做栽树人、多做挖井人。

今天,中华民族已经圆了飞天梦、潜海梦、航母梦,但还有更多科技领域的"中国梦",特别是建设世界科技强国的重担等待着科技工作者去完成,这就需要我们敢于涉险滩、闯难关,继续坚持敢于啃硬骨头的精神。

三、找准科技创新的着力点,为建设世界科技强国而奋斗

高端电子装备制造是建立在信息技术和产业发展基础上的核心载体,是"中国制造2025"的有力支撑,也是建设世界科技强国的重要内

容。这一领域的科技创新千头万绪,关键着力点在哪里? 对此,我有四点建议:

一是要抢占信息技术原创这个"制高点"。技术的突破往往带来生产的变革,加强信息技术的原始创新,对于振兴高端电子装备制造行业作用非凡。在"后摩尔时代",纳米芯片、自旋电子技术、以 3S(SOC、SIP、SOP)为代表的微系统技术等前沿技术的研发突破,将带来电子装备制造领域的新变革;量子技术、太赫兹、下一代互联网等技术的演进,将有望改写信息传输、处理、共享的模式;读脑机、智能制造、生物制造等技术的发展,将为制造业的发展探索新路径。习近平总书记指出,要以关键共性技术、前沿引领技术、现代工程技术、颠覆性技术创新为突破口,敢于走前人没走过的路,努力实现关键核心技术自主可控。抢占信息技术原创这个"制高点",就是矢志不移自主创新的具体体现,就是要把创新主动权、发展主动权牢牢掌握在自己手中,决不能一而再、再而三受制于人。

二是要用好国家集中投入这个"药引子"。不同时代的科技创新,有不同时代的特点和区别。回想新中国刚刚成立时国家搞"两弹一星",以及近年来集中力量搞航天工程等,其解决的都是有与无的问题。在这种模式下,依靠国家集中资金、人力等资源投入的效果很好。但近些年来我们实施的国家重大专项,譬如投入了上千亿经费的"核高基"专项等,效果却并不理想,关键核心技术受制于人的现状还是没有根本改变,这是为什么? 我觉得,我们应该关注科技创新活动的时代特点。"两弹一星"与航天工程是在解决 0 到 1 的问题,靠国家集中力量是可行的,而现在的科技创新不仅是解决有无问题,同时还要解决性价比、可靠性等一系列难题,可以说是 1 到 n 的问题,性质是不一样的。要彻底解决这个问题,恐怕还需要全面深化科技体制改革,提升创新体系效能,综合运用市场机制与市场手段才行。为此,我们一方面要用好国家的钱,把它作为一个杠杆或"药引子";另一方面更应激活市场蕴藏的创新活力和巨大潜能,两条腿走路、多方面聚力。

三是要走好军民深度融合这个"大棋局"。军民深度融合是世界制造强国在军事装备和工业装备协同发展上一贯采取的重要举措,对于实现高端电子装备在高性能指标、经济性指标及装备的技术突破与产业发展上作用明显,对于实现技术共享、市场推广与军民两用方面效果突出,是同步发展高端军事装备和民用重大装备的有效手段,也是建设世界科技强国的重要途径。军民融合到底该怎么做? 军民融合就是加强军民合作、寓军于民,保持国家的科学技术潜力,发掘民间的研究力量涉入军事研究。回顾我国军民融合发展道路,大致经历了三个阶段:第一个阶段是战争与革命时期,军强民弱;第二个阶段是改革开放以后,军费大幅度下降,"造导弹的不如卖茶叶蛋的";第三个阶段是进入 21 世纪以后,国家开始重视军民融合。今天,我们不但要融合,而且提出要军民深度融合。这是时代命题,也是国家战略。高端电子装备制造包括了重大军事电子装备和重要民用电子装备制造的双重内涵,是军民深度融合的重要交叉点,对于未来高端智能军事装备、高端工业制造装备的发展作用巨大。可以说,军民深度融合战略是我们推进高端电子装备制造的关键"棋子",也是建设世界科技强国的重要举措,必须走好这个"大棋局"。

四是要重视自主工业软件这个"小市场"。研发设计是工业产品制造的前提和基础,研发设计软件则是实现高端制造的必备工具。自主工业软件平台是高端电子装备制造众多环节之一,是一个不太引人注目的"小市场",之前我们对其重视程度不够。据不完全统计,目前我国高端制造业中,电子、航空、机械领域的研发设计软件大多为外购,对外依赖率分别高达 90%、85% 和 70%。自主研发设计工具软件的缺失是制约"中国制造 2025"智能化发展的明显短板,将来有可能成为另一个制约我们建设世界科技强国的关键因素。因此,我们要早日消除研发设计软件主要由国外产品占据主导的局面,及早重视这个"软件不强"的危机,要从根本上解决自主硬件、软件的发展问题。

注重自主创新,加强人才培养

长春理工大学　姜会林

2018 年 5 月 28 日,习近平总书记在两院院士大会上再次提出要把我国建成世界创新强国,并强调"中国要强盛、要复兴,就一定要大力发展科学技术,努力成为世界主要科学中心和创新高地"①。5 月 29 日李克强总理、30 日刘鹤副总理也作了重要讲话。

下面结合我的认识、体会和工作实际,重点从自主创新、人才培养和体制改革三个方面,谈谈自己的一些想法。

一、必须注重自主创新

习近平总书记指出:充分认识创新是引领发展的第一动力,坚持抓创新就是抓发展,谋创新就是谋未来。在科技创新中自主创新尤为重要,正如习近平总书记所指出的:"自主创新是我们攀登世界科技高峰

---

① 习近平:《在中国科学院第十九次院士大会、中国工程院第十四次院士大会上的讲话》,人民出版社 2018 年版,第 8 页。

的必由之路",因为"关键核心技术是要不来、买不来、讨不来的"。① 新中国成立以来六十多年的科技发展史,充分证明了习近平总书记这一论断的正确性。据"两弹一星"功勋专家王大珩院士介绍,当中国研制原子弹、导弹和人造卫星的时候,不但买不到国外的器件,甚至连国外的技术资料都看不到。在这种情况下,中国的科技人员响应党中央的号召,"自力更生,艰苦奋斗",坚持自主创新,硬是把"两弹一星"搞成功了,从而极大地提高了中国在国际上的地位,大长了中国人民的志气。

近些年来,我国在自主创新方面取得了许多令人鼓舞的成就。例如探月工程、北斗导航、500 米口径球面射电望远镜、"复兴号"高铁等。其中光学技术重要成果很多,比如"激光钠导星——钠信标激光技术"。我国科学家采用固体激光和频技术,自主研制出 30W 级准连续微秒钠信标激光器,已用于云南丽江 1.8 米望远镜和兴隆 2.16 米望远镜上,其主要性能指标超过了美国。2013 年又为国际最大口径(30 米)望远镜 TMT 研制出钠信标激光器样机,已在加拿大 UBC 天文台应用。对此,中国科学院院长白春礼评价说:理化所钠信标激光技术达到了世界领先水平,这是中国科学院的自豪,更是落实习近平总书记"四个率先"的行动和体现。2014 年中国科学院理化所又进一步研制出 100W 级准连续微秒脉冲钠信标激光器,其性能指标继续保持国际领先水平。在这项技术研究中,中国工程物理研究院等单位都作出了很高水平的成果。

在光学技术方面,中国科学院长春光学精密机械与物理研究所自

---

① 习近平:《在中国科学院第十九次院士大会、中国工程院第十四次院士大会上的讲话》,人民出版社 2018 年版,第 10、11 页。

主研制成功直径4.03米单体碳化硅反射镜坯（目前世界公开报道口径最大），加工精度20纳米（RMS），也达到世界最高水平，可用于望远镜系统，大幅度提高光学成像分辨率。该成果实现了大口径光学材料的自主可控、制造装备和加工工艺等均拥有自主知识产权，标志着我国大口径光学制造技术取得了里程碑式的进展。

我国自主创新虽然取得了很大进步，但"基础科学研究短板依然突出，企业对基础研究重视不够，重大原创性成果缺乏，底层基础技术、基础工艺能力不足，工业母机、高端芯片、基础软硬件、开发平台、基本算法、基础元器件、基础材料等瓶颈仍然突出，关键核心技术受制于人的局面没有得到根本性改变"[1]。2018年4月的"中兴事件"就是一个典型的例证。

为此，我们必须高度注重自主创新，深刻认识"自主创新是我们攀登世界科技高峰的必由之路"，以强烈的创新信心和决心，积极抢占科技竞争未来发展的制高点。

二、全力加强人才培养

习近平总书记明确提出，"我们坚持创新驱动实质是人才驱动，强调人才是创新的第一资源"[2]。高等学校是我国科技创新的主要基地所在，也是科技创新人才的摇篮。在此，从三个阶段谈谈创新人才的培养。

---

① 习近平：《在中国科学院第十九次院士大会、中国工程院第十四次院士大会上的讲话》，人民出版社2018年版，第7页。

② 习近平：《在中国科学院第十九次院士大会、中国工程院第十四次院士大会上的讲话》，人民出版社2018年版，第3页。

第一阶段是少年,即小学、中学时期。应该重点进行科学思维、创新精神教育。例如2007年6月28日,王大珩等三位院士致函时任总理温家宝,提交了《关于加强我国创新方法工作的建议》。其中第二条建议是"从娃娃抓起,包括中小学……全面培育国民的科学思维与创新精神",该建议得到了总理的批准,由原国家科技部、发改委、教育部落实,现已成立1个国家级创新方法研究会和14个省级研究会。

2007年8月29日,王大珩等四位科学家再次致函时任总理温家宝,提交了《关于建立中国光学科学技术馆的建议》。温家宝总理很快做了批示,国家发改委批准在长春建立中国光学科学馆,委托长春理工大学负责具体建设。2017年2月正式开馆,参观者络绎不绝,其中小学、中学生占多数,一年内就接待了三十多万人,发挥了很好的创新教育功能。

第二阶段是高等教育时期。高等教育处于科技第一生产力和人才第一资源的重要结合点,必须坚持教育、科技、经济三结合,提升人才培养、科技创新、服务社会三种能力。

在高等教育阶段,首先要用政治信念引导学生树立远大理想,用领袖厚望教育学生明确光荣使命;同时要用优质教学帮助学生掌握科学知识,用科研实践提高学生的创新能力;还要用哲学理论启发学生学会辩证思维,用先进事迹启发学生科学规划人生,使学生真正做到"知识、能力、素质"全面提高,德、智、体、美全面发展,努力成为合格的社会主义建设者和接班人。

例如长春理工大学计算机系学生范静涛,在大学三年级时进入国家高技术研究发展计划("863")课题,参加捕获对准跟踪分系统的仿真研究。在硕士和博士学习阶段,作为技术骨干参加"863"和科技部支撑计划项目,在计算机、光学、控制等多学科交叉方面,作出了重要创新。2014 年进入清华大学博士后流动站，在多维度多尺度计算摄像仪器等项目中取得了重要突破，被评为清华大学"优秀博士后"，现留在清华大学工作。他先后获得国家科技进步二等奖 1 项、省级科学技术一等奖 4 项，获授权发明专利 29 项，发表高水平学术论文 23 篇，部分成果已得到应用。

第三阶段是继续教育时期。这是最漫长的人才培养阶段，也称为终身学习时期。因为一个人在学校学习的知识（包括本、硕、博阶段），毕竟还是有限的，必须在工作中继续学习，而且要不断掌握新知识。我国许多科学家都有这方面经历。比如"知识分子的优秀代表"蒋筑英，在中国科学院长春光机所工作期间，成功研制中国第一台光学传递函数测量装置，得到了国际权威专家的高度评价；他又刻苦钻研颜色光学理论与校正技术，编制了我国这个领域第一个优化程序，据此制成校色矩阵板，为我国彩色电视的颜色复现作出了重要贡献；他还比较熟练地掌握五门外国语言。再比如"两弹一星"功勋专家王大珩院士。在 20 世纪 60 年代初，国家急需远程光电跟踪测试设备，这是一套集光学、精密机械、电子工程、自动控制、高精度测量技术于一体的大型工程，国外对我国完全技术封锁。在这种情况下，王大珩带领团队认真学习研究相关理论及材料、工艺等，攻克了一个个难关。1966 年年底参加中程地对地导弹首次飞行试验，圆满完成了跟踪测量任务。1983 年，我跟随王大珩攻读博士学位，有一次到他家里请教问题，他正在看书，让我猜他在看什么书。当我没有猜对时，他把书拿到面前让我看，原来是一本《Basic 语言》。他很认真地对我说："我快到 70 岁了，可还是个计算机盲，几乎和年轻人没有交流的共同语言了，不学习不行啊！"80 岁以后，由于眼睛不好，王大珩就用放大镜看书；后来放大镜也不行了，他就用投影屏看资料。王大珩终身学习的精神使我深受感动，他几十年如一日"学习、学习、再学习",带动了中国光学界许多学者,创立了新中国光学几十个第一,使中国成为世界上五个光学大国之一,并产生了一批国际领先的成果。

三、认真做好科技改革

习近平总书记指出:"我国科技管理体制还不能完全适应建设世界科技强国的需要,科技体制改革许多重大决策落实还没有形成合力,科技创新政策与经济、产业政策的统筹衔接还不够,全社会鼓励创新、包容创新的机制和环境有待优化。"①

我从工作中体会到,如下五个方面的问题应该重视:一是科研考核有时过急,影响基础科研创新;二是科研经费管理偏多,影响科研项目进展;三是科技奖励数量减少,影响科技人员情绪;四是成果评价体系欠妥,影响科研分类指导;五是东北人才流失严重,影响科技创新发展。

为此,我提出以下五条建议:

第一,进一步搞活基础科学研究。习近平总书记提出"基础研究是整个科学体系的源头",也是高等学校的主要研究方向。建议一方面鼓励科技人员"甘于坐冷板凳,勇于做栽树人、挖井人";另一方面对部分基础科研课题考核不要急于求成,而且还要加大支持力度,千方百计调动基础研究的活力。

第二,进一步完善科研经费政策。习近平总书记指出:"要着力改革和创新科研经费使用和管理方式,让经费为人的创造性活动服务,而

① 习近平:《在中国科学院第十九次院士大会、中国工程院第十四次院士大会上的讲话》,人民出版社2018年版,第8页。

不能让人的创造性活动为经费服务。"①建议尽快完善和落实国家和地方新的科研经费政策，要尽最大可能简化管理程序，提高效率。

第三，进一步增加科技奖励数量。习近平总书记指出："要完善科技奖励制度，让优秀科技创新人才得到合理回报，释放各类人才创新活力。"② 2017 年国务院办公厅下发"文件"，把国家科技三大奖总数由原来的 400 项减少为 300 项。党的十八大以来，我国科技创新项目数和经费数大幅度增加，创新成果也逐渐增多，大家都在为把我国建设成创新强国而努力奋斗。对于科技人员来说，好成果能够获得国家奖，是个很高的荣誉，也是极大的鼓舞。为此，建议从 2019 年起适当增加国家奖的数量。

第四，进一步落实成果评价体系。习近平总书记指出："要改革科技评价制度，建立以科技创新质量、贡献、绩效为导向的分类评价体系"，"我们接连出台了几个重要改革方案"，"这些改革还有需要改进的地方，有的还没有完全落地"。③ 在分类评价方面，清华大学金国藩院士等曾多次建议，对高等学校理科的创新成果评价，可以用学术论文、著作、理论与规律等为主要标志；而工科可以用成果获奖、技术发明、应用效益等为主要标志；文科则可以用对社会、经济、管理、法律等贡献为主要标志，以便让各自的创新成果都能得到合理评价，这无论对于国家还是对于研究人员都大有益处。

第五，进一步促进东北科技创新。我国东北在高技术科学研究、高

① 习近平：《在中国科学院第十九次院士大会、中国工程院第十四次院士大会上的讲话》，人民出版社 2018 年版，第 16 页。

② 习近平：《在中国科学院第十九次院士大会、中国工程院第十四次院士大会上的讲话》，人民出版社 2018 年版，第 19 页。

③ 习近平：《在中国科学院第十九次院士大会、中国工程院第十四次院士大会上的讲话》，人民出版社 2018 年版，第 16、17 页。

层次人才培养以及高附加值产业等方面都有独特的优势,为国家作出了重大贡献。但是近些年来人才流失严重,已经影响了东北科技创新和社会事业的发展。为此建议:一要落实国家振兴东北老工业基地的各项政策,使青年人看到东北的光明前景;二要加强社会主义核心价值观教育,进一步强化"事业留人"的观念;三要发挥东北的创新特色,如光电信息、精密机械、化学化工、车辆工程等;四要宣传科学家,如王大珩、唐敖庆、蒋筑英、黄大年等人的光辉事迹,让巨大的正能量引导科技工作者创新的志向、决心和勇气。

我作为新中国培养成长的科技教育工作者,衷心拥护习近平总书记的重要指示,一定要继续弘扬科学报国的光荣传统,追求真理、勇攀高峰、自主创新、严谨执着,不断取得新的突破。同时,还要践行社会主义核心价值观,传播真知,崇德向善,提携后学,甘为人梯。2013年以来,结合落实中央有关文件要求,我在所在单位开展"五学"即"学政治、学政策、学业务、学管理、学做人"教育活动,取得了一定成效,团队被教育部评为"全国高校黄大年式教师团队"。我一定要把团队带好,为新时代中国特色社会主义建设、为我国自主创新和人才培养作出更大贡献。

拥有一批世界级新兴产业集群是建成世界科技强国的重要标志

武汉邮电科学研究院　　余少华

2018 年 5 月 28 日,习近平总书记在两院院士大会上发表重要讲话,强调建设世界科技强国。习近平总书记指出,中国"一定要大力发展科学技术,努力成为世界主要科学中心和创新高地","优先培育和大力发展一批战略性新兴产业集群","培育一批核心技术能力突出、集成创新能力强的创新型领军企业"。[①] 结合 2018 年 4 月 26 日习近平总书记在武汉烽火科技集团有限公司(武汉邮科院)考察时强调的核心技术、关键技术、国之重器必须立足于自身,科技攻关要摒弃幻想、靠自己等重要讲话精神,我作为一名高新企业集团的技术人员和区域创新参与者,从发展战略性新兴产业和布局区域增长极的角度思考,感受深刻的还是建成世界科技强国必须拥有一批世界级新兴产业集群和一批世界级新兴产业跨国领军企业。

[①]　习近平:《在中国科学院第十九次院士大会、中国工程院第十四次院士大会上的讲话》,人民出版社 2018 年版,第 8、10、15 页。

一、世界级新兴产业集群及跨国领军企业的集聚是建成世界科技强国的重要标志

"世界级"意味着区域内全部产业关键要素的全球占比高,处于世界前列。"集群发展"意味着产业链、创新链、生态链、资金链的竞争优势。在当今世界经济版图上,由于大量产业集群的存在,形成了色彩斑斓、块状明显的"经济马赛克",世界财富的绝大多数都是在这些块状区域内创造出来的。美国硅谷集聚了上万家电子科技及软件企业,全美前100家大科技公司有1/3诞生于此,其所产半导体集成电路和电子计算机约占全美1/3和1/6,硅谷以国土面积的0.05%和美国人口的1%,创造了美国5%的国内生产总值,成为全球高科技创新聚集区的代名词。日本爱知县拥有一个集零部件制造和汽车组装于一体的综合性汽车产业集群,其形成与全球最大的汽车厂商丰田集团公司及其本地供应商的发展密切相关,目前日本生产的汽车零部件大约一半出自于此,占日本汽车总出货值的40%,爱知县以国土面积的1.4%和日本人口的5.8%,贡献了6.6%的国内生产总值,成为全球金字塔式产业链集群的代表。意大利素有中小企业王国之称,全国98%以上都是中小企业,其特色是地域同业形成专业的产业集群,被称为"第三意大利"现象,以"专、精、柔"的中小企业为主体的"意大利制造"占据该国外贸出口总额的一半以上,成为全球传统产业集群化复兴的典范。这些产业集群大都是技术密集型和专业技能型企业。

放眼全球,对于任何一个经济强国,跨国领军企业都是国家的脊梁

和经济的发动机,发挥着极其重要的作用,扮演着不可替代的角色。2017年《财富》杂志发布的美国500强公司总营业收入高达12万亿美元,接近于当年美国GDP的65%;2017年《财富》杂志发布的中国500强上榜企业总营业收入达到33.5万亿元人民币,相当于当年中国GDP的45%左右;2017年《财富》杂志发布的世界500强日本上榜企业51家,其总营业收入达2.7万亿美元,接近于当年日本GDP的62%;德国上榜企业29家,其总营业收入达1.8万亿美元,接近于当年德国GDP的55%;法国上榜企业29家,其总营业收入达1.6万亿美元,接近于当年法国GDP的66%;英国上榜企业23家,其总营业收入达1.2万亿美元,接近于当年英国GDP的43%。正因为有这些巨头企业和对应世界级产业集群的标志性贡献,这些国家都能称得上是世界科技强国。

二、世界级新兴产业集群及跨国领军企业在建设世界科技强国过程中发挥着极其重要的作用,扮演了不可替代的角色

党的十九大开启了中国高质量发展新阶段。把发展经济的着力点放在实体经济上,把提高供给体系质量作为主攻方向,显著增强我国经济质量优势。加快建设制造强国,加快发展先进制造业,推动互联网、大数据、人工智能和实体经济深度融合。支持以市场为导向、企业为主体的产、学、研、用协同创新,加快知识产权转化应用。支持传统产业优化升级,重点发展新一代信息技术产业、高端制造、航空航天、清洁能源、新材料、新能源汽车、生物医药等战略性新兴产业。世界正

在进入以信息产业为主导的经济发展时期,我们要把握数字化、网络化、智能化融合发展的契机,以信息化、智能化为杠杆培育新动能(《福布斯》杂志2017年评选最有投资价值的十大公司中有九家是互联网企业)。要突出先导性和支柱性,优先培育和大力发展一批战略性新兴产业集群,构建产业体系新支柱,促进我国产业迈向全球价值链中高端。

先后开创了个人电脑时代和智能手机时代的美国苹果公司连续11年荣登《财富》杂志"全球最受尊敬公司"的榜首,其跌宕起伏的发展历程就是一部最好的科技创新史。互联网领域最具创新基因的谷歌公司连续4年位居 Brand Finance 发布的全球最具价值品牌100强榜单之首,其众多黑科技引领创新前沿。从区域发展看,我国也初步形成了一定特色的产业集群,比如北京中关村的互联网与移动通信、武汉·中国光谷的光电子信息、上海张江的信息技术、深圳的电子信息、杭州的电子商务等产业集群,也涌现出百度、阿里巴巴、腾讯、京东、华为、格力、海尔等一大批领军企业。企业是科技创新的主体,是推动科技创新创造的生力军。推动企业成为技术创新决策、研发投入、科研组织和成果转化的主体,培育一批核心技术突出、集成创新能力强的创新型领军企业对中国这样一个大国至关重要。新时代中国经济发展需要有一批管理水平高、产品品质优、生产效率高、经营业绩好的世界一流企业。国与国的竞争很大程度上表现出来的是企业与企业的竞争,一个国家要在激烈的国际经济竞争中拥有一席之地,就必须依靠高素质、高效能、竞争力强的跨国企业。培育一批世界级新兴产业集群、打造一批世界级新兴产业跨国领军企业具有现实意义,对建设世界科技强国具有巨大推动作用。

三、培育一批世界级新兴产业集群及跨国领军企业是新时代建设世界科技强国的必由之路

21世纪以来,全球科技创新进入空前密集活跃期,新一轮科技革命和产业变革正在重构全球创新版图、重塑全球经济结构,科学技术从来没有像今天这样深刻影响着国家前途命运和人民生活福祉。2018年是中国改革开放40周年,经过40年的艰苦探索和不懈努力,中国已经成为世界第二大经济体、第一大工业国、第一大贸易国、第一大外汇储备国,国家综合实力显著提升。40年来,我国企业也发生了翻天覆地的变化,规模实力显著增强,竞争力进一步提升,一批大企业特别是战略性新兴产业企业不仅规模达到了世界级水平,而且在技术、管理、国际化水平等各方面也在走向世界前列,具备了构建成为具有全球竞争力的世界跨国企业和世界级产业集群的基础和条件。截至2014年年底,全球市值最高的10家互联网公司中,中国已经占到4家,同美国的6家初步形成了同台竞争态势。

中国特色社会主义进入新时代,对我国企业提出了新的更高要求。党的十九大站在新的历史起点上对企业改革发展作出重大部署,明确提出构建具有全球竞争力的世界一流企业,这样一个宏伟目标为我国企业改革发展指明了方向。但我们要清醒地看到,我国企业同世界一流企业相比,还有相当大的差距,我们在企业管理、技术创新、核心竞争力培育、全球化经营上还都需要作出更大的努力。

世界级新兴产业集群、世界级新兴产业跨国领军企业应具备显著的规模优势和较高的市场份额、拥有世界级品牌产品、拥有具有引领性

的技术、形成区域专业化分工和协同发展网络、具有极强的区域带动辐射作用、国际化水平高、社会影响力广、对一流人才具有很强的吸引力等基本特质,在此就不一一赘述了。以下就构建一批世界级新兴产业集群、铸造一批世界级新兴产业跨国领军企业的路径和策略,简要谈一下对策和建议。

（一）坚持党对科技事业的领导,以新业态新模式为引领,强化世界级新兴产业集群布局顶层设计

构建世界级新兴产业集群、铸造世界级新兴产业跨国领军企业,是一项系统性、持续性的大工程,需要国家、地方统筹谋划,协同推进,需要创新思维、创新模式;充分发挥区域优势和协同效应,形成区域产业一体化协调发展大格局。在此过程中,必须以习近平新时代中国特色社会主义思想为指引,充分发挥党的领导"把方向、管大局、保落实"的作用,强化顶层设计,不断激发创新主体和关键要素动力活力,不断厚植技术创新先发优势和比较优势,为产业集群、跨国领军企业的构建奠定坚实基础。

在"中国发展高层论坛 2018 年会"上,工业和信息化部的有关领导强调指出,将"中国制造 2025"示范区建设与构建世界级先进制造业集群结合起来,形成若干有较强影响力的协同创新的高地和优势突出的世界级先进制造业集群。希望在政策牵引下,各级政府强化产业集群建设要素保障、优化发展环境建设,大幅增强我国制造业的国际竞争力,确保我国经济进入高质量增长阶段继续保持健康发展。

（二）坚持建设世界科技强国奋斗目标,以"三个面向"为战略定位,强化关键核心技术突破

当前世界正处在科技创新突破和科技革命的前夜,一些重要的科学问题和关键核心技术发生革命性突破的先兆已日益显现,同建设世界科技强国的目标相比,我国发展还面临重大科技瓶颈,关键领域核心技术受制于人的格局没有从根本上改变,科技基础仍然薄弱,科技创新能力特别是原创能力还有很大差距。习近平总书记强调:"只有把核心技术掌握在自己手中,才能真正掌握竞争和发展的主动权,才能从根本上保障国家经济安全、国防安全和其他安全。不能总是用别人的昨天来装扮自己的明天。不能总是指望依赖他人的科技成果来提高自己的科技水平,更不能做其他国家的技术附庸,永远跟在别人的后面亦步亦趋。"①

创新是引领发展的第一动力,是建设现代化经济体系的战略支撑。习近平总书记指出,"实践反复告诉我们,关键核心技术是要不来、买不来、讨不来的"。② 企业是创新的主体,强化自主创新是提升企业核心竞争力优势、摆脱受制于人局面的根本途径。必须着力在自主创新特别是原始创新上下更大的功夫。企业要将"面向世界科技前沿、面向国家重大需求、面向国民经济主战场"作为长期发展战略定位,加大对应用基础研究的投入,要着力突破战略性前瞻性领域关键核心技术。能否在战略性前瞻性领域取得关键核心技术突破,决定着企业能否持续保持核心竞争能力、在激烈的市场竞争中实现基业长青,同时对国家长远发展也会有重大影响。所以要下大气力尽快培育一批能够支撑国家重大战略需求、引领未来科技变革方向、参与国际竞争合作的创新力量,在关键领域、"卡脖子"的地方下大功夫,集合精锐力量,作出战略性安排,超前部署、集中攻关,尽力实现从"跟跑"到"并跑""领跑"的转变。

---

① 习近平:《在中国科学院第十七次院士大会、中国工程院第十二次院士大会上的讲话》,人民出版社 2014 年版,第 10 页。
② 习近平:《在中国科学院第十九次院士大会、中国工程院第十四次院士大会上的讲话》,人民出版社 2018 年版,第 11 页。

（三）坚持融入全球创新网络，以不断提升国际话语权为目标，强化知识产权厚植优势

在全球化大背景下，世界级跨国企业都把掌控产业链中技术含量高、增值幅度大、带动性强的重点环节作为战略发展重点。要积极推动产业向价值链高端迈进，积极占领未来产业发展的制高点。对事关我国产业发展全局和企业发展未来的重大关键领域和制高点必须加强预见性、前瞻性，在这些领域迈出实质性的步伐，引领新兴产业集群的发展。企业要专注实业、做强主业、创新创业，大力实施创新驱动发展战略，发挥主力军作用，加快突破关键核心技术，在新一轮产业革命中占据有利地位，把竞争和发展的主动权牢牢掌握在自己手里。要积极参与和影响国际产业技术标准制定，提升企业在国际资源配置中的主导地位和全球行业发展中的引领作用，推动更多的中国企业成长为具有国际话语权和影响力的世界一流领军企业，为未来赢得更大发展空间打下基础。

（四）坚持走中国特色自主创新道路，以"产学研用"深度融合为支撑，强化世界级新兴产业跨区域合作布局

发展科学技术必须具有全球视野。不拒众流，方为江海。要鼓励战略性新兴产业各领域各行业龙头企业通过跨区域兼并重组，建立总部基地等方式，实施一批区域产业合作重大工程和重点项目，实现研究、生产、销售资源利用的最大化。同时，加强国际合作和企业间合作，企业与高校、科研机构合作，企业与政府合作，以市场化运作的方式优化跨区域的生产力布局和配套服务，实现产业链整合，助推产业集群化发展。

（五）坚持"走出去、引进来"相结合，以推动构建人类命运共同体为方向，强化新兴产业集群全球化水平和国际影响力

以全球视野进行科技创新是建设世界科技强国的必然选择。只有

积极融入全球科技创新网络，我们才能了解世界科技的前沿，不至于夜郎自大；只有积极参与到世界科技活动中，参与到构建人类命运共同体过程中，才能确保我们的技术与时俱进；只有加大对外开放，才能让新技术进入我们的视野。自主创新是开放环境下的创新，要聚四海之气、借八方之力。

坚持"走出去、引进来"相结合，以"一带一路"建设为重点，我国的国有企业在国际经营方面迈出了很重要的一步，下一步，关键是要提高配置国际资源的能力，打造国际合作竞争新优势。加快融入国际分工、走向国际市场，在更大范围、更宽领域、更深层次配置资源，从而为企业赢得广阔发展空间、掌握主动权。不断扩大海外经营规模，提高海外市场份额，优化全球布局结构，打造国际知名品牌，形成国际竞争新优势。

（六）坚持创新驱动实质是人才驱动理念，以多层次人才队伍建设为基础，打造跨国领军企业核心竞争力

创新之道，唯在得人。企业的核心竞争力要素主要由资源、资本和人才组成，对于大多数处于战略性新兴产业的企业而言，一般无法采用资源驱动发展的模式，必须主要通过人才来构建企业的核心竞争力，人才是第一资源。这就要求企业建立与之相适应的分配机制，不断强化核心竞争力的壁垒，否则难以取得成功。建议企业参照市场中的通行做法，建立股权、期权激励等长效激励机制，也可参考科研机构建立企业员工创新产品成果、知识产权等转化为股权、红利等模式。

要营造容忍失败的良好创新环境，加快形成有利于人才成长的培养机制、有利于人尽其才的使用机制、有利于竞相成长各展其能的激励机制、有利于各类人才脱颖而出的竞争机制，培植好人才成长的沃土，让人才根系更加发达。拔尖人才的产生离不开良好的创新环境、创新土壤。但当下人才"帽子"满天飞、人才标签化等现象不利于人才潜心搞科研,亟须改观。

培育一批世界级新兴产业集群、打造一批世界级新兴产业跨国领军企业是新时代赋予我们的重大使命和任务。这一目标,不是一朝一夕能够完成的,必须持续努力、久久为功。我们正迎来世界新一轮科技革命和产业变革同我国转变发展方式的历史性交汇期,既面临着千载难逢的历史机遇,又面临着差距被进一步拉大的严峻挑战。我们要与历史性交汇期产生强烈的同频共振,我们要有强烈的创新信心和决心,既不妄自菲薄,也不妄自尊大,勇于攻坚克难、追求卓越、赢得胜利,积极抢占科技竞争和未来发展制高点。面向世界科技前沿、面向国家重大需求、面向国民经济主战场,加快各产业领域科技创新,掌握全球科技和产业竞争先机,为实现"两个一百年"奋斗目标贡献更大力量。

建设世界仪器强国的使命与任务

哈尔滨工业大学　谭久彬

建设世界科技强国,首先必须建设世界仪器强国,建设世界仪器强国是建设世界科技强国的必备基础和前提条件。在我国特定条件下,建设世界仪器强国将面临三大挑战,即:计量测试体系不完整;仪器体系呈现碎片化;全民性质量意识差,对测量与仪器的基础性作用和引领性作用认识不清。建设世界仪器强国,必须完成四大重点任务,即:建立具有科学性、先进性和完整性的国家计量测试体系,培育体系完整、结构合理的高精尖仪器企业;建立国家级高精尖仪器研发基地;建立国家级专家咨询中心,统一规划与指导计量测试体系与仪器体系建设发展;提高全民质量意识,培育专精精神。

一、建设世界仪器强国的必要性与紧迫性

建设世界仪器强国在我国具有十分突出的必要性和紧迫性。建设世界科技强国必须以强大的整体仪器创新能力为支撑,仪器创新必然引领科技创新,这主要表现在如下三个方面。

（一）重大仪器发明会促进重大科学发现和基础研究突破

世界科技强国一定是基础研究强国,基础研究强国一定是测量与仪器强国。门捷列夫说:"科学是从测量开始的","没有测量就没有科学,至少是没有精确的科学、真正的科学","测量是科学的基础"。仪器是测量的载体,是实现科学发现与基础研究突破的手段。

截至 2017 年,诺贝尔物理学奖、化学奖、生理学或医学奖获奖项目总数为 371 项,获奖总人数为 594 人;直接因测量科学研究成果或直接发明新原理仪器而获奖的项目总数为 42 项(占 11.3%),总人数为 64 人(占 10.8%),如电子显微镜、质谱仪、CT 断层扫描仪、扫描隧道显微镜、超分辨荧光显微镜、冷冻电镜、激光干涉仪等;同时,72%的物理学奖、81%的化学奖、95%的生理学或医学奖都是借助于相关尖端仪器完成的。

因发明高分辨率核磁共振仪器而获诺贝尔奖的理查德·恩斯特(R.R.Ernst)说:"现代科学的进步越来越依靠尖端仪器的发展。"

（二）高端精密仪器是科技产业高质量发展的基础

仪器科学与技术对现代科技产业、国家安全、人类健康、环境保护和社会生活等各个方面有序进行与发展的支撑作用越来越大。仪器技术与工程支撑的是整个现代科技产业、国家经济和社会管理。王大珩院士对测量仪器的作用曾有过高度概括:"仪器仪表是科学研究的先行官,工业生产的倍增器,军事上的战斗力,社会生活中的物化法官。"20 世纪 90 年代初,美国商务部所属的美国国家标准与技术研究院(NIST)的统计数据表明:为保证产品制造质量和实施有效控制,每天要进行 2.5 亿次测量。在制造领域,只有通过测量,才能知道产品哪里不合格;只有通过大量测量数据的积累,才能找到产品不合格的根源;只有建立起基于在线传感与仪器的工业互联网,才能建立起智能装备和智能工厂,才能实现智能制造;只有建立起面向先进制造的完整的计量测试体系和仪器体系,才能从根本上解决困扰我国几十年的"四基问题"(基础材料、基础工艺、基础零部件和质量技术基础),才能从根本上形成高端装备制造能力。在国防领域,没有侦测仪器,就不能发现和准确定位敌方目标;没有精准的导航、制导仪器,就无法实施精确打击。在医疗领域,没有精准的诊疗仪器,就无法实施精准医疗。在环保领域,没有成千上万的分布式传感器,就无法及时准确地获取环保监测信息。同样,没有遍布于城市的水、电、气、交通等设施和千家万户的各类网络化传感器,就无法实时获取海量监测信息,平安城市、幸福城市和智慧城市就无法实现。

(三) 高端精密仪器的创新是驱动和引领科技创新发展的原动力

仪器科学与技术的创新发展对相关技术领域具有引领与推动作用。"工欲善其事,必先利其器。"以高端精密装备制造领域为例,高端精密装备的精度水平取决于工作母机的精度,按照精度分配原则,工作母机的精度要比高端精密装备的精度高三分之一至一个数量级;而工作母机的精度水平取决于测量仪器的精度,按照精度分配原则,测量仪器的精度要比工作母机的精度高三分之一至一个数量级。从精度角度看,测量仪器处于精度的顶级,是高端中的高端;从技术角度看,测量仪器使用的共性核心技术更先进、更前沿、更具有先导性,因而更具有技术引领作用。在高端精密装备领域,测量仪器技术处于优先发展的地位。聂荣臻元帅在经历了"两弹一星"发展后,形成的重要认识之一就是"科技要发展,计量须先行"。从另一方面看,仪器产业对相关科技产业的发展有重要拉动作用。美国国家标准与技术研究院的分析报告指出:"美国国内仪器产值仅占工业总产值的4%,但对国民生产总值(GNP)的拉动作用则达到了66%。"仪器技术

"四两拨千斤"的作用反映出仪器的内在价值在产业链中具有放大效应。

二、我国仪器科学与技术发展现状

我国错过了第一次工业革命和第二次工业革命,几乎没有现代意义上的相关科技积累作为基础。发展现代意义上的仪器科学与技术,起步很晚,经历了初创期,即1949年至1969年的20年间,建立起初步的仪器科学与技术学科。第三次工业革命阶段,即1970年至2010年的40年间,前20年我国因基础薄弱而导致仪器科学与技术发展缓慢,后20年我国科学技术的整体发展较快,仪器科学与技术进入快速发展期,这期间取得了一大批前沿仪器技术成果,支撑和引领了一批重大科技创新和重大高新技术工程的发展,如以自主研制的铯原子喷泉钟、光钟、量子化霍尔电阻基准和约瑟夫森电压基准等为代表的一批尖端计量仪器,支撑了我国北斗系统工程、电力电子工程和电气工程的发展;以自主研制的超精密工程测量仪器为代表的一批大型高端专用测量仪器,支撑了我国战略导弹、核潜艇、航空发动机和航天高分工程等国家重大工程的发展。

从总体上看,我国仪器科学与技术落后于美国、德国和日本等科技强国,而且落后的幅度较大,但在一些专用仪器领域已经接近国际先进水平,在个别方向上已经处于国际前列地位。从发展趋势上看,我国仪器科学与技术的自主创新能力在不断增强,追赶速度在加快,差距在逐渐减小。

三、建设世界仪器强国面临的三大挑战

回顾我国现代工业和仪器工业的发展历程,有利于认清我国仪器科学与技术发展的特殊性与不平衡性,有利于明确我国建设世界仪器强国将面临什么样的挑战。

1949—1969 年,在苏联的援助下,我国建起了哈尔滨量具刃具厂等几个仪器生产厂,可生产量具和中低端测量仪器;在几所大学里设置了精密仪器专业,在一些专业领域,逐渐进入精密级测量阶段。改革开放以后,我国中低端制造业发展规模快速扩大,但精密测量手段并没有跟上,在精密级测量能力上发展不平衡,不成体系,没有形成整体能力,因而没能保证产品质量同步提升。而在航天和国防领域,虽然部分形成超精密测量能力,但也不成体系。总体状况是:精密级测量能力需要整体补齐,超精密级测量能力需要大范围追赶。要想整体上追齐德国工业 4.0,将面临如下三大挑战。

(一) 计量测试体系不完整

尽管我国已建立起以国家计量院为核心的国家法定计量体系,形成了科学计量、法制计量和工程计量能力。但从国家级、中间级,一直到工厂车间级对产品实现全部参数测量能力的角度考察,会发现我国的计量测试体系不完整。以几何量测量为例,我国国家计量院现有工程参量计量标准 80 个,而德国有 123 个。若考虑到德国是有选择地发展制造业,而我国是全面发展制造业,我国缺少的计量标准就更多了。从纵向看,因计量手段不足,使很多参量的量值传递链出现断裂,量值传不到工厂的计量仪器上;即便有些量值传递到了工厂的计量仪器上,但由于我国现行的年检和周期校准制度，量值不能实时传递到产品上，测量仪器对产品质量的监控处于失控状态。实际上，我国计量测试体系，从顶级的基准级和标准级仪器到产品级测量仪器的量值传递链上，存在"中间一公里"和"最后一公里"的盲区。在产品质量的层次上，我国的计量测试体系，在很多量值上，不能保证在全国范围内的准确一致。

从总体上看，我国现有的计量测试体系无法支撑起庞大制造业，特别是高端装备制造、智能制造和强基工程的发展。

（二）仪器体系呈现碎片化

高质量产品是如何完成的？从工业发达国家的成功经验中可以总结出一般规律，即必须对制造全过程进行严格精密测量，并依据测量数据不断改进和完善工艺，包括材料加工工艺、零件加工工艺和装配工艺。谁的测量数据更精准、更全面，谁在各个工艺环节上做得更扎实、做得更精益求精，谁的产品质量就更胜一筹。在高端装备制造和智能制造阶段，由于主要依赖更加精准、更加全面的长期积累的大数据，以实现更高的质量、更高的效率和更多变的个性化，因而具有精度完整性和充分性特征的超精密测量的基础支撑作用更加突出。

王大珩院士曾总结美、德、日等先进制造国的成功经验，在一次报告中指出：对测量仪器的投入占总装备投入的三分之一。而我们既缺乏这种经验，也缺乏对别人经验的认识。

考察高端装备制造，其精密制造过程可大致分为四个环节，即零件加工、部件装配、整机装配和整机性能测试实验。每一个环节都有大量的被测参数，需要一批测量仪器。以大型精密回转装备为例，共有约2.5万个零件，其中65%是超精密零件，有20多万个测量参数，加上部件装配中的测量、部件工作特性的测量、整机装配中的测量和整机性能测量与试验,共需要至少500多种专用测量仪器。而实际上,我国现有生产线上的仪器数量尚不足十分之一,而且测量仪器配置的内在关联性很差,不成体系,表现出严重的碎片化。如考虑到智能制造阶段,制造上升到超精密级,具有精度完整性和充分性特征的超精密测量所需要的参数被细化,被测参数成倍数,或成数量级增加,生产线上缺失的仪器数量就更多了,测量仪器更不成体系,即测量仪器体系碎片化将更严重。

很多人认为,我国仪器体系碎片化是国外卡住了我们的脖子,而实际上并非如此,主要是我们自己没有认清导致测量仪器体系碎片化的根源。

导致测量仪器体系碎片化的原因主要有三个方面:一是我国真正懂得测量需求和测量技术的专家与工程师非常少;二是对测量仪器体系缺乏整体规划;三是国内对高端测量仪器的研发整体上能力较差,缺少长期系统地研发高精尖仪器的团队与基地,很多项目不是最有优势的人在做,几乎没有生产高端测量仪器的企业,只有少量的科研院所能研发一些专用测量仪器,高端测量仪器95%以上依赖进口。

可见,测量仪器体系碎片化导致无法构成整体测量能力。没有整体测量能力,就不能支撑产品质量提升,就不能支撑高端装备制造、智能制造和强基工程的发展。

(三) 质量意识淡薄,缺乏专精精神

质量意识主要体现在两个方面:一是能否自觉坚持质量第一的原则;二是能否掌握提高质量的方法与手段。质量意识淡薄是我国各个行业发展的最大短板。一方面,人们追求快速成功,快速扩张,心浮气躁,不愿意埋头于需要大量基本功、成效慢的质量提升工作;另一方面,重视产品质量的人又说不清楚产品质量为什么做不上去。在这方面,我们应该向德国学习。

德国质量与德国品牌不是天生就有的,而是经历过浴火重生的蜕变过程。

第一次工业革命发生在英国,技术领先,产品质量最有竞争力。德国处于追赶和仿制阶段,此时"德国制造"是价低质劣的代名词。1887年8月,英国议会通过侮辱性的商标法条款,所有从德国进口的商品必须明确标注"德国制造",以此将劣质的德国产品与优质的英国产品区分开来。英国这一侮辱性做法使德国举国震动,引起全民性反思,认识到:不提高产品质量,德国工业就没有出路。强烈的质量意识成为德国全民族的共同认识,成为每个人的自觉行动。那么如何提高产品质量呢?专家们认识到,没有精密的测量,就没有精密的产品。西门子公司创始人出资建立起世界上第一个具有现代意义的德国联邦物理技术研究院(PTB)。德国由此起步,逐渐建起严格完整的工业标准体系、计量测试体系和质量保证体系;支持发展起以蔡司、莱卡为代表的一批世界一流的精密仪器企业,建立起完整的测量仪器体系。一个必然的结果是,德国由"德国制造"成功转向"德国质量"和"德国品牌"。

相比之下,我们的质量意识和对测量作用的认识仍然停留在第二次工业革命初期德国人的水平上。

专精精神的本质是:专心致志做好一件事,把一件事做到极致。

我国有世界上规模最大的科学家群体,却没有研究出相应数量的世界级基础研究成果;我国有世界上规模最大的各类专家群体,却没有研制出相应数量的世界一流的高精尖装备;我国有世界上规模最大的工程师和技师群体,却没有制造出相应数量的世界品牌的产品。一个重要的原因是,绝大多数人缺乏专精精神,低水平重复,浅尝辄止,不断跟踪热点,终其一生也没有做出一个像样的成果来。

要想实现由"中国制造"向"中国质量"和"中国品牌"转变，就必须从根本上转变全民族的质量意识，"质量第一、测量数据第一"的意识要融入每一个中国人的血液里；"专心致志做好一件事，把一件事做到极致"要成为每一个中国人的不懈追求。这是我们建设世界科技强国和仪器强国面临的最大挑战之一。

四、建设世界仪器强国必须完成的五大任务

要建设世界仪器强国，就必须应对上述三大挑战，完成如下五大重点任务。

（一）建立完整的国家计量测试体系

基于国际计量科技和仪器科技前沿的发展趋势，基于未来30年我国科技、工业、国防等各个行业的整体需求，应及时规划国家计量测试体系，该体系必须具有系统性、完整性和科学性。对七个基本量，要完善与提升量子化和扁平化量值传递能力与水平，确保在全国范围内的准确一致；在国际比对中处于国际前列地位。对工程计量标准，在向下传递量值时，要与科学实验仪器和工程测量仪器无缝对接，确保量值准确传递到科研院所的科学实验仪器上和企业工程测量仪器上，并通过工程测量仪器准确传递到产品上。该体系可使国家计量体系与科研院所科学实验测量体系和企业工程测量及测试体系融为有机整体，统称为国家计量测试体系。该体系既满足"国家质量基础"框架（国际测量联合会和国际标准化组织联合倡导），又具有中国特色，有利于解决中国问题。该体系没有工程参量的缺失，没有"中间一公里"和"最后一公里"的盲区。该体系可有效支撑科学实验测量体系和企业工程测量

体系高效率、高性能运行,可有效支撑各个行业标准体系和质量保证体系高效率、高性能运行。该体系是"中国创新""中国质量"和"中国品牌"的基石。

(二) 建立完整的仪器体系

完整的国家计量测试体系必须有完整的仪器体系支撑。面向各个行业,系统规划,培育体系完整的各类科学仪器、各类工程测量仪器、各类专用高精尖仪器和医疗仪器等自主品牌生产企业。在实施过程中,要重点整治仪器市场竞争不规范等阻碍高质量自主品牌仪器发展的市场环境问题。

没有完整的仪器体系,就无法支撑完整的国家计量测试体系建设,就没有手段和能力支撑"中国创新""中国质量"和"中国品牌"的实现。

(三) 建设一批国家级重大仪器技术创新研发基地

建立完整的仪器体系不能全靠从国外买,必须主要依靠自主研发和生产大批具有自主知识产权的高精尖仪器,而创新研发高精尖仪器是关键,必须建设一批国家级重大仪器技术创新研发基地。每个基地面向一个领域,系统规划,组织系列攻关,成体系地研发高精尖仪器。以提高产品质量为核心,源源不断地向国家和企业提供成体系的核心技术和成套解决方案,支撑我国高端装备制造、智能制造和强基工程能力与水平可持续提高。

(四) 建立统一规划与指导国家计量测试体系和仪器体系建设发展的国家级专家咨询中心

建立完整的国家计量测试体系和完整的仪器体系,首先必须要做出一个系统完整、科学合理、适合国情的发展规划,以指导完整的国家计量测试体系建设、指导完整的仪器体系建设和指导国家级重大仪器技术创新研发基地建设。该规划应该由一个国家级专家咨询中心组织完成。该规划应该最大限度地集中我国战略科学家、仪器专家、计量科学家、测量科学家和相关领域的专家的集体智慧,使其真正起到建设世界仪器强国高水平蓝图的作用。

(五)提高全民质量意识、专精精神

建设世界仪器强国,最重要的是人,是千千万万以建设世界科技强国和世界仪器强国为己任的科学家、专家、工程师、工匠、企业家和领导者。中国有世界上最大的智力资源和人力资源,如何能让这个世界上最大的智力资源和人力资源产生世界上最大的创新能力和最强有力的质量提升能力,创造出世界上最多的世界品牌,是新时代必须要解决的重大问题。

因此,不仅要树立全民创新意识,还要树立全民质量意识。"质量第一、测量数据第一"的认识必须成为每一位科学家、专家、工程师、工匠、企业家和领导者的共同理念和工作准则。

专精精神要求一个人、一个团队、一个企业一辈子只做一件事,把这一件事做到极致、做到世界一流,而且,这件事要代代相传。如果每个人都以专精精神做事,最大资源的累积效应就会产生"由量变到质变"的飞跃。"中国创新""中国质量"和"中国品牌"就一定会实现!世界仪器强国和世界科技强国就一定会实现!

建设世界科技强国必须首先建设世界仪器强国。世界仪器强国是世界科技强国建设的基石,必须优先发展。

建设世界仪器强国是一项十分艰难、循序渐进、扎扎实实的基础性、系统性工作。建设世界仪器强国中最大的难题是改变人们的观念,自觉坚持"质量第一、测量数据第一"必须成为一种民族素质;"专心致

志做好一件事,把一件事做到极致"必须成为一种民族秉性。

世界仪器强国建设是一项系统工程,要理清思路。既要规划好近期,又要规划好远期。远期规划要重点放在仪器科学基础研究和高端创新性仪器人才培养上。没有仪器科学的重大原始创新,就不会有未来的仪器技术领先;加强仪器科学与技术学科专业高端人才培养模式的改革,适度扩大仪器科学与技术学科的规模,以适应世界仪器强国建设的需求。

世界仪器强国建设进展缓慢,不是别人卡住了我们的脖子,主要是我们自己不争气,是自己卡住了自己。对测量与仪器的基础性、战略性地位认识不清;对我国计量测试体系和仪器体系的系统性、完整性差距认识不清;对我国测量与仪器领域巨大的智力和人力资源调动、使用不利,都是我们自身的问题。只要深刻认清制约仪器强国建设的关键问题,找到破解问题的方法和正确发展的途径,建设仪器强国的梦想就一定能实现。

坚持动力电池创新　促进电动汽车领跑

中国科学院物理研究所　陈立泉

2017 年我国原油净进口量为 4.2 亿吨,对外依存度已达 67.4%。汽车年产销量超过 2000 万辆,对石油的需求越来越大,这对国家的能源安全带来很大威胁。现在我国二氧化碳排放量已居世界第一,空气污染严重。如何满足交通运输对能源的需求? 如何减轻大气污染? 只能大力发展电动汽车和电动船舶,使交通电动化,用电代油。

2001 年我国启动了新能源汽车计划。经过几年的实践,很快达成共识,我国应发展以锂离子电池为动力的纯电动汽车和插电式混合动力汽车。到 2017 年,我国电动汽车产销量和保有量都居世界第一。我国锂离子动力电池的国际市场占有率也超过日本和韩国,位居世界第一。

我国的动力电池已成为产业链比较完整的新兴产业。然而,电池企业众多,强邻环伺,市场竞争激烈;上游钴、锂等原材料价格一路暴涨,电池成本增高;政府又逐步取消新能源汽车补贴,众多企业面临很大压力。

世界发达国家,正围绕电动汽车的续航里程和安全性这两个关键问题,研发下一代锂离子电池和面向未来的固态锂电池。中国电动汽车产业和动力电池产业作为我国战略性新兴产业,不仅是引领经济增长的重要支撑,更肩负着我国汽车产业实现跨越式发展的伟大使命。如何保持目前的发展态势,抢占下一代技术制高点?答案只能是:坚持动力电池创新,促进电动汽车领跑!

一、加强正极材料创新,完成"中国制造2025"对动力电池的要求

"中国制造2025"对动力电池有明确要求:到2020年,我国动力电池能量密度要达到300瓦时/公斤,2025年达到400瓦时/公斤,2030年达到500瓦时/公斤。

电动汽车的续航里程与动力电池的能量密度密切相关。现代汽车的结构设计很紧密,留给电池组的空间有限。想要增加电动汽车的续航里程,主要靠提高电池的能量密度。目前锂离子电芯的能量密度一般为160瓦时/公斤,到2020年要达到300瓦时/公斤。如何才能在很短时间内使能量密度翻番?

这主要是要改善现有材料的性能和优化现有技术。目前锂离子电池的石墨负极容量约为340毫安时/克,而我们具有知识产权的硅/碳负极容量可达400—500毫安时/克。高容量正极材料主要是镍钴锰酸锂(NCM),由于钴很稀缺,近来价格暴涨,不得不提高镍含量,降低钴含量。镍、钴、锰的比例由3∶3∶3变为8∶1∶1。电池的设计和工艺技术也要随之改变。

2017年年底,基于高镍正极材料和硅/碳负极,单芯能量密度达到230瓦时/公斤。天目湖先导电池材料公司的实验表明,用450毫安时/克的硅/碳负极和NCM 811正极的锂离子电芯能量密度可达300瓦时/公斤,充放电循环1000次容量还有87%。

2020年以后,用什么电极材料才能保证动力电池能量密度从300瓦时/公斤做到400—500瓦时/公斤?这就要用新的思路研究全新的正极材料。可喜的是中国科学院物理所王兆翔团队和北京大学工学院夏定国团队采用理论计算与实验相结合的方法,先后研制出具有自主知识产权的两种新的正极材料,容量分别达到350毫安时/克和400毫安时/克。用这两种正极材料与含锂复合负极配对,可以研制出400—500瓦时/公斤的动力电池。

二、加强固体电解质材料创新,实现固态电池领跑

400瓦时/公斤的能量密度可能是锂离子电池的极限。由于锂离子电池的电解质是可燃的有机溶剂,安全事故时有发生。要解决这两个问题,必须研发固态锂电池。

固态锂电池的负极是金属锂或复合锂材料,金属锂比容量高达3861毫安时/克,是石墨的10倍。正极可以不含锂,选择性更大,电池能量密度可以更高。电解质是传导锂离子的固体材料,不易燃烧。现在美、日、韩和欧洲都在研发固态电池。日本丰田公司正在研发由全固态电池提供动力的电动汽车,计划2022年开始销售。

研制出合适的固体电解质材料和解决固体电解质与电极的界面问题,是发展固态锂电池的两个难点。

固体电解质材料有两大类:无机固体电解质和聚合物电解质。目前只有 4 种至 5 种比较成熟的无机固体电解质材料,但都不能满足电池的所有要求,需要探索性能更好的快离子导体。传统的材料研发是基于"试错法"模式,从发现到应用一般需要 10 年至 20 年。为加速材料研发进程,必须采用"材料基因方法",加速材料从发现到应用的进程。中国科学院物理所肖瑞娟博士将键价和方法与密度泛函结合,开发出了快速筛选新型离子导体的高通量计算流程,并对无机晶体结构数据库中 4000 余种含锂化合物的锂离子输运势垒进行排序,大大缩小了新的快离子导体的探寻范围。

聚合物电解质是含锂盐的聚合物,常见的聚合物有 PEO、PPO、PAN、PMMA 和 PVDF。但是,没有哪种聚合物电解质能完全满足固态锂电池的要求。中国科学院青岛生物能源与过程研究所崔光磊团队已研制出性能更好的聚碳酸丙烯酯基和氰基丙烯酸酯聚合物电解质,并制备出能量密度高达 300 瓦时/公斤的固态锂电池。

总的说来,无机固体电解质的离子电导率较高、热稳定性好,是单离子导体,但硬度高、易碎;聚合物电解质的离子电导率低,但柔性好,容易加工成薄膜。必须开发出聚合物/陶瓷复合材料,才容易满足固态电池的要求。

固态电池中有两个宏观界面,即:锂负极/固体电解质和正极/固体电解质的界面。此外,还有复合固体电解质中纳米无机电解质颗粒与聚合物电解质之间的界面。这两类界面都随着充放电过程发生动态变化,界面电阻不断增加,从而使固态电池性能变差。如何解决界面问题,需要创新思维。

如果我们能在 2020 年实现固态电池产业化,就能在固态电池竞争中取胜。中国科学院战略性先导科技专项对固态电池的研究和开发作了全方位布局,在固体电解质材料和固态电池研制方面取得了很大进展。开发出的多款动力电池电芯能量密度都达到 300 瓦时/公斤以上,居世界先进水平。汽车的续航里程有望从目前的 200 公里左右提升到470 公里左右(以北汽集团的 EV200 车型为例)。

三、加强体系创新争夺终极电池的知识产权

从长远考虑,需要出现新的变革性储能技术,使可充电电池的能量密度提升到 500 瓦时/公斤以上。锂/氧电池的理论能量密度是 5217瓦时/公斤,是现有锂离子电池理论能量密度(370 瓦时/公斤)的 14倍。锂/氧电池的负极是金属锂,正极活性物质是氧气或空气。目前大部分研究都用液体电解质,由于锂/氧电池是开放系统,金属锂很难稳定。采用固体电解质是必须考虑的方向。可充锂/氧电池是 1996 年才提出的,2009 年后出现了研究热潮。美国、中国、韩国和日本是拥有专利最多的四个国家。近年来由于纳米结构电极、新电解质材料、锂表面处理技术的发展,在解决电极极化和循环性方面都取得了显著进步。在80℃充放电循环可超过 500 周,电池的实际能量密度达到 530 瓦时/公斤。完全有理由相信,在不远的将来,能量密度超过 500 瓦时/公斤的可充锂/氧电池一定能使电动汽车的行驶里程与内燃机汽车相当。

电动汽车的终极电池是什么? 有人说是氢/氧燃料电池。但它是发电装置,不是电化学可充电电池。锂/氧电池是电化学可充电电池。氢/氧燃料电池的理论能量密度只有 3500 瓦时/公斤,远低于锂/氧电池。燃料电池的工作温度一般为60℃,以氟化的磺酸型固体聚合物为电解质,铂为电催化剂,纯氢为燃料,纯氧或空气为氧化剂。电芯的工

作电压一般为 0.8 — 0.97 伏（锂/氧电池为 2.9V），要用比锂/氧电池多几倍的电芯串联成电池组，因而体积能量密度比锂/氧电池低很多，在电动汽车有限空间中应用不占优势。从能量效率考虑，用电网的电直接开汽车的效率大于 90%，而电解水制氢后，通过压缩、运输、储存等环节，供给汽车的燃料电池发电，再开车的效率是 20% — 25%。日本丰田公司的"未来"（Mirai）燃料电池车用的储氢罐压力为 70MPa，续航里程为 483 公里。

除了关注燃料电池系统本身，还应加强对氢能相关的基础研究和技术开发，以及相关基础设施的建设。同时，还必须重视太阳能光解水制氢的研究和无铂催化剂研究。

21 世纪初，动力电池能量密度不到 100 瓦时/公斤，达不到电动汽车的使用需求，部分专家认为燃料电池汽车是电动汽车的"终极阶段"。但是近年来，锂离子动力电池技术有了重大进步，能量密度大幅度增长。对氢是"终极能源"和氢能燃料电池车是"终极环保车"的说法应重新评估。2017 年以来，氢/氧燃料电池汽车大热，也是媒体炒作的对象。不少地方将其列为发展重点，甚至拿扶贫款上氢/氧燃料电池项目。这是受了部分日本媒体和企业的误导。日本公司的锂离子电池世界第一的地位被中国取代了，它们是不甘落后的，燃料电池汽车是它们的强项，所以要大肆宣扬。与此同时，日本政府最近投资 16 亿日元（折合人民币约 9349 万元），加大全固态电池研发力度，希望研发一种固态电池，使电动汽车的续航里程在 2025 年前达到 550 公里，在 2050 年前能达到 800 公里。我们的企业和地方政府应明白目前的形势，搞清楚燃料电池汽车的定位。

值得关注的可充电电池新体系，还有钠离子电池、铝离子电池、锌离子电池和镁离子电池等。这些电池都有资源丰富、成本低和对环境友好等优点,国内外都正在研发。特别值得重视的是钠离子电池,钠的资源十分丰富,正极材料也不用钴、镍等稀缺原料。钠离子电池可以广泛用于规模储能和低速电动汽车。中国科学院物理研究所胡勇胜团队在钠离子电池基础研究和产业化方面已取得很大进展,率先成立了中科海纳公司,演示了以钠离子电池作动力的低速电动汽车。

我们完全可以相信,动力电池的创新一定能促进我们的电动汽车领跑世界。

化工行业的转型升级
助推建设世界科技强国

南京工业大学　欧阳平凯

在 2018 年两院院士大会上,习近平总书记深刻总结了党的十八大以来我国科技事业取得的辉煌成就和经验启示,就当前科技发展面临的形势任务和突出问题作出了分析,强调中国要强盛、要复兴,就一定要大力发展科学技术,努力成为世界主要科学中心和创新高地,坚持建设世界科技强国的奋斗目标,让我们科技工作者备受鼓舞。科学技术从来没有像今天这样深刻影响着国家的前途命运,影响着人们的生活方式。党的十八大以来,我国科技事业实现了跨越式发展,创新成果竞相涌现,一些科技成果在国际上已经进入并行、领跑阶段。但是,我们必须清醒地认识到中国的科技创新能力同发达国家相比,仍有一定的差距。如何通过科技创新,支撑社会主义经济体系建设、建设世界科技强国,是我们作为一名科技工作者的重要责任和使命。我想就习近平总书记提出建设世界科技强国的目标,结合我从事的化工行业的现状,提出一些个人的看法。

化工已成为现代社会必不可少的工业方式,通过化工可以生产能源、高分子材料、医药及各类精细化学品,然后进入我们的日常生活当中。化工行业是我国的经济支柱产业,化工总产值约占我国 GDP 的17%,我国已成为世界第一大化工产品生产国,但与欧美、日本等发达国家相比,仍称不上强国。因此,若要实现我国化学品产业的跨越式发展,必须紧紧围绕我国的能源、资源、环境现状,实现传统化工行业的转型升级,走有中国特色的发展道路。我觉得,可以从以下几个方面做起。

目前化工行业原料多依赖煤、石油、天然气等化石资源,而我国化石资源具有煤多、油少、气低的特点,化学品生产的原料可持续性供给亟待加强。以生物质为原料的生物制造是绿色、低碳、可持续的经济发展模式,有研究表明,若人类能利用全球生物量的 7%,就可以解决资源、能源等难题。国际上许多国家都制定了生物质为原料的发展战略,例如美国采用玉米作为原料、巴西采用甘蔗作为原料。但是以粮食作为生物制造的原料不符合中国的国情,我国人均淡水资源仅为世界平均水平的 1/4,人均耕地不足 1.4 亩。因此,不与民争粮,不与粮争地,保证粮食安全还是基本国策,使用粮食作为生物制造的原料并不是长久之计。那么我们中国生物制造的原料该从哪里来呢? 统计数据表明,中国以不到世界 7% 的土地承载近 1/3 的秸秆等中低品位生物质排放,若不加以充分利用,会形成严重排放问题,造成水体富营养化。因此,如果将这些秸秆等中低品位生物质进行高值化利用,不仅可以解决生物制造的原料来源问题,还可以降低其对环境的污染。要实现秸秆等生物质的高值化利用,木质素的有效利用是关键。从生物燃料酒精的发展历程来看,木质素的高效利用将是目前解决纤维素酒精困境的有效路径。目前,木质素作为混凝土减水剂、分散剂等已经实现了工业应用。南京工业大学的研究团队还将木质素用于改性传统高分子材料,可在原生产体系、原产品市场的条件下使传统高分子材料 PVC、PE

质优价廉,实现产业升级。将秸秆等生物质中的木质纤维素高值化利用后,预计可使秸秆原料制燃料酒精的综合成本比粮食原料降低30%以上,有效提高了木质纤维素产燃料酒精的竞争力。从而,可以推动木质纤维素为原料的生物转化拓展,相关技术可渗透到包括能源、材料、医药、食品、环境保护等多个国民支柱产业的发展,对我国的传统生物制造产业的转型升级也将起到极为重要的作用。

我国许多化学品生产过程能耗高、污染重、安全性低,给环境与安全带来重大挑战,而国外的新型绿色生产技术与装备多被限制向我国输出,生产技术水平总体有待提升。目前的化工产业通常存在的问题是:化工厂占地面积大,间歇式居多,效率低;设备体积巨大,动辄数十、数百立方米;装载危险物料多,操作不当或失误会爆炸形成严重的环境安全事故,污染排放严重等。例如2005年发生在中国石油吉林石化公司的化工苯胺车间爆炸事件,苯类污染物流入松花江,污染带长约80公里。因此,传统化工生产模式的变革迫在眉睫。近年来,微化工、超重力等绿色化工生产技术与装备有力地推动了化工技术向绿色化、环境友好化发展。比如通过微化工技术,可以实现化工过程的连续化,提高反应与分离效果,减少排放;要做到轻量化,将系统中危险物料的使用大大减少,提高本质安全性;专用化工设备应当做到微型化,把系统空间大大缩小,减少占地面积,实现"通风橱中的工厂"的梦想。清华大学、中国科学院大连化学物理所、南京工业大学已经有了很好的研究基础,我们要迎头赶上,为传统化工的转型与绿色化提供技术支撑。我们要大力加强推动绿色化工技术与装备的发展,推动化工产业向绿色化、环境友好化方向发展,实现化工产业的转型升级。

我国化学品的产品体系难以突破已有传统产品体系的局限,大量化学品依赖进口,部分产品被"卡脖子"。就拿"尼龙66"材料来说,其核心原料己二胺80%以上依赖进口,自给率严重不足。目前,己二胺最有竞争力的生产方法是己二腈法,但己二腈合成技术国内长期没有得到解决,被国外跨国公司长期垄断。在2018年美国总统特朗普发动的贸易战中,"尼龙66"材料赫然在列。由于己二腈合成技术中需要使用氢氰酸,环境安全隐患大,国内缺乏从研发至工程化经验,国外先进的己二腈关键核心技术更是要不来、买不来、讨不来。如何突破己二胺长期依赖进口对相关产业链的限制,需要我们自主创新。我们开发出生物合成戊二胺的技术路线,以可再生生物质资源替代传统的化石资源,以生物催化合成二元胺代替苛刻的氢氰化反应。我们用戊二胺为原料合成了"尼龙56"材料,结果表明在纺织材料方面,"尼龙56"不仅具有传统"尼龙66"的结构强度,而且在吸水性、柔软性、穿着舒适性方面要更好。此外,以戊二胺为基础,我们还可以开发"尼龙510""尼龙54"以及五亚甲基二异氰酸酯等等,这样就可以突破己二胺产品链的限制。当然,以戊二胺为基础的相关材料属于新产品,其开发应用还需要我们不断深入开展。我们要通过不断自主创新,建立具有中国特色的产品体系,打破国外垄断。

作为一名科技工作者,要面向国家重大需求,坚定创新信心,"坐得住冷板凳,敢啃硬骨头"。比如中国大豆消费的80%以上(超8000万吨)依赖进口,主要用于生产大豆油和饲料等,这是严重影响我国粮食安全的。但是,中国要解决这么多大豆的种植问题,需要6亿多亩耕地,这是不现实的。那么我们是不是可以通过科技创新来缓解这个矛盾?我想是可以的。合成生物学作为未来颠覆性技术,可以为我们实现这个梦想提供支撑。以合成生物学为指导,设计有机化学品的高效合成路线和人工生物体系,不仅可能高效利用原来不能利用的生物质资源,也有可能高效合成原来不能生物合成或者原来生物合成效率很低的化工产品。这将为突破自然生物体合成功能与范围的局限，打通传统化学品的生物合成通道，为发展先进生物制造技术、促进可持续经济体系形成与发展，提供重大机遇。我们可以通过合成生物学技术构建高产油脂的酵母，利用一些秸秆等废弃的生物质资源作为原料，来生产蛋白和油脂，缓解中国对进口大豆的依赖。目前来说，这个目标还有很长一段路要走，但我们要坚定信心，长期坚持下去。

在科技竞争的今天，化工行业的转型升级是"两个替代、一个提升"，即以生物可再生资源取代化石资源的工业原料路线替代，实现低碳经济与工业可持续发展；以合成生物学技术、微反应技术等前沿技术、颠覆性技术取代传统的化学催化的工艺路线替代，实现节能减排、绿色环保；以现代生物技术提升传统化工技术产业，实现产业结构调整与竞争力的提升。化工行业的转型升级对于我国加快调整经济结构、转变增长方式，节约发展、清洁发展、安全发展，建立绿色、低碳与可持续的化工产业经济体系具有重大战略意义，可以有力地助推建设世界科技强国的目标。

此外，我非常赞同习近平总书记关于全面深化科技体制改革，提升创新体系效能，着力激发创新活力的论述。如何构建一个有中国特色的科技创新体系是关键，而不是照搬国外的创新模式。当前，如何协调企业、高校与政府之间的关系，构建企业为创新主体，科研机构及高校为骨干，政府为主导的创新体系是根本。同时，重视人才队伍建设，改变现有人才评价体系，特别是对化工这样的工程学科不能以论文作为衡量标准，建立健全以创新能力、质量、贡献为导向的科技人才评价体系，形成并实施有利于科技人才潜心研究和创新的评价制度非常关键。

努力实践建设"世界科技强国"新征程中的责任与担当

中色(宁夏)东方集团有限公司　何季麟

2018年5月28日在庄严雄伟的人民大会堂聆听了习近平总书记在两院院士大会上的重要讲话,深感亲切、备受鼓舞。

在实现中华民族伟大复兴新征程的重要时期,习近平总书记这一讲话高瞻远瞩,向全党、全国尤其是科技领域提出了建设"世界科技强国"的战略目标和任务。他在讲话中明确指出:"中国要强盛、要复兴,就一定要大力发展科学技术","我们比历史上任何时期都更需要建设世界科技强国"。[①] 习近平总书记号召全社会万众一心为建设"世界科技强国"、发展中国特色科技新事业的目标而努力奋斗。

党的十九大提出了新时代坚持和发展中国特色社会主义的战略和目标任务,描绘了建设社会主义现代化强国的宏伟蓝图。围绕我国科技事业的创新发展,习近平总书记强调指出:"我们必须具有强大的科

---

① 习近平:《在中国科学院第十九次院士大会、中国工程院第十四次院士大会上的讲话》,人民出版社2018年版,第8页。

技实力和创新能力。"①

我们当前的重要任务是:全面学习习近平总书记重要讲话精神,深刻领会建设"世界科技强国"的重要战略意义,紧密结合我国科技事业创新发展的实际,全面贯彻落实习近平总书记精准定位的五大战略任务,即:充分认识创新是第一动力,提供高质量科技供给,着力支撑现代经济体系建设;矢志不移自主创新,坚定创新信心,着力增强自主创新能力;全面深化科技体制改革,提升创新体系效能,着力激发创新活力;深度参与全球科技治理,贡献中国智慧,着力推动构建人类命运共同体;牢固确立人才引领发展的战略地位,全面聚集人才,着力夯实创新发展人才基础。

纵观全球科技竞争大势,要牢固把握建设强国造福人民的时代大局,深化以科技创新为突破口的体制机制改革,全方位发力,扎实推进世界科技强国建设,在更高层次、更大范围发挥科技创新的引领作用。全面提升我国在全球创新格局中的位势和影响力,是全体院士和广大科技工作者义不容辞的使命和责任。

深入学习习近平总书记重要讲话精神,我谈三点粗浅认识和体会。

一、认清我国科技事业发展新态势,坚定创新信心,脚踏实地投身科技强国建设

党的领导是中国特色科技事业不断前进的根本保证。党的十八大

---

① 习近平:《在中国科学院第十九次院士大会、中国工程院第十四次院士大会上的讲话》,人民出版社 2018 年版,第 2 页。

以来,在以习近平同志为核心的党中央坚强领导下,我国的科技事业发生了历史性变革、取得了历史性成就。

——在深化对科技发展规律、科技管理规律、人才成长规律认识的基础上,我国紧密围绕创新是第一动力、深化改革激发创新活力、改善人才发展环境、激发人才创造活力、积极参与全球科技创新治理等,全方位实施了一系列创新驱动发展的重大举措。我国科技事业快速发展,实现了历史性、整体性、格局性的重大变化,取得了诸多世界瞩目的重大科技成果,一些前沿方向开始进入并行、领跑阶段。综合科技实力正处于从量的积累向质的飞跃、点的突破向系统能力提升的重要转变阶段。

——我国在基础研究、面向国家重大需求的工程技术研究、高技术新产品开发研究和应用基础研究方面,重大成果竞相涌现。高能粒子加速装置、核聚变装置、先进超导科学技术与新材料、超级计算机、高端机器人、载人航天和探月工程、北斗导航系统、国产航母实战舰群、数万公里高速列车网、超超临界燃煤发电、特高压输变电、新能源汽车、第三代核电等新能源、先进功能与结构新材料、大型船舶制造、C919 大型客机、生物医学、重大新药创制、先进医疗技术、杂交水稻等诸多领域实现了全球领跑或进入世界先进行列,创造了中国制造、中国速度的奇迹,凡此种种无不令国人骄傲和自豪。

——我国科技事业变革性的创新进步,在建设强国战略和改善民生福祉方面发挥了重要的战略支撑作用。中国五千年文明发展史,四大发明开创了科技的先河;新中国成立后,毛泽东等老一辈革命家尊重知识、尊重人才,我们拥有了原子弹、氢弹;改革开放 40 年、新时代创新驱动发展、科技先行创新为中国特色社会主义建设开创了新局面,取得了伟大的历史成就。世界政治经济正在发生深刻的变化,我们正在迎来世界新一轮科技革命的高潮和面临着千载难逢的历史新机遇。习近平总书记着重强调指出:"形势逼人,挑战逼人,使命逼人。"①我国广大的科技团队、科技工作者要紧紧把握大势、抢占先机,瞄准世界科技前沿、紧盯世界科技发展新动向,肩负起历史赋予的重任,勇做新时代科技创新的勇猛战团、尖兵,开创科技创新发展新局面。紧跟时代步伐、建设世界科技强国需要院士群体、各级研究团队和科技工作者树立坚定的创新信心,付出百倍艰辛的努力,执着地务实进取,为抢占科技制高点攀登前行、行稳致远。

二、认清我国科技事业发展新态势,直面差距、迎难而上、敢为人先、自主创新

科学技术从来没有像今天这样深刻影响着国家前途命运,从来没有像今天这样影响着人民福祉。中国已经成为世界第二大经济体,科技的迅速崛起和作为负责任的大国对世界政治、经济秩序产生着重要影响。这也必然招致发达国家的挑战、制约,甚至封锁。

我国的科技事业创新进步虽然取得了让世人瞩目的成就,但在一些重要领域关键核心技术尚未实现重要突破。原创性、颠覆性技术缺乏,"卡脖子"核心技术受制于人的局面和现象尚待突破和转变,我国工程技术领域仍然存在一些亟待解决的突出问题。中国要利用几十年时间赶超发达国家数百年的科技发展水平,自然存在着需要我们正视的客观差距。

---

① 习近平:《在中国科学院第十九次院士大会、中国工程院第十四次院士大会上的讲话》,人民出版社 2018 年版,第 9 页。

——我国基础科学研究的短板依然突出,重大创造发明、原创能力还不强,前瞻性基础研究还缺乏整体性顶层设计,一些国家重点实验室、高水平科研机构在研究方向、需求导向、高度深度、多学科交叉集成方面的科学定位还不够精准,顶尖人才和高素质团队比较缺乏,还没有完全从争经费、"帽子""牌子"的虚名束缚中解脱出来。科研工作的评价机制还不能真实地反映出研究机构的效能和水平。

习近平总书记强调指出,基础研究是整个科学技术的源头,我们要瞄准科技前沿、抓住大趋势,甘于坐"冷板凳"、勇于做栽树人,实现前瞻性基础研究和引领性原创成果的重大突破,夯实"世界科技强国"建设的根基。我们的高等院校、科研机构在强化基础研究方面要按照习近平总书记指明的方向和赋予的使命,努力创新基础研究工作的新理念、新内涵。

——我国产业经济的总体水平与发达国家相比还存在着相当差距,工程技术研发聚焦产业发展瓶颈和需求不够,研究工作的整体视野和开放、协同与合作效能不强,研究成果碎片化、集成性不高,科技成果的转化能力薄弱。新技术、新产品、新应用的研究与成果产业化转化需要打通关卡、疏解通道、完善机制、形成规律。要着力建设以企业为主体或有基础条件的高校牵头组建实体性技术创新中心,大力协同、促进产业科技和工程技术研究开发的创新发展。

——科学技术研究需要坚定创新信心,建立矢志不移的自主创新理念,敢为天下先,别人能做的我们中国人也一定能做好,别人未做的我们中国人要有志气率先突破。在科学技术创新发展中,我们有许多自主创新的成功案例:打破国外封锁,我国又一比"歼-20"更强的新款五代战机问世;引进挪威和美国的海上钻井平台技术受阻、技术交流被拒之门外,逼中国自主创新"双基、双钻"结构复杂的钻井平台,成为世界第一。我所在的中色(宁夏)东方集团有限公司20世纪90年代拟引进美国技术改造中国钽铌工业,但得到的答复是"绝对不会在东方培植一个竞争对手",我们靠自力更生、自主创新创造了世界钽铌工业三强之一的地位和影响力。科学技术有差距客观存在,但我们攻坚克难、缩小差距、敢为人先、迎头超越的精神不可减,祖国的强盛、中华民族的伟大复兴是我们实现科技创新发展最大的动力源泉。

三、认清我国科技事业发展新态势,锐意改革,营造科技创新、人才发展的环境和有效机制

习近平总书记在两院院士大会上的讲话中还着重强调:"我国科技管理体制还不能完全适应建设世界科技强国的需要,科技体制改革许多重大决策落实还没有形成合力,科技创新政策与经济、产业政策的统筹衔接还不够,全社会鼓励创新、包容创新的机制和环境有待优化。"①他的讲话为我们的科技管理改革指明了方向,部署了任务。

——党的十八大以来,国家接连出台了中央财政科技计划管理改革方案、中央财政科研项目资金管理办法、实行以增加知识价值为导向的分配政策意见、分类推进人才评价机制改革指导意见、深化科技奖励制度改革方案等一系列锐意改革的新举措。这些政策有的还没有完全落实到位,我们要继续推进科技事业的深化改革,把广大科技人员的创

① 习近平:《在中国科学院第十九次院士大会、中国工程院第十四次院士大会上的讲话》,人民出版社2018年版,第8页。

造性活动从不合理的经费管理、人才评价等机制束缚中解放出来,大力为科技人员专致研究提供扶持政策和宽松环境。

——习近平总书记还强调:"要着力改革和创新科研经费使用和管理方式,让经费为人的创造性活动服务,而不能让人的创造性活动为经费服务;要改革科技评价制度,建立以科技创新质量、贡献、绩效为导向的分类评价体系,正确评价科技创新成果的科学价值、技术价值、经济价值、社会价值、文化价值。"[①]评价的不公允性严重制约着科技人员、优秀人才科技创新的积极性和创造性作用的发挥,要改变单纯以论文、专利、奖项、获得经费数量为评价标准和依据。

——习近平总书记还将人才队伍建设工作摆到了引领发展的战略地位,并做了详细论述,要求全面聚集人才,着力夯实创新发展人才基础。面对建设世界科技强国新形势,我国高水平科技人员数量呈现不足,特别是科技领军人才匮乏。当前的人才评价制度、体系、标准严重影响人才的培养和成长,繁多的评价、评审让科技人员应接不暇,人才"帽子"满天飞。这样的人才管理制度和人才工作乱象丛生的现状必须改变,要让高水平科研人才和领军人才从无穷的报表和审批的繁文缛节中解脱出来,以更加旺盛的精力和深厚的学识投身到真正的科学研究中来,多出有价值的成果、多创服务社会的业绩。要锐意改革创新有利于人才成长的培养机制、使用机制、激励机制和竞争机制,为人才成长发展创造良好的创新环境。

作为一名中国工程院院士,学习习近平总书记的讲话,深感责任重大、使命光荣!作为一名即将退休的院士,我也要遵照习近平总书记的要求,在传播科学知识上、在弘扬科学精神上、在中国工程院作为国家

---

① 习近平:《在中国科学院第十九次院士大会、中国工程院第十四次院士大会上的讲话》,人民出版社 2018 年版,第 16 页。

高端智库发挥作用上、在实践中国工程院的"天命"——建设社会主义现代化强国方面、在建设世界科技强国的伟大新征程中继续发挥余热，为国家科技事业创新发展多做贡献。

强化共性技术创新体系能力
迈向科技强国

中国钢研科技集团有限公司　干　勇

习近平总书记在 2018 年两院院士大会上的重要讲话中深刻指出,要坚持建设世界科技强国的奋斗目标,健全国家创新体系,强化建设世界科技强国对建设社会主义现代化强国的战略支撑,掌握全球科技竞争先机,在前沿领域乘势而上、奋勇争先,在更高层次、更大范围发挥科技创新的引领作用。

当前,我国已进入工业化中后期发展阶段,多数产业已经发展到产业整体技术水平需要上台阶、大量关键的共性技术亟待突破的关键阶段,产业界对共性技术产生了更为急迫的需求。与此同时,工业化前期形成的与技术引进和跟踪模仿相适应的产业技术支撑系统,越来越难以适应新的形势,产业自主创新能力不足,尤其是支撑产业技术发展和集成能力提升的核心共性技术供给不足,成为制约我国产业核心竞争力提升的关键因素。

面对建设"世界科技强国"的战略目标,我国亟须强化产业共性技术创新的供给能力,在关键领域、"卡脖子"的地方下大功夫,集合精锐力量,作出战略性安排,尽早取得突破。

一、我国产业共性技术创新体系存在的问题

近十多年来,我国科技创新平台建设步伐大大加快。据不完全统计,科技部已设立的国家重点实验室达 284 个,国家工程技术研究中心达 294 个;国家发改委已设立的国家工程研究中心达 147 个,国家工程实验室达 138 个。这些机构的设置,对于加快构筑我国技术创新体系,尤其是在推动基础研发、前沿技术和某些产业化技术方面作出了很大贡献。但从科技资源整体配置和运行来看,存在分散化、封闭化和低效化的弊端,低水平、高水平的重复建设现象不少;反过来,一些关键共性技术却由于得不到持续稳定和足够的经费支持,无法集中力量满足重大产业共性技术创新需要,影响核心共性技术自主创新能力的提升,在"基础研究—共性技术研发—产品开发"的技术创新链条中,共性技术研发成为最薄弱环节,制约了传统产业的转型升级和战略性新兴产业的培育发展。

作为竞争前技术,共性技术能够在一个或多个产业领域广泛应用,并对整个产业或多个产业产生深度影响,加强共性技术研发是提升产业技术创新能力最有效的途径。同时,由于共性技术具有"准公共品"特性,共性技术的研发和扩散容易出现市场失灵,需要政府部门积极扶持和引导。但从目前情况来看,国家宏观的产业共性技术政策和发展策略尚不明朗,原有承担共性技术研发的转制院所忙于产业化进程,相关基地和研究平台处于发散状态,各自为战,进而导致我国技术创新体系产生功能缺陷,产业共性技术研发应用缺乏系统支撑,尤其是核心、关键、共性技术研发能力,工程、产业化技术的集成创新能力,生产、市

场的经营管理能力,均面临着严峻考验。

由于普遍存在关键技术自给率低、关键元器件和核心部件依靠进口等问题,因此,很多企业在"引进—加工生产—再引进—再加工生产"的怪圈里挣扎,无法实现自主创新和跨越式发展。

以硅材料为例。我国人才、管理、制造与运营体系不完整,产业的整体观、共同发展观还未形成,缺少产业高端服务型的技术平台、市场平台、信息平台,在技术上单打独斗,产业中相对新的合力难以形成。一个项目常常就有近百家企业研发,各自为战,既浪费技术、资金等资源,又制约了集成电路产业整体长远的发展,我们只能生产 8 英寸以下的硅片,芯片大概只占全世界的 4.1%。相比之下,国外的硅材料厂,包括英特尔、三星在高端研发产业化应用上形成了系统的国际化融资、客户体系和原材料供应,以及辅助件和装备业配套完整体系。

以碳纤维复合材料为例。国内现有近 40 家企业和研究所投入建设碳纤维生产线,但是国内单线产能达到千吨级并投产的企业只有三家,绝大多数企业的实际产能只在几十吨级和百吨级。由于大多数企业对碳纤维及其复合材料产业的自身特点认识不足,整个行业走入了误区。再对比看国外的状况。国外主要的碳纤维企业单线产能大,例如东丽的 T300 级碳纤维单线年产能达 2000 吨以上。工位多,生产速度快,原丝干喷湿纺速度可达 400 米/分钟,碳化速度可达 15 米/分钟,产品批次内和批次间质量稳定性高。而国内大部分碳纤维企业只有一两条生产线,品种规格单一,单线产能低,能耗高,工位少,生产速度慢,碳化速度仅为 4—6 米/分钟(已投产三家千吨级企业达 8—10 米/分钟),工艺、设备管理落后。

这种情况很普遍。在我国,做基础材料研发的单位有数万家,各种品牌和型号都有,受传统的科研体制影响,研发资源分散,研发载体分散,布局也不合理。产业支撑只看到一些点,加上不注重体系和基地建设,导致分散、重复、小型化问题突出,关键共性技术供给缺位,尚未形成研发载体以点带线、以线带面的联动效应。

二、我国面临的挑战及产业技术创新体系的建设需求

我国工业化进程要在全球化背景下完成,所以正视与发达国家的差距也是建设科技强国必须面对的现实。发达国家在成熟工业化基础上形成了雄厚的技术积累,垄断了众多领域。它们借助完善的产业创新支撑体系以及分工协同的产业链、创新链、供应链,掌握了产业发展的主导权。同时,发达国家着眼于全面提升产业核心竞争力,抢占未来竞争制高点,加快建设新型创新载体。例如,美国积极构建"制造业创新网络",英国加紧建设"产业技术促进中心",都是力图弥补技术创新与产业发展之间的断层,促进实验室技术向实际产品的转移转化。这些计划强调构建以新型创新载体为关键节点的协同创新网络,积极构建制造业创新生态系统。这些都使得我国在参与国际竞争时,在资金投入规模、资本运作能力、产业技术积累、人才培养水平、产业发展管理能力以及市场秩序等方面处于劣势。

我国进入工业化中后期之后,面临着产业技术升级、增强国际竞争力的迫切需要。一方面,依靠外国直接投资和依赖引进模仿技术的经济增长不可能持久,国家的可持续发展必须建立在自主创新的基础上;另一方面,多数产业已经发展到产业整体技术水平需要上台阶、大量关键的共性技术亟待突破的关键阶段,产业界对共性技术产生了更为急

迫的需求。如何利用国家有限的资源，抓住重点，及早突破技术瓶颈成为一个现实而紧迫的问题。强化关键共性技术研究体系建设就是解决这一问题的有效途径。

三、推进产业共性技术创新体系建设的总体思路

世界产业技术创新的发展历史表明，一个国家的产业技术创新模式与该国的发展阶段、市场规模、所处的国际背景等因素密切相关。我国产业发展的不平衡性和差异化要求产业技术创新支撑体系建设模式要有差异性。

我国推进产业共性技术创新支撑体系建设的基本思路是，需要立足全球化背景和趋势并借鉴世界产业技术创新的发展经验，充分考虑大国地位对产业独立和均衡发展的要求，针对不同产业分别建立适合产业技术创新规律、差异化的产业技术创新支撑体系。

共性技术供给方式创新有三个方向：一是在产业集中度较高的产业领域，建立以大企业研究院为主体、产学研相结合的创新技术供给模式；二是在产业集中度不高或战略性新兴产业领域，建立以公共研发机构为主体、产学研相结合的创新技术供给模式；三是在技术更新换代快、市场化活跃和新兴产品领域，应用大数据、云计算、网络化的现代技术手段，充分营造技术成果转化、应用和产业化的政策环境，发挥高校、科研机构、中小微企业、科技人员等多元化主体在产业创新技术供给中的作用。

我国产业集中度高的行业，包括航空航天、石化、电网、通信、轨道交通、显示等，应建立以行业骨干企业技术研发机构为主导的产业技术创新支撑系统。应进一步整合行业现有资源，加强外部合作和产学研

用协同创新,建立以行业骨干企业技术研发机构为主导的产业技术创新支撑系统,引领行业技术创新能力的快速提升。这类创新机构要纳入国家工业技术创新体系,鼓励并支持其瞄准未来科技和产业竞争制高点,通过政产学研结合、产业创新联盟等形式整合行业或区域创新资源,承担国家任务,服务整个行业的发展。

我国产业集中度不高的行业,包括机电、钢铁、化工、电动汽车、半导体,还包括智能机器人、3D 打印等,需要在整合各产业原有的创新基础上,针对具体产业特点,采用集中与分布相结合、物理平台与网络平台相结合的方式,建立多样化产业技术创新供给模式。既要鼓励和支持行业骨干企业建立技术研发机构,支撑企业核心关键技术研发,又要积极引导和利用外部研发力量,组建多元化的产业共性技术研发机构,为产业提供更为强大的技术支撑。这类创新研究院,可探索实行一院一策、一所一策,甚至"一院两制"模式运营,即母体部分采用企业制管理,新组建的产业研究院回归公益,运行费用由其母体和国家共同负担。

充分利用互联网平台和大数据平台是产业技术创新体系建设的趋势,三一重工、海尔、中车用得较为成功。目前,竞争格局在变化,众多研发机构、研发人员、研发成果形成开放式的研发资源平台,平台的作用实际上是技术、研发、设计产业化,在产业化平台上可以寻求最强的产业创新团队,用户和配套厂家在平台上取得联系,聚集大量的优势研发需求、成果产业化应用服务工具,解决技术的来源问题。

四、建设国家产业共性技术创新研究院

推进我国产业共性技术创新体系建设是一项系统工程,其中,最迫

切的是要从国家层面科学整合现有创新资源,将关键核心共性技术研发纳入国家层面的平台上来,构建具有中国特色的产业共性技术支撑体系,为带动相关产业的转型升级提供更加有效的技术供给。

建议针对行业和技术特点,整合资源构建共性技术研发基地。从目前设立在研究院所、高校或企业的国家工程(技术)研究中心以及部分具有产业化优势的国家重点实验室中,经统一认证考核,遴选出一批研发机构,按照产业链和创新链布局,组成若干个方向明确、任务集中的共性技术创新研究院,主要围绕事关未来我国产业发展的技术战略主攻方向,开展关键共性技术攻关、重要技术标准制定、重大工程及技术装备的设计和试验验证,为中小企业提供技术成果辐射、转移与扩散,由此构建起国家级的产业共性技术创新体系。

每个共性技术创新研究院可以由若干工程(技术)研究中心或重点实验室组成,彼此之间通过共享技术基础设施和共同研发攻关建立起网络化联系。入选共性技术研究院的科研机构按照公益二类事业单位管理,其中设在企业的国家重点实验室和国家工程(技术)研究中心同样参照公益二类事业单位来评价考核,可以采用"一企两制"模式,不再承担增值创收任务。政府要加强共性技术创新研究院的考核工作,考核周期可按照技术创新周期确定,考核不合格机构将淘汰出局。

第一批国家共性技术创新研究院,建议针对机械、冶金、化工等产业集中度不高、竞争相对充分的行业,首先遴选设立 20—30 家,组成本行业共性技术创新动态化网络体系。经过试点成功之后,再行推广至全国各个行业。

在此基础上,形成产业技术发展支撑的十大系统能力,即创新体系统筹能力、创新体系组织保证能力、外部技术资源利用能力、知识产权战略运作能力、科技人员综合素质能力、激励机制导向能力、创新文化渗透能力、技术创新战略实施能力、研发条件保证能力、技术成果转化固化能力,强化我国科技体系的支撑能力,不断释放创新潜能,加速聚集创新要素,提升国家创新体系整体效能。

强化技术"加工"平台建设
加速我国科技成果转化

重庆大学 潘复生

习近平总书记在 2018 年两院院士大会上指出:我国目前"科技成果转移转化、实现产业化、创造市场价值的能力不足,科研院所改革、建立健全科技和金融结合机制、创新型人才培养等领域的进展滞后于总体进展"[1]。"工程科技是推动人类进步的发动机,是产业革命、经济发展、社会进步的有力杠杆。广大工程科技工作者既要有工匠精神,又要有团结精神……紧贴新时代社会民生现实需求和军民融合需求,加快自主创新成果转化应用,在前瞻性、战略性领域打好主动仗。"[2]习近平总书记的讲话对科技成果转化提出了新要求,为今后科技成果转移转化工作指明了方向。如何加速科技成果转移转化已成为我国创新型国家建设中一项重要工作,下面从技术成果综合"加工"平台建设的角度谈谈我的体会和思考。

---

① 习近平:《在中国科学院第十九次院士大会、中国工程院第十四次院士大会上的讲话》,人民出版社 2018 年版,第 14 页。
② 习近平:《在中国科学院第十九次院士大会、中国工程院第十四次院士大会上的讲话》,人民出版社 2018 年版,第 12—13 页。

一、科技成果转化的现状分析

我国科技成果正处于快速增长期,但我国科技成果的转化率仍然停留在 25% 左右,其中,真正形成产业化的比例更低。造成这一现象的主要原因是我国目前缺少足够数量和足够强大的技术成果综合"加工"平台和配套体系,科技成果转化的"最后一公里"问题大多源于此。

为什么这么说呢? 这是因为大量有价值的应用科研成果从实验室到一个商品化的产品必须通过技术"加工"过程才能走向市场,而这个过程是一个很难跨越的"死亡之谷"。大量优秀成果在这个过程中会因资金瓶颈、缺乏专业化服务或市场化路径选择失误,在这个阶段"夭折"。由于容易"夭折",这个阶段的风险就特别大,大多数企业一般不愿意或不敢做这个中间阶段的工作,而高校因考核体系和资金问题也不愿干这个工作,从而导致技术成果的"加工"阶段缺少足够的人力、财力和平台去做。尽管我国目前的国家工程研究中心、产学研联盟、协同创新中心等组织或机构有这个目标或想法,但由于或者是功能单一、或者是过于松散而无法有效承担技术成果"加工"的艰巨任务。

没有足够的、功能完整的技术成果"加工"平台,高的科技成果转化率也就无从谈起,从而造成大量的技术成果资源束之高阁,无人过问。这就像自来水厂和食品加工厂一样,对自来水厂而言,有丰富的水资源并不能保证所有地方不缺水,因为如果没有足够的自来水厂,很多地方可能因为水质不合格而缺水;对食品加工厂也是一样,如果粮食原料没有通过食品加工厂或厨房加工成饼干、面包、蛋糕或餐桌上的饭菜,人们就没有办法食用,再充足的粮食原料也不能解决问题。食品加工厂对粮食的食用极为关键,而自来水厂对解决缺水问题更是不可缺少。技术成果加工厂也是一样,市场需要的是成熟的技术,但如果没有功能强大的技术成果加工厂,在实验室耗费大量人力财力创造的原创性技术就会由于技术不成熟而报废。众所周知,技术成果往往具有时效性,今天不及时转化使用,明天可能就落伍了。这也和粮食原料一样,大米、小麦、蔬菜等都不能长期保存,而家庭厨房只能起到部分食品的加工作用。实际上,目前现有的科技成果转化平台也只起到了类似于家庭厨房的作用,造成技术成果无法形成大规模应用。

二、技术成果"加工"综合平台必须具备的基本功能

技术成果"加工"综合平台必须具备五大功能:技术"加工"功能、采购与营销功能、融资功能、资源共享功能和赢利功能。只有具备这五大功能,技术成果"加工"平台才能在市场化体制下生存、发展和壮大,才能有效推动科技成果的产业化和商品化。目前我国已经成立或正在组织的国家工程研究中心、产学研联盟和协同创新中心等组织或机构都不可能同时具备这些功能,因此,科技成果转化的效果并不理想。

第一,技术"加工"功能。这是技术"加工"平台中最基本的功能,它应该包含技术二次开发、中试孵化和产业化示范三个阶段。第一阶段(技术二次开发)由于风险仍然极大,必须以政府财政资金支持为主,可以考虑由事业单位性质的研究院所来承担。第二阶段(中试孵化)以市场化操作为主,可以由转制院所或新型研究院所来承担。第三阶段(产业化示范)风险较小,可以由第二阶段的承担主体与市场成

熟的企业合资合作进行,完全通过市场化操作。目前部分国家工程研究中心只具备部分技术"加工"功能,或者说只具备了技术二次开发的功能。

第二,采购与营销功能。这是目前成果转化中最不成熟的功能。这里有法律问题,如成果处置权问题和收益分配问题,相关政策并没有很好落地,知识产权保护法律也不健全等;也有机构和人才问题,目前懂技术采购和技术交易与销售的人才极少。现在的技术交易很多像自由市场做买卖,价格不公道,质量无法控制,买卖没有保障。在完善法律制度的基础上,应该建立类似于"淘宝网"一样的知识产权交易网和进行类似于股票交易市场一样的技术份额实时网上交易,吸引社会资金共同推进科技成果的转化。

第三,融资功能。资金瓶颈是跨越"死亡之谷"必须要解决的难题,从资金需求看,研究、中试和产业化三个阶段的比例是 1∶10∶100。但目前我国政府和市场化风险投资公司通常注重两头,即"1"与"100"的投入,而关键的中试环节"10"却鲜有问津。目前的体制无法从根本上破解这个问题。因此,技术"加工"平台本身必须具备融资功能。否则,资金链一旦破裂,技术"加工"的人与物都将掉进"死亡之谷",无法翻身。科技租赁公司、专业投资公司等在这个平台中都是值得建立的。

第四,资源共享功能。技术"加工"平台风险化解要有多种途径。事业单位、转制院所和产业化示范单位的人力资源、设备资源、资金资源等如果能实现共享,风险成本将大幅度降低。

第五,赢利功能。如果技术"加工"平台只靠政府买单,可持续发展将是空谈。这个平台必须是在市场环境下可以赢利的机构。实际上,只要把前面的四大功能做好,技术成果"加工"本身是一个很有前途的现代服务业。

很显然,现有的国家工程研究中心、产学研联盟、技术转移平台和协同创新中心都无法完成上述五大功能。要实现技术成果"加工"平台的五大功能,这个平台必须是一个实体(至少核心是实体),必须是一个政府资源引导下市场化操作的机构。这个机构必须企业事业共存,多元化操作和运行,特别是可以通过资本链条把相关的功能平台连接在一起。

三、加快技术成果"加工"综合平台建设的若干建议

(一) 转变科技工作思路,加强技术"加工"平台建设

深刻认识建设技术"加工"平台对促进科技成果转化的重要意义,将其作为推动我国科技创新、实施创新驱动战略的重要举措。国家有关部门要进行科学的顶层设计,从战略布局规划我国科技成果转化体系,从资源配置、体制机制等方面实行重大改革。可以考虑在全国选择一批有条件的科研院所进行提升改革试点,也可以新建一批以技术"加工"为主要目的的新型研发机构。

(二) 调整完善产业发展战略,大力发展技术"加工"产业

开展技术"加工",不仅可以提高科技成果转化成效,其本身也是实现科技成果价值增值的过程。因此,规模化的技术"加工"本身就是一项重要的产业。为此,建议将技术"加工"产业作为战略性新兴产业加以重视和发展,加强产业发展规划引导,高标准、高起点编制技术"加工"产业发展规划,明确建设目标、建设重点和建设路径;加强技术"加工"产业发展组织领导。

（三）建立健全相关扶持政策，创立发展技术"加工"产业的良好政策环境

建议出台关于建立技术"加工"基地、促进技术"加工"产业发展的若干意见，从财政、税收、金融、信贷、土地、平台建设、科研投入、人才引进、成果评价、知识产权保护等方面出台支持政策，加大政策扶持力度，支持重庆等地建设一批技术"加工"基地，发展技术"加工"产业。着力转变科研投入方向、投入重点和考核政策，切实提升政府科技资金对科技成果中试阶段的投入。着力改变科技成果评价导向，从单纯重论文、重专利，到重视技术"加工"成果、重视技术产业化利用与重视理论研究成果、实验室成果并重。

（四）加强人才的引进和培养，建设一批技术"加工"型人才

充分利用各类高层次人才计划，积极引进技术"加工"研发人才和技术"加工"产业管理人才等。打造适合技术"加工"人才的工作生活环境，对技术"加工"产业骨干研发人才、高级管理人才，给予个人所得税、住房购买税费等方面的政策优惠，解决家属就业、子女就学等实际问题。与国内外高校合作，建立高素质专业化技术"加工"人才定向培养合作机制、领军型人才选拔重用机制，大力培养技术"加工"产业各类人才。

（五）创新科技金融模式，推动社会资金向技术"加工"过程聚集

建立技术"加工"基地，发展科技产业离不开金融的支持。建议推动建设国家科技银行，或引导其他商业银行创新针对技术"加工"基地建设和技术"加工"产业发展的科技金融产品；创新科技银行及相关科技金融产品赢利模式，允许银行开展针对技术"加工"基地和技术"加工"产业直接投资业务，通过实施"债转股"等模式，用股权收益补偿投入风险、分享技术"加工"产业高速增长的收益。积极引导、支持风险

投资、天使投资等金融资本支持技术"加工"基地建设、进入技术"加工"产业领域,鼓励发展更多的科技租赁公司。

地处重庆的重庆市科学技术研究院,最近几年已针对这种技术"加工"平台建设和应用进行了有益的探索和实践,取得了一定的效果,得到了国内外同行的肯定,但运行过程中的难度超出想象。破解成果转化中跨越"死亡之谷"的难题,需要全社会的高度重视和积极参与。作为中国工程院院士,我认为我们应该发挥工程院院士在工程科技方面的优势,按照建设创新型国家的要求,在科技成果转化的国家战略研究、顶层设计、技术"加工"平台建设、技术转移人才的培养等方面作出我们的新贡献。

点燃工程科技创新强大引擎

中国工程院　李晓红

习近平新时代中国特色社会主义思想,为推进我国科技事业和人才发展指明了前进方向、提供了根本遵循。我们要在习近平新时代中国特色社会主义思想指引下,充分发挥院士群体创新引领作用,点燃工程科技创新强大引擎,为建设世界科技强国,实现中华民族伟大复兴的中国梦而不懈奋斗。

2018 年 5 月 28 日,习近平总书记出席两院院士大会并发表重要讲话,从党和国家事业发展全局出发,深刻阐述我国科技创新取得的成就和世界科技创新发展大势,明确提出科技创新领域的重大任务,对开创新时代中国科学技术发展新局面具有重大指导意义,是我们建设世界科技强国的行动指南。坚持走中国特色自主创新道路,我们要全力投身创新实践,勇攀科技发展高峰,切实担负起进军世界科技强国的时代使命。

一、全面把握习近平总书记关于科技创新重要论述的精髓要义

科技是国之重器、国之利器。创新是引领发展的第一动力,是国家综合国力和核心竞争力的最关键因素。党的十八大以来,以习近平同志为核心的党中央,坚持把科技创新摆在国家发展全局的核心位置,大力实施创新驱动发展战略,我国科技事业取得历史性成就、发生历史性变革。习近平总书记关于科技创新的重要论述,是我们党在长期实践中总结和发展形成的宝贵经验,是新时代建设世界科技强国的动员令,为推进我国科技事业和人才发展指明了前进方向、提供了根本遵循。深入学习贯彻习近平总书记关于科技创新的重要论述,全面把握论述的精髓要义,必须深刻领会"六个坚持"和"五个着力"的丰富内涵。

"六个坚持"中,坚持党对科技事业的领导,居于首位,是总领性、根本性的,是建设世界科技强国的根本保证;坚持建设世界科技强国的奋斗目标,把科技创新与国家发展的方向、路径一体部署,凸显科技强国对社会主义现代化强国的战略支撑;坚持走中国特色自主创新道路,是提高创新能力的必由之路,明确了建设世界科技强国的实现路径;坚持以深化改革激发创新活力,体现了鲜明的问题导向和目标导向;坚持创新驱动实质是人才驱动,体现了创新的实质和党对广大科技工作者的殷切期望;坚持融入全球科技创新网络,树立人类命运共同体意识,体现了开放、包容、普惠、共赢。"六个坚持"体现了理论与实践的统一、指导思想与行动纲领的统一,是我们科技事业不断取得胜利的法宝,是推动我国科技事业取得历史性成就、发生历史性变革的法宝,是

在新的实践中赢得优势、开创未来的根本保证。

"五个着力"是推动科技事业密集发力、加速跨越,实现历史性、整体性、格局性重大变化的具体举措。着力推进基础研究和应用基础研究,着力推进面向国家重大需求的战略高技术研究,着力引领产业向中高端迈进,着力完善国家创新体系,着力推动经济建设和国防建设融合发展。其中,基础研究和应用基础研究是根本,战略高技术是国之重器,中高端产业是国家创新能力的综合体现,是实现高质量科技供给、构建现代化经济体系建设的关键支撑,国家创新体系和军民融合发展是有力保障。"五个着力"相辅相成、逻辑统一,形成完整的科技创新体系。我们要联系而非孤立、系统而非零散、全面而非局部地贯通起来进行把握。

二、充分发挥工程科技创新的强大作用,解决国家发展面临的重大技术难题

工程科技是推动人类进步的发动机,是产业革命、经济发展、社会进步的有力杠杆。当前,我国经济发展已经由高速增长阶段转向高质量发展阶段,进入了创新驱动发展的新时代。进入新时代,我们迎来了世界新一轮科技革命和产业变革与我国转变发展方式的历史交汇期,工程科技进步和创新成为推动建设社会主义现代化国家的重要引擎,使命重大、大有可为。要赢得战略主动,工程科技必须"强"起来。

强化战略导向和目标引导,在关键领域、"卡脖子"的地方下大功夫。充分发挥工程科技创新的强大作用,坚持应用导向、目标导向、问题导向,找准题目找准切入点,从解决我国现实需要出发,坚持问题导

向,系统梳理我们在科技创新、产业升级等方面存在的系统性、结构性技术漏洞,建立关键核心领域受制于人的技术清单。既梳理我们在关键核心技术领域的短板、短期内可能突破的技术,又梳理长板中的短板问题,搞清楚我们的差距到底在哪里,哪些短板可以在短期内突破,哪些需要更长时间安排,提出顺序安排,给出建议。把攻克关键领域的核心技术,形成自主可控的战略技术体系,作为我们义不容辞的责任。

深刻把握科技创新与发展大势,发挥科技创新的支撑引领作用。充分发挥中国工程院多学科、跨领域的联合优势,组织院士和工程科技人员,进行联合攻关,在更高层次和更大范围发挥科技创新的支撑引领作用。围绕国家重大战略需求,瞄准经济建设和事关国家安全的重大工程科技问题,紧贴新时代社会民生现实需要和军民融合需求,加强对关系根本性、全局性的重大工程科技问题的研究部署。以关键共性技术、前沿引领技术、现代工程技术、颠覆性技术创新为突破口,与广大工程科技工作者一道联合攻关、勇攀高峰,集中攻破关键核心技术,加快构筑支撑高端引领的先发优势,在前瞻性、战略性领域打好主动仗。

充分释放创新潜能,勇做新时代科技创新的排头兵。工程科技创新离不开创新领军人物的贡献,更离不开创新团队成员之间的团结协作。工程科技创新更多依靠团队合作,工程科技发展和进步大多依托于重大工程的组织实施。中国拥有4200多万人的工程科技人才队伍,这是中国开创未来最可宝贵的资源。要弘扬科学求真的精神,营造有利于创新、支持创新的环境,注重个人评价和团队评价相结合,尊重和认可团队所有参与者的实际贡献,助推国家重大工程的实施,促进工程科技创新发展。

坚持以全球视野谋划和推动科技创新,最大限度用好全球创新资源。工程科技创新不能闭门造车,提高工程科技发展国际化水平已经成为各国推动工程科技创新的普遍共识和重要手段。通过加强国际工程科技合作,相互借鉴,相互启发,推动工程科技进步和创新,携手各国专家,共创新的"科技奇迹",应对好未来发展、粮食安全、能源安全、人类健康、气候变化等人类共同挑战,实现共同发展、促进共同繁荣,让工程造福人类、科技引领未来。发挥好高端智库的独特优势,强化战略咨询对国家重大决策的支撑作用。

习近平总书记强调,中国科学院、中国工程院是国家高端智库。要继续发挥院士群体的智力优势,开展前瞻性、针对性、储备性战略研究,提高综合研判和战略谋划能力,提出专业化、建设性、切实管用的意见和建议,为推进党和国家科学决策、民主决策、依法决策,推进国家治理体系和治理能力现代化贡献更多智慧和力量。这为我们建设好国家高端智库指明了方向、明确了任务、提出了更高要求。我们要坚持以服务党和政府决策为宗旨,以工程科技战略咨询为主攻方向,充分发挥高端智库作用,以科学咨询支撑科学决策,以科学决策引领高质量发展。

在战略咨询上发挥好高端智库的独特优势。聚焦国家重大战略问题,发挥工程科技的特点优势,集中力量对影响我国可持续发展、影响国家竞争力的战略问题开展研究。紧紧围绕党的十九大的战略部署,发挥国家战略科技力量的作用,准确把握世界科技发展大势,聚焦当前科技与经济紧密结合的主要矛盾和重大问题,突出科技创新在供给侧结构性改革中的重要作用。围绕国家重大战略需求,遵循科学规律,基于国家立场,科学系统、客观独立地开展咨询研究,为党和国家科学决策、民主决策、依法决策等贡献更多智慧和力量。

在引领发展上发挥好高端智库的独特优势。积极面向现代化建设主战场,把战略咨询延伸到经济建设实践中,促进行业产业及企业科学发展。完善中国工程院国家高端智库"顶天立地"格局的战略部署,紧扣国家发展新战略新形势新需求,以工程科技战略咨询为主攻方向,组织广大院士科学系统、客观独立地开展咨询研究,着力支撑经济高质量发展。围绕依靠科技创新转换发展动力,突出问题导向,始终把为国家科技决策提供科学专业的支撑服务作为打造国家高端智库的中心任务,统筹推进科技服务、学术引领、人才培养、国际交流合作等各项工作,为建设世界科技强国提供强大智力支撑。

改革科研管理体制机制
抓好关键项目关键人
奋力推进世界科技强国建设

深圳大学深地科学与绿色能源研究院　谢和平

习近平总书记在 2018 年两院院士大会上明确指出,实现中华民族伟大复兴的中国梦,必须具有强大的科技实力和创新能力;我们比历史上任何时期都更需要建设世界科技强国。建设"世界科技强国",就要坚持走中国特色自主创新道路,充分发挥我国特有的制度优势、完备的体系能力、巨大的市场空间,特别是丰富的人才资源。人类科技史已经证明,"创新之道,唯在得人",如何完善人才发展和评价体制机制、激发人才创新创造活力、培养更多顶尖人才和团队,是实现从人才强到科技强、从科技强到国家强的关键。建设世界科技强国,提升科技实力和创新能力,不能走传统的发展模式,也绝不是轻轻松松、敲锣打鼓就能实现的。这就要求我们在加大科研经费投入的同时,在全社会要营造重视科学研究、尊重科学研究的良好风尚,使科技工作成为人人向往、人人崇尚、人人尊重的职业,使当科学家成为无数中国孩子的梦想。同时,更要深化科研管理体制机制改革,充分调动广大科学家和科技工作者的积极性、主动性和创造性,使广大科技工作者真正能够沉下心来,靠真实力、真学问、真本事从事科学研究,真正把科学研究当作事业来干、当成自己的使命和责任来干。

科研工作是一项系统、复杂的工程,涉及方方面面,其基础要素是人才,主要抓手是项目,基本支撑是资金和平台,主要保障是政策和环境,最终体现是成果的创新性和成果的应用与转化。近年来,我国科研队伍不断壮大,科研经费投入也不断加大,然而与之形成鲜明对比的是,真正具有突破性、原创性的标志性成果涌现得却不够多,集中凸显了我国科研投入与创新成果的产出不匹配,这就要求我们必须在中间环节中去寻找问题的根源、找到解决的办法。下面我结合自己从事科技工作几十年的感触和体会,以及现在科技领域需要解决的问题,提出四点建议。

一是引导现行科研评价鉴定的客观性、真实性。我国每年结题的项目有数万个,纵观这些项目评价鉴定意见中的结论,常见的是超越"国内领先"的"达到世界领先水平"或者"部分达到世界领先水平",这似乎已成为"常态"。这种结果的产生,既是"人为拔高、相互捧场"式的评价鉴定造成的,也是项目鉴定和项目申报各类奖项的"高标准""高要求"所催生的。因为,科研项目报奖大多还是需要经过项目鉴定环节(即使有些奖项不要求项目鉴定,项目完成人大多也会自行组织鉴定),只有鉴定意见中的结论是"达到世界领先水平"或者"部分达到世界领先水平",才有可能在项目申报各类奖项中"脱颖而出",才有可能成功、获奖;反之,如果没有这样的结论,就几乎没有获奖的可能性。这种以报奖为导向的项目鉴定结论,与项目实际水平并不相符。事实上,我们大多数的科研项目能达到"国内领先"就已经很好了,达到"世界领先水平"肯定是少数。这样的项目鉴定,既误导我们对整体科研实力的认知,也造成科研人员的心态浮躁、急功近利,已经影响到整个科研领域的氛围环境，不利于我国科研实力和创新能力的持续提升。

因此，我们必须构建更加科学的科研评价鉴定体系。在谁来评的问题上，进一步丰富评价主体构成和评价鉴定手段，引入更多国际同行和专业第三方机构参与评价鉴定，提升评价鉴定的客观性和公正性；同时，引入评价鉴定专家的追责机制，强化参加评价鉴定专家科学道德和求实学风的自律，不做"老好人"。在怎么评的问题上，要根据不同学科、专业、方向的特点，完善分类评价鉴定体系，体现差异化、多元化。例如，应用研究成果以对国家和社会经济发展的实际贡献为标准，理论研究成果要多听国际同行和关联学科专家的意见。总之，很有必要从改革评价体系入手，引导科研工作脱虚入实、回归科学精神的本质，形成风清气正、求真务实的科研大环境，真正让科研工作者摒除浮躁、潜心探索，"坐得住冷板凳，敢啃硬骨头"，久久为功、攻坚克难，逐渐具备挑战最前沿科学问题的能力，真正作出世界领先水平甚至世界顶尖水平的科技成果。

二是强化现行科研项目的过程管理和结题管理机制。目前，我国科研项目大多实行"严进宽出"的管理机制，每个项目申报立项时竞争激烈，要经过严格的评审，必须要具有创新引领性甚至颠覆性，表述得"惊天动地"才能立项；但是，获得项目后，项目过程管理宽松，结题容易，在结题的时候大部分还是以论文、专利、获奖等的数量来衡量项目成果，这就会造成很多项目通过简单的组合科研成果就能顺利结题。过去我们常说"没有金刚钻，别揽瓷器活"；现在，人人都敢揽"瓷器活"，导致对国家科研项目没有敬畏，对科学没有敬畏。

因此，我们必须改革现有科研项目的管理机制，加强过程管理，严格结题门槛，一定要按本项目立项时的创新目标，严格对标结题，坚决

"治水",让"水"的专家以对项目的敬畏心来申报项目和完成好项目,真正让"水"的专家不敢揽"瓷器活"。在谁来管理的问题上,既可以委托专家评审团队,也可以委托专业第三方机构;还应同步严肃治理"放水"行为,应该加快建成国家级的科研诚信管理库,并将受托管理人一并纳入数据库,实行科研诚信一票否决制,让受托管理人和被管理人同样接受追责制度和道德约束。在怎么管理的问题上,可以参照国家重点实验室评估的做法,实行末位淘汰机制,过程中、结题时都有一定比例不合格(推迟结题等)。通过这种机制的改革,真正做到"严进严出",甚至可以"宽进严出",即每个项目进行分步投入、竞争性管理,比如可以2—3个团队同时起步研发同一项目、竞争性分步投入。从而使科学家、科技工作者都敬畏科学、敬畏科研,让科学家、科技工作者拿到科研经费、科研项目后从内心感觉到很"烫手","没有金刚钻,别揽瓷器活",必须要靠真本事去拿项目、去做项目,以真成果、真水平来结题,这样才能产出更多的突破性成果,才能真正让国家的科技投入和科技创新的产出相对应。

三是变革"特重大"科研项目的申报和研发机制。"特重大"研发项目是"对关系根本和全局的科学问题的研究部署,在关键领域、'卡脖子'的地方下大功夫,集合精锐力量,作出战略性安排"①,是为国家安全和战略利益提供有力支撑,是产出标志性科技成就、建设科技强国的重要保障。目前,我国重大研发计划、重大研究项目等申报大多实行自由组合申报,这种方式确实减少了行政意志的色彩,却造成一定程度的"临时捆绑式申报、松散独自式研发、数字汇总式交账"现象。这样的申报和研发机制,出发点是想集中相关领域的优势单位和团队进行

---

① 习近平:《在中国科学院第十九次院士大会、中国工程院第十四次院士大会上的讲话》,人民出版社2018年版,第11页。

联合攻关,然而过度看重强强联手的"理论"实力,却没有充分考虑科研管理中统筹协调的难度,往往想得很好,产出却很一般,很难达到项目预期。此外,还造成了好不容易聚集在一起的资源又分散化,更难以产生重大的科技突破、产生高水平的科研成果。资源浪费不说,更重要的是浪费了时间,错过了机遇期,丢掉的是科技创新的先手棋和制高点。

因此,我们应改革现行"特重大"科研项目的申报和研发机制。"特重大"科研项目是针对重大战略问题、重大科研难题,本身就具有很强的战略导向和目标引导,就应该充分发挥出我国的制度优越性,在提升研判科学技术前沿方向能力的基础上,进一步加强"特重大"科研项目的统筹管理,集中力量办好大事。项目的方向、方法可以集思广益,但具体管理应该由政府来组织最优秀的科研团队、集中最优势的科研资源来联合攻关,并制定相应的担责、追责制度,而不是靠捆绑式组团。政府来做除了可以保证统筹管理的高效,还能让科研人员以高度的责任感和国家荣誉感去开展科学研究。当然,在"特重大"科研项目以外的其他重大和一般项目,还是要鼓励自由竞争,由科技工作者自由申报,鼓励有创新潜力的团队发展。这样,通过改革项目的申报和研发机制,统筹基础研究、应用研究和技术创新的全链条部署,完善一般项目、重大项目和"特重大"科研项目的分层次结构,促进国家目标导向、政府集中管理和科研人员自由探索相互结合,更有利于取得更多引领性的原创成果和突破。

四是更好发挥院士和学科带头人的作用。推动科技事业向前发展,当前我国不仅需要培养大批年轻的科技工作者,让他们尽快成长,也需要充分发挥院士和学科带头人的传帮带作用。相比于青年科技工作者而言,院士和学科带头人经过长期的科技工作的经验积累,对科技事业发展的前瞻性、对重大科技前沿的判断力要远远胜过青年科技工作者。有研究表明"创新和年龄结构之间存在明显的倒 U 型关系,根本性创新更多由年轻人完成,而渐进性创新则与年龄结构基本无关",在"关键共性技术、前沿引领技术、现代工程技术、颠覆性技术"中都有"根本性"和"渐进性"之别。目前,国家重大项目的申报、重大奖项的评审大多对年龄作了限制,比如现在国家重点研发计划负责人要求在60 岁以下、国家科技重大专项原则上年龄不超过 56 周岁等,导致很多院士和学科带头人不能充分发挥作用,参与重大科研项目的主持攻关工作。这种对重大项目负责人年龄"一刀切"的做法是不科学的,对医学与工程界等领域的专家来说,在上面那个年龄段才刚刚摸清"门道",进入科学探索的黄金期。同时,对青年科技工作者,在国家设置重大科技项目时,有大量的青年专项,比如国家杰出青年科学基金项目、优秀青年科学基金项目、国家自然科学基金项目、青年科学基金项目等(这非常必要,还可以加大力度),但对院士和学科带头人这个团体却很少有类似专项支持。

因此,我们应该思考如何更好发挥院士和学科带头人的作用,允许仍在一线和仍能在一线工作的院士和学科带头人打破年龄限制,主持申报国家重大科技项目,更好地调动院士和学科带头人的积极性。同时,建议特设相关科技专项和重大科技资助项目,重点支持院士和学科带头人开展专项科学研究,为他们奉献智慧、贡献力量搭建好平台、建立好纽带。总之,就是要建立健全以能力、质量、贡献为导向的科技人才评价体系,打破年龄、性别、国籍等限制,充分激发广大科学家和科技工作者创新创造的活力,为建设科技强国贡献力量。

奋力书写石油工业科技发展新篇章

中国石油化工股份有限公司　李　阳

习近平总书记在党的十九大报告中指出,创新是引领发展的第一动力,是建设现代化经济体系的战略支撑[①]。2018 年 5 月 28 日,习近平总书记在两院院士大会上明确提出"实现建成社会主义现代化强国的伟大目标,实现中华民族伟大复兴的中国梦,我们必须具有强大的科技实力和创新能力",并指出"实践反复告诉我们,关键核心技术是要不来、买不来、讨不来的"。[②] 这为我国科学技术的进一步发展指明了方向,激发了广大科技工作者的创新动力和责任担当,必将极大地推动新时代我国科学技术发展。通过聆听和学习讲话,我深深感受到进一步推进油气科技进步的责任,形势逼人,必须自主创新,尽快突破关键技术,清洁高效多产油气,保障国家油气供给安全。

[①] 习近平:《决胜全面建成小康社会　夺取新时代中国特色社会主义伟大胜利——在中国共产党第十九次全国代表大会上的报告》,人民出版社 2017 年版,第 31 页。
[②] 习近平:《在中国科学院第十九次院士大会、中国工程院第十四次院士大会上的讲话》,人民出版社 2018 年版,第 2、11 页。

一、中国油气科技近年来取得丰硕成果,但仍面临重大挑战

油气行业是国民经济的支柱产业,也是高新技术密集行业,经过五十多年的发展,研发形成了一批适合我国复杂地质特点的油气勘探开发技术,为油气产业发展和安全供应提供了技术支撑,截至 2017 年年底,已累计生产原油 67.8 亿吨,天然气 1.93 万亿方。随着我国建成社会主义现代化强国,将需要更多的清洁油气供给,而油气发展一方面面临勘探发现大油气田难度不断增加;另一方面面临开发上由于新发现储量品位低,老油田含水高,有效开发难度大,因此对创新驱动的需求更为迫切。

(一) 中国油气科技近年来取得丰硕成果

以油气发展的需求为导向,通过自主创新、引进消化吸收和集成创新,中国油气科技取得举世瞩目的成就。

陆相隐蔽油气藏、深层、深水、非常规油气成藏理论研究取得重大突破,特别是海相碳酸盐岩油气成藏理论,指导发现了塔河、普光、元坝、龙王庙等海相大油气田,每年新增探明储量石油 10 亿吨,天然气 7700 亿方,奠定了原油稳定、天然气快速发展的基础。

油气开发方面,形成了碳酸盐岩缝洞型油藏开发理论和技术,高效开发了世界最大的缝洞型油田——塔河油田;攻克了页岩气和酸性气田开发技术难题,安全高效地建设了涪陵百亿方页岩气田和普光百亿方酸性大气田;研发了新的化学驱油体系和稠油热采开发技术,大幅度提高了老油田采收率。

油气工程技术方面,我国石油工程技术及装备基本实现了自主发展,常规设备和技术完全实现了国产化;海洋装备技术实现了新的突破,自主设计、建造的以第六代深水半潜式钻井平台"海洋石油 981"为核心的海洋装备,为深水勘探开发提供了利器。

科技体制方面,初步形成了以企业为主体、市场为导向、产学研相结合的技术创新体系。实施更加开放的创新模式,与大学、研究机构建立技术联盟,广泛进行合作研发。在一些全球创新资源聚集区,跨界创新合作越来越普遍。科技体制日趋完善,科研管理从注重研发转变为对研发、转化、产业化的全过程管理。形成了一支实力较强的科技队伍,科技贡献率不断提高,从"十二五"时期的 55% 上升到"十三五"时期的 60%。

(二) 中国油气发展面临严峻挑战

保证原油稳定、天然气快速发展是保障国内油气安全供应的压舱石,而我国油气资源地质条件复杂,对工程技术要求更高,油气产业发展到今天,国外的技术已不能很好地解决我们面临的问题。

一是随着勘探程度的提高,大规模储量发现的难度越来越大,如何保持目前每年探明 10 亿—12 亿吨原油、天然气 7700 亿方以上的储量规模,是勘探面临的重大挑战。同时,勘探不断向深层、深水、非常规等领域拓展,也面临着新的理论和技术挑战。

二是由于我国油气资源品位差,开发成本高,一批低品位资源难以有效动用,而已开发油田多数进入高含水开发后期,生产成本高,许多油田的盈亏平衡油价高达 70—80 美元/桶以上,2014 年低油价以来普遍亏损。

三是原始创新能力不足,一些关键工程技术领域、高端装备仍依靠进口,受制于人,与世界先进水平存在较大差距。科技资源分散、重复、低效的问题还没有从根本上得到解决,科研人员科技创新的积极性还没有被充分激发出来。

二、中国油气工业发展迫切需要创新驱动

实施科技创新驱动战略,是解决油气发展困局的唯一出路。要建立有效的科技创新驱动模式,培养科技创新人才,加强基础研究,融合信息化技术("互联网+"),实施价值引领,才能更好、更快地突破技术瓶颈,使科技优势转化为竞争优势和发展优势。

(一)尽快突破一批基础性、关键共性技术

习近平总书记在两院院士大会上指出:要"以关键共性技术、前沿引领技术、现代工程技术、颠覆性技术创新为突破口","努力实现关键核心技术自主可控"。[①] 中国油气科技要走到世界前列,必须在前瞻性基础研究和引领性关键技术方面取得重大突破。我们要围绕着原油稳产和天然气快速发展,认真分析存在的主要瓶颈问题,凝练一批基础性和关键共性科学问题和技术难题,立足自主创新,实现科技创新成果的重大突破。

在勘探上,针对隐蔽、复杂断块、低丰度、非常规、深海、超深层,以及复杂地表条件油气藏,寻求新的勘探认识理论和技术突破。在开发上,针对低品位、深层、深水、页岩油气和致密油气,形成低成本的高效开发技术,针对老油气田大幅度提高采收率技术。特别是要加快发展清洁能源天然气勘探开发技术,推动天然气快速发展。要抓紧研制新

---

① 习近平:《在中国科学院第十九次院士大会、中国工程院第十四次院士大会上的讲话》,人民出版社 2018 年版,第 11 页。

一代石油工程技术和装备,实现高端装备国产化,由跟踪模仿发展到原理、器件的全面创新,铸成油气勘探开发"利剑"。

加强基础研究和应用基础研究,强化新思想、新方法、新原理、新知识的储备,集中力量在重点学科前沿率先取得突破,加强基础工具软件和平台的研究,如地球物理数据处理、解释,地质建模、数值模拟软件及高端石油物化分析仪器等,攻关突破制约油气田开发的基础理论,从根本上提升中国石油工业技术水平和工艺能力,为原油稳产、天然气快速发展提供支撑。

(二)借力信息和人工智能技术,实现油气勘探开发技术升级

油气勘探开发和技术创新呈现与信息技术、人工智能的深层次融合和蓬勃发展趋势,展示了强大的技术优势,大大提升了油田的勘探开发技术水平,加快了技术创新速度,降低了勘探开发成本。

近年来,油田勘探开发已积累了大量的数据,我们要加快推进互联网、大数据、人工智能同油气勘探开发深度融合,抓住"中国制造2025"契机,培育新动能,打造油田勘探开发技术的智能化。

要实现油气生产全过程的自动诊断和智能优化,发展生产大系统模型驱动的地下地上一体化优化关键技术。通过动态模拟的勘探开发方案优选技术、仿真模拟的钻完井实时优化与决策技术、生产大系统模型的地下地上一体化优化技术,最终实现油气生产全过程智能模拟优化,形成油藏—井筒—地面一体化、实时预测剩余油分布,动态调整油气田开发方案、生产参数、集输注水方案,实现油、气、水、热、电、剂全过程自动管理,彻底改变传统油气生产工作模式,实现节能降耗、提高油气采收率,确保油气藏核心资产价值最大化。

(三)价值引领,提升科技创新驱动力

近年来,非常规油气技术的突破改变了石油资源的状况。据预测,石油储量增长将大于产量增长幅度,企业发展也由过去的"资源扩张型"转向"技术降本增效型",谁掌握了更低供给成本的技术,谁就掌握了未来。因此,面对较长时期的中、低油价,要更加注重技术研发的实用性和针对性,大力开发特色关键技术,采取有效措施提高作业效率,降低生产成本,实现企业发展的动能变革、质量变革和效率变革,助推传统油气产业升级,建设百年长青基业。

突出价值管理,提升技术研发价值驱动力。要更加有效地缩短研发周期,降低研发成本和研发风险,更好地利用有限的研发资金,创造更大的价值。科技创新具有乘法效应,要充分利用科技发展的最新成果,转化为现实生产力,同时要通过科技的驱动作用放大各生产要素的生产力,提高整体生产力水平。

三、不断完善科研体制机制,激发科技创新内生动力

科技创新更需要内生动力,要进一步完善科技体制和机制,建设创新型企业,克服国有企业"大企业病",激发各类主体的创新激情和活力。

一是加强创新人才培养。创新能力来自研发人员长期的知识积累和沉淀,营造良好创新生态,建设一支具有科学精神的创新人才和队伍,支持和培养具有发展潜力的中青年科技创新领军人才,通过将优势资源整合聚集,造就一大批勇于创新的青年人才队伍,形成创新型企业的主体科技力量。

二是加强科技平台建设,提高自主创新能力。要提供资金保障,打造一批具有世界一流水平的科技创新实验室和孵化器平台,为基础研

究和持续的技术创新提供基础支撑。围绕重大科学问题和关键技术，按照前沿储备、攻关研究、试验推广的层次，设置部署重大油气科研项目，进行多种模式的创新，既可以在优势领域进行原始创新，也可以对现有技术进行集成创新，还应加强引进技术的消化吸收再创新，引领油气科技全面发展。

三是加强开放式创新体系建设。充分发挥企业在科技创新中的主导地位，主动承担国家项目，积极促进产学研结合，形成有中国特色的协同创新体系。要以全球视野谋划和推动油气科技创新，瞄准国际创新趋势，主动融入全球科技创新网络，使自主创新站在国际技术发展前沿。深化国际油气科技交流合作，努力构建合作共赢的伙伴关系，在更高起点上推进自主创新，参与国际技术标准制定等工作，努力成为国际油气科学技术研发的主导者。

四是加强科技成果转化。成果的转化是企业长期稳定健康发展的基础，针对科技成果转移转化、产业化、价值创造能力不足的问题，完善企业创新成果转化的政策体系，打造连接国内外技术、资本、人才等创新资源的转移网络。要创新商业模式。北美非常规油气技术和商业模式的创新，形成高效技术成果转化机制，在应对 2014 年以来的低油价中发挥了重要作用，生产成本下降近 1/3，对我国科技成果转化机制提供了很好的借鉴。要通过成果转化形成科技发展良性循环机制，成果转化和产业化的过程中会及时发现问题，通过问题的解决，促进科技不断进步，向更高水平发展。

习近平总书记 2018 年在两院院士大会上的讲话吹响了我国自主创新的新号角，作为新时代的油气科技工作者，肩负光荣的国家振兴和民族复兴的伟大使命，我们要主动作为、脚踏实地、砥砺前行，奋力书写石油工业科技发展新篇章，为建设科技强国作出新贡献！

创新发展生物质能利用技术
助力乡村振兴战略

中国科学院广州能源研究所　　陈　勇

建设世界科技强国,是党中央在新的历史起点上作出的重大战略决策。习近平总书记在 2018 年两院院士大会上的讲话中指出,中国要强盛、要复兴,就一定要大力发展科学技术,努力成为世界主要科学中心和创新高地。他强调,我们比历史上任何时期都更需要建设世界科技强国。建设世界科技强国要从全局出发,系统谋划,整体布局。下面我以习近平新时代中国特色社会主义思想为指导,围绕我国建设"世界科技强国"的主题,结合所从事的生物质能和乡村振兴的科研工作,谈些体会、思考、对策和建议。

一、能源科技、农村科技是建设世界科技强国的重要组成部分

习近平总书记在两院院士大会上的讲话中指出:要把满足人民对美好生活的向往作为科技创新的落脚点,把惠民、利民、富民、改善民生

作为科技创新的重要方向。党的十九大报告把乡村振兴战略与科教兴国战略、人才强国战略、创新驱动发展战略、区域协调发展战略、可持续发展战略、军民融合发展战略并列为党和国家未来发展的"七大战略"。目前,相当一部分农村的能源利用和环境问题依然严峻。农村地区散煤因其价格便宜,在小锅炉、家庭取暖、餐饮用能中广泛使用,由于没有采取除尘、脱硫等环保措施,污染物排放量是燃煤发电排放的10倍左右;秸秆、薪材也大量用作一次能源(相当于2亿吨标准煤),利用方式粗放、技术落后,氮氧化物、硫氧化物和烟尘等排放严重;农村的农林废物、畜禽粪污以及生活垃圾等生物质废弃物量大面广,秸秆就地焚烧、畜禽粪污随意排放、生活垃圾随地倾倒等问题依然突出。以上这些问题给农村生态环境造成了严重破坏,制约着我国小康社会的建设和乡村振兴战略总体要求的落实。

要解决上述问题,就需要大力推进农村能源结构优化,因地制宜地开发农村废弃物和生活垃圾规模化、低成本处置技术和装备。通过技术突破,形成农村新兴产业,这必将大大改善农村的村貌和生态,拉动农村经济发展,也是助力乡村振兴战略和建设世界科技强国的具体举措。

生物质能是地球上可再生能源的重要组成部分,是维系人类经济社会可持续发展最根本的能源保障之一。同时,生物质能绝大部分来源于农村,是唯一可转化为气、液、固三种形态的二次能源和化工原料的可再生能源。目前,生物质能规模化利用技术研究与开发严重滞后,生物质能在我国能源消费总量中的占比还很小,仅为0.78%(2017年全国能源消费总量44.9亿吨标准煤,生物质能利用量约3500万吨标准煤)。因此,需要通过科技创新、模式创新、政策创新、管理创新,将大量的种植、养殖废弃物变废为宝,这既可节约资源能源,也可减少污染,美化环境,为乡村振兴和小康社会建设作出巨大贡献。

二、科学分类生物质能是取得能源与环境共赢的关键

　　生物质能直接或间接来自植物的光合作用。一般取材于农林废弃物、生活垃圾及畜禽粪便以及能源作物等,其来源广泛、储量丰富。其中,据估算我国来自各种废弃物的生物质能年产量超过 50 亿吨。构成生物质能的基本元素为碳、氢、氧、磷、氮(C/H/O/P/N),上述废弃物若不处置将导致直接碳排放量近 30 亿吨,导致面源污染包括 COD/N/P 排放量超过 1500 万吨。治理这些废弃物,需耗费资金 10 万亿元/年左右。而通过物理转换、化学转换、生物转换等技术将这些农村废弃物转化为不同类型的燃料,能源潜力巨大,每年将产生约 10 亿吨标准煤的能量,同时还可产生生物肥、生物饲料等产品。

　　长期以来,我国在发展生物质能方面不太理想的一个重要原因,就是将其只作为能源考虑。在制定政策等方面也只按传统能源考虑,忽略了构成生物质能主要来源的生物质能废弃物的不可控性和环境性。因此,根据生物质能产生的方式和特点,可将其分为两类:一是人类社会生产生活过程中产生的生物质废弃物,可称为被动型生物质能,如农林废物、人畜粪便、农副产品加工废物、生活垃圾等。这类生物质难以像传统能源那样控制产量、规模、收集方式、技术路径以及污染排放。二是人类主动种植生产的能源作物,可称为主动型生物质能,包括含油、含糖、含淀粉、含纤维素类的植物和水藻等。这类物质可控,且可通过边际土地、荒坡林地、盐碱沙地等非粮食种植区土地的利用,形成经

济作物产业。这两种类型的生物质能,后者具有能源和环境的双重效益,应予优先发展,在制定发展生物质能政策时应考虑环境效益,充分利用碳交易机制和生态补偿机制。

三、明确技术方向是制定生物质能发展路线的基础

目前,我国生物质能开发利用存在着生物质利用率低、产业规模小、生产成本高、工业体系和产业链不完备、研发能力弱、技术创新不足等一系列问题。因此,需要制定并实施国家生物质能源科技发展战略规划,加强生物质能源技术研发和产业体系建设,提出具有创新性、前瞻性的技术发展方向,改变传统单一技术、单一产品的处置方式,开发集成化、系统化、规模化的技术系统,为我国生物质能源技术的快速发展提供科技支撑。

(一) 生活垃圾能源化/资源化利用技术

通过生活垃圾源头分类+垃圾分选+综合处理与利用,构建分布式一体化垃圾处置模式。建立餐厨垃圾的源头收集与预处理系统,实现餐厨垃圾的全资源化利用,解决餐厨垃圾的收集运输难、提质转化效率低及转化过程二次污染控制等问题。研究生活垃圾能源化、资源化利用领域的技术创新和集成,实现生活垃圾全量资源化利用及二次污染物近零排放。

(二) 农林废弃物能源化工技术

为改善农林废弃物就地焚烧状况,优先开发分布式区域秸秆类农业废物田间收集—清洁热利用技术系统。开展秸秆类农业废弃物田间收集—清洁热利用系统模式及技术推广,有效解决我国秸秆类农业废

弃物收集难、直接焚烧造成严重大气污染等问题,同时实现分布式区域能量清洁转化与营养元素快速回收利用。这对于减少大气污染、增强农村能源供给保障、改善乡村生态环境具有十分重要的意义。

此外,进一步研究农林废弃物能源化工系统和特色功能材料制备技术体系。利用农林废弃物制备高品位生物质燃气、成型燃料、液体燃料及化学品,建立基于热解多联产技术的农林废弃物综合利用体系,形成系统集成优化与示范,逐步实现农林废弃物全部高值能源化和资源化利用。

(三) 畜禽粪污能源化工技术

逐步提高畜禽粪污的资源化利用率。在替代传统化石能源的基础上突破模块化分散区域移动式堆肥装备关键技术和有机肥生产关键技术,实现养分还田。通过高负荷稳定厌氧消化、沼气能源化工利用、沼液养分回收利用、沼渣生产功能有机肥等技术构建,实现畜禽粪污的高值高效能源化工利用,构建"种—养—能"循环农业体系,综合治理畜禽养殖污染,基本实现规模化养殖场粪污零排放。

(四) 多种农村有机废弃物协同处置与多联产技术

开发原料多元复合的物理、化学、生物转化一体的农村有机废弃物综合利用系统。改变传统单一处置模式,增进各种生物质废弃物的互补与融合,实现多种废弃物协同处置与多联产。将农林废弃物转化为可燃气、化工原料、有机肥及其他资源,提高农村废弃物综合利用的有效性和经济性,实现多种农村废弃物协同处置和高值化利用。

(五) 大力发展先进火力发电耦合生物气技术

深入研究燃煤电站耦合生物质气(气化气、沼气)发电的可行性,同时分析联产热和资源(灰渣、沼渣、沼液的高值化利用)的可能性,开发相关关键技术,量化分析农业废弃物利用对于碳减排、环境污染控制及能源利用、经济发展的贡献。借助我国已投运的大容量、高参数燃煤发电机组耦合生物气发电、供热,可以降低生物气利用的成本,减轻生物气自发电、自供热的技术、装备、场地的负担,也可兜底消纳农林废弃物、生活垃圾以及污水处理厂、水体污泥等废弃物资源,破解秸秆田间直焚、污泥垃圾围城等难题,在解决环境问题的同时,实现资源最大化利用,并带动当地经济发展,实现经济、环境和社会效益的共赢。

(六)主动型生物质能选种育种与利用技术

开展选种育种与种植等方面研究,加大转化关键技术攻关,开发能源植物选育种植与利用技术系统。研究能源植物选育与种植技术及培养体系,建立优质种质资源数据库。选择高产、高能、高抗且易转化能源植物新品种在边际土地上规模化种植,建设集选种、育种,栽培、高效转化于一体的链条式能源植物开发技术体系,实现高产、高能、高抗且易转化能源植物新品种的产业化应用,形成标准化生物质能原料的可持续供应体系。

四、以生物质能利用为主线的发展模式是助力乡村振兴战略的重要举措

党的十九大报告指出,要按照"产业兴旺、生态宜居、乡风文明、治理有效、生活富裕"的总要求实施乡村振兴战略。同时强调,实施乡村振兴战略是全面建成小康社会、全面建设社会主义现代化强国的必然要求。

发展生物质能,要统筹考虑各种需求,进行系统设计规划,协同考虑能源、资源、环境、生产模式、生活方式等,进行多元技术集成。要通

过工业化的手段实现技术的规模化、组织化、装备化,采用市场化的运行模式,将资本运作、技术服务、商品交易等融入生物质能产业的发展中。要转变农村零散化、个体化的生产生活模式,相对集中种植业和养殖业,相对集中人居区域,以实现连片发展、协同发展、规模发展。具体发展路径如下。

(一) 建立"农村代谢共生产业园"

以农村代谢的废弃物及其资源化的产品为控制因素,设计、规划养殖、种植、人居规模耦合的区域,建立"农村代谢共生产业园",合理有效地将农村种养、生活过程中所产生的农林废弃物、生活垃圾、畜禽粪污等各类农村废弃物通过集成技术的协同处置,转化为热、电、肥、饲料等系列高值化产品,实现农村废弃物的近零排放、循环利用与资源最大化利用,在有效解决农村废弃物污染问题的同时,构建生产—生活—生态一体化协调发展的新的农村发展模式。

(二) 积极推进"猪地产""猪物业"模式

传统散户饲养模式存在畜禽粪污收集难处置难、养殖气味大、抗生素使用监管难、病死畜禽随意弃置等问题,造成了严重的面源污染,大量的散户及中小养殖户被叫停和禁养。一方面是环境污染的压力,另一方面是人民群众对肉类产品的需求和农民的生计,有效解决两者之间的矛盾迫在眉睫。建议发展"猪(牛、羊、鸡等)地产""猪(牛、羊、鸡等)物业"模式,以"疏"代"禁",以"疏"代"堵"。"猪地产"模式,即投资者在代谢共生产业园内建设标准化的猪舍,通过猪栏的租赁,将周边散养户进行区域集中,解决散户养殖过程中存在的问题。同时,通过"猪物业"的服务手段,实现饲料统一调控、疫病统一防治、自动化喂养、生物添加剂、粪污集中处置等关键技术的应用,解决饲料安全、养殖安全等问题,实现畜禽粪污的能源化资源化规模利用,大幅度降低养殖成本和废弃物处置成本。

（三） 创新农业"以废定产"的生产方式

传统的农业生产方式以农业主产物的产量为追求目标,忽略了生产过程剩余物的处置、消纳和利用,忽略了多产品生产带来的耦合和协同效应。因此,将以主产物主导的传统农业生产方式转变为以农村剩余物控制的绿色生产方式是我国农业革命的必然要求。为了发展新的生产方式,必须研究剩余物的转化利用技术,多种剩余物与种植、养殖耦合关系,规模与经济效益的关系;开发基于物质流、环境流、能量流及经济流的全生命周期分析法(4F-LCA);加快建设农村剩余物控制的绿色生产方式示范工程。

可见,以生物质能利用为主线的发展模式可以系统解决农村废弃物处置难、利用率低及生态环境差的问题,可促进能源结构的优化、促进绿色农业的发展、促进农业产业链延伸,为农民创造更多就业和增收机会,实现乡村振兴战略"二十字"方针的要求。

五、相关政策建议

（一） 科学合理制定政策

在制定发展生物质能政策时应考虑环境效益,积极探索碳交易机制和生态补偿机制在发展生物质能方面的应用。规范生物质原料的收集、储运、价格、供应体系。加快出台补贴生物质能高效循环利用产品、企业及用户的政策,并保证政策的持续性,以引导大型企业、社会资本投入乡村振兴战略。像支持工业产业园那样支持"农村代谢共生产业园"建设。

（二）加强关键技术攻关和人才育成

加强平台建设并完善技术创新体系。依托科研院所、大学和大型骨干企业,组建工程技术中心及重点实验室;设立重大科技专项,组织产学研协同创新,支持生物质能关键技术攻关,继而推动示范工程应用与产业化;开展对创新模式的技术体系研究。在开展协同创新、关键技术攻关的同时,加强农村人才的培育,并将农村人才培育纳入人才规划纲要。

（三）加快农业标准化体系建设

发展一批企业主导、产学研用紧密结合的生物质能产业技术创新联盟。支持联盟成员建立专利池、制定技术标准等。加强知识产权体系建设,健全知识产权保护相关法律法规,制定适合我国生物质能产业发展的知识产权政策。强化我国生物质能技术指标体系建设,制定并实施生物质能产业标准发展规划,建立标准化与科技创新和产业发展协同跟进机制,在重点产品和关键共性技术领域同步实施标准化。

（四）构建基于"农业云"的智慧农业信息化体系

加强信息技术与生物质能利用的融合。依托云计算、"互联网+"、物联网等智能化、规模化、专业化技术手段,有助于准确掌握土地、农作物、农产品及农业废弃物的数量、质量、结构、分布、溯源信息,加大生物质收集、转移、利用、处置等环节的远程控制的力度,为智慧种植、智慧养殖、乡村生态改善和社会治理提供科技支撑。

积极牵头组织国际大科学工程
助力科技强国建设

中国科学院合肥物质科学研究院　李建刚

一、建设大科学工程计划的重要意义

大科学工程设施是为探索未知世界、发现自然规律、实现技术变革提供极限研究手段的大型复杂科学研究系统，是突破科学前沿、解决经济社会发展和国家安全重大科技问题的技术基础。大科学工程设施具有大目标、大队伍、大投资、高集成度的特点，其长期可持续发展需要系统的、有组织的、整体协调的科学管理模式。长期以来，美国、欧洲都特别重视大科学工程建设，均牵头组建了许多国际大科学工程，如国际空间站、欧洲核子研究组织（CERN）等。我国也参加了国际热核聚变实验反应堆（ITER）大科学工程计划。这些大科学工程的建设、科学研究，对人类科学技术发展起到了重要作用。

我国科技发展进入新的时代，积极提出并牵头组织国际大科学计划和大科学工程是党中央、国务院作出的重大决策部署。牵头国际大科学工程是一个国家综合实力和科技创新竞争力的重要体现，也是建设创新型国家和世界科技强国的重要标志,对于我国增强科技创新实力、提升国际话语权具有积极深远意义。

改革开放40年,通过积极参加国际合作,特别是参加重大的国际大科学工程计划,我国科学技术得到迅速发展,一大批青年才俊得到锻炼和成长,已经成为我国科技发展中的骨干和将帅之才。未来科技发展,人才是第一位。牵头组织大科学计划,有利于面向全球吸引和集聚高端人才,培养和造就一批国际同行认可的领军科学家、高水平学科带头人、学术骨干、工程师和管理人员,特别是组建一支有相当比例国外专家的国际人才队伍,能为解决世界性重大科学难题贡献中国智慧,为实现科技强国助力,为世界文明和科技发展作出积极贡献。

二、大科学工程计划的目标

国际大科学工程计划都有十分清晰的科学和技术目标:在世界科技前沿和驱动技术发展的关键领域,形成具有全球影响力的大科学计划布局;开展高水平科学研究,取得一系列重大科学发现;攻克一系列技术瓶颈,不断取得系列重大技术突破;培养引进顶尖科技人才,建成本领域最强的研发队伍;增强凝聚国际共识和合作创新能力,提升科技创新和高端制造水平,提升在全球科技创新领域的核心竞争力和话语权,为人类文明与技术进步作出不可取代的卓越贡献。

我国牵头重大科学工程计划,科学目标必须立足国际科技界有共识的重大科学问题,根据大科学工程基础性、战略性和前瞻性特点,深入讨论、广泛形成共识,适度、合理布局,一定不能急于求成、一窝蜂似的"大跃进",必须是成熟一个,启动一个,坚决杜绝政绩工程,把每个项目都按国际科学技术标准,建成能够经得住时间检验的科学精品工程。建成具有"一流的研究设施、一流的核心技术、一流的研究团队、一流的科研成果",集引领型、突破型、平台型于一体的鲜明特色综合前沿研究设施和著名的全球科学中心,形成在该发展领域拥有最重要话语权和影响力的战略科技创新力量。

三、大科学工程的遴选

要开展大科学工程计划,首先是要选择科学目标,必须针对国际尖端、科学前沿。一定要适应大科学工程基础性、战略性和前瞻性的特点,聚焦国际科技界普遍关注、对人类社会发展和科技进步影响深远的研究领域,选择能够在国际上引起广泛共鸣的项目,力求攻克重大科学问题、解决重大技术瓶颈,为人类科学技术进步作出不可取代的贡献。

同时,我国在拟建的大科学工程计划中必须拥有坚实的科学技术基础、长时间的积累和学科齐全的科学工程技术队伍,能够承担牵头的重任。经过三十多年的积累和发展,我国科学技术在许多领域都得到了迅速发展,在一些领域已经基本具备了牵头开展国际大科学工程计划的能力,如高能物理、磁约束聚变、量子科学等。在未来5—8年的时间里,环形正负电子对撞机(CEPC)和超级对撞机(SPPC),磁约束聚变工程堆都有希望成为由我国牵头的大科学工程。

CEPC-SPPC是一个周长达50—70公里的环形加速器,是中国独立提出的新一代加速器概念。CEPC-SPPC有两个工作阶段:第一阶段用作环形正负电子对撞机(CEPC),第二阶段则是将其升级为超级质子对撞机(SPPC)。正负电子对撞机有本底低且初态精确可调的特点,而 CEPC 的质心能量可以轻松达到 Higgs 粒子的产生阈值(~240 GeV)进而产生大量的干净 Higgs 粒子(Higgs 工厂)。利用 CEPC,人们可以对 Higgs 粒子以及其他的标准模型粒子进行精确测量,从而搜索出新物理的蛛丝马迹乃至预言新物理能标。超级质子对撞机能够达到的质心能量比目前实验上的最高水平大接近一个量级,可以对 TeV 的能区进行直接搜索。相较于目前世界最大的欧洲大型强子对撞机(LHC),CEPC-SPPC 的能量将至少是 LHC 的 7 倍,对撞机周长可达 100 公里,CEPC-SPPC 项目有可能成为全世界最大的物理实验装置。综上所述,在寻找新物理方面,CEPC-SPPC 将能够发挥不可替代的作用。同时,CEPC 还可以确定希格斯场参与的真空相变的形式,这对宇宙早期演化研究也具有重要意义。CEPC 的科学研究可以使我们成为世界粒子物理研究的中心,牢牢确立中国的领先地位。

我国是世界上对能源长期需求最大、环境污染威胁最为严重的国家,对聚变能的需求比任何国家都迫切,加快聚变能的发展对综合国力的提升至关重要。正是基于大力发展核聚变以解决我国未来能源需求的能源发展国策,全国人大常委会和国务院于 2007 年正式批准我国参加国际热核聚变实验反应堆(ITER)大科学工程计划。希望通过参加 ITER 大科学工程计划,掌握发展大规模聚变能的知识和技术,尽快独立自主地在我国开展聚变堆的研发。

中国聚变工程实验堆(CFETR)也属于重大科学工程范畴。在科学问题上,这将是我国首次牵头研究大规模聚变燃烧等离子体稳态运行及氚自持这一长达半个多世纪尚未解决的世界科学难题,为人类科学技术发展作出不可替代的贡献。在工程技术上,它将发展和集成聚变能源开发及应用的关键技术,建立我国独立自主的聚变工业发展体系,培育和带动一批生产制造企业走向国际,培养并形成一支稳定的高水平聚变能研发队伍。CFETR 相较于目前在建的 ITER，其在科学问题上主要解决未来商用聚变示范堆必需氚的循环与自持、高增益聚变能输出等 ITER 未涵盖内容；在工程技术与工艺上重点研究聚变堆材料、聚变反应堆包层及聚变能发电等 ITER 不能开展的工作。CFETR 的设计建设不但能为我国进一步独立自主地开发和利用聚变能奠定坚实的科学技术与工程基础，而且使得我国率先实现聚变能发电，令我国能源的跨越式发展成为可能。CFETR 的成功实施将使得我国聚变能研究和发展全面步入国际领先水平，为人类科学技术的发展作出中国应有的贡献，为 21 世纪中叶在我国开始大规模聚变商业堆的建设创造条件。从长远来看，它的成功实施不但将为我国全面建成小康社会和实现中华民族伟大复兴的中国梦奠定坚实的能源基础，而且也将造福于人类，使得全世界和平开发利用核聚变能源成为现实。

四、大科学工程的建设运行

经过改革开放 40 年的发展，我国的综合国力、工业能力和科技水平大幅提升，科技与经济进一步融合，也成功建设和运行了许多重大科学研究装置，重大科技基础设施不断向体系化方向发展，总体水平基本进入了国际先进行列，取得了显著成绩。

我们也应该清醒地看到，我国大科学工程的发展水平与处于前列的发达国家相比仍存在较大差距，总体规模偏小、数量偏少，仅仅参加了 ITER 国际重大科学工程计划，还没有牵头建设国际重大科学工程计划，尚不足以全面支撑国家发展和科学前沿突破的要求；学科布局系统性、前瞻性不够，各个学科领域设施的发展不平衡，一些新兴领域重要方向仍有空白;原创性的科学思想和成果不够,相关的基础研究、关键技术研究和前期研究还有待增强;技术能力与指标有待进一步提升,技术成果的转化挖掘还很不充分;运行与维护投入不足,开放共享和高效利用水平仍需提高;与发达国家水平相当的依托重大科技基础设施群的多学科、综合性、大型的科学基地尚未形成。原创性的科学思想、原理、方法和技术偏少,综合性能居于国际领先的设施不多,科学效益和经济社会效益发挥不够充分等,总体上仍处于以跟踪为主的局面。

牵头建设国际大科学工程就是要彻底改变上述落后的局面,从科学和技术两个方面突破:在科学上,要提出原创性的科学思想、创新原理;在工程技术上,实现关键核心设备和高端科研仪器的国产化,催生一大批关键共性技术、前沿引领技术、现代工程技术和颠覆性技术,在建设世界创新高地中发挥重要作用。大科学工程建成后,要针对科学前沿,开展高水平的科学研究,依托设施取得一批对世界科技发展和人类文明进步有重要影响的原创成果,涌现出一批国际顶尖水平的科学大师,为解决经济社会发展中资源、能源、环境和健康等相关领域的重大科技问题作出贡献。

五、大科学工程的科学管理

牵头建设国际大科学工程,除了科学目标明确、技术路线独特、建设基础扎实等条件外,一个重要的环节就是科学有效的管理。我国全面参加了 ITER 大科学工程计划,不但掌握了众多科学技术,同时也深度学习了国际大科学工程计划的管理。国际大科学工程 CERN 成功的管理和高效的运行为今后我国开展国际大科学工程计划树立了典范,

CERN 的成功经验告诉我们:从一开始就瞄准全球科学中心,独立自主的全新管理机构,高效、科学、集中的决策机制与民主、科学、高效的科学计划相结合。我国牵头建设国际大科学工程计划,必须从一开始就以成功的国际范例为榜样,建立全生命周期的管理体系,以确保设施运行和使用效率进入世界前列。大科学工程的建设要与国家综合科学中心、科学创新中心和国家实验室等相结合,建成后形成国家科技创新高地和特色鲜明的全球科学中心。

项目建设从一开始就要建设独立的科学中心机构,突破现有科研管理体制机制障碍,遵循科技发展的自身规律和特点,全方位地创新政策设计和制度安排,实现科技创新原动力的充分释放和科技资源效力的最大化。该机构必须是聚集国内外高端科技资源的创新高地,它应该探索和建立一流的人力资源管理新机制,吸引和选拔全球能源领域高端优秀人才,汇集和造就国际同行认可的领军科学家、高水平学科带头人和学术骨干,最大限度地发挥科学技术人员的聪明才智。

牵头建设大科学工程计划,虽然中方主导,但要充分尊重各国及各方的优势特长、文化习惯,坚持多国多机构共同参与、优势互补,采取共同出资、实物贡献、成立基金等方式,共享知识产权,实现互利共赢。只有相互尊重、相互欣赏、相互帮助,长期荣辱与共,才能保证牵头大科学工程建设、运行的有效进行。

实现中华民族伟大复兴,必须具有强大的科技实力和创新能力,我们已经到了比历史上任何时期都需要建设世界科技强国的新时代。积极牵头组织国际大科学工程,是开拓知识前沿、探索未知世界和解决重大全球性问题的重要手段,是一个国家综合实力和科技创新竞争力的重要体现。未来5—10年,我国应积极牵头建设、运行国际大科学工程设施,为建设科技强国助力,为实现中华民族的腾飞作出重要贡献。

创新煤炭开采利用技术
保障国家能源安全

陕西省地质调查院　王双明

习近平总书记 2018 年在两院院士大会上的重要讲话,站在党和国家事业发展的战略全局,总结了党的十八大以来我国科技事业发生的历史性变革和科技创新取得的重大成就,分析了在世界新一轮科技革命和产业变革背景下我国科技发展面临的历史机遇和严峻挑战,对建设世界科技强国、努力成为世界主要科学中心和创新高地作出了全面部署,讲话内涵丰富、要求明确,既为推进我国科技事业发展指明了前进方向,提供了根本遵循,也为我们做好科技创新工作确立了行动纲领。

煤炭长期以来一直是我国的主体能源和重要工业原料,在为我国经济社会持续平稳发展提供能源保障的同时,煤炭开采和利用也产生了环境损害和污染问题。在当前资源环境约束不断加剧,能源保障压力不断增大的情况下,推动煤炭开采与利用方式技术创新,不仅关系煤炭工业可持续发展,也关系到国家能源保障和生态文明建设全局。提供高质量科技供给,着力支撑现代化经济体系建设是我国科技工作者的重要职责和神圣使命。我们要站在保障全面建成小康社会能源安全的角度,研究中国煤炭资源的禀赋特点和将其转化为绿色、清洁、高效可持续利用能源的潜力,认识煤炭在全面建成小康社会,在实现"两个一百年"奋斗目标和中华民族伟大复兴中国梦过程中的重要作用。切实增强为国家发展提供能源支撑的政治责任感,强化科技创新对煤炭安全绿色开采和清洁高效利用的战略支撑作用,积极推动煤炭资源向绿色煤基能源转变,为将保障国家能源安全的主动权牢牢掌握在中国人自己手中而不懈努力。

一、深化对煤炭主体能源地位的认识

缺油、少气、相对富煤是我国能源资源禀赋的主要特点,化石能源资源中煤炭占94%,石油、天然气分别占2.5%和3.5%。尽管近年来煤层气、页岩气勘查开发取得了重要进展,但要形成规模化开采仍需时日。新中国成立以来,煤炭长时间贡献了一次能源生产总量的70%以上,为保障我国经济社会发展作出了历史性的重大贡献。虽然煤炭消费比例目前在降低,但2016年仍占62%;石油和天然气仅占18.3%和6.4%。其对外依存度却分别接近70%和40%。考虑国际地缘政治变化影响,能源安全危机不容小觑。我国经济稳中有进的总体态势决定了能源需求将继续增长,在大力发展水电、核电、风电、光电等可再生能源的同时,化石能源的主体地位短期内难以动摇,可再生能源在总量上也还很难超越煤炭。中国工程院重大咨询项目"推动能源生产和消费革命战略研究(一期)"成果预测,到2020年煤炭占一次能源消费比例为60%,到2030年煤炭占一次能源消费比例为50%,到2050年煤炭仍将占我国一次能源消费的40%,也就是说,煤炭作为中国主体能源的地位短期内难以改变,这是中国能源的国情。

二、加大西部煤炭资源开发力度

我国煤炭资源分布受大地构造格架控制,自东而西可划分为三个区带,整体呈现西部多、中部富、东部少的格局。西部位于贺兰山—六盘山—龙门山以西,含新疆、青海、西藏和甘肃西部地区,资源总量2万多亿吨。中部位于大兴安岭—太行山—雪峰山以西,含内蒙古东部、山西、陕西、宁夏、甘肃东部及云南、贵州、四川、重庆,资源总量约3万亿吨。东部包括东北和东部沿海地区,含东北,黄、渤海和华南诸省,资源总量不足1万亿吨。煤炭资源总量与煤炭消费强度呈逆向分布是中国国情。改革开放以来,经济发展带动煤炭需求快速上升,东部煤炭资源趋于枯竭,加大西部煤炭资源开发力度成为保障国家能源安全的重大需求。

三、创新西部煤炭资源绿色开采地质保障技术

西部煤炭资源总量大,地质条件总体简单,适合建设大型机械化矿井。但干旱少雨,水资源匮乏,生态环境脆弱,大规模开采煤炭资源与生态环境保护的矛盾十分突出。开采实践表明,煤炭开采会改变地下应力场的分布状态,引起煤层上覆和下伏岩层产生形变,地表发生沉降、塌陷和开裂,使原有地质条件发生变化,地下水流场受到影响,维系地表生态系统的地下水出现渗漏或水位下降,导致生态系统退化。因

此,实现采煤与生态环境保护协调发展是开发西部煤炭资源面临的重大科学问题,必须站在生态文明建设的高度,创新符合西部地质特点的煤炭资源开发地质保障技术,为煤炭资源安全绿色开采和清洁高效利用提供地质技术支撑。西部煤炭资源总量丰富,适合建设大型和特大型机械化矿井。煤炭高效开采与生态环境保护矛盾尖锐,煤炭地质勘查必须以煤炭绿色开采地质保障为主要任务。要按照现代化矿井生产对地质条件的探测要求,以实现安全高效生产为目标,以煤炭地质综合勘查理论为指导,采用精准地质钻探技术、高精度地球物理勘查技术综合探测,采用计算机技术对地质信息进行集成处理,实现地质成果数字化和可视化,为矿井开采设计提供可靠的地质支撑。更重要的是要将采煤、保水和生态环境保护作为系统工程进行研究,将煤层、煤层上覆和下伏岩层与隔水层、含水层的空间组合特征作为主要目标进行勘查,揭示地表生态系统与地下水埋深之间的依存关系。探测煤层开采条件下,地应力场、岩层应变场、地下水流场的变化特点和规律,揭示煤炭开采对地质条件和生态环境的损害机理,提出减小煤炭开采对地质条件损害的理论和技术,指导和保障西部煤炭资源安全绿色开采,实现从资源勘探向安全绿色开采地质保障技术的转变。

四、破解煤炭开采对地质条件损害防治技术难题

　　煤炭资源为层状沉积矿产,煤炭地下开采会形成采空区并对煤层围岩产生扰动和损害。特别是对煤层上覆岩层的损害,会在地表形成沉降、塌陷、开裂等现象,导致地下水赋存条件发生变化,对生态环境形成破坏和影响。鄂尔多斯盆地北部对采煤与生态环境保护的探索性研

究成果表明,地表生态系统与地下水位埋深密切相关。当地下水位埋深小于 1.5 米时,地表会发生盐渍化。当水位埋深大于 5 米时,地表草本植物、农作物不能生长,灌木和乔木开始衰退。当地下水位埋深大于 15 米时,地表出现沙化。只有当地下水位埋深为 1.5—5 米时,地表生态系统才是安全的。煤层开采对上覆岩层的损害高度一般会达到 20—30 倍的开采高度。当煤层上覆岩层厚度小于 20 倍开采高度时,不论采取何种机械化开采方式,采动损害都能达到地表,导致地下水渗漏,生态系统退化。当煤层上覆岩层厚度为 20—30 倍开采高度时,煤层上覆岩层隔水性会发生变化。当煤层上覆岩层厚度大于 30 倍开采高度时,无论采取何种机械化开采方式,煤层上覆岩层隔水性不会破坏。也就是说,只要煤层上覆岩层的厚度大于采动损害高度,就可以避免或大幅度减小煤炭开采对生态环境的损害。因此,创新避免或减小采动损害的理论和技术就成为西部煤炭资源开发必须破解的技术难题。减少损害最直接有效的方法就是充填开采,我国东部煤炭开采过程中已有成功应用。但东部充填开采的主要目的是严格控制地表变形,避免地面建筑物、工业设施使用功能受到影响,所追求的是实现采煤与地表建筑物和谐相处,开采成本相对较高。西部地广人稀,减少采动损害的目的是避免或减小煤炭开采对维系地表生态系统地质条件的损害,对地表变形的控制精度要求较低,所追求的是煤层上覆岩层的隔水性不被损害,地下水位埋深不出现明显下降,实现采煤与生态环境保护协调发展。因此,以煤层、煤层上覆岩层和含水层空间组合特征勘查研究为基础,以开采条件下煤层上覆岩层隔水性损害分区为途径,以避免或减小维系地表生态系统地下水位下降为核心确定开采方式,是实现西部煤炭资源开发和生态环境保护协调发展的有效途径。鄂尔多斯盆地北部采动损害调查表明,煤层上覆岩层大于 30 倍开采高度为隔水性稳定区,大型机械化开采不会对地表生态造成明显损害,应当鼓励煤炭企业建设大—特大型机械化矿井,采用综采或综采放顶开采方法,追求高产高效。煤层上覆岩层厚度为 20—30 倍开采高度为隔水性变化区,可以采用限高、分层开采或采用工程措施加固隔水层的方法,实现隔水层保护。煤层上覆厚度小于 20 倍开采高度为隔水性损害区,应根据含水层富水性实行限制开采,强富水区禁止开采,弱富水区充填开采。上述理念已在鄂尔多斯盆地北部进行了工程实践并取得良好效果。

五、探索煤炭清洁利用新途径

煤炭清洁高效利用已被国家列入面向 2030 年九个重大科技创新工程之一。要在燃煤电厂超低排放和高效粉煤工业锅炉技术推广实施的基础上,探索低煤阶煤的规模化低温干馏利用技术。据统计,我国已探明煤炭资源中,挥发分含量大于 30% 以上的低煤阶煤约 5000 亿吨以上,若采用低温干馏技术分离煤中的挥发分,就可以得到煤焦油、天然气和半焦。半焦可以替代部分焦炭和无烟煤,煤焦油可以加工成燃料油或用作化工原料,也就是说,低温干馏技术可以将相对丰富的煤炭资源转换成我国稀缺的油、气和焦炭,实现清洁高效利用。但低温干馏要求用块煤,而机械化采煤的块煤产率只有 20% 左右,加之低温干馏生产过程产生的污水处理难度大、成本高,严重制约低温干馏工作规模化推广。必须充分发挥中国特色社会主义制度优势,集中企业、高校、科研院所等技术资源,抓住重大创新工程机遇,集中力量破解机械化采煤块煤率不高和煤炭干馏污水处理技术难题,开辟煤炭清洁利用新途径。

坚定自主创新信念　推动电力技术进步

全球能源互联网研究院　汤广福

习近平总书记在 2018 年两院院士大会上的重要讲话,阐明了实现中华民族伟大复兴的中国梦,必须具有强大的科技实力和创新能力,并强调我们比历史上任何时期都更需要建设世界科技强国。能源电力作为国家的基础性、战略性行业,不仅是支撑国民经济发展的重要支柱,也是关系到国家安全的战略性新兴产业,因此更加有必要坚持走自主创新的道路。

一、自主创新的必要性

创新是引领发展的第一动力,是建设现代化经济体系的战略支撑,跻身创新型国家前列,是我国基本实现社会主义现代化的重要指标。现在新一轮科技革命和产业革命加速推进,创新驱动成为许多国家谋求竞争优势的核心战略,这是一次千载难逢的历史机遇,我们必须牢牢把握,在这个历史交汇期同频共振。

中央企业作为国民经济发展的重要支柱,是践行创新发展理念、实施国家重大科技创新部署的骨干力量和国家队。诸如基础设施领域、公共服务领域、产业关联性强的领域，是国家众多产业的基础领域，这类领域创新资本投入量大、周期长、风险高，其他资本不愿进入，必须由国有企业承担；在跨越式创新的战略竞争领域，需要培育一大批具有前瞻性、突破性的科技创新企业引领行业和产业的发展，引领我国经济整体转型升级，中央企业在这个领域也发挥了主力军作用。党的十八大以来，中央企业取得了丰硕的成果，在载人航天、探月工程、深海探测、高速铁路、特高压输变电、国产大飞机等领域，以及核电、风电、电动汽车等设备制造及产品研发方面达到或接近全球领先水平；北斗系统、4G 通信网等一批高端技术领域也运用了中央企业自主创新的重大成果。

当前，我国进入社会主义新时代，自主创新既是我们实施创新驱动发展战略的内在要求，也是顺应世界科技发展大势，在新一轮科技革命和产业变革中赢得主动的外在动力。中央企业唯有把握大势、抢占先机，直面问题、迎难而上，瞄准世界科技前沿，坚定自主创新，掌握核心技术，引领科技发展方向，才能肩负起历史赋予的重任，助力我国建设世界科技强国。

二、电力领域自主创新实践

进入 21 世纪以来，世界能源供应、能源安全、能源效率、能源环境等问题日益凸显，以发展清洁能源和智能电网为重要标志，在世界范围内正在进行一轮新的能源变革。为了人类社会可持续发展，能源的绿色转型成为必然选择。大力开发清洁能源是未来世界能源发展的必然趋势。推动能源转型,大力提升清洁能源在发电中所占的比例,是全球能源生产的主要方向。采用能源互联网技术实现对多种能源的协调和高效消纳,是支撑能源结构变革的重要手段。习近平总书记在"一带一路"国际合作高峰论坛上也强调:"要抓住新一轮能源结构调整和能源技术变革趋势,建设全球能源互联网,实现绿色低碳发展。"[1]近年来,国家电网公司依托特高压、智能电网技术的自主研发,稳步推进电网升级,加速促进能源转型。

支撑未来能源转型和电网升级的关键路径是打造"广泛互联、智能互动、灵活柔性、安全可控"的新一代电力系统,支撑大规模清洁能源高比例接入、大范围输送、多元化消纳,实现清洁能源在电能生产和消费中占主导地位。为支撑能源互联网构建,需要在柔性输电、能源转换、信息通信、基础元件与材料等方面开展技术探索,加速推进电网与互联网、物联网、移动终端的深度融合,解决高比例清洁能源并网调控、大电网柔性互联安全运行、多元用户供需互动用电等方面的关键技术。这些领域的技术,都必须依靠自主研发和科技创新才能获得。一方面,很多涉外的核心技术,无法从国外直接买到;另一方面,我国电网的实际情况及面临的问题和挑战同国外有着很大的差异,很多技术都是属于国际上首次提出和开发的。

国家电网公司一直以来都积极响应和践行国家创新驱动发展战略,主动把公司发展融入党和国家工作大局,坚持把科技进步和创新与国家发展战略、经济社会发展目标紧密结合起来,自觉担当起自主创新的重任,努力实现从技术跟随型企业向技术引领型企业的转变。公司瞄准能源电力发展战略需求和世界科技前沿,依托重大科技项目,加快

---

① 习近平:《携手推进"一带一路"建设——在"一带一路"国际合作高峰论坛开幕式上的演讲》,人民出版社 2017 年版,第 9 页。

推进重点领域科技攻关和高端技术装备研发。从早期的集成创新,逐步深入基础性、前瞻性创新,掌握大量关键核心技术,取得了系列重大原创性成果并实现了工程应用,在一些关键领域实现了从跟跑向并跑甚至领跑的转变。

一是全面掌握特高压、柔性直流等先进输电核心技术,支撑我国西电东送以及高比例清洁能源远距离输送和消纳。建成了世界首个商业运行的特高压交流输电工程,并实现了推广应用。自主研发的世界上电压等级最高、容量最大的±800千伏特高压直流换流阀,相继在锦苏、哈郑等特高压直流输电工程中成功应用,并成功中标巴西美丽山二期特高压直流工程,打造了"中国智造"的新名片。建成了世界上端数最多的舟山五端柔性直流科技示范工程,推动了东部沿海岛屿供电和可再生能源并网能力的提升。自主研发和建成了世界首个±320千伏/1000兆瓦双极柔性直流输电系统。完成世界首个200千伏高压直流断路器的自主研发和工程应用。自主研制出世界首个±500千伏/3000兆瓦柔直换流阀、500千伏混合式高压直流断路器等重大设备,支撑世界首个直流电网工程——张北±500千伏柔性直流电网工程建设,为世界范围内大规模高比例清洁能源消纳和送出提供示范。

二是推动灵活输电装备开发和智能电网建设,实现系统灵活柔性运行和安全可控,支撑可再生能源接纳。相继自主开发了居于世界先进或领先水平的静止无功补偿器、可控串联补偿器、可控并联电抗器、短路电流限制器、统一潮流控制器等柔性交流输电装置,提高了对电网的运行控制能力。建成了大批智能变电站,国际首次制定智能变电站系列技术标准,实现了从数字化变电站到智能变电站的技术跨越。自主研发了新一代电网调度技术支持系统并实现推广应用,提高了电网抵御灾害风险能力、运行管控能力和调度水平。

　　三是大力推进综合能源利用新技术开发,支撑电网对于清洁能源的消纳和调节能力。突破了氢利用、压缩空气储能、相变储热等关键技术,践行能源消费的"清洁替代"和"电能替代"。研制出高温相变材料和储热电锅炉,储热效率达95%以上。建成10千瓦氢储能综合利用示范系统。

　　四是加强信息通信、人工智能与电力技术融合,构建灵敏高效、安全可靠的电网"神经网络",支撑海量终端安全接入和"源—网—荷—人"信息交互。成功研发了宽带电力线载波通信芯片、微功率无线通信芯片、可信芯片及可信计算平台。围绕人工智能基础和共性技术定位成功研制增强现实基础软硬件及智能头盔原型机,研发首套基于深度学习的电网巡检图像智能分析系统和首款电力嵌入式人工智能计算模块。

　　五是进一步将研发向基础性材料和器件领域延伸,切实提升先进交直流输电核心装备创新水平。国家电网公司充分认识到核心技术自主创新的重要性,在关键领域的核心技术的"瓶颈"上下大功夫,开展了核心器件、高端芯片、基础材料的研发布局。目前,已研制出500千伏交联聚乙烯绝缘和屏蔽料,打破了电缆材料长期依赖进口的局面;用自主配方加工出的国产绝缘料、屏蔽料制造出的220千伏交流电缆已经通过实验,打破了110千伏及以上交流电缆绝缘料和屏蔽料长期由国外垄断的局面。

　　上述自主创新成果的获得,还得益于国家电网公司积极推动知识产权保护、成果转化和人才激励机制的建设。近期,国家电网公司成功入选国家第二批"双创"示范基地,为破除不利于创新发展的政策障碍和制度束缚提供了重要机遇。依托"双创"示范中心建设,将进一步大胆探索,蹚出中央企业科技创新体制机制新路子。建立以知识价值增值为导向的,基于成果转化的岗位分红和项目收益分红等中长期人才激励机制,激发创新创业活力。拓展创新创业投融资渠道,积极争取资金支持。构建能进能出的"双创"项目管理机制,营造鼓励创新、包容失败的宽松氛围。制定各类创新主体进入、退出评估机制,建立资源及知识产权共享机制,积极开展与其他"双创"示范基地、社会各类众创空间的合作,持续提升自主创新能力,力争取得更多更重大的科研成果,掌握更多核心技术。

三、推动自主创新能力提升的一些建议

通过多年的自主技术研发,我国在能源电力技术的一些领域已经达到了国际先进甚至国际领先水平。但是,一方面随着我国能源结构调整升级和向清洁能源转型的加快,电网又面临着清洁能源发电占比大幅度增加、能源互联种类多样化和地区分散化等新的挑战,这些技术和应用在国际上都没有先例可以借鉴;另一方面,我国在电力设备的基础材料、核心元器件和半导体芯片等方面仍然与国外有着巨大的差距。因此,未来所面临的技术创新难度将更大。尤其是 2018 年发生的"中兴事件",给我们上了一堂深刻的自主创新课,这一事件充分反映出基础性、核心性技术自主创新的极端重要性和紧迫性。习近平总书记在两院院士大会上指出:"关键核心技术是要不来、买不来、讨不来的。只有把关键核心技术掌握在自己手中,才能从根本上保障国家经济安全、国防安全和其他安全。"①科技研发必须要瞄准世界科技前沿,抓住

---

① 习近平:《在中国科学院第十九次院士大会、中国工程院第十四次院士大会上的讲话》,人民出版社 2018 年版,第 11 页。

大趋势,下好"先手棋",打好基础、储备长远,甘于坐冷板凳,勇于做栽树人、挖井人,实现前瞻性基础研究、引领性原创成果重大突破,夯实世界科技强国建设的根基。

因此,必须要继续加强电力技术的创新步伐,一方面适应电力和能源发展的新趋势、新需求和新挑战,支撑能源互联网、高比例清洁能源发电、智能供用电、电动汽车、海上风电等新兴领域的发展需求;另一方面还要持续加强基础性研究,加大基础研究的政策和资金支持,特别是高电压等级绝缘材料、核心控制和传感芯片、新型半导体器件、碳化硅材料和器件等。此外,还需要在一些能够改变电力领域的颠覆性技术方面做好前瞻性布局,如超导输电、无线输电等。

另外,虽然企业正在逐渐成为科技创新的主体,但是对企业来说,进行基础研究需要投入大量资金和人力等资源,而且研究结果具有高度不确定性,短期难以获得回报。因此,建议国家在政策上进行引导,在资金上支持企业进行产业驱动型的基础研究,引导有条件的企业加大基础研究投入,并加大科技经费对基础研究的资助力度,持续推进在企业建立国家重点实验室,引导建设基础研究基地,吸引更多基础研究人才,真正打造完整的科技创新链条。

土木、水利与建筑工程学部

新学习习近平总书记讲话的点滴心得

中国水利水电科学研究院　　陈厚群

我在两院院士大会上聆听习近平总书记的重要讲话,深受鼓舞和激励。这使我想起40年前,作为先进集体代表参加全国科学大会时同样激动的情景。在那个"科学的春天"的大会上,"科技是第一生产力"、邓小平同志要当好"后勤部长"等那些激动人心的暖心话,在我们那个时代广大科技人员的心中,重又点燃了炽热的希望之火,激发了科技报国的无穷活力。从那以后,作为亲身经历了40年来的改革开放全过程的科技人员,深切体会到在中华民族迎来了从站起来到富起来的伟大飞跃,我国科技事业的突飞猛进。特别是党的十八大以来,党中央对科技事业发展的高度重视、战略谋划和实施力度前所未有,推动我国科技事业发生了整体性、格局性、历史性的重大变革,取得了突破性的丰硕成果。

今天,具有划时代意义的、里程碑式的党的十九大提出了建成社会主义现代化强国的伟大目标,开启了实现中华民族伟大复兴的新征程。迎来了新一轮科技革命和产业革命同我国转变发展方式的历史交汇期。在这个既面临着千载难逢的历史机遇,又面临着差距拉大的严峻挑战的关键时刻,习近平总书记向广大科技人员发出了"瞄准世界科技前沿,引领科技发展方向""抢占先机""迎难而上""建设世界科技强国"的号召[①],更令人无比激动,深受启迪。进一步提高对在习近平新时代中国特色社会主义思想指导下建设世界科技强国的认识和领会其精神的同时,为期盼尽快落实习近平总书记对充分激发科研人员创新激情和活力的要求,我带着自己在实际工作中遇到的一些问题,进行了学习和思考,提出一些供参考的浅见。

一、关于规则制定能力

我是从事水利水电高坝工程抗震工作的。在工作中深感,在我国,对贫乏水资源的合理配置和位居世界首位的、可再生清洁的水能资源的充分利用,高坝大库发挥了无可替代的重要作用。当前,我国在资源集中的西部强震区,已成功建设了一系列少有先例的 300 米级的高坝大库,是当之无愧的世界高坝建设的大国。但我国现行水坝设计规范却仍基本沿用 20 世纪 50 年代欧美和苏联的理念与方法,不能经受解释实际监测资料和强震震情的检验。导致我国迄今对 200 米高坝工程仍无设计规范,而仅依托于专门的个案研究。我国在承建众多中标的国际工程中,常受制于业主要求采用的美国等国外标准。现今,水电在全球可再生能源中仍为占比高达 2/3 的主力军。"一带一路"沿线国家也多有修建在强震区的高坝工程。基于"人类命运共同体"全球视

[①] 习近平:《在中国科学院第十九次院士大会、中国工程院第十四次院士大会上的讲话》,人民出版社 2018 年版,第 8—9 页。

野和配合"一带一路"开展的角度,也亟须提高水电和水利工程开拓国际市场的竞争能力,在加快实现"走出去"的战略中,争取更大的话语权。因此,我认为,依托我国已有的工程实践经验和科研成果实力,充分利用当今前所未有的国际交流、学科交叉和现代高新技术飞速发展的有利条件,我们应当,也能够以敢于担当、勇于创新的精神,有责任和有信心,突破那些被实践证明已难切合实际的陈规传统,编制新的高坝设计规范,进一步确保高坝工程建设更加安全高效,力争由大变强,成为引领全球高坝建设的规则制定者。在和土木工程界同行交流中,我感到其他行业中可能也有值得关注和改进的类似情况。

二、关于科技人才评价

习近平总书记在讲话中提出要坚持科技创新和制度创新"双轮驱动",强调创新之道,唯在得人,人才是创新的第一资源。他指出科技体制改革取得突破的同时,还有待解决一些突出问题,以更充分激发科研人员的创新积极性。对此,我思考了如下几个问题。

一是在科研资源和人才评价中,当然需要同行专家学者的正当推荐。但当前申请者主动以各种形式拉人际关系的"关系文化"活动,仍然并非鲜见。常有本人尚未知被聘为评委,却已收到了申请者请托的情况。正是这种非正当的活动会导致:评价的不公正、不公平甚至权力寻租的现象;降低科研人员间的相互信任并加大合作难度;耗费申请者的大量时间、精力等;使埋头苦干、踏实工作者举步维艰;令评委们为难和顾虑;甚至影响国外一流学者参与和"海归"们回国的愿望。值得严重关切的是,要防止这种"不跑关系就不踏实"的现象形成心照不宣的风气,导致我国科研环境的恶化。要切实落实习近平总书记讲话中关于建立健全以创新能力、质量、贡献为导向的科技人才评价体系,形成并实施有利于科技人才潜心研究和创新的评价体系的要求。

二是习近平总书记讲话中提出要建立以科技创新质量、贡献、绩效为导向的分类评价体系。中共中央和国务院办公厅也已共同颁发了《关于分类推进人才评价机制改革的指导意见》。

对于科技人员进行分类评价,这对充分发挥不同类别科技人员的积极性和活力至关重要。习近平总书记指出,基础研究是整个科学体系的源头,要瞄准世界科技前沿,抓住大趋势,下好"先手棋"。对于主要从事基础研究的人才,需要着重评价其提出和解决重大科学问题的原创能力,成果的科学价值、学术水平和影响等,其学术论文是重要的标志之一。他还指出"工程科技是推动人类进步的发动机,是产业革命、经济发展、社会进步的有力杠杆"[1]。对于主要从事这类应用研究和技术的人才,则需要着重评价其技术创新与集成能力、取得的自主知识产权和重大技术突破、成果转化、对产业发展的实际贡献等。我作为一个产业部门科研院的科技人员,始终服膺于把为工程服务作为科研工作的出发点和落脚点的指导思想。我认为,应按习近平总书记所强调的:"广大科技工作者要把论文写在祖国的大地上,把科技成果应用在实现现代化的伟大事业中。"[2]当然,这并不意味着降低发表应用科研成果论文在总结、交流和推广方面的重要作用,但不加区分地都以SCI论文的数量作为对各类人才和成果主要评价的标准并不科学和合

---

① 习近平:《在中国科学院第十九次院士大会、中国工程院第十四次院士大会上的讲话》,人民出版社2018年版,第12页。

② 习近平:《为建设世界科技强国而奋斗——在全国科技创新大会、两院院士大会、中国科协第九次全国代表大会上的讲话》,人民出版社2016年版,第10页。

理。更何况片面追求 SCI 的数量，反映了在科研中追求短、平、快的浮躁心态，并不符合人才成长规律。而且关键在于代表性论文的质量，而不应仅追求数量。我记得在一次全国科协大会上曾听杨振宁院士说过，一篇高质量的论文就可作为评选诺贝尔奖的依据。目前，还常出现一种悖论现象：一方面，一些部门都要求办成具有重大影响的国际一流的我国自己的学术刊物；另一方面，却对把我国重要科研成果发表在国外 SCI 刊物上大加奖励。把我国高质量的论文都引导到国外发表，又怎么能把"无米之炊"的国内刊物办成国际一流？这种对 SCI 过度推崇的迷信，不仅反映出我国分类评价科研体系尚待进一步完善，也折射出我们对"走自己的路"的决心和自信仍显不足。

三是习近平总书记在讲话中提出："要注重个人评价和团队评价相结合，尊重和认可团队所有参与者的实际贡献。"[①]我国建成了许多举世瞩目的、具有里程碑意义的工程，成为显示科技强国的重要标志。例如前不久，习近平总书记视察了被称为国之重器的三峡工程。在肯定三峡工程是我国社会主义制度能够集中力量办大事优越性的典范，是中国人民富于智慧和创造性的典范，是中华民族日益走向繁荣强盛的典范的同时，再次强调自主创新是我们攀登世界科技高峰的必由之路，一定要把"要不来、买不来、讨不来"的关键核心技术掌握在自己手中。

重大工程都是综合了设计、施工和科研等部门广大科技人员的关键核心技术成果，甚至凝聚了几代人的心血。当然都离不开党政领导们精心组织和大力支持的贡献。但目前在科技成果的奖评中，往往有搞大"包装"的现象，似乎规模越大越有利。有能力组织这种大规模报

---

① 习近平：《在中国科学院第十九次院士大会、中国工程院第十四次院士大会上的讲话》，人民出版社 2018 年版，第 19 页。

奖成果的,自然是对人、财、物资源有支配权的领导,况且有些奖项就是有赖于这些有支配权单位资助的。这样就容易形成对成果中关键核心技术并无实质性贡献的领导挂名在前。当然,重大工程科技项目总是要由一个团结协作的团队共同完成的。如若项目负责人是同行认可的学科带头人和团队领军人才,确实提出了关键核心技术理念、解决了研究中遇到的主要科技问题的困难,是应当给予充分的肯定和评价的。但也应当实事求是地充分尊重和认可所有参与者的实际贡献,尤其是要关注对青年人才的培育和爱护。所以,我想是否可以对重大工程设立专门的国家级工程奖项,重在对策划、组织和管理的奖励,主要是荣誉性的。而科技奖则主要针对具体解决科技问题的人员的贡献,不一定需要把不同人员与并无直接关联的成果都一起打包。这些都是值得深入探索的问题。

我在对习近平总书记讲话的初步学习中,从其高瞻远瞩、只争朝夕、建设科技强国的召唤中,感受到,要坚定信心,下定决心,在千载难逢的"历史交汇期"的机遇中产生同频共振,而绝不能擦肩而过;又在其强调要迎难而上、敢涉险滩、攻坚克难的指引下,领悟到,要不忘初心,牢记使命,中华民族的伟大复兴,不会是欢欢喜喜、热热闹闹、敲锣打鼓那么轻而易举就能实现的。"一代人有一代人的奋斗,一个时代有一个时代的担当。"60 年前,我曾亲聆毛主席"希望寄托在你们身上"的讲话,是当时被称为"早上八九点钟的太阳"的那一代年轻人,如今已届耄耋之年,不免有力不从心之感。但在此比历史上任何时期更接近中华民族伟大复兴的目标、更需要建设世界科技强国的新时代激励下,仍愿作为当今的"早上八九点钟的太阳"的青年人的人梯,竭尽铺砖添瓦的绵薄之力。

新兴学科

——工程城市学与数字城市的综合管理

新疆维吾尔自治区建筑设计研究院　王小东

当前我国的城市高速发展,城市不仅仅表现在可见的平面或立体空间里,在水平维度发展的同时,更是向空中、地下拓展空间。早在1991年在东京召开的地下空间国际学术会议上通过的《东京宣言》就已经提出"21世纪是人类地下空间开发利用的世纪"。我国现有地下市政管网规划、地下轨道交通规划、古遗址古墓葬保护规划等地下空间规划的综合规划;在城市的上空,卫星航道、无线电波、飞机航线、景观空中走廊、近千米的超高层建筑等使得空中空间规划任务紧迫;至于地面上的城市规划、城市设计、建筑设计、地面交通规划、地上文物保护规划等也亟须不断修改;城市的自然环境、山川河流、地下水文地质状况直接影响到青山绿水、美丽中国的建设。从空中到地下,从水平到多维空间的交叉,从可见到模糊、隐性,急速变化和发展中的城市面临着巨大的挑战,需要多学科的介入,城市的管理随着大数据的数字平台将出现一门新型综合性的学科——工程城市学。

在当今世界上,中国的城镇化建设速度史无前例,2017年百万人口的城市已近100个,今后10年之内还可能翻番。20世纪80年代,我国把百万人口的城市定为特大城市,在短短的 20 年左右我国城市的发展规模远远走在世界的前面。全球超过千万人口的城市目前有 36 个,仅中国就有 14 个,而且中国的千万人口城市大多是最近 10 年左右形成的。在世界上,有不少重要城市的规模和人口已经处于停顿状态,市政设施已经比较完善,例如旧金山人口为 87 万人,华盛顿为 57.8 万人,柏林为 350 万人,伦敦为 828 万人,长期以来变化不大。2017 年中国城镇化率为 58.52%,这种高速度史无前例,使得我们在认识上、管理上缺乏经验,甚至缺少翔实的数据和信息。

世界上的每个大城市都存在着各自不同的问题,也缺乏适合中国国情的借鉴。我们的一些城市,急于取得政绩,热衷于大马路、大广场、高楼大厦等可视可见的城市形象建设,追求短期效果,严重忽略了"看不见"的市政基础设施;另外我们对城市整体的复杂性认识不足,在城市管理方面政出多门,以条条块块的纵向管理为主,并没有形成整体、系统的科学管理模式。

从目前我国对城市的研究来看,虽然有一些可喜的进展和成果,但它们更偏重于各自较为独立的纵向学科研究,缺乏横向的、多学科交叉的综合性研究。例如"城市设计"是对城市可视空间的研究;"城市地下空间的利用"偏重于地下轨道交通、地下商业综合体、综合管廊、地下停车库等的研究;"城市交通研究"属于交通管理;"城市供水"研究的是供水、排水、饮用水、污水处理等;"园林景观"主要研究人的行为和视觉、生态修复等方面。甚至城市的防洪、积雪、垃圾处理都应该是当代城市管理的重要内容。今天我国所实行的"城市规划"应该是最全面、最能关系到城市每个领域的法规性、权威性的城市管理文件。但现行的城市规划方法和内容最早借鉴于苏联计划经济时代的模式,虽然改革开放以来也在不断地改进完善,但规划的执行不力,任意性太大,规划不如变化快,没有动态的规划管理,不能统管城市全局,不能适应急速发展的速度,以至于出现诸多问题。所以,今天人们所说的"城市病"越来越严重。

在20世纪70年代,西方就有人提出"城市病",但当时的我们还认为高楼林立是发展和繁荣的象征。今天,"城市病"已严重地困扰着人们的生活和工作。不仅仅在中国,全球的大城市里都在出现,只不过是程度不同。如何治理"城市病"成为当今世界上前沿科技研究领域的问题。尤其是党的十九大以来,贯彻习近平新时代中国特色社会主义思想,"加快生态文明体制改革,建设美丽中国","建设世界科技强国"的指导思想在"城市"这个领域极为重要。绿色、环保、生态保护等都要在城市这个载体里体现,如何贯彻这些重要思想既是中国的事,也是对世界、对人类作出贡献的大事。

一个城市就如一个人体,要保证它健康、正常地运行,就必须以全局的视野观察其每一个系统的动态运行,及时发现问题,提出补救、改善办法,而不是"头痛医头、脚痛医脚"。治理"城市病"也需要找到"病因",规范和约束社会行为。尤其在今天的信息时代、大数据时代,信息的采集和传播对城市的整体系统而言有可能做到,并根据不断变化的信息及时有效地实施诊断、管理,使我们的城市更健康、更美丽!这样,工程城市学的建立随之催生。

智慧城市的提出为实现新学科的建立提供了参照方法,但它目前不是"城市工程学"的全部,它只是侧重于城市中各种信息及数据的传播,并对城市的管理者提供决策依据。但实际上城市的空中、地面及地下空间的快速发展,使得传统的城市规划建设从平面变成立体,城市成为更加复杂的多维系统,传统的规划方法和模式很难适应未来城市发展的需要。但现行城市管理体制中不同城市管理部门的数据不能有效地共享,因此,建立一个全息的城市数据共享和统一管理的中心是城市真正实现数字管理的首要任务。

这个中心里构建着城市的虚拟运行状态,而且这些数据都是动态的,与特定地理空间相关。它就像一个能展现城市多维度的必需的信息或影像系统,是城市领导者、管理者、决策者的共享大厅。在这个基础上对城市进行统一协调的规划和建设,可以随时提出解决问题的不同方案供管理者、决策者选择实施。

目前我国在数字城市建设中尚处于初步子系统的研究实施阶段,在这个领域里,国外的研究也是如此。如在 10 年前,纽约、巴黎、伦敦的城市三维图也停留在计算机建模贴材质的水平。关于数字城市子系统的理论研究则已经逐步展开,例如交通管理系统,土地利用系统,城市轨道交通系统,城市地下空间利用系统,城市生态修复系统,城市防洪防涝系统,城市供水、排水系统,城市污水处理系统等方面均有比较可行的成果,但都没有上升到城市综合整体系统。其原因一方面是研究的复杂性,人们对城市的整体研究认识不足;另一方面是多个政府部门之间行政权力的分割阻碍,而这一问题在我国尤为明显。

随着技术进步和应用扩大,以及市民生产生活方式的转变,城市规划建设的理论与实践也将获得相应扩充与调整,探索新的规划方法并产生新的规划思想,现在虽然还只是开始,但却成为亟须解决的问题。当前更高效先进的数据收集传感手段和设备技术水平亟待提高;数据收集和管理人员的培训需要加强;应用大数据整合城市空中、地面、地下空间,对其进行综合规划中要保证数据的准确性;最重要的是建立动态的信息平台,而不是过时的死数据;在数字城市管理的系统实施中还要完善相应的法规甚至调整相关政府机构的职能。

建立新的工程城市学学科,是为了使我们的城市更美好,运行更健康,学科的确立也要不断根据实际情况调整。习近平总书记在两院院士大会的讲话中提到"学科之间、科学和技术之间、技术之间、自然科学和人文社会科学之间日益呈现交叉融合趋势"①。学科的交叉研究在全球领域也在探索和进行。在我国现行的关于城市的一级学科有城市规划、风景园林、市政、建筑设计与理论、建筑历史、城市交通等,还不能涵盖城市的全部内涵,但这些都可以归入工程城市学的大范围。在几十年前,提这样规模的学科完全是空想,因为没有技术手段,而今天大数据的信息时代,给综合性的工程城市学科提供了技术保证,而且这些技术手段还在以超出人们想象的速度向前发展,我们正在做前人没有做过的事,学科的建立也要和日新月异的发展相匹配,而且我国在这方面的城市研究领域也有领先的地方。

在工程城市学的体系中,对城市科学、系统、动态地数字化管理是当前我国在城市领域中助力科技强国建设以及科技创新的有效途径。

---

① 习近平:《在中国科学院第十九次院士大会、中国工程院第十四次院士大会上的讲话》,人民出版社 2018 年版,第 7 页。

我的科研心得体会

中国测绘科学研究院　　刘先林

我在产业部门的研究所工作,这决定了我的"科研",就是为部门的技术进步服务。主要是一些测绘装备的从无到有,替代进口,节省外汇。科研 56 年,每项成果都推广了,一直在"跟跑",现在才开始有点"领跑"。这些科研工作是技术型、实用型的,与许多院士的成果相比,实在微不足道。

我上大学的时候就不怎么看书,甚至没书。不会跟着老师在书上画道道,但是记笔记非常认真,用自己发明的速记法把老师讲的知识点全部记下来,下课后再复习一次,把笔记重新整理出一个大概。知识、概念建立得很牢固,学习效率提高很多,还有不少时间练习小提琴,等等。

只靠认真听讲获取知识,结果通过阅读书本自学新知识的能力就差了,知识也不系统,但"闯(创)"的能力被逼上去了。因为死记硬背功夫不行,每次俄语定级考试都被定为需从头学起:"啊伯我戈……"我见考博的学生在纸上不停地默写单词,要记住 5000 个毫无意义的"失败令"(语音转文本时英音翻译出的汉语),很是同情!

我做事靠自己琢磨,看文章少,写文章也少,为此领导经常批评我。

但我因此养成了思考的习惯,把要解决的难题放在脑子里,并不断主动去苦思冥想,解决难题的点子会在某个清晨"冒"出来,这养成了思考难题的习惯,若没有难题在脑,就觉得不自在。虽然经常都仅仅是实行了一次"英雄所见略同",但是仍觉得很有意思,锻炼了"创新"(都是些"雕虫小技")!我的科研成果能成功推广,其实靠的就是这个,当然还要加上努力做好服务。

我 1962 年大学毕业,当时全测绘总局有 4 个分局,每个分局的航测队都有一个平面加密组。从芬兰进口一种伸缩性非常小的硫酸纸,把航空照片上的点拓下来,互相压盖构网拼接,获得未知点在图上的位置。这种方法精度差,效率低,亟须改进,老方法完全是模拟的方法,我用坐标量测仪把照片上点的坐标测出来,通过计算解决了。这可以节省大量的外业工作。我 24 岁就在全国各地跑了三年推广该方法,市场占有率 100%,当时年轻没成家,1964 年春节都是在衡阳第三分局(现在的四川省测绘局)度过的。

1986 年测绘局科研处拿出差不多全局一年的科研经费 80 万元,让我研制行业急需的解析测图仪。我说我给你做 4 台!后来占领国内市场 90% 以上,还出口巴基斯坦,可是 GDP 只不过是 3000 万元左右。如果全靠进口,就得 3000 万美元了。后来获得国家科技进步一等奖。

1989 年,我去美国做"高访学者"一年回来,测绘局给了 35 万元让我研制所谓的"无光机解析测图仪",就是后来的全数字摄影测量工作站。1998 年开始测试并销售,与张祖勋院士研制的同类设备一起占领了国内市场 99% 以上。加上航空照片数字化扫描仪,与液晶真立体投影仪构成所谓"数字测图体系",2001 年获得第二个科技进步一等奖。出口日本、芬兰、澳大利亚,当然也少不了巴基斯坦。经软件不断更新升级,一直卖了 20 年,现在还没有被淘汰的迹象,非常难得!软件定义,一机多用。

2000年之后,航空数码相机大量进口,局领导着急了,当时主管科研的司长说,给你65万元赶紧研究一下航空数码相机!结果这65万元全交了学费,后来河南理工大学校长说给300万元,才有决心继续做下去,其实这300万元也没敢怎么花。这个项目后来获得2013年的国家科技进步二等奖。这项成果的出现使昂贵的进口相机大幅降价,产值达到亿元级,装机占全国总量40%以上。特别是2018年,一台售价六七百万元的相机,因为可以一机多用,既能建模又能测图,焦距可以任意更换,这两个优点外国产品都做不到,所以"不差钱"的单位也来买我们的设备,有点来不及生产。

最近10年一直在研究车载激光建模测量系统。通过云计算实现快速生产结构化的模型街景数据,我在报告这些概念的时候,听众在底下用百度搜索,搜不出结果。这对公路BIM、实体导航、实体自动驾驶都会有很深的影响,有点儿"领跑"的意思。

测绘局给科研人员的钱很少。有人说,这钱只够写本子,比起大项目的额度,这点投资实在难以启齿,但是我们做出来了,而且市场占有率都很高。

我做的这些装备批量很小,但单价高,技术复杂,若申请专利不会比一个DdD的专利少,但是有那时间还不如赶紧搞下一个课题。知识产权,也是科研工作者非常关心的事。盗版软件满天飞,非常艰苦的软件开发就没人愿意干了,对国家也是非常不利的。

这两年相机和移动测量系统相对来说容易销售一些,我想来想去可能是因为反腐推向了深层次。选择卖家不能靠投标本子、PPT或视频,一定要让骡子和马在现场比试一下,买家才不会吃亏。

我马上就80岁了,我会对助手们说,这是我从事的最后一个课题了。一辈子的科研成果都进入了市场,不想带着一个失败的课题、推广不了的课题结束我的科研生涯。可现在又出现了一些全新的技术,若用到我们的领域可能会非常有效,其结果还是停不下来,还想再试试!即便2019年退休,脑子还是停不下来。脑子停不下来,手就停不下来。

科研工作近60年,最近几年,突然发现最有效、速度最快的,还是像农民发明家那样,自己拿钱搞科研。

年轻人看老院士爱用"敬仰"一词,去看看青年科学家的成果,对年轻人完全配得上用"敬畏"二字,我的团队不断有年轻的血液进来是我们不断成功的保障。建设创新中国一定要成功! 一定能成功!

环境与轻纺工程学部

增加的气候变化风险与可持续
治理:中国的双赢战略

中国气象局国家气候中心　丁一汇

一、增加的气候变化的风险

在过去 100 年间,地球的气候发生了明显的变化,最主要的特征是全球气候持续变暖,变暖的气候对自然系统和人类系统都产生了大范围和显著的影响,包括气候条件、水资源和水文系统、物种迁移、农业生产和生态系统、冰川融化、海平面上升、北极快速增温与海冰融化等。其中公众感知最显著的影响是极端天气气候事件频率和强度的增加,如高温热浪、暴雨洪水、干旱、热带风暴(台风或飓风)、野火等。极端天气气候事件影响之所以受关注是由于它们能够引起严重的、突发的自然灾害,尤其是多种灾害同时发生造成的生命财产损失更为严重。如 2005 年美国发生的卡特里娜飓风和 2012 年发生的桑迪飓风登陆所带来的大暴雨、风暴潮与海平面上升诸多灾害的叠加,分别给新奥尔良市和新泽西州南部带来灾害性的后果。尤其需要指出,气候变化引起的自然灾害,经常可放大或加剧其他致灾胁迫因子的作用,以致造成更严重的灾难性后果和社会影响,包括居住破坏、农业大范围歉收、食品短缺和价格上升以及流行病突发等。这对贫穷群体影响更大,他们更缺乏应对灾害风险的能力,因而气候变化的治理与应对,对全球贫困人口和社会而言更为迫切。这种全人类平等的诉求在气候变化问题上体现得十分明显。

在将来,人类社会面临着诸多风险。对于人类面临的环境风险而言,科学界总结出六种最高的风险:极端天气气候事件,尤其是复合灾害的发生;人类减缓与适应气候变化行动的失败;大范围生物多样性与生物系统的崩溃;水资源与食物供应短缺不断增加;大范围自然灾害,如海平面快速上升与极地海冰快速融化;人类产生的环境灾害与损害,包括持续性空气与水污染。上述风险的每一种都与气候变化直接相关联或关系密切。因而气候变化是一种核心风险,它被国际社会列为全球最严重的风险中的第二位。同时联合国政府间气候变化专门委员会(IPCC)的报告进一步明确指出,由于全球气候变暖,人类所面临的风险在不断上升。在100年前,人类距面临的五种气候风险尚远,但由于近100年全球平均气温上升了近1℃,已经更加接近五种风险的底线,尤其是对特有的脆弱性系统与极端天气气候事件,已经达到中等风险的程度。如果全球平均气温再增加1℃,总升温达2℃,气候变化风险将达到五种气候影响的中等或高风险等级。这个结果在科学上具有高度的一致性。因而减低全球气候变化引起的灾害风险在现在和将来都是全人类共同面临的重大问题与挑战,它关系人类社会的可持续性发展,不仅攸关我们这一代,而且攸关未来的下几代。从这个意义上讲,应对和可持续治理气候变化是构建全球命运共同体的一个重要方面,在这个过程中,没有一个国家和地区可以置身事外。

二、人类活动是造成全球气候变化的主要原因

下一个问题是什么因子或驱动力引起了近百年全球气候变暖和人类面临的气候风险的增加,这在国际社会采取治理行动之前是必须回答的科学问题。通过近30年全球数千位科学家对地球系统古今大数据的分析,理论研究和数值模拟以及联合国政府间气候变化专门委员会的五次评估报告(1990—2015年),目前已经能够确切地回答这个问题。概括起来有三个重要结论:第一,近百年全球气候变化是自然和人类活动共同作用的结果。对于近60年,人类排放的温室气体不断增加是气候变化的主要原因,自然因子和气候系统内部变化的作用甚小。通过气候变化强迫因子的量化研究可得,前者可使地球增温0.5—1.4开尔文。在近60年由人类活动引起的净全球增暖量最大为0.6℃,这与1950—2010年全球观测的平均增暖0.6开尔文十分接近。第二,近百年人类排放的温室气体二氧化碳的快速增加导致其大气浓度在2017年达到410ppmv,这个量至少超过了80万年以来,甚至几百万年以来的自然变化幅度,相应产生的近百年温度变暖幅度已超过过去1800年以来的增温值。因而从20世纪50年代以来,全球气候变暖的速度和幅度都是空前的。第三,现代的全球气候变暖是不争的事实,它是真实的,而不是伪命题。观测、气候模式和理论分析都证明了这一点。大量的研究结果进一步表明,未来全球气候变暖将继续下去,至少在未来百年,由于气候系统的惯性,甚至会延续几百或上千年。为了减缓人类活动对全球气候变暖的作用,必须进行温室气体的大力减排以

使地球温度的增加限制在危险水平之下。

除了从全球气候变化原因上得到上述重要和关键的结论外,联合国政府间气候变化专门委员会还进一步对上述结论的可靠性不断地进行量化评估。在第一次和第二次气候变化评估报告中(1991年与1995年),对于人类活动的作用结论上基本上是不确定的。到第三次评估报告(2001年)时,由于对气候变化成因认识的逐步深化,第一次得到量化的结论,即过去50年观测到的大部分全球变暖"可能"归因于人类活动,其概率或可能性达66%以上。到第四次评估报告发表时,其结论提高为人类活动"很可能"是气候变暖的主要原因,概率为90%—100%。到2015年第五次评估报告发表时,其结论是自20世纪中期观测到的气候变暖,"极可能"是人类排放的温室气体造成,其概率增加到95%—100%,因而具有很高的信度,高度确认了人类的温室气体排放造成20世纪中期以来的全球气候变暖。科学界认为这是气候变化研究中的重大成果,它为全人类应对全球气候变化以减少可能的风险与灾害的行动从科学上确认了方向,因而在2007年获得了诺贝尔和平奖(集体奖)。

三、从《联合国气候变化框架公约》到《巴黎协定》: 由科学到治理的发展

气候变化的科学结论是明确的,近百年全球气候变暖是不争的事实,它主要是由人类排放的温室气体快速增加所致,人类如果不限制温室气体的排放,全球温度将继续上升,在21世纪后半期将会超过气候变化的阈值或危险水平,给人类社会带来高度的风险,甚至大范围灾

难,严重影响人类社会的可持续性发展。从风险管理的角度,一个关键问题是人类必须怎样控制气候变暖的加剧？换言之,全球气候变暖必须控制在几摄氏度之下以低于危险水平,从而使人类能够减少或规避气候变化,减少其造成的重大风险。1992年,联合国制定了《联合国气候变化框架公约》(UNFCCC)(以下简称《公约》),第一次确定了通过国际合作全面控制二氧化碳等温室气体排放应对气候变化的共同目标和法律基础。《公约》的最终目标是将大气中温室气体浓度稳定在防止气候系统受到人为干扰的水平,以使生态系统能够自然地适应气候变化,确保粮食生产不受威胁,经济能够可持续发展。这是国际社会与全人类,迈向应对气候变化的第一步。但是根据当时的科学水平,这个《公约》还无法量化大气温室气体浓度控制的水平,更难于确定大气中温室气体(主要是二氧化碳)的上限,因而《公约》在更大程度上是一种框架性目标的表达与治理全球气候变化的愿景。以后通过实施《京都议定书》和"巴厘路线图"长达17年的艰苦努力,在2009年哥本哈根世界气候大会上,才第一次提出了全球温度的升幅不超过2℃的目标,第一次为人类社会治理气候变化指出了明确的减排目标。但这只是一种并无约束力的建议性目标。直到6年之后巴黎气候大会,才真正确立了人类历史上第一个应对气候变化的全球性协定,这个协定具有普遍的约束力,并采取创新性的公平、灵活和持久的方式,把全球平均气温升幅控制在2℃之内,并进一步控制在1.5℃。这个协定的达成和生效,在人类应对全球气候变化的行动上,具有划时代的意义,它为全球经济实现以低碳、清洁能源为目标的转变,起到了重大的推动作用。根据这个协定的目标,全球温室气体排放将在2030年之前甚至更早,发达国家在2020年之前,达到峰值。中国是《巴黎协定》的坚决拥护者和执行者,在《公约》确定的共同但有区别的责任原则下,将100%执行

《巴黎协定》，积极在《巴黎协定》开启的共同治理气候变化的新时代发挥更重大的作用。

四、中国坚定走低碳清洁能源之路，实现两个双赢的发展战略

在实施《巴黎协定》总目标下，首先，中国将在 2030 年之前，力争在更早的 2025 年达到碳排放峰值；其次，经济社会向低碳和绿色能源发展转型；最后，坚持社会和经济的可持续性发展与治理，大力改善环境、生态、人体健康、水供应和安全，以及防灾减灾等条件，也就是中国必须走不可逆的低碳清洁能源发展之路。为实现这一宏伟目标，中国将以极大的努力加速发展可再生能源和相关工程。中国在这方面已取得十分显著的成就。中国的低碳能源在 2015 年已占总能源消耗的17.9%，可再生能源生产占总能源生产的25%，中国在规模上已占世界领先地位。发达国家的经验表明，温室气体的减排与经济增长并不相悖、冲突；反之，减排可推动能源效率、生产率和技术创新。例如美国从2008 年起经历了快速的温室气体减排，使美国由第一排放大国降至第二排放大国，同时也出现了破纪录的经济增长。根据美国前总统奥巴马 2017 年离任前发表在《科学》杂志上的文章，美国能源部门二氧化碳排放在 2008 年到 2015 年的七年间下降了 9.5%，同时经济增长在10% 以上，每美元实际 GDP 消耗的能源量下降几乎为 11%，每单位能源消耗的二氧化碳排放量下降 8%。上述事实表明，气候变化的治理与应对，并不必须要接受更低的经济增长或更低的生活水平；相反，任何不考虑碳减排的经济战略，不但将对全球经济发展产生巨大的压力，

同时也使本国经济增长延缓和工作岗位减少。总体上，应对气候变化与经济增长是可以同时实现的。在这个过程中，将通过新能源市场、碳储存应用，推动和激发更大的科学与工程技术创新，实现减排与经济发展的双赢。

气候变化的治理与环境污染的治理基本上是一致的，其原因是两者都主要与化石燃料的使用密切相关。低碳清洁能源使用可同时减少引起气候变化的温室气体与造成环境污染的污染物（如硫酸盐、黑炭、硝酸盐、臭氧等），因而从应对战略上，气候变化和环境污染治理目标是一致的，应同时同步进行，以取得双赢的效果。在应对与治理中国气候变化与环境污染的长期目标中，也必须采取这种双赢的战略。由上可见，中国气候变化应对战略是两个双赢的战略，一方面不但能够实现《巴黎协定》规定的 $2°C$ 升温上限减排目标，而且同时促进全球与中国经济可持续性发展与战略转型；另一方面，使全人类既能有适宜的气候，又有清洁的空气。

联合国政府间气候变化专门委员会对人类社会可持续性发展的未来有精辟的阐述：我们的世界受到源自社会与生物物理，包括气候变化、空气污染等多种影响，它们从多个方面威胁着地球气候与环境的现在和未来，这包括气候变化、土地利用变化、生态系统退化、环境污染、贫穷与不公平和文化因素等。地球的未来在很大程度上取决于在每一关键阶段是否采取正确的决策和必要的行动。有无行动的结果是完全不同的，它们可以导致两种不同的结果，即能够或不能治理与控制未来气候变化的风险。这就是说，我们地球的气候与环境将来会有两种不同的命运，它们都是不可逆的。因而对气候变化有效的减缓战略以及增加科学的认识是降低气候变化风险，实现可持续性发展的唯一途径。

信息化引领农药残留检测
技术跨越式创新发展

中国检验检疫科学研究院　庞国芳

"信息化为中华民族带来了千载难逢的机遇"①。习近平总书记这一重要论断,对深入推进数字中国、智慧社会建设具有深远的指导意义。数化万物,智在融合,当今以融合技术为代表的信息化、数字化正引领科技革命和产业革命迅猛发展。同样,在当前信息化时代,食品安全领域农药化学污染物的监测技术面临三大挑战:第一,农药残留检测技术如何实现电子化? 第二,农药残留大数据报告如何实现智能化? 第三,农药残留风险溯源如何实现可视化? 习近平总书记讲的"信息化为中华民族带来了千载难逢的机遇",已经给出了践行的基本方略。

一、我国农药残留监控融合技术已取得重要突破

(一) 农药残留检测技术如何实现电子化?

我们团队采用当代世界八类色谱——质谱主流技术,评价了世界

---

① 《习近平在全国网络安全和信息化工作会议上强调　敏锐抓住信息化发展历史机遇 自主创新推进网络强国建设》,《人民日报》2018 年 4 月 22 日。

常用1200多种农药化学污染物在不同仪器、不同实验条件下的农药分子质谱结构,通过七年的研究,建立了1200多种农药化学污染物八类色谱——质谱精确质量数据库和分子离子谱图库。在此基础上,为1200多种农药化学污染物的每一种都建立了一个自身独有的电子识别标准(农药图像电子识别技术,类似人脸识别技术),从而开发了气相/液相四极杆飞行时间质谱两种技术联用,可同时检测水果蔬菜中1200多种农药化学污染物的电子化新技术,实现了以电子标准替代实物标准作参比的传统方法,从而实现了农药残留由靶向检测向非靶向筛查的跨越式发展,最终实现了农药残留检测技术供给侧结构性改革的重大突破。其方法效能是任何传统色谱法和质谱法无与伦比的,具有强大的发现能力。

(二) 农药残留大数据报告如何实现智能化?

鉴于高分辨质谱检测技术的高度数字化、信息化和自动化的实现,产生的农药残留数据也呈现出规模巨大(Volume)、类型多样(Variety)、产生速度快(Velocity)、价值密度低(Value)的大数据"4V"特征,这就为农药残留数据的采集、处理、存储和分析提出了极大的挑战。为了对海量农药残留数据进行快速智能分析,我们团队研究建立了基于"高分辨质谱+互联网+数据科学"三元融合技术的农药残留侦测技术平台,构建了四大模块的数据采集系统:包括数据采集模块、数据预处理模块、污染等级判断模块和数据存储模块,形成了农药残留侦测结果数据库。同时,构建了六大模块的农药残留侦测数据智能分析系统:包括参数设置模块、单项分析模块、综合分析模块、报告生成模块、图表模块和预警报告模块,实现了农药残留大数据分析的智能化,实现了一个省市农药残留报告"一键下载",20—30分钟自动生成。

(三) 农药残留风险溯源如何实现可视化?

要解决食品安全的隐患,就必须对农药残留追根溯源,实施精准治理,以防患于未然,最终真正解决食品安全问题。因此,我们团队研发了基于"高分辨质谱+互联网+地理信息系统(GIS)"三元融合技术,研究建立了农药残留可视化系统。现已研发出两个产品:第一,农药残留在线制图系统软件。与 Web – GIS 技术相结合,并应用数据统计分析方法,创新性地以专题地图的形式,综合使用形象直观的地图、统计图表、报表等表达方式,多形式、多视角、多层次地呈现我国农药残留现状。第二,农药残留纸质地图。它采用系统的思想集成表达了农药残留的空间分布、农药种类、农产品类型、农药毒性、残留水平、超标情况等多种维度的信息。具有单幅图多任务的特点,与上述多幅图单任务的在线制图系统软件形成互补,以不同媒体方式反映农药化学污染物残留检测结果,满足不同环境下的实际需求。因此,只要一册《中国 31 省会/直辖市市售水果蔬菜农药残留水平地图集》在手,中国农药残留状况概览无余;只要装有农药残留在线制图系统软件的一部手机在手,不论在办公室、在田间、在市场,市售水果蔬菜农药残留状况一目了然。随着农药残留大数据的不断汇聚,该可视化系统的推广和应用必将使我国农药残留监控像天气预报一样实现实时可视化,为我国农药残留监控提供了重要的技术支持。当食品安全发生问题时,该系统可以在最短的时间内对问题产品追根溯源,从而为政府治理决策提供重要依据,为智慧农药监管提供一个有效的工具。

二、水果蔬菜农药残留普查凸显新技术强大发现能力

2012—2017 年采用我们团队自主研发的两种电子化检测联用技

术,对我国 45 个重点城市包括 4 个直辖市、27 个省会城市和 14 个果蔬主产区(覆盖全国人口 25%),1500 余个采样点,采集的 135 种水果蔬菜(占全国果蔬名录 85% 以上)4 万多批次市售样品进行了农药筛查,81.6% 样品检出农药残留,检出农药 533 种 115981 频次,获得农药质谱图 3.2 亿张。基本查清了我国"菜篮子"中市售水果蔬菜农药残留家底(见表 4 和表 5),反映出我国目前农药施用的特征规律和存在的问题。现已形成 31 个省(自治区、直辖市)市售水果蔬菜农药残留报告(2012—2015 年,3291 万字;2016—2017 年,7163 万字),出版《中国市售水果蔬菜农药残留报告》(8 卷,640 万字)。

表 4　检出 533 种农药所属类别

序号	功能分类	LC* 品种数	GC** 品种数	两种技术联用 品种数	两种技术联用 占比（%）	化学组成分类	LC 品种数	GC 品种数	两种技术联用 品种数	两种技术联用 占比（%）
1	杀虫剂	121	159	225	42.2	有机氮类	171	159	239	44.8
2	除草剂	85	114	151	28.3	有机磷类	54	54	80	15.0
3	杀菌剂	89	86	129	24.2	有机氯类	10	62	64	12.0
4	植物生长调节剂	12	9	16	3	有机硫类	12	12	20	3.8
5	增效剂	1	2	2	0.4	氨基甲酸酯类	27	28	40	7.5
6	其他	7	8	10	1.9	拟除虫菊酯类	4	21	21	3.9
						其他	37	42	69	12.9
	合计	315	378	533	100	合计	315	378	533	100

注:LC* 指液相色谱——四极杆飞行时间质谱;GC** 指气相色谱——四极杆飞行时间质谱。

表5 检出533种农药毒性类别

| 项目 | "十二五"项目（2012—2015） | | | | | | | | 基础性专项（2015—2018） | | | | | | | |
| | LC | | | | GC | | | | LC | | | | GC | | | |
	品种数	检出频次	超标频次	超标率（%）	品种数	检出频次	超标频次	超标率（%）	品种数	检出频次	超标频次	超标率（%）	品种数	检出频次	超标频次	超标率（%）
剧毒农药	4	181	85	47.0	14	182	67	36.8	10	274	133	48.5	15	206	93	45.1
高毒农药	13	840	220	26.2	25	799	132	16.5	29	984	288	29.3	22	1388	240	17.3
中毒农药	66	11258	45	0.4	100	9497	83	0.9	90	18709	76	0.4	112	20460	190	0.9
低毒农药	67	6226	13	0.2	141	6289	2	0.0	132	10186	13	0.1	138	14896	2	0.0
微毒农药	24	6981	22	0.3	48	3641	18	0.5	44	12401	32	0.3	39	8684	36	0.4
合计	174	25486	385		328	20408	302		305	42554	542		326	45634	561	

根据这次普查结果，发现我国农药施用有八个方面的规律特征，其中四项是值得总结的经验：（1）未检出和只检出1种农药残留的样品占比超过50%；（2）残留水平低于欧盟农药残留限量"一律标准"（10μg/kg）的频次占比超过50%；（3）我国施用的农药以中、低、微毒农药为主，检出的品种和频次占比均超过80%；（4）两种技术监测参照我国农药最高残留限量（MRL）标准的合格率均达到了96.5%以上。以上四点，说明我国水果蔬菜食品安全有基本保障。同时，也发现了以下四项主要问题：（1）与世界先进国家相比，我国农药残留安全标准水平低，这次普查结果按欧盟和日本MRL标准衡量，合格率仅为58.7%和63.2%，我国食品安全与国际先进水平差距巨大。（2）根据这次普查结果发现，30%的单种果蔬累计检出农药超过100种，其中排名前6位的果蔬分别是芹菜（230）、番茄（206）、苹果（206）、黄瓜（199）、葡萄（196）和菜豆（195）；检出农药品种数量排名前6位的城市分别为北京（303）、广州（275）、济南（260）、天津（252）、石家庄（232）和海口

（221）。检出的农药品种之多,农药残留分布地域之广,果蔬品种覆盖之全,令人震惊。（3）这次普查结果还发现12.2%果蔬样品检出高剧毒和禁用农药,而且越是日常常吃的果蔬,检出的高剧毒农药品种越多,为我国食品安全埋下了影响健康的大隐患。（4）我国食品安全MRL标准数量少。我国现行国家标准GB/T 2763-2016食品中农药最高残留限量标准项次为4140项,而欧盟、日本和美国现有MRL标准分别为16万余项、5万余项和4万余项,我国还不如欧盟一个零头,在国际贸易中受制于人。这些问题反映出我国农药施用存在"无规矩、滥施用"的情况突出,偏离了科学指导和法规监管,农药残留污染治理任重道远。

三、治理我国农药残留污染的对策建议

（一）建议健全我国农药残留全面风险监测体系,提高未知风险发现能力

囿于现有农药残留检测国标方法和农药残留限量国家标准的滞后,我国当前食药总局、农业农村部和卫计委等多部委实施的相关农药残留监控计划涉及的农药品种在百种左右,与前述全国普查中实际检出农药品种500余种存在很大差距,无法全面监控潜在的食品安全风险。建议我国农药残留监控推广应用我国学者自主研发的这项新技术,引入农药残留全面风险监测理念,尽最大努力覆盖已知或未知的农药残留检出风险。该项新技术利用两种色谱——质谱联用技术,可同时监测果蔬和茶叶中农药化学污染物1200多种,基本涵盖了现在世界常用的农药品种,其方法效能是当代传统色谱法和质谱法无与伦比的。同时,实现了农药残留检测电子化,农药残留大数据报告生成智能化和

农药残留风险溯源可视化。这是食品安全检测技术领域供给侧改革的重大突破,是一项继往开来的壮举,可以使我国农药残留监控技术实现弯道超车,直达国际领先水平。

（二）建议重拳治理高剧毒和禁用农药,达到四个"精准到位"

45个城市普查结果显示,有12.2%的样品检出高剧毒和禁用农药76种,涉及果蔬品种110种,占总量82%;有28个城市检出这类农药超过10种,占总量62%。这些高剧毒和禁用农药残留处于高度风险,这是农药残留治理重点和难点。其治理方案必须达到四项"精准到位":执行《药品生产质量管理规范》(GMP)要"精准到位"、落实《良好农业规范》(GAP)要"精准到位"、落实"危害分析与关键控制点"(HACCP)要"精准到位"、执行"四严"标准要"精准到位",这样才能根治这个顽疾。

（三）建议创建"国家农药残留监控研究实验室"和"国家农药残留基础大数据库",为全面治理农药残留污染提供技术支撑

当前,我国果蔬农药残留污染正处于相当复杂和严重的阶段,这是积重难返几十年造成的。今后,随着普查的继续,预计在我国果蔬中发现农药化学污染物将有可能超过800种。因此,建议建立"国家农药残留监控研究实验室",主要承担三项使命:第一,继续实施一年四季果蔬农药残留普查,覆盖全国人口和地域均达到85%以上;第二,深入研究农药—产地—产品—时间等多维度空间农药残留水平、毒性与健康风险分布变化规律,构建"国家农药残留基础大数据库",为我国农药残留精准治理提供科学大数据支撑;第三,加强农药毒理学基础研究,特别是农药毒代动力学、毒性效应对人类健康的影响因素,以及我国果蔬的膳食消费数据,为农药最高残留限量(MRL)和每日允许摄入量(ADI)标准制定提供科学依据。在国际标准化舞台上,体现出我国由农业大国向农业强国发展中的责任担当。在建设"健康中国"和"美丽中国"伟大征程中作出贡献。

（四）建议加强农药最大残留限量和每日允许摄入量标准的研究制定，使之与世界先进国家比肩

这次普查检出 533 种 115981 频次的农药，涉及 9291 项 MRL 标准，而我国仅制定了 1535 项，占需求量的 16.5%，尚有 83.5% 的缺口，而欧盟与日本 MRL 标准却可以实现 100% 对应，这暴露出我国 MRL 标准与国际先进国家存在巨大差距，无法掌控国际贸易话语权。同时，我国对农药残留的健康危害与风险的认识严重不足，限制了对 MRL 和 ADI 标准的研究制定。这是建设"质量强国""健康中国"的短板。建议在"十四五"规划中制定一项现实 MRL 和 ADI 标准，赶上世界先进水平的研制计划。

（五）建议在果蔬和茶叶主要贸易国家或"一带一路"沿线国家建立国际专业检测实验室，共享我国这项研究新成果，促进国际贸易发展便利化

目前，我国食品国际贸易呈现出口五大洲、进口全世界的态势，进出口贸易国已达 200 多个，贸易额达到 2000 亿美元。从全球讲，我国学者开发的这项新技术，仅少数国家开始研究，在农药残留监控中的应用范围还非常有限，预计十年后将会普遍推广。因此，我们要抓住这个先机，抢占制高点。建议有关部门在国外，特别是"一带一路"沿线国家建立果蔬和茶叶农药残留检测专业实验室，为促进国际贸易发展和便利化，贡献中国力量。

（六）建议国家将这项研究的"产品"——各类农药残留报告纳入各级政府购买计划，使之尽快在全国各省区市转化成生产力，在我国农药残留污染治理攻坚战中发挥重大作用

这项研究是"十二五"国家科技支撑计划项目（2012BAD29B01）和

国家科技基础性工作专项（2015FY111200）的研究成果，紧扣国家"十三五"规划纲要第十八章"增强农产品安全保障能力"和第六十章"推进健康中国建设"的主题。现在我国正在强力治理"气水土"的污染问题，成效显著。农产品食品农药残留污染物与"气水土"污染物是孪生兄弟，治理强度应同步前进，同步达到"健康中国""美国中国"的宏伟目标！

关于建设制造业强国的一些思考

华南理工大学　瞿金平

2018 年 5 月 28 日,习近平总书记在两院院士大会上发表了重要讲话,在全党全国全社会引起了热烈的反响。习近平总书记的讲话高屋建瓴,内涵丰富,催人奋进,既客观总结科技事业的经验与成就,又深刻洞察科技发展的问题与趋势,对新时期广大科技工作者提出了新要求、新期望,进一步激发了我们的爱国之心、强国之愿、报国之志,强化了对自身责任和使命的认识。纵览当今世界科技强国,无一不是制造业的强国。强大的制造业是实体经济的根基,是综合国力和技术创新水平的集中体现。我们应当坚持中国特色自主创新,为建设世界科技强国而努力奋斗。

一、摒弃"跟随模式",坚持中国特色自主创新

当前,以科技创新为引擎的新一轮科技革命正在促使全球产业变革,重塑全球经济结构。正如习近平总书记总结的那样:"科学技术从来没有像今天这样深刻影响着国家前途命运,从来没有像今天这样深

刻影响着人民生活福祉。"①虽然形势逼人、挑战逼人、使命逼人,然而天上不会掉馅饼,关键核心技术要不来、买不来、讨不来。怎么办? 只能靠我们自己拼出来、闯出来、干出来。怎么干? 撸起袖子加油干,马上干,巧干加实干。我们必须深刻领会习近平总书记的教导,紧紧抓住宝贵的战略和历史机遇,在建设制造强国涉及的核心关键技术研发过程中以战略性思维替代"跟随模式",努力闯出一条中国特色的自主创新道路。

正是因为采取了这种战略性思维,中国共产党才以弱胜强、最终夺取政权。在当今强烈的技术竞争中,战略性思维就是要敢于打破对国外技术优势的迷信,"你打你的、我打我的",甚至"以己之长、攻彼之短",最大限度地挖掘我们自己的内在优势,自主发展本土核心技术。"创新从来都是九死一生"②,在科学的道路上,没有捷径可以走,需要的是坐冷板凳,十年如一日,持之以恒,久久为功。

在这里,举一个我和我的团队自主创新和科研实践的例子。我国是高分子产品制造大国,但不是高分子产品制造强国。我国高分子材料产业起步较晚,技术装备一直沿用引进、消化吸收的"跟随模式",一些核心关键技术没有掌握,这严重制约了我国高分子材料产业及相关产业的发展。我在科学研究上不喜欢走前人走过的路,尤其不迷信国外技术优势,喜欢探索自己的新途径,在国内外率先提出高分子材料振动剪切流变和体积拉伸流变加工成型方法及原理。许多人认为这不可思议甚至质疑,但我不为所动,不达目标,决不罢休。我们的自主创新研究获得了三件国际发明专利,取得了我国自主知识产权,打破了我国高

---

① 习近平:《在中国科学院第十九次院士大会、中国工程院第十四次院士大会上的讲话》,人民出版社 2018 年版,第 7 页。

② 习近平:《在中国科学院第十九次院士大会、中国工程院第十四次院士大会上的讲话》,人民出版社 2018 年版,第 10 页。

分子产品制造装备领域一直靠引进、跟踪、仿制的格局,促进了高分子材料产业的发展,推动了相关行业的技术进步。我相信,只要坚定信心,勇于挑战,艰苦奋斗,众志成城,我们中国人一定有能力、有智慧走别人没走过的路,取得别人没有取得过的成绩。

二、转变思维方式,克服基础薄弱"瓶颈"制约

我国正在实施制造强国战略,"中国制造2025"的目标是打造中国制造升级版,主攻方向是智能制造,这是从制造大国转向制造强国的根本路径。发展智能制造产业不仅仅是工业化和信息化的融合,必须以产品及其制造装备的创新作为智能制造的灵魂,推动制造产业智能化发展。

工欲善其事,必先利其器。产品制造装备是一切制造之母,决定着制造业整体技术水平和发展后劲。建设制造业强国在很大程度上受基础材料、基础零部件(元器件)、基础工艺、基础技术等基础工业水平的制约。所谓"条条大路通罗马",我们当然不能等到我国的基础产业发展到与西方发达国家同等水平,才来发展智能制造产业。我们必须转变思维方式,立足自身条件,以实现产品的高质量与高性能、制造过程绿色化与高效率为原则,以信息化、智能化为杠杆来开展产品及其制造装备的创新研究,克服和避开基础工业的薄弱环节,巩固和发展我们自己的优势。正如习近平总书记所说:"我国广大科技工作者要有强烈的创新信心和决心,既不妄自菲薄,也不妄自尊大,勇于攻坚克难、追求卓越、赢得胜利,积极抢占科技竞争和未来发展制高点。"[1]

---

[1] 习近平:《在中国科学院第十九次院士大会、中国工程院第十四次院士大会上的讲话》,人民出版社2018年版,第11页。

产品创新,包括产品服役原理、技术功能和产品结构的创新研究与设计。创新产品结合智能化的产品制造过程,将推动智能制造产业的发展。华为智能手机的迅速崛起是一个产品创新的典型例子。如果只是采用智能化制造手段,机器换人,不针对手机产品本身的原理和功能创新,国产手机产品很难迅速打入国内外高端市场。

制造装备的创新,包括融入智能化的产品制造原理、产品制造过程测控技术和关键功能部件的研究与设计创新。我和我的团队在高分子产品制造装备方面的创新研究对我国高分子产品制造及相关制造业的支撑作用是典型例子。我们在高分子材料加工领域以偏心转子为标志的拉伸流变加工技术是对以螺杆为标志的剪切流变加工技术的颠覆,技术处于国际领先水平。将拉伸流变加工技术与各种产品成型技术集成创新,做成新一代智能化成套技术装备,如高端薄膜、高模量熔纺纤维、大直径管道、高性能复合制件等产品智能制造装备,将诞生一系列我国自主知识产权。随着"中国制造2025"战略的实施,如果在国家有关部门的重视和支持下,融合相关产品产业链上的智能化技术,可实现高分子产品低耗、高效、高质量的绿色制造,有望形成独具中国特色的高分子产品高端制造装备垄断产业,必然会促进我国新能源、国防军工、交通运输、石油化工等领域的技术进步,突破几个有可能被"卡脖子"的关键技术。

三、强化工匠精神,促进中小企业人才发展

科技的竞争乃至综合国力的竞争,归根到底是人才的竞争,我们必须在科技创新过程中,逐步完善发现人才、培养人才、凝聚人才的体制

机制。习近平总书记指出:"企业是创新的主体,是推动创新创造的生力军。"①他还指出:"世上一切事物中人是最可宝贵的,一切创新成果都是人做出来的。"②我国长江三角洲、珠江三角洲是以中小企业为重要力量的制造业聚集区,发展智能制造、建设制造业强国,中小企业必然是主体。对于长期以来依靠劳动力作为核心竞争力的中小型制造企业而言,高技术人才短缺,尤其是具有"工匠精神"的技术人才缺失,必将使其转型之路步履维艰。虽然中小企业所处的局部地区缺乏高水平大专院校,但是大区域内工科大学还是不少的,毕业生更不少,关键是要鼓励工科毕业生包括硕士研究生和博士研究生到制造业第一线的中小企业去创业与发展。

一是要抓住关键环节,建立中小企业高技能人才发展机制。政府和企业要着眼于人才培养、评价、流动和服务四个关键环节,将高校毕业生服务于中小企业纳入就业评价体系,同时提供人才奖励基金,在继续深造、职称评定等方面给予政策支持;政府应当加大对中小企业高技能人才培养的资金投入,并保证企业提取的教育经费用于员工特别是工匠人才的培训。

二是要构建合作机制,形成高技能人才培养与需求协同效应。政府、高校、企业、行业协会等之间应构建合作机制,促使研究成果最快地转化为生产力,形成高技能人才培养与创新成果产业化的协同效应。企业应当与政府、高校、行业协会积极合作,以技术联盟的形式实现资源、技术和知识的共享,共建人才培训基地;政府和行业协会可以通过

① 习近平:《在中国科学院第十九次院士大会、中国工程院第十四次院士大会上的讲话》,人民出版社 2018 年版,第 15 页。

② 习近平:《在中国科学院第十九次院士大会、中国工程院第十四次院士大会上的讲话》,人民出版社 2018 年版,第 18 页。

有效的对外合作交流,为人才搭建国际学习交流平台,拓宽人才国际化视野,提升人才核心竞争力。

三是要制定人才战略,推动高技能人才资源优化配置与利用。政府和企业应当为高技能人才职业发展提供支持,建立人才发展战略,促进高技能人才向中小企业流动,推进技术人才发展资源利用的最优化。政府和企业还应当实施"高技术—高工资"的高技能人才职业发展平衡机制,在精神和技术层面都要把人才当宝贝,在利益分配制度上要把人才当功臣,使其得到更公平、更合理的待遇和发展机会。

四是要完善激励机制,实现高技能人才开发成效的最大化。企业必须加大人力资本要素在分配中的比重,加强高技能人才在中小企业发展中的责任感与使命感,使技术人才能将自身的发展融入企业的发展中。鼓励技术人才以成果、专利入股,把企业技术创新的风险同经营者和职工的利益挂钩,充分调动和激发高技能人才的智慧与创造潜力,提升高技能人才的企业认同度和自我成就感。

总之,从当前国际竞争实际看,只有在制造业转型升级中拥有大量的高技能人才,依靠自主创新,占据技术制高点,才能在关键环节形成先发优势。走自己的路,才能具有无比广阔的舞台,具有无比强大的前进定力。我们要想获得并维持国际竞争中的优势地位,就必须坚定信心,攻坚克难,立足自身条件,将我国制造业发展成为具有强大科技支撑的世界强国。

夯实科技基础、创新转化机制，全面提升我国环境监测创新能力和技术水平

中国科学院合肥物质科学研究院　刘文清

2018 年 5 月 28 日，习近平总书记出席两院院士大会并发表重要讲话。习近平总书记强调，中国要强盛、要复兴，就一定要大力发展科学技术，努力成为世界主要科学中心和创新高地。为此，他向广大科技工作者发出号召，要把握大势、抢占先机，直面问题、迎难而上，瞄准世界科技前沿，引领科技发展方向，努力建设世界科技强国。

深刻领会习近平总书记关于"创新是引领发展的第一动力"的重要论述，回想我们中国科学院合肥物质科学研究院环境光学团队过去近 20 年来围绕环境光学监测技术研发和设备产业化所走过的创新之路，更能体会到抓准科技创新战略导向的必要性和加快科技成果转移转化的紧迫性。我们团队从"十五"期间城市环境空气质量自动监测、烟气连续在线监测以及道边机动车尾气遥感监测技术的国产化作为切入点，不断摸索科技成果的转移转化之路，从技术转让、技术入股到合作创办企业，支持了我国环境监测仪器产业的快速发展。系列监测技术的研发构建了我国大气环境综合立体监测技术体系，为我国 2008 年环保和气象部门开展的 $PM_{2.5}$、臭氧和挥发性有机物的监测提供了技术

设备支撑,为我国北京奥运会以来的各项重点活动提供了大气环境监测保障,并支撑了我国大气环境污染成因研究。目前团队参与研发的高分五号卫星载荷已经成功发射,实现了我国大气环境污染从地面监测、地基遥感,到机载和星载区域和全球大气环境遥感监测的重大跨越。

但在目前国际知识产权激烈竞争以及技术领域存在贸易壁垒的大背景下,无论从突破核心关键技术,掌握创新主动权和发展主动权方面,还是从科技创新和制度创新"双轮驱动",通过优化国家创新体系顶层设计,明确企业、高校、科研院所创新主体在创新链不同环节的功能定位,激发各类主体创新激情和活力方面,均有很大的提升空间。

一、存在的主要问题

一是环境监测领域的核心部件短板依然突出。高性能光源、探测器件、色谱柱、离子源、质量分析器是仪器技术发展的基础,更是分析测量仪器的核心关键部件。高性能光源、探测器件、色谱柱、离子源、质量分析器在环境监测仪器中的作用与芯片和集成电路在 IT 行业中的作用一样,是"卡脖子"的关键部件。我国在环境监测仪器国产化方面,取得了长足进展,实现了大气和水环境质量以及污染源自动监测设备的国产化,形成了天、空、地一体化的环境监测技术体系,但国产仪器从地面监测设备,到机载和星载监测设备,其中的关键部件技术,如大功率激光材料与器件、高性能红外探测器件、多波段阵列探测器件、精密光学部件加工与制造工艺、光学镀膜技术、色谱柱、离子源、质量分析器、高端信号采集芯片、耐高压泵阀器件等,仍然高度依赖进口。正如习近平总书记在 2018 年两院院士大会上指出的："重大原创性成果缺乏，底层基础技术、基础工艺能力不足，工业母机、高端芯片、基础软硬件、开发平台、基本算法、基础元器件、基础材料等瓶颈仍然突出，关键核心技术受制于人的局面没有得到根本性改变。"[①]

二是有利于科技创新人才发展和评价的体制机制不够完善。创新驱动的实质是人才驱动，优秀而稳定的人才队伍是保证科技创新与发展的先决条件。创新人才的培养、使用机制不完善，科技创新未能与教育发展协同发展，拔尖创新人才的匮乏一直是困扰我国科技创新的重要问题。环境监测科技创新人才发展和评价制度同样不够科学合理，"唯论文、唯职称、唯学历"的现象仍然严重，名目繁多的评审评价让科技工作者应接不暇，人才"帽子"满天飞，人才管理制度还不适应科技创新的要求。

三是以企业为主体的科技创新体系建设尚未形成。构建以企业为主体，产、学、研紧密结合的创新体系是一个系统工程，在科技成果的转化过程中，"科学研究—技术研发—开发转化"是一个相互联系、相互制约的完整链条。科学研究实现对客观真理和发展理论的认识；技术研发基于科学研究的理论基础，运用新思维、新方法、新手段解决实际问题；开发转化依据科学研究和技术研发成果，将科技成果转化为生产力，开发出新产品、新工艺、新方案或新模型。

环境监测技术涉及多学科、技术领域，由于目前科研院所科研人员评价体系以承担项目、发表文章、专利申请为主，科研成果能否真正实现转化，很大程度上取决于科学家自身的社会责任感和价值取向。环境监测的产业化以中小型科技企业为主，不仅在科技创新方面的投入

---

① 习近平：《在中国科学院第十九次院士大会、中国工程院第十四次院士大会上的讲话》，人民出版社 2018 年版，第 7 页。

能力有限,而且,缺乏科技成果转移转化方面的人才,对科研院所的成果又不希望投入再开发经费,有期望"母鸡下蛋"的想法。

二、主要对策及建议

一是加大对基础科学研究和民族基础工业的扶持力度。我国科技创新能力与科技发达国家的差距主要是原创能力不足,科技源头有效供给不足。我国亟须瞄准集成电路、基础软件、色谱柱、离子源、质量分析器、关键光电子材料和器件等领域的科技创新短板,发奋努力、奋起直追,努力解决经济社会发展遇到的燃眉之急,尽快更多地打破关键领域核心技术受制于人的格局。结合国家的军民融合发展战略,大力推广军用电子技术等领域的民用化,加快民营企业参与国防建设采购的进程,走出符合中国国情的科技创新之路。同时也要有强烈的紧迫感,树立不创新不行、创新慢了也不行的理念,以只争朝夕的劲头谋划科技创新、推动科技创新和实践科技创新。

二是完善科技创新人才的评价考核机制。重点推进高层次人才和青年科技人才的引进培养、科研人员考核激励以及科研机构成果转化效能评价体制机制,让科技人才充分发挥他们的潜力,把更多精力和时间投入到踏实的创新研究中去。环境监测技术领域重在应用,在人才考核和评价方面要摒弃"唯论文、唯职称、唯学历"等不合理的制度,把先进的环境监测方法、技术装备的科技成果转化为解决国家重大环境问题、提升环境监测技术水平和能力的指标纳入科技创新人才评价考核体系,放在至少与科技论文和发明专利同等重要的程度。高校、科研院所在进行学科评价和研究平台评估时,要把单位的科技成果产出和对社会经济的实际贡献放到核心指标,进一步弱化对各类人才数目的简单量化考核。

三是创新科研成果转移转换机制。着力破除科研院所与企业间的藩篱,搭建高效沟通渠道,以国家环境监测重大需求和市场需求为导向,建立成果研发与中试转化的预孵化机制;通过支持科研院所和行业骨干企业共同承担各类项目,与投资人等共同搭建"中试实验工场、中试创客平台、工程化实验平台"等组织载体,完善现行科研成果以无形资产形式入股企业后形成国有资产的管理办法;鼓励科研院所科研人员与企业成果转移转化创新平台与人才的深度融合;建立研究机构各类工艺平台为企业开放运行制度,助力科研成果转化。

四是建立国家层面的科技创新人才的科研诚信体系。通过国家层面的制度建设,把科研院所、高校和企业技术研发人员纳入科研诚信体系,建立科研院所与企业技术合作的第三方公证登记制度,建立企业科技人才离岗后若干时间内回避原单位技术研发的制度。防止技术创新人才的无序流动和恶性竞争,避免企业之间由于人才流动造成的知识产权无序竞争。

科技是国家强盛之基,创新是民族进步之魂。我们要始终以习近平新时代中国特色社会主义思想为指引,坚持走中国特色的科技强国道路。坚定信心,攻坚克难,带着"亦余心之所善兮,虽九死其犹未悔"的豪情,勇立潮头,为实现"中国梦"、实现我国建设世界科技强国的奋斗目标而不懈努力!

提高核心创新能力　加快海洋强国建设

国家海洋局第二海洋研究所　李家彪

21 世纪是开放、竞争的"海洋世纪",人类走向海洋的每一步都离不开科技的发展进步,科技也正史无前例地影响并改变着海洋。习近平总书记在 2018 年两院院士大会上指出:"中国要强盛、要复兴,就一定要大力发展科学技术,努力成为世界主要科学中心和创新高地。"①

进入新时代,世界安全形势风云变幻,国际社会争端纷争不断,我国的海洋安全与权益问题日益凸显,呈现新的特征与变化。正如习近平总书记指出的:"海洋在国家经济发展格局和对外开放中的作用更加重要,在维护国家主权、安全、发展利益中的地位更加突出,在国家生态文明建设中的角色更加显著,在国际政治、经济、军事、科技竞争中的战略地位也明显上升。"②要切实维护国家海洋权益,做好应对各种复杂局面的准备,提高海洋维权能力,将海洋安全提升到重要地位,

① 习近平:《在中国科学院第十九次院士大会、中国工程院第十四次院士大会上的讲话》,人民出版社 2018 年版,第 8 页。

② 习近平:《进一步关心海洋认识海洋经略海洋　推动海洋强国建设不断取得新成就》,《人民日报》2013 年 8 月 1 日。

所有这些都需要强有力的科技支撑。然而，由于长期以来对海洋的认识薄弱，科技能力不足，我国海洋权益和海上安全面临巨大威胁，海上战略通道保障薄弱，深海大洋国际治理的话语权不强。"中兴事件"给我们敲响了警钟，各国对自主研发核心技术的需求，已经上升到了前所未有的地步。

历史发展告诉我们，要建设科技强国、实现中国梦，决不能依赖别国，只能走一条自主创新、自力更生的道路；而顺应新时代的发展趋势，争取国际话语权、维护国家海洋权益，也为科技发展提供了稳定的孵化环境。

我国正从大国向强国之路迈进。在 2018 年两院院士大会上，习近平总书记指出："创新决胜未来，改革关乎国运。科技领域是最需要不断改革的领域。"①长期不合理和过度开发、生态保护意识不强及以牺牲生态环境来换取经济发展的粗放模式，造成陆源污染严重、违法围海填海、近海海域水质恶化，各种海洋环境问题频发，给海洋生态带来了不可逆转的损害。要保持生态友好和社会发展同步增长，关键要依靠科技创新。要以国家需求为牵引，以绿色环保、节能减耗、可持续发展的高新技术为主线，重点加强当前急需的核心技术和关键技术研发，深化改革，扭转沿海地区生态恶化的趋势，推动科技成果转化和产业化，有力促进社会经济发展方式的转变。

科技兴则民族兴，科技强则国家强。我们要把科技创新摆在最为重要的位置，吹响建设海洋强国和科技强国的号角，在新一轮世界科技革命和产业变革中，抓住新机遇、抢占制高点、把握主动权、迎接新挑战。为此，我们需要在以下几个方面有所加强。

①　习近平：《在中国科学院第十九次院士大会、中国工程院第十四次院士大会上的讲话》，人民出版社 2018 年版，第 13 页。

一、提高自主创新能力,提升科技核心竞争力

没有核心科技,就没有海洋强国,也就没有"中国梦"。习近平总书记强调:"实践反复告诉我们,关键核心技术是要不来、买不来、讨不来的。只有把关键核心技术掌握在自己手中,才能从根本上保障国家经济安全、国防安全和其他安全。"要"敢于走前人没走过的路,努力实现关键核心技术自主可控,把创新主动权、发展主动权牢牢掌握在自己手中"。[①] 海洋科技领域更是如此,虽然近年来"蛟龙探海""雪龙探极"等工程大力推动了我国自主海洋科技的发展,但也必须看到,我国的海洋工程科技与世界先进水平仍有相当大的差距。国内科研机构采用的大部分探测装备仍依赖进口,而国产设备在探测精度和耐用性上依然竞争力不强;虽然我国已经成为多个海域深海矿区的先驱投资国,但我国的深海采矿技术仍与美国等西方国家存在一定差距。海洋的未知领域远超陆地,要实现海洋认知水平的突破,最终依靠的是科技创新能力。要以关键共性技术、前沿引领技术、现代工程技术、颠覆性技术创新为突破口,大力提升海洋科技自主创新能力。同时,通过创新转化机制、优化服务环境、强化平台运作等措施,着力推动海洋科技成果向产业转化。

二、推动"一带一路"建设,深度参与全球治理

我国倡导建设"21 世纪海上丝绸之路"的战略构想,已经逐步成为

① 习近平:《在中国科学院第十九次院士大会、中国工程院第十四次院士大会上的讲话》,人民出版社 2018 年版,第 11 页。

海上丝绸之路沿线国家实现经济交流,促进区域合作与共同发展的重要共识。在新的时代背景下,以海洋为纽带,推动沿海各国加强科学技术合作,构建生态文明的全球海洋发展观,实现人与自然、人与海洋和谐发展的终极目标,这既是"一带一路"倡议的基本出发点,也是我国全面深度参与全球海洋治理、积极参与国际事务、增强国际话语权的一项重大举措。随着沿海各国之间合作交流的深入,不仅有中国—巴基斯坦联合海洋研究中心等各种合作机构的涌现,也有基于中国大陆架划界技术开展的中国—莫桑比克和中国—塞舌尔大陆边缘海洋地球科学联合科考等合作研究。这不仅提升带动了合作国家的科学技术与调查水平,更输出了中国技术和中国经验。我们要抓住"一带一路"建设带来的历史机遇,积极拓展"蓝色伙伴",进一步扩大开放、深化合作,强化人类命运共同体的全球海洋观,为进一步提升我国全球话语权开创新局面。

三、深化科技体制改革,培养高水平领军人才

创新的核心是人才。习近平总书记指出:"硬实力、软实力,归根到底要靠人才实力。""不能让繁文缛节把科学家的手脚捆死了,不能让无穷的报表和审批把科学家的精力耽误了!"①这些振聋发聩的讲话,为我国科技体制改革和人才评价工作指明了方向。我们要破除一切制约科技创新的思想障碍和制度藩篱,减少僵化和"一刀切"的监管措施,营造尊重、信任科学家的氛围。同时,也要允许和宽容创新失败,

① 习近平:《在中国科学院第十九次院士大会、中国工程院第十四次院士大会上的讲话》,人民出版社 2018 年版,第 18、19 页。

在科研项目中让科学家更有发言权、决策权,让科学家解除后顾之忧,将精力投入创新研究和人才团队培育中,创造出更多关键核心科技成果,为社会培养出更多高水平领军人才和青年科学人才。青年是祖国的前途、民族的希望,也是创新的实践者。青年一代有理想、有本领、有担当,科技就有前途,创新就有希望。我们要将发掘、孵化和培育青年人才视为当前重要的责任和目标,为青年人才的锤炼提供更多机会和更大舞台,让他们成为科研创新的先驱者、社会建设的担当者。同时,要鼓励科学家走进校园,参与青少年科普宣传等教育活动,在孩子们心中播下科学的种子,为科研人才的诞生培育好肥沃的土壤。

四、强化生态文明理念,促进绿色科技发展

人与自然和谐相处,是人类最高文明的体现,也是科技发展的最高阶段。和谐共存是人类社会发展的重要前提和基本保障。人类的活动只有顺应自然系统的演化,才能够在自然的保护下持续发展,进而向更高阶段迈进。良好的生态环境是经济社会持续健康发展的重要基础,也是国家科技实力进步的重要后盾。习近平总书记指出,保护生态就是保护生产力,强调要"像保护眼睛一样保护生态环境,像对待生命一样对待生态环境"①。如今,全球面临能源资源短缺、环境污染严重以及生态功能退化等问题,许多国家都结合自身国情,制定了应对全球挑战的科技发展战略。向科技要发展,向科技要生态,向科技要质量和效益,向科技要人与自然的和谐发展,是永续进步的生存之道。因此,我

---

① 《习近平谈治国理政》第二卷,外文出版社 2017 年版,第 209 页。

们要深入贯彻落实绿色发展的理念,树立正确的生态文明观,创立人海和谐、人地和谐的科学技术体系,为保护海洋生态安全、拓展海洋发展空间作出更大贡献。

我国科技人才队伍建设的若干思考

浙江大学　朱利中

古往今来，人才都是富国之本、兴邦大计。科技人才队伍建设是我国实现世界科技创新强国"三步走"目标的重要基础，是实现中华民族伟大复兴中国梦的关键所在。习近平总书记在党的十九大报告中指出：创新是引领发展的第一动力，是建设现代化经济体系的战略支撑。2018年两院院士大会上，习近平总书记进一步指出：创新驱动实质是人才驱动，强调人才是创新的第一资源，要不断改善人才发展环境、激发人才创造活力，大力培养造就一大批具有全球视野和国际水平的战略科技人才、科技领军人才、青年科技人才和高水平创新团队。

我国科技水平在明朝中期前一直处于世界领先地位，为人类社会进步作出了杰出贡献。指南针、火药、造纸术、印刷术等四大发明，祖冲之、张衡、贾思勰等科学家不仅对我国社会发展产生深远影响，也推动了世界科技发展。但16世纪后，我国对世界重大科技成果的贡献逐渐下降。新中国成立后，我国科技水平不断提高，与发达国家的差距逐步缩小，量子通信等领域已处于世界领先水平。我国要在已有基础上建设世界科技创新强国，实施国家创新驱动发展战略，形成新常态下"大众创业、万众创新"，改变世界科技创新的版图，关键在于科技人才。

一、我国人才队伍和科技水平的现状

（一）人才资源总量稳步增长，人才队伍素质明显提升

近几年，我国实施了人才优先发展战略，人才发展体制机制改革、海外高层次人才引进、人才创新创业均取得了突破性进展。2017 年，全国人才资源总量达 1.75 亿人，人才资源占人力资源总量的比例达 15.5%；每万名劳动力中研发人员达 48.5 人，高技能人才占技能劳动者的比例达 27.3%。我国科技人才队伍庞大，但世界级科技大师偏少。迄今为止，我国自然科学类诺贝尔奖获得者仅 1 位，与美国、英国、德国等国的差距甚大。国际性权威科学院外国会员人数，我国处于第 18 位，不仅低于西方发达国家，且落后于印度。中国科学院和中国工程院院士中，年龄超过 80 岁的为 43%，70 岁以下的约占 35%，年龄结构尚需优化。我国蓝领总人口比例达到 20%，但学历普遍较低，本科及以上学历者不到 15%，高级技师缺乏，这在一定程度上影响了制造业的高水平发展。

（二）整体科技水平大幅提升，进入"三跑并存"新阶段

我国科技创新整体实力显著提升，正在改变世界科技创新格局，研发投入、科技论文产出、高技术制造增加值等位居世界第二。2016 年，我国成为有史以来第一个进入全球创新指数前 25 强的中等收入国家，2017 年全球创新指数排名上升至第 22 位。2017 年，我国研发经费投入总量为 1.75 万亿元，占国内生产总值的 2.12%。我国发表的 SCI 论文总量连续 12 年位居全球第二，2017 年占全球总量的 16.27%，但高被引论文比例偏低（0.93%），为英国、德国、法国等发达国家的 73%—

80%。2017年,我国提交专利合作条约(PCT)专利申请总量首次排名全球第二;授权国家专利中发明专利占比不到20%。截至2016年年底,我国战略性新兴产业有效发明专利中约40%为国外申请,专利拥有量前100名的专利权人中,企业有69个,其中国外企业有50个,其余31个为我国大专院校和科研单位。我国整体科技水平大幅提升的同时,跻身国际前沿的科研学术机构较少。2017年自然指数显示,我国的加权分值计数法(WFC)指数位居全球第二,物理、化学、地球与环境科学名列第二,生命科学名列第四,但相关学科位列全球10强的机构仅9家,仅为美国的一半。

长期以来,我国科技创新以跟踪创新和嫁接创新为主,原创性科技成果不足。目前,我国科技创新进入"三跑并存"新阶段,已实现从跟跑向并跑、领跑的战略性转变,但许多领域的关键核心技术仍受制于人,尚未引领世界创新发展。

(三) 创新生态系统逐渐完善,正在形成科技创新合力

构建完整的创新生态系统对实施创新驱动发展战略、激发各类创新主体的活力均十分重要,需要探索符合科研活动规律的管理制度,完善科技创新的治理体系,同时要建立高水平的创新人才队伍。2000年以来,国家自然科学基金委、教育部、科技部先后实施创新研究群体计划、创新团队发展计划、创新人才推进计划,对推动我国科技进步起到了积极作用。教育部2014年开始实施2011协同创新中心,一定程度上形成了科技创新的合力。与此同时,我国科技也存在发展不充分、不平衡等问题。我国科研经费投入不断增加,总量排名世界第二,但相对投入仍然偏低。与发达国家相比,我国科技创新对GDP的贡献也偏小。2017年我国科技进步的贡献率为57.5%,而创新型国家高达70%以上,美国和德国则高达80%。此外,我国科研投入强度地区间差异

显著,经费投入主要集中在东部地区,导致西北部人才流失,科技水平和人才队伍相对落后。东部 11 个省市 2016 年科学研究与试验发展(R&D)经费支出占全国总量的 71%,其中,超过 60% 的省市 R&D 经费投入强度高于全国平均值的 2.11%,并囊括了我国最活跃的三个经济圈。

二、我国科技人才培养存在的问题

(一) 高等教育大而不强,人才结构有待改善

我国高等教育水平低于发达国家,世界一流高校偏少。2016 年我国高等教育毛入学率为 42.7%,美国、英国、法国、日本在 2009 年已达 55%—89%,且受高等教育的人口比重低于同等经济发展水平的国家。2018 年泰晤士高等教育世界大学排名、USNews 世界大学排名和 QS 世界大学排名中,我国内地进入世界前 100 名的高校数量(2—6 所)位列世界第四到十位,与位列第一的美国(33—48 所)和第二的英国(10—18 所)差距甚大,且高校排名相对靠后。现有高等教育体系培养的人才结构不尽合理,集中关注本科生、研究生等创新人才的培养,但缺乏高级技师的培养。在大力发展高等教育进程中,亟须加强职业技术教育,培养一支拥有高学历、高素质的高级技师,支撑制造业的快速发展,满足面向"中国制造 2025"及国家创新驱动发展的需求。

(二) 尚未形成全过程培养创新人才的体系

人才成长有不同阶段,也有自己的规律,需要探索符合人才成长规律的全过程培养创新人才的模式。目前,我国中小学教育大多围绕高考进行填鸭式教育,注重知识传授,缺少对学生科技创新兴趣的培养。

高等教育大多以单一学科为主培养人才,缺少多学科交叉培养的体制机制,注重知识的传承,忽视对学生能力和素质的培养,缺少对创新创业能力的训练。美国早在 1995 年就已经普及创业课程教育,我国直到 2016 年才要求高校全面设置创新创业相关课程,大学生创业比例偏低,创新能力有待提升。

(三) 科技人才发展环境尚需改善

牢固确立人才引领发展的战略地位,需要形成有利于人才成长的培养机制,有利于人尽其才的使用机制,有利于竞相成长各展其能的奖励机制,有利于各类人才脱颖而出的竞争机制,为科技人才的发展提供一流的环境。现有的人才评价制度偏重课题、论文、奖励等简单的指标,忽略了不同学科之间的差异,且科研功利性强,创新失败容错机制不健全,容易导致科技人才发展目标"失真"。不同人才评价体系、各类"帽子"吸引科技人才去争取相应的"帽子"(长江特聘教授、青年长江学者,国家杰出青年、优秀青年,杰出人才、领军人才、青年拔尖,中青年科技创新领军人才、科技创新创业人才等),催生急功近利的心态和浮躁不安的情绪。在"项目多、帽子多、牌子多"等现实情况下,科技人才科研内生动力受到冲击,兴趣驱动和目标驱动的双轮驱动模式逐渐失衡,以国家需求、个人目标为主要内容的目标驱动占据主导地位,不利于科技创新人才的健康成长。

三、我国科技创新和人才队伍建设的建议

(一) 推进教育体制改革,培养拔尖创新人才

人才培养最关键的是树立一流的教育理念,构建一流的创新人才

培养体系。中小学教育、职业教育、高等教育等不同阶段和类型的教育应遵循相应的规律,培育学生的创新兴趣,增强学生的创新动力,构建人才创新能力整合培养模式。高等教育应从人才培养需求和学科发展趋势及办学基础出发,并借鉴国内外人才培养经验,抓住双一流建设的重要契机,着力推动教育教学管理制度创新,通过融合专业相关学科、汇合优势科研资源、联合社会办学资源、耦合国内外优质教育资源,培养知识结构、创新能力、综合素质、国际视野俱佳的科技创新人才。我国高等教育应加强对拔尖人才、高技术人才的培养,解决人才队伍结构性矛盾,构建完备的人才梯次结构。要创新人才管理制度,不断优化人才发展环境,人才使用与培养并举,通过创新文化传承、推进创新转化,形成人才溢出效应。最终,构建一流的人才成长环境,形成全链式人才培养模式,以兴趣和目标双效驱动为导向,培养具有全球视野的国际大师,以工匠大师精神为指引,培养高端蓝领技术人才,实现我国科技创新强国的梦想。

(二) 形成互相沟通、通力合作的"产—学—研"创新集群

重视跨学科、多领域、交互式的科技团队建设,实现文理渗透、理工融合,促进跨学科资源成果共享,利用学科优势,推动平台建设,为"产—学—研"创新集群提供核心智慧支持。以大学科技园区等创新集群为纽带,借助大学的人才/平台和企业的资金进行联合开发,实现大学与产业有机结合,加强研究型大学高新技术成果的商品化,依托产业化提供创新成果的扩散,实现创新活动中知识、技术的分享与协作。

(三) 构建自发、开放、平衡、多样性的创新生态系统

将"政—产—学"三螺旋合作创新系统升级为"政—产—学(研)—用""四螺旋"交互驱动的自组织创新网络系统,建立起"政府—大学—产业—用户""四螺旋"交互驱动的自组织创新网络,形成协同创新的生态圈。从信息基础设施、科学研究机构、法律基础设施、创新激励机制、国民创新文化等维度,营造高度健全的科技基础设施及完善的科技创新环境。要进一步深化国际合作网络,打造世界科学中心。鼓励国家、企业以及非营利组织共同建设科研机构,谋划布局创新战略领域和学科方向。完善人才培养评价机制体制,实现人才自我发展及技术成果效益共享,形成"兴趣+目标创新驱动"的创新文化。通过创新知识,构建完善的创新创业体制,实现从研究型大学到创新、创业型大学的转型,实现"大众创业、万众创新",加快建设创新型国家和世界科技强国。

农业学部

我国养殖业科技创新与产业发展

华中农业大学　陈焕春

科技兴则民族兴,科技强则国家强。习近平总书记在 2018 年两院院士大会上的讲话中指出:"我们比历史上任何时期都更接近中华民族伟大复兴的目标,我们比历史上任何时期都更需要建设世界科技强国!"①这是习近平总书记根据国内外发展大势,结合我国社会主义建设新时期的实际,作出的科学判断和英明决策,是我国由小康社会走向富强的必由之路。

纵观改革开放 40 年来,我国发生了翻天覆地的变化,既是工业大国,也是农业大国。我国农业不仅是国家基础产业,也是国民经济的支柱产业。2013 年,湖北省第一大产业由原来的钢铁、汽车变为食品加工业。2015 年,全国食品加工业成为第一大产业。食品加工的是农产品,在未来食品加工中肉、蛋、奶是大头。地球上食物链关系是植物养动物、动物养人。综观世界农业,发达国家是以动物农业为主,发展中

---

① 习近平:《在中国科学院第十九次院士大会、中国工程院第十四次院士大会上的讲话》,人民出版社 2018 年版,第 8 页。

国家以植物农业为主,只有动物农业发展后,反过来才能刺激和拉动植物农业更好更快地发展。譬如,当前我国生产的粮食有54%已作为饲料粮。发达国家畜牧业占农业的比重都在50%以上,大多在60%—80%。世界平均水平是37%左右,而我国只有31.9%,不到世界平均水平。我国人均肉蛋占有量已达到或超过世界平均水平,但我国牛奶人均占有量还远低于世界平均水平。世界平均水平是110升,而我国才30升左右,尤其我国婴幼儿奶粉高端产品几乎被国外产品垄断。改革开放40年来,我国畜牧养殖业呈现高速发展,取得了巨大成就。40年前,我国主要解决的是要能吃饱饭,要有肉吃。40年后的今天,我们是饭吃饱了,肉吃够了。现在社会的主要矛盾,是人民要吃得安全放心,优质美味,价廉物美,这是当前消费者的需求。人民的需求就是我们的奋斗目标。从整体上看,我国畜牧养殖业与发达国家相比,无论是产品质量,还是生产成本和整体水平都存在较大差距。通过学习习近平总书记讲话,根据国内外畜牧养殖业发展趋势,结合我国畜牧业实际,我对未来我国畜牧养殖业发展及创新谈几点看法。

一、培养高水平的畜牧兽医及相关专业的人才队伍

习近平总书记在讲话中指出:"我们坚持创新驱动实质是人才驱动,强调人才是创新的第一资源,不断改善人才发展环境、激发人才创造活力,大力培养造就一大批具有全球视野和国际水平的战略科技人才、科技领军人才、青年科技人才和高水平创新团队。"[1]畜牧业是我国

---

① 习近平:《在中国科学院第十九次院士大会、中国工程院第十四次院士大会上的讲话》,人民出版社2018年版,第3页。

农业的支柱产业,畜牧业产值已达 3.17 万亿元,带动的食品加工、物流、饲料、肥料、设备等产业的发展就更大了,它提供的就业人数超 2 亿。这样大的一个产业,首先必须要有高水平的人才队伍来支撑。现在许多大型畜牧养殖企业,花数十万元年薪聘请一位合格的高水平场长,到处都是一将难求。而西方发达国家这样第一线畜牧、兽医的高级人才,都是博士生毕业,还要求要有生产或临床的经验才行。

因此,我建议,今后我国畜牧兽医本科人才的培养走"双轨制"道路:一是通过国家统一高考录取。这一批人是培养具有国际视野和水平的战略家、专家、管理者、学术带头人。二是针对畜牧企业、兽药企业、饲料企业等相关企业,培养新一代懂科学、懂技术、懂管理、懂金融、善经营的企业家、农场主、行业工匠。这一批人可以通过高校根据行业对专业人才的需求,采取自主招生。这既可照顾到我们的企业家们,他们年轻时忙事业去了,没有时间精力照顾孩子的学习,以致部分孩子高考成绩不佳,没有上学的机会,而他们的企业又急需高水平的专业人才和接班人;同时,也解决了我们当前统招的人才毕业后到不了基层和基层缺人的问题。此外,还解决了企业家手里有钱,无奈花钱把孩子送到国外,结果钱花了,孩子也没有学到东西的问题。

在研究生教育方面,我国通过 40 年改革开放的积累,研究生培养的硬件和软件都有了极大提高,无论是高校还是科研院所许多做实验的条件比国外还好。但现在存在的一个重要问题是,研究生名额太少,平均一个博导挂不了一个博士研究生名额,硕士研究生名额也紧张。我国是人口大国,我们必须把人口大国变为人才大国才行。习近平总书记说,人才是创新的第一资源。政府要加强研究生培养的质量和水平的监督。我认为,有条件的实验室和有水平的导师,可以通过老师和学生双向选择,自主招生,在教育部备案授学位。中国最终必须做到研究生的普及教育。我们不仅要面向国内,而且要面向全球招贤纳才。只有建成了人才大国,才能建成科技强国。

二、建设高水平的畜牧兽医及相关学科的基础研究

习近平总书记提出:"基础研究是整个科学体系的源头。要瞄准世界科技前沿,抓住大趋势,下好'先手棋',打好基础、储备长远,甘于坐冷板凳,勇于做栽树人、挖井人,实现前瞻性基础研究、引领性原创成果重大突破,夯实世界科技强国建设的根基。"①习近平总书记的讲话对基础研究的定性、定位、目标和实现的路径都作了精辟论述,给基础研究指明了方向。基础研究怎么强调都不过分,各行各业的发展都离不开基础研究。畜牧兽医及相关行业的基础研究,对畜牧业和兽医事业的发展至关重要。动物遗传学、分子遗传学、数量遗传学、动物生物学、生物化学等基础学科,要围绕畜禽遗传与精准育种,开展高质量的基因组序列组装、编码以及三维基因组等多层次组学研究,对畜禽优异种质资源形成和演化规律,重要性状形成的分子机理解析;开展畜禽组织、器官生长发育调控的分子遗传学基础研究,挖掘具有自主知识产权的重要基因等,为我国动物育种及畜牧业生产提供新理论、新知识、新技术。在兽医学领域要开展动物疫病的病原学与流行病学、分子病原学与分子流行病学研究,揭示病原的生态分布与遗传变异规律,为疫病的防控提供理论依据;通过分子生物学、细胞生物学、结构生物学、分子免疫学以及各种组学技术,高通量测序、单细胞测序、单分子成像等技

---

① 习近平:《在中国科学院第十九次院士大会、中国工程院第十四次院士大会上的讲话》,人民出版社 2018 年版,第 12 页。

术对动物病原细菌与宿主相互作用的研究,解析病原入侵、胞内运输、细胞间传播方式、移行轨迹、蛋白互作网络,揭示病原诱导免疫抑制、逃逸宿主免疫系统监视、突破宿主天然免疫防线的分子机制;研究病原入侵、复制、释放相关的宿主蛋白或受体,发现新的靶标,为新药开发奠定基础。

三、我国动物养殖业科技创新工程

习近平总书记在讲话中强调:"实践反复告诉我们,关键核心技术是要不来、买不来、讨不来的。只有把关键核心技术掌握在自己手中,才能从根本上保障国家经济安全、国防安全和其他安全。要增强'四个自信',以关键共性技术、前沿引领技术、现代工程技术、颠覆性技术创新为突破口,敢于走前人没走过的路,努力实现关键核心技术自主可控,把创新主动权、发展主动权牢牢掌握在自己手中。"①"工程科技是推动人类进步的发动机,是产业革命、经济发展、社会进步的有力杠杆。"②习近平总书记的讲话语重心长,高屋建瓴,为我国工程科技发展指明方向,并寄予厚望。我国养殖业改革开放40年来取得了巨大成就,但目前仍面临着养殖效益低下、食品安全问题突出、环境污染严重三大难题。要解决这些问题,关键是科技创新。对此,从下面五个方面进行简述。

---

① 习近平:《在中国科学院第十九次院士大会、中国工程院第十四次院士大会上的讲话》,人民出版社2018年版,第11页。

② 习近平:《在中国科学院第十九次院士大会、中国工程院第十四次院士大会上的讲话》,人民出版社2018年版,第12页。

（一）畜禽品种培育与繁殖技术创新

核心问题:种畜种禽依赖进口,自有畜禽品种资源开发利用不够,优良品种缺乏。

总体目标:外来品种本地化,本地品种国际化,利用国内外种质资源,培育优良品种(系),走向国际化。

创新研究内容:发掘动物优良种质资源,开展动物组学研究,重点解析畜禽生长、繁殖、泌乳、抗病、品质等经济性状的遗传基础;开展动物分子育种、干细胞育种、胚胎工程、克隆动物等高新技术研发;进行动物生产性能测定技术、大数据遗传评估、动物高效繁育新技术等关键技术研发;利用国内外优良品种资源,培育生长性能好、繁殖性能高、抗病力强、环境适应性强、品质风味好的畜禽新品种。

（二）动物疫病防控技术创新

核心问题:老病未消灭,新病不断发生,人畜共患病危害严重。

总体目标:少打针、少用药、环境友好,绿色健康养殖。

创新研究内容:开展畜禽的病毒、细菌、寄生虫等病原学与流行病学研究,解析病原与宿主互作及其网络调控机制;研究病原致病与免疫机制;发掘、筛选新药靶标;针对我国流行的病原,开发新型疫苗、诊断试剂、药物等防控产品;开展动物疫病的综合防控技术研究及重大疫病的净化与根除;通过技术和产品的集成与应用,实现"少打针、少用药、环境友好,绿色健康养殖"。

（三）畜禽营养与饲料创新

核心问题:饲料利用效率低,饲料资源短缺,饲料安全问题突出。

总体目标:创新饲养技术,开发绿色饲料,提高饲料转化效率,研发抗生素替代产品。

创新研究内容:开展各种畜禽的营养代谢及其调控机制研究;开发

新型饲料资源、无抗饲料生产技术、饲料高效转化与利用技术、饲料安全控制与快速检测关键技术；建立我国饲料资源的营养价值评价技术体系，研发新型饲料与饲料添加剂。

（四）畜禽养殖废弃物资源化利用创新

核心问题：粪污污染严重、病死猪处理问题突出、大量养分资源浪费。

总体目标：种养结合、变废为宝、生态养殖、环境友好。

创新研究内容：研究畜禽养殖废弃物生物降解、微生物发酵、环境修复等原理与规律；研发病死动物无害化处理、粪污资源化利用、废弃物中有害物质的检测与控制、生物有机肥生产、环境修复等关键技术；开发生物有机肥等产品；通过技术与产品的集成与应用，实现"种养结合、变废为宝、生态养殖、环境友好"。

（五）养殖设施设备创新

核心问题：现代化养殖设备缺乏，现有养殖设施设备质量差，饲喂、粪污清理、环境控制和种畜禽繁殖的设备自动化程度低。

总体目标：研发现代化养殖设施设备，实现养殖自动化、标准化、信息化、智能化。

创新研究内容：开展畜禽养殖、饲料加工、粪污处理与生物肥料等设施设备的理论与技术创新；研发设施、设备新工艺、新技术；开发新型设施、设备产品与装备；通过技术和产品的集成与应用，实现养殖的"自动化、标准化、信息化、智能化"。

习近平总书记曾说，把中国人的饭碗牢牢端在自己手中。这是习近平总书记对我们农业工作者的要求。我们养殖人，也一定要让中国人饭碗里装的肉、蛋、奶是我们自己生产的。

对我国农机科技创新的几点思考

华南农业大学工程学院　罗锡文

习近平总书记在 2018 年两院院士大会上指出："当前,我国科技领域仍然存在一些亟待解决的突出问题","我国基础科学研究短板依然突出","关键核心技术受制于人的局面没有得到根本性改变"。[①] 学习习近平总书记的重要讲话,研判我国农业机械化发展现状,我们清醒地看到,虽然我国农业机械化取得了长足进步,但与发达国家相比,还有很大的差距,还有很多短板和薄弱环节,很多关键核心技术还受制于人。为了促进我国农业机械化又好又快地发展,我们比历史上任何时期都需要增强农机科技创新的能力。我们要"把握大势,抢占先机,直面问题,迎难而上",为我国农业机械化发展提供高质量科技供给,着力支撑现代农业建设。

一、我国农业机械化取得的主要成就

2004 年是我国农业机械化发展历史上极为重要的一年。2004 年

---

① 习近平:《在中国科学院第十九次院士大会、中国工程院第十四次院士大会上的讲话》,人民出版社 2018 年版,第 7 页。

11月1日,全国人大常委会颁布实施了《中华人民共和国农业机械化促进法》(以下简称《促进法》),在我国的农业机械化发展中发挥了重要的引领保障作用。2004年,我国正式启动农机购置补贴政策,当年中央财政安排补贴资金0.7亿元。2014年,中央财政安排补贴资金237.5亿元,是2004年的339倍。在《促进法》和农机购置补贴政策的推动下,我国农业机械化取得了快速发展。

(一) 农机装备总量增加,结构优化

2016年全国农机总动力达到了11.44亿千瓦,比2004年增加5亿千瓦,增长78%;装备结构加快向大马力、多功能、高性能方向发展,大中型拖拉机、联合收获机、水稻插秧机保有量分别超过645万台、190万台和77万台,分别是2004年的5.8倍、4.7倍和14.8倍。经济作物、畜禽水产养殖、林果业及农产品初加工机械保有量快速增长。

(二) 农机作业水平大幅提高

2016年全国农作物耕种收综合机械化水平达到65.2%,比2004年提高31个百分点。三大粮食作物耕种收综合机械化率均超过75%,小麦生产基本实现全过程机械化。水稻机械种植、收获水平分别从2004年的6%和27%提高到2016年的45%和87%,玉米机收水平从2%提高到67%。以农机为载体,精量播种、化肥深施、高效植保、低损收获和秸秆还田等增产增效型技术迅速推广,保护性耕作和深松整地面积分别超过1.3亿亩和1.6亿亩,进一步挖掘了粮食增产潜力,增强了农业抗灾能力。

(三) 农机社会化服务蓬勃发展

截至2016年年底,全国农机化作业服务专业户和农机合作社等各类服务组织数量分别超过505万个和6.3万个,涌现了一大批懂技术、会操作、善经营的农机能手,农机合作社完成作业服务面积70.5亿亩,农机化经营总收入达到 5388 亿元,利润总额达到 2066 亿元。农机社会化服务已成为农业社会化服务的突出亮点,缓解了青壮年劳动力外出务工对农业生产带来的不利影响,促进了土地流转和规模经营,提高了农业集约化水平和组织化程度。

（四）带动农机工业振兴发展

受农机购置补贴政策等多方面的拉动,我国农机产销两旺,带动农机工业快速发展,农机工业总产值连续 10 年保持两位数增长,从 2004 年的 854 亿元增加到 2016 年的 4516.39 亿元,位居世界第一。目前,我国农机产业集群初步形成,科技含量、产品质量和售后服务水平不断提高,主要农机产品基本满足主要粮食作物生产机械化的需要。

二、我国农业机械化存在的差距与主要问题

（一）我国农业机械化存在的差距

虽然我国的农业机械化取得了长足进步,但与发达国家相比,在农业机械化水平、农机装备制造水平、产品可靠性和农机作业效率等方面我国还有很大差距。

1. 农业机械化水平

2016 年,我国农作物耕种收综合机械化水平为 65.2%,而世界上主要发达国家在 20 世纪 50—80 年代相继实现了全面机械化。美国于 1946 年基本实现了农业机械化,1954 年全面实现了农业机械化;加拿大和联邦德国在 20 世纪 60 年代末期,全面实现了农业机械化;与我国农业生产情况相似的日本和韩国,也分别于 1982 年和 1996 年全面实

现了农业机械化。

2. 农机装备制造水平

拖拉机和收获机是两种代表农业机械设计和制造水平的典型产品。与美国相比，我国差距较大。拖拉机方面，美国于 1970 年开始采用动力换挡技术，而我国是 2014 年研发，相差 44 年；美国于 1961 年开始采用闭心式液压系统，而我国是 2010 年，落后 49 年；美国于 1980 年生产了 250 马力拖拉机，而我国 2015 年才生产 240 马力拖拉机，晚了35 年。收获机方面，美国在 1976 年开始生产纵轴流谷物联合机，而我国是 35 年后的 2011 年；美国 1979 年就有了割幅 6 米、发动机功率 230马力的谷物联合收割机，我国在 2013 年才生产割幅 5.3 米、发动机功率 220 马力的收割机，相差 34 年。

3. 产品可靠性

20 世纪 80 年代，意大利菲亚特公司拖拉机的平均故障间隔时间（MTBF）指标是 350 小时，而我国某大型农机企业的拖拉机 MTBF 指标2017 年才达到 330 小时，落后 30—40 年。

4. 农机作业效率

2016 年，我国田间作业亩均动力 0.41 千瓦，美国亩均动力 0.06—0.07 千瓦，我国是美国的 5.9—6.8 倍；发达国家农机动力机械与作业机具之比为 1∶3—1∶6，而我国平均只有 1∶1.6，说明我们的农机作业效率和综合利用率不高。

（二）我国农业机械化存在的主要问题

受国情、资源禀赋和传统农耕文化的影响，我国不同区域的耕作制度和生产习惯差异大。面对现代农业建设"调结构、转方式"的新要求，农业机械化基础研究与关键技术研究薄弱，技术集成度不够，可持续发展能力弱，已经成为制约我国农业转型升级的"短板"和

"瓶颈"。

1. 研究基础薄弱

农机化科研基础数据积累不够,土壤、作物(动物)和机器互作机理研究不足,现代农业生产和健康养殖新工艺设计理论缺乏,原创性重大突破少,难以满足我国地域多样性、作物多元化、农艺复杂性和可持续发展的需求。

2. 技术模式不明确

例如,在耕作方面,不论土壤类型、水田旱田和丘陵平原,大都采用旋耕、犁耕、深松和免耕等耕作方式,没有优化组合,造成土壤耕层"浅实少",有机质低且分布不均匀。在种植方面,水稻插秧与直播、油菜移栽与直播、玉米种植平作与垄作等,不同地区宜采取何种种植方式,缺乏科学论证。在收获方面,油菜、马铃薯的分段与联合收获、甘蔗整秆收获与切断收获、牧草刈割与饲草青贮致密收获等技术路线不明确;丘陵山区机械化发展路径不明确等。

3. 农机农艺结合不紧密

适宜不同区域机械化的高产优质品种、高产高效标准化栽培模式和田间管理技术缺乏,机械化与规模化结合不紧密,饲草料生产机械化技术研究滞后,家庭农场种养一体化模式与技术亟待完善,设施园艺标准化、机械化程度低,影响了产能的充分发挥。

4. 技术系统不完整

缺乏对农业机械化的系统研究与技术集成,尚未形成完善的全程机械化技术模式和标准化的机器配置系统,关键配套技术与机具不足。粮经饲种植和畜禽水产养殖中,省时、省力、节水、节肥、节药、节种、节地、节能的机械,同农业剩余物资源化利用等机械化技术之间衔接与配套不足,技术规范不健全,与转变农业发展方式不适应。

三、推动我国农机科技创新的对策

为进一步缩小我国农业机械化与发达国家之间的差距,提升我国农机科技创新能力,促进我国农业机械化又好又快地发展,在此提出以下对策建议。

(一) 明确"三步走"的战略目标

我们提出"3—2—3"的发展思路,即明确"三步走"的战略目标,坚持两项发展原则,落实三项重点任务。按照党的十九大提出的"三步走"战略和乡村振兴战略目标任务安排,我国农机科技创新和农业机械化发展"三步走"的战略是:

到 2025 年,基本实现农业机械化,农机科技创新能力显著增强,重点突破农机化发展的薄弱环节和关键核心技术,实现我国农业机械化"从无到有"和"从有到全"。

到 2035 年,全面实现农业机械化,农机科技创新能力基本达到发达国家水平,重点以信息技术提升农机化水平,实现我国农业机械化"从全到好"。

到 2050 年,农业机械化达到更高水平,实现自动化和智能化,农机科技创新能力与发达国家"并跑",部分领域"领跑",重点以智能技术引领农机发展,实现我国农业机械化"从好到强"。

(二) 坚持两项发展原则

1. 全程全面机械化同步推进

全程机械化主要从植物和动物的生产环节上考虑,包括产前、产中和产后各个环节的生产机械化。以植物生产为例,产前包括育种和清选、分级、包衣、丸粒化处理等种子加工机械化;产中包括耕整、种植、田间管理、收获、干燥和秸秆处理六个环节的机械化;产后包括加工和储藏机械与装备。

全面机械化,是指机械化在农业生产领域横向的拓展。它主要指农业机械化向三个方面的全面发展,包括"作物"全面化、"产业"全面化和"区域"全面化。"作物"全面化,指由粮食作物向经济作物、园艺作物和饲草料作物全面发展,由粮、经二元结构向粮、经、饲三元结构转变。"产业"全面化,指由种植业向养殖业(畜、禽、水产)、农产品初加工等全面发展。"区域"全面化,一是指各种农产品的优势区域布局;二是指农业机械化由平原地区向丘陵山区拓展。目前,平原地区的机械化程度较高,但丘陵山区的机械化程度很低甚至无机可用,所以亟须研究推进由平原地区机械化向丘陵山区机械化拓展。

2. 农机1.0至农机4.0并行发展

农机1.0是指"从无到有",特点是以机器代替人力和畜力,如以拖拉机耕田代替人犁田、以插秧机插秧代替人插秧、以喷雾机施药代替人打药、以收获机收获代替人扮禾、以干燥机干燥代替人晒谷。目前,我们在这一阶段已取得了很大的成绩,但还有很多"短板"和薄弱环节,所以还要"补课"。

农机2.0是指"从有到全",特点是全程全面机械化,包括植物生产和动物生产的产前、产中和产后各个环节的全程机械化,以及农业机械化向"作物"全面化、"产业"全面化和"区域"全面化三个方面的全面发展。这是我们现阶段要大力"普及"的方向。

农机3.0是指"从全到好",特点是用信息技术提升农业机械化水平,包括农业机械设计、制造、作业和管理水平。融合现代微电子技术、仪器与控制技术、信息通信技术,推动农业机械装备向数字化、信息化、自动化和智能化方向快速发展。这一阶段我们正在进行试验"示范"。

农机4.0是指"从好到强",即要实现农机自动化和智能化,"农机+互联网"。这个方向我们要积极探索。

根据我国的国情,从农机1.0至农机4.0,我们不能走顺序发展的道路,必须并行发展,实现弯道超车。

(三)落实三项重要任务

1.薄弱环节农业机械化科技创新("补短板")

开展薄弱环节机械化技术创新研究,主要包括应用基础研究,粮食、经济作物和饲草料薄弱环节技术研发,健康设施养殖工程,区域、水果蔬菜饲草料与畜禽水产机械化技术体系集成研究示范,农村生活废弃物处理与综合利用七个方面。要系统地解决当前和今后一个时期我国农业机械化发展的薄弱环节,提高农业机械化发展科技含量,加速推进农业现代化进程,全面提升我国农业综合生产能力和农产品国际竞争力,促进农业可持续发展和农民增收。

应用基础研究包括:土壤合理耕层构建机理与优化方法、主要作物精准高速种植机理与规范、主要作物高效低损收获机理与规范、畜禽适度规模养殖和水产健康养殖设施与环境系统机理研究、农业装备标准化体系研究和机械化技术体系构建与评价方法研究。

粮食作物生产薄弱环节关键技术研究包括:水稻、小麦、玉米、马铃薯、甘薯、杂豆杂粮、粮食干燥与贮藏。

经济作物和饲草料薄弱环节关键技术研究包括:棉油糖、大宗水果、大宗露地蔬菜、设施园艺和饲草料生产加工。

健康设施养殖工程关键技术研究包括:生猪健康养殖、家禽健康养殖和规模化设施水产养殖。

区域机械化技术集成与示范包括:东北地区、黄淮海地区、长江中下游地区、西北地区、西南地区和华南地区。

水果蔬菜、饲草料与畜禽水产养殖加工机械化技术集成与示范包括:蔬菜水果生产、饲草料生产、适度规模种养循环、奶牛中小规模养殖设施设备升级与智能化、水产养殖和畜禽屠宰加工。

农村生活废弃物(固、液)处理与综合利用包括:农村池塘清淤、生活废水、生活垃圾、畜禽粪便和病死动物的机械化处理技术集成与示范。

2. 现代农机装备关键核心技术科技创新("攻核心")

为贯彻习近平总书记关于"在关键领域、卡脖子的地方下大功夫,集合精锐力量,作出战略性安排,尽早取得突破"①的重要讲话精神,根据我国现代农机装备发展现状,当前亟须在共性关键技术、重大装备、基础零部件以及材料与制造工艺四个方面尽早取得突破。

共性关键技术主要包括:非道路用柴油发动机技术,大功率拖拉机电控液压提升技术,农业机械用传动系统技术。

重大装备主要包括:200 马力以上拖拉机,大型谷物联合收割机,高效青贮饲料收割机,农机装备生产与检测平台。

基础零部件主要包括:拖拉机 200 马力以上用电控提升器和悬浮前驱动桥,收获机械承载能力 18 吨以上大型收获机械电控换挡变速箱,高性能大排量电控变量泵和变量马达,圆盘式和链轨式高效青贮机割台,高速轴承(4000 转/分钟以上),采棉机摘锭总成,液压件液压阀阀芯、阀套、比例阀电磁铁和软磁铁芯。

材料与制造工艺主要包括:低速动力输出轴,高速翻转犁体,动力换挡变速箱离合器轮毂材料与工艺。

---

① 习近平:《在中国科学院第十九次院士大会、中国工程院第十四次院士大会上的讲话》,人民出版社 2018 年版,第 11 页。

3. 农机装备智能化科技创新（"强智能"）

以"信息感知、定量决策、智能控制、精准投入、个性服务"的智能农机为目标，以大田规模化种植、设施农业、果园和畜禽水产养殖等领域为重点，开展智能农机装备传感器、农机导航、精准作业和运维管理四方面研究。

一是在农机装备专用传感器方面，开展作业载荷、工况环境、本体信息、生理生态和作业质量等测试对象特性与测试机理研究，研发敏感材料和关键芯片，开发专用传感器。

二是在农机导航及自动作业技术方面，开展轮角转向测定技术研究，研发电动方向盘电机、以机具为基准的机组定位技术和星基增强技术，提高导航精度与稳定性及自动作业性能。

三是在精准作业方面，开展与农艺相适应的作物精准播种、灌溉、施肥、施药、收获和干燥等技术研究，实现农机作业过程的实时分析决策与自主优化控制；开展养殖生产中的精准环控、饲喂和防疫等研究。

四是在运维管理智能化方面，开展农机信息获取、高效调度、远程运维、故障预警、智能诊断和协同作业等技术研究，通过信息技术系统集成，实现农机装备高效智能运维管理。

农业的根本出路在于机械化。20世纪末，美国工程技术界将"农业机械化"评为20世纪对人类社会进步起巨大推动作用的20项工程技术之一，名列第七位。世界各国的经验表明，农业机械化是现代农业建设的重要科技支撑。农业机械化为提高我国农业的劳动生产率、土地产出率和资源利用率发挥了重要作用，为保障我国粮食安全和食物安全作出了重要贡献。但与发达国家相比，我国的农业机械化还有很大差距，并面临差距拉大的严峻挑战。形势逼人、挑战逼人、使命逼人，我们要充分认识农机科技创新是农业机械化发展的第一动力，深刻把握农机科技创新与发展大势,坚决贯彻落实习近平总书记的重要讲话精神,"矢志不移自主创新,坚定创新信心,着力增强自主创新能力"①,努力推进农业机械化又好又快地发展,为我国现代农业建设提供强有力的科技支撑。

---

① 习近平:《在中国科学院第十九次院士大会、中国工程院第十四次院士大会上的讲话》,人民出版社 2018 年版,第 10 页。

构筑稻作科技创新高地，攻克东北粳稻发展难题，确保国家口粮绝对安全

沈阳农业大学　陈温福

习近平总书记在两院院士大会上指出：中国要强盛、要复兴，就一定要大力发展科学技术，努力成为世界主要科学中心和创新高地。我国广大科技工作者一定要把握大势、抢占先机，直面问题、迎难而上，肩负起历史赋予的重任，勇做新时代科技创新的排头兵。

一、牢记科技强国使命，勇攀稻作科技高峰

科学是认知世界的知识体系，技术是改造世界的手段；科学是认识世界的能力，技术则是把可能变为现实；科学、技术是生产发展的动力源泉，生产则是科学、技术发展的目标和归宿。

纵观世界农业发展史，农业生产活动大体上经历了原始农业、传统农业和现代农业三个发展阶段。传统农业以实践经验为基础，现代农业则是以科学技术为基础。科学在理论上的突破，不仅带来技术上的进步，也推动了生产的飞跃。

世界种植业跨上三个台阶,都与农业科学技术突破相关联。第一个台阶是18世纪的英国农业革命,泰伊尔将豆科牧草加入草田轮作体系,既提高了地力,又促使了农牧业结合,使欧洲粮食单产翻了一番,由50千克提高到100千克。第二个台阶来源于1840年德国化学家李比希的矿质营养归还学说,导致化肥工业的兴起,为农业系统增加了物质流,粮食单产又翻了一番,平均亩产由100千克提高到200千克。第三个台阶归功于孟德尔的"豌豆试验"和摩尔根的"果蝇试验",揭示了生物的遗传规律,催生了农作物杂交育种技术,使得美国玉米单产达到450千克。

在我国稻作界,不仅有黄耀祥院士的水稻矮化育种技术的突破,袁隆平院士杂交水稻育种的成功,更有沈阳农业大学以杨守仁教授为代表的几代稻作人几十年的努力,创新了水稻育种理论与方法,探索出一条前人没有走过的育种科学新路:籼粳稻杂交—理想株型—超高产育种,引起国际水稻界广泛关注。这触发了"中国超级稻育种"重大科技计划启动(农业部,1996年),组织全国联合攻关,并确定了单产超过12吨/公顷的中国超级稻育种目标。

东北稻区率先迎难而上,攻克了粳型超级稻育种难关。先是沈阳农业大学于1997年率先育成了直立大穗型中国超级稻新品种"沈农265",实现了一季单产12吨/公顷的目标。嗣后,又先后育成了"沈农606""辽星1号""龙粳31""吉粳88"和"辽粳4号"等。江淮粳稻区和西南粳稻区也育成了"南粳44""宁粳3号""楚粳28"等。截至2016年,粳型超级稻累积推广面积超过了3亿亩。其中,东北粳稻区超过2.2亿亩,覆盖了东北粳稻种植面积的60%以上,创造了显著的经济、社会和生态效益。具有国际领先水平的中国超级稻育种成果,支撑了粳稻生产发展,充分证明了习近平总书记关于"创新是第一动力"的论断。

二、调整东北种植业结构，确保口粮绝对安全

粮食是具有战略意义的特殊商品。作为有责任的人口大国，依靠进口保吃饭既不现实也不可能。因此，立足国内，确保"谷物基本自给、口粮绝对安全"，始终是关系近 14 亿人口大国的国计民生和国家稳定的头等大事。

我国口粮品种主要是水稻和小麦。小麦主产区华北平原。因太行山、燕山山脉建设的地表水给水工程，改变了华北平原地表水运动状态，减少了流向华北平原的水量，大面积种植耗水型作物冬小麦，生长季正值枯水期，至少要灌溉 3—4 次水。灌溉井越打越深，地下水漏斗越来越大，至今仍是困扰小麦主产区发展小麦生产的难题。

伴随我国工业化、城镇化的推进，城镇人口不断增加以及人们对美好生活的追求，对优质粳米的需求逐年增加。据近 15 年统计，人均粳米年消耗量已由 25 千克增加到 35 千克，年均增加 0.67 千克，并呈持续增长趋势。我国粮食安全的核心是口粮，口粮自给的重点是稻米，稻米供给的关键是粳稻。

我国是人均耕地、水和森林资源相对匮乏的国家。由于工业化、城镇化的推进，基础设施、工业园区建设、房地产开发已占用了约 3 亿亩耕地，保有的耕地质量堪忧。据 2014 年 4 月发布的《全国土壤污染状况调查公报》，中国土壤重金属超标率已达 16.1%，遍布除了东北地区以外的华北、华东、华南及西南等地。我们在努力守住 18 亿亩耕地红线的时候，耕地质量红线却早已失守。由此可见，我国确保口粮绝对安全，发展粳稻生产的重任自然就落到东北这片黑土地上。

历史上的东北地区,是我国一个比较完整且相对独立的自然经济区域,东、北、西三面环山,构成了东北生态系统的天然屏障。中部由三江平原、松嫩平原和辽河平原构成的东北大平原,面积位居我国三大平原之首。大陆性季风气候,雨热同季,是我国农业资源禀赋最好、粮食增产潜力最大的地区。现已成为我国重要的商品粮基地和牧业生产基地,外调到主销区的商品粮占全国商品粮总量的60%,已成为确保国家粮食安全的"粮仓"和粮食市场的"稳定器"。尤其是其中103万平方千米的黑土地,土壤肥沃,农田、水资源基本没有重金属污染,且冬季寒冷,病虫越冬基数低,单位面积化肥、农药施用量较其他粳稻区减少近一半,利于优质绿色粳稻生产。东北平原地平连片,便于机械作业,机械化水平和优质粳稻种植技术水平高,规模化优质粳稻生产技术优势已经形成,并已成为我国最大的优质粳米主产区。2017年种植面积已达8280多万亩,总产4120多万吨,种植面积和总产量均占全国60%以上。现今,东北粳米已成为对东北亚国家具有价格优势、对东南亚、南亚国家稻米具有品质优势、我国在国际粮食市场上唯一具有竞争力的大宗农产品。

习近平总书记在两院院士大会上的讲话中强调,科技创新"要以提高发展质量和效益为中心,以支撑供给侧结构性改革为主线"[1]。同时,要把满足人民对美好生活的向往作为科技创新的落脚点,把惠民、利民、富民,改善民生作为科技创新的重要方向。农业供给侧结构性改革以来,东北地区大幅调减了玉米面积。由于农民种植粳稻的经济收入远高于种植玉米和大豆的收入,显露出扩大种植粳稻的意愿。民之所盼、政之所向、市之所需。在种植业结构调整时,要充分考虑农民要

---

① 习近平:《在中国科学院第十九次院士大会、中国工程院第十四次院士大会上的讲话》,人民出版社2018年版,第9页。

养家糊口、增加收入的期盼，在调减玉米种植、恢复大豆生产的同时，创造条件适度扩大粳稻生产。在未来 10—15 年内，将粳稻种植面积由现今的 8000 多万亩逐步扩大到 1.2 亿亩左右，借以确保我国"口粮绝对安全"，满足农民对美好生活向往的意愿。

三、直面问题，突破关键，支撑粳稻生产发展

2015 年以来，我国粮食总产量、库存量和进口量"三量齐增"。以数量安全为基本内涵的粮食安全认知，失去了对我国粮食存在问题的解释力。同时，国内对东北地区农业开发，特别对农业资源"黑土地退化"、生态资源"湿地萎缩"以及"地下水超采"表达出普遍担心。因此，我们有必要直面问题，选准创新突破口，在几个关键问题上组织力量，协作攻关，务求取得突破性进展。

（一）关键问题一：明确种育方向

粳稻品种选育，要从满足市场对优质粳米的需求和提高农民收益的角度，着重解决高产与优质相结合的问题。一是针对稻米市场对优质粳米的需求旺盛，持续选育优质高产粳稻品种，以满足广大消费者对优质米的日益增长的需求；二是针对农村劳动力持续转移、短缺，选育适应机械化作业的抗倒性、抗病性和抗虫性相结合的多抗品种，以适应未来发展轻简化栽培的需求；三是选育适合"减肥、减药"栽培的水肥高效利用粳稻品种，以适应发展绿色、安全水稻生产的要求。

（二）关键问题二：黑土地的保护与湿地恢复

东北黑土区地处北温带大陆性季风气候区，由于大面积黑土垦殖成农田后，夏季雨量集中，地表径流冲刷，春、秋强烈季风吹去表土，以

及人为不适当的农事活动影响,造成水力侵蚀、风力侵蚀、冻融侵蚀和重力侵蚀相互交织发生,导致黑土区农田年平均流失表层黑土 0.1—1 厘米。黑土层变薄,面积、体量缩小,土壤有机质下降,土地退化,已成为本区域头号的生态问题。各地对保护和恢复黑土地进行了大量积极的探索,取得了一定成效。其中,发展水田生产是最有效的途径。夏季稻田里有水层覆盖,土壤有机质分解缓慢,利于土壤有机质积累;冬季寒冷而漫长,冻土层厚达 1 米,稻田地表土层坚实,有稻茬覆盖,抗风蚀能力强。

水稻适宜连作,根量大,有利于有机质还田。据实测,在风干条件下水稻的籽粒、茎秆与根系的重量之比大致为 1:1:0.75,亩产稻谷 500 千克就大约有 375 千克的根茬留在土壤里。东北地区较高产的稻田一般亩产约 650 千克,稻草 650 千克,另有约 488 千克根茬留在地里,优质稻草还可经牛羊过腹还田。研究表明,一般每亩稻田每年还田 350 千克生物质,即可维持土壤有机质的平衡,如果再增加稻草还田数量或增施有机肥,就可以逐年提高稻田土壤的有机质含量。在淹水缺氧的环境下,有机质分解缓慢,腐殖质得到积累,黑土地即可得到保护、恢复和可持续发展。

此外,水田属人工湿地,在固碳、涵养水源、净化水质和调节气候等方面,发挥的生态服务功能所创造的生态价值远远高于稻谷本身。

(三)关键问题三:合理开发利用水资源

东北地区地处松辽流域,西、北、东三面环山,南临黄、渤海。流域内江河纵横,自成体系。但流域内降水普遍偏少,呈现"北丰南欠,东多西少""边缘多,腹地少"的特点。目前,水资源开发利用存在的主要问题是开发过度与开发不足并存。由于大型调度工程缺位,控水能力差,辽河、浑河、太子河水资源开发利用超过 80%;黑龙江干流、乌苏里江、鸭绿江等界河水资源开发利用仅为 10% 左右;额尔古纳河少至 3.6%,造成出境水总量 78.91 亿立方米,远高于入境水量 17.50 亿立方米。

东北地区粳稻主要分布在江河流域、低洼地和滨海盐碱地。新中国成立以来粳稻种植由辽河下游盐碱地逐步向北延伸。由于水利工程不配套,打井种稻成为主要技术支撑,从而造成地下水开采过度。现今井灌面积 65% 分布于黑龙江稻区,主要集中在三江平原,对湿地构成威胁。

此外,由于排灌设施标准低、不配套、工程老化,灌溉水有效利用系数仅为 0.47,远低于全国平均水平。

通过水利工程建设,提高东北地区尤其是黑龙江地区的控水能力,是保证东北优质粳稻扩大种植需水的关键。目前,国家在《松花江辽河流域水资源综合开发利用规划纲要》的基础上,又陆续规划建设了辽宁大伙房输水工程、辽西北供水工程,吉林省东水西调工程、引嫩入白工程,以及黑龙江省"两江一湖"等河湖水系连通工程。预计比原定的新增调水量 100 亿—122 亿立方米。这样,到 2030 年可实现供水总量 839 亿—961 亿立方米,比 2015 年松辽流域供水量新增 134 亿—163 亿立方米。

若未来松辽流域(含内蒙古东四盟)水田面积达到 1.2 亿亩,则比《松花江辽河流域水资源综合开发利用规划纲要》新增水田面积 3200 万亩。按水田灌溉定额约 650 立方米/亩计,则需要新增灌溉水量约 208 亿立方米。这与目前开展和前期已建成发挥作用的新增工程供水规划相比,尚存在供水缺口约 80 亿立方米,可通过发展节水种稻技术加以解决。

为了确保口粮绝对安全,国家和地方政府应采取积极措施,除继续扩大水利工程建设,开发水资源外,还要在中、小型配套工程建设方面下功夫,切实解决"最后一公里"问题,克服松辽流域灌溉水利用率低的问题。同时,稻作科技攻关要加强节水种稻技术创新,通过提高水利用率来弥补供水缺口,以确保口粮绝对安全可持续发展目标的实现。

打造林业人才的四个注重

东北林业大学　李　坚

习近平总书记在两院院士大会上指出,人才是创新的第一资源,一切创新成果都是人做出来的,我国要建设世界科技强国,关键是要建设一支规模宏大、结构合理、素质优良的创新人才队伍。

作为中华民族永续发展千年大计的生态文明建设的主力军,林业人才在建设世界科技强国的大潮中不可或缺,他们使命光荣、责任重大。我认为,培植好林业人才成长的沃土,打造一批有理想、有本领、有担当的林业人才,要注重启发青年的好奇心和想象力、注重培养青年的行动力、注重培育青年的坚定信念、注重引导青年服务于经济社会。

一、注重启发青年的好奇心和想象力

爱因斯坦曾说过,想象力比知识更重要,因为知识是有限的,而想象力概括了世界上的一切,推动着社会进步,是知识进步的源泉。在科学研究中,提出问题,往往比解决问题更为重要。一切创新产品都是想象力的具体化。从这个意义上说,国家与国家之间的差距,便是想象力之间的差距,这一现象也被经济学家称为"想象力差额"。所以,一个国家竞争力的培养,很关键的就是对"想象力"的培养。作为培育青年人才、开展科学研究的高等学校,不应该只成为向青年传播纯粹知识的场所,更应该注重激发青年的好奇心和想象力。

近些年来,随着教育的功利化追求,教育成为升学、就业的标准路径。考试标准答案的唯一性,使学生的思维训练陷入了求同、求一的"死胡同"。个性张扬只能换来排名的落后,奇思妙想与考试的评价格格不入。这些都泯灭了本应属于青年人的激情和灵气,在一定程度上扼杀了青年的好奇心和想象力。虽然近几年推行的高校自主招生力求突破这样的限制,但由于体制机制尚不健全,自主招生难免受到权力、金钱、关系等各方面人为因素的干扰,成为滋生职务犯罪的温床,也在一定程度上弱化了青年的奋斗激情。

2009年,教育进展国际评估组织对全球21个国家进行的调查显示,中国孩子的计算能力排名世界第一,想象力却排名倒数第一。在中国学生中,认为自己有好奇心和想象力的,只有4.7%,而希望培养想象力和创造力的只占14.9%。

中国并不缺乏"自主研发"的实力,缺乏的是具有"创新"思维的人才。国家可以投入巨资、搭建平台,推动科学研究,但是人的创造力是无法通过激励机制来促进的,它与人的思维方式息息相关。回望我们的每一个教育环节,基本都是在储备知识和技术,而对想象力的储备却极为稀缺。

国家教育部门应该下大力气改变社会的价值导向、教育理念、教育内容、评价机制,恢复青少年已经丧失想象的热情和天生的好奇心,用开放的思想,给孩子们留出想象的空间和时间,鼓励他们开阔思路,让他们在充满青春活力的时期,敢于冒险、自由思考。好奇心、想象力,需要悠闲自在、无拘无束、无忧无虑的氛围。作为教育工作者,我们要尽量营造这样的氛围,让众多青年可以在宽松的环境中碰撞思想、相互启发,全面提升想象力。

二、注重培养青年的行动力

如果说想象力是梦想的起点,那么将想象力具化成真正的创新成果,需要的则是行动力。

2018 年 5 月 2 日,习近平总书记在北京大学师生座谈会上指出:学到的东西,不能停留在书本上,不能只装在脑袋里,而应该落实到行动上,做到知行合一、以知促行、以行求知。

当代青年肩负着建设“两个一百年”的历史使命。在建设世界科技强国的进程中,广大青年或许在短时间内还不能承担起宏伟、重大的科研攻坚任务,但天下大事必作于细、天下难事必作于易,社会进步固然体现在那些宏大事件上,却更体现在具体而微的进步上。只有广大青年以更强的行动力去参与社会建设,才能够聚沙成塔,以个体的进步推动国家的进步。

青年有行动力,国家才有活力。现在,“90 后”已经登上历史舞台,成为干事创业的中坚力量,他们从小生活在条件相对优越的环境,没有太多的历史包袱,可以轻装上阵去筑梦、逐梦。虽然他们眼界开阔、思维活跃,但在一些人中的确存在好高骛远、作风漂浮等情况。

作为教育工作者,培养青年的行动力,就要引导他们树立起强烈的责任意识和进取精神,克服夸夸其谈的毛病,鼓励他们从小事做起,从点滴做起,积小胜为大胜。同时,我们也要为青年创新实践搭建更为广阔的舞台,为青年塑造人生提供更丰富的机会,为青年建功立业创造更有利的条件,建立激发青年创新创造的机制,让青年人展现出更多的新气象,成为建设科技强国的生力军。

三、注意培育青年的坚定信念

习近平总书记在多个场合鼓励青年要立志,要立鸿鹄之志。林业作为艰苦行业,更需要众多不怕困难、信念执着、顽强拼搏、永不气馁的奋斗者。

林业是艰苦和冷门的代名词,很少受到高考学子的青睐。但林业却是国民经济、社会发展时刻不可或缺的产业。党的十八大把生态文明建设纳入"五位一体"总体布局,将生态文明建设放在突出位置。林业是建设生态文明的关键领域和主要阵地。历史和现实反复证明,森林兴则生态兴,生态兴则文明兴。建设生态文明,对林业人才的素质和能力提出了更高的要求。但是,现在林业人才普遍存在储备严重不足、教育教学方法和手段严重落后、教育资源严重不均衡、偏远林区知识更新严重滞后等,制约着林业人才供给和林业事业健康发展的严重问题。

当前,我国高等教育正由"稀缺资源"向"选择资源"的竞争时代迈进。林业高等学校,由于办学资源有限,面临着来自综合性大学的众多挑战。由于林业基层岗位对毕业生吸引力不足,毕业生到林业基层岗位难,在基层岗位稳定发展更难。

功以才成,业由才广。为了让涉林毕业生可以在林区留得下、用得住,一方面,国家要努力营造良好的林业基层环境,出台有利于林业人才成长的体制机制;另一方面,还要对培养林业人才的高等学校在"双一流"建设等方面给予一定的政策倾斜,让林业高等学校可以强化办学特色,聚焦重点和优势。

此外,教育工作者还要注重培育青年树立愿意为祖国林业事业不断奋斗的坚定信念。习近平总书记指出:"人世间没有一帆风顺的事业。综观世界历史,任何一个国家、一个民族的发展,都会跌宕起伏甚至充满曲折。"[1]只有理想信念坚定的立志者,才会以不畏艰险、攻坚克难的勇气,以昂扬向上、奋发有为的锐气,不断把中华民族伟大复兴事业推向前进。

四、注重引导青年服务于经济社会

科学研究的价值,体现在对知识、真理的追求,也要靠服务经济社会发展、增进人民群众福祉的实效来检验。

党的十九大提出了新时代坚持和发展中国特色社会主义的战略任务,描绘了把我国建成社会主义现代化强国的宏伟蓝图。习近平总书记指出,实现中华民族伟大复兴的中国梦,必须具有强大的科技实力和创新能力。

虽然林业行业的科技成果不像信息、生命、制造、空间、海洋等领域的前沿技术可以直接拓展人类生存发展的新疆域,但是林业的科技成果却可以为国家节约森林资源。目前,我国低成本资源和要素投入形成的驱动力明显减弱,需要依靠更多更好的科技创新为经济发展注入新动力。为此,我们应注重引导林业青年人才,在进行科学研究时,要

---

① 习近平:《在纪念毛泽东同志诞辰 120 周年座谈会上的讲话》,人民出版社 2013 年版,第 10 页。

紧密联系社会需求,让科研成果可以服务于经济社会。

习近平总书记曾经举了清政府组织传教士们绘制《皇舆全览图》的例子。他指出,虽然这项科学水平空前的《皇舆全览图》走在了世界前列,但是因为它长期被作为密件收藏于内府,所以并没有对经济社会发展起到作用。习近平总书记指出,科学技术必须同社会发展相结合,要打通从科技强到产业强、经济强、国家强的通道,把创新驱动的新引擎全速发动起来。

科学技术是世界性的、时代性的,发展科学技术必须具有全球视野。当前,我们既面临千载难逢的历史性机遇,又面临必须克服差距拉大风险的严峻挑战。形势逼人、挑战逼人、使命逼人,我们必须把握大势、抢占先机,直面问题、迎难而上,瞄准世界科技前沿,不断聚焦经济社会发展主战场,努力把论文写在祖国的大地上,将科技成果应用在实现现代化的伟大事业中。

大力推动农业科技"走出去"，服务国家"一带一路"建设倡议

中国农业科学院　吴孔明

2018年5月28日习近平总书记在两院院士大会上的重要讲话，充分强调了建设世界科技强国的重要性。他要求，中国科技界要深度参与全球治理，贡献中国智慧，着力推动构建人类命运共同体，要在开放环境下推动自主创新，要深化国际科技交流合作，要主动布局和积极利用国际创新资源，努力构建合作共赢的伙伴关系，共同应对未来发展、粮食安全、能源安全、人类健康、气候变化等人类共同挑战，在实现自身发展的同时惠及其他更多国家和人民，推动全球范围平衡发展。总书记的讲话，在社会各界引发了热烈的反响。我们要认真贯彻落实习近平总书记关于科技创新的重要思想，牢固确立创新驱动发展的战略思想。现就做好我国农业科技"走出去"工作，谈谈自己的思考与建议。

一、农业科技"走出去"的重要性

受限于农业资源短缺和环境压力增大，我国保障农产品有效供给

一直面临巨大的挑战,农产品国际市场占有率不高、农业产能结构性过剩等问题十分突出。只有推动农业"走出去",在全球范围利用农业生产资源,才能从根本上解决我国粮食安全和生态安全问题。农业"走出去"要实现走得稳、走得好,把握国际竞争主动权,必须发挥科技的引领作用。推进我国农业科技"走出去"是扩大农业对外开放的重大战略,也是充分利用国内和国际两种资源和两个市场的重要举措。通过加快推进农业科技"走出去",可以带动我国优势技术产品进入国际市场,提高国际市场占有率。同时,依托国内的技术优势,充分利用国外的丰富资源,实现两种资源与两个市场的顺畅对接和有机融合,在增加国际食物供给总量的过程中,对我国粮食安全保障能力的增强形成积极作用。

随着我国综合实力的增强,国际地位和影响力日益提升,农业科技越来越成为我国对外交往的重点和热点领域,也是重要的优质外交资源。"一带一路"沿线绝大多数是发展中国家,农业资源丰富、市场潜力大,但农业发展落后,与我国开展农业合作的要求十分迫切。农业科技合作回应了沿线国家的重点关切,已成为打造"一带一路"命运共同体和利益共同体的民生工程。

科技强则农业强,农业强则国家强,农业产业竞争的本质是农业科技的竞争。我国农业企业科技创新能力偏弱,"走出去"的企业竞争力不强,因此,只有加快推进农业科技"走出去",才能培育国际化的大型农业企业。同时,推动农业科技"走出去",有助于支撑农业领域多双边投资贸易谈判,有助于在国际舞台讲好中国故事,贡献中国理念,提供中国方案,引导制定和完善涉农国际标准和规则,提升我国在全球粮农治理中的制度性话语权,增强我国农业的国际竞争优势。此外,"一带一路"沿线国家农业生物多样性丰富,通过科技合作可以丰富农业生物遗传育种资源，对推动我国现代种植业的发展具有重要意义。

二、农业科技"走出去"的现状

党的十八大以来，以习近平同志为核心的党中央把农业"走出去"摆到了更加突出的位置。近几年的中央"一号文件"，都对加快实施农业"走出去"战略、提高农业国际化水平提出了明确要求，将新时期农业"走出去"的战略定位聚焦在提升资源掌控能力、提升产能合作能力、提升规则制定能力、提升服务外交能力四个方面。国务院办公厅、农业部、科技部等部门密集出台了一系列文件和规划，对农业科技"走出去"制定了具体的路线图，在《农业对外合作规划（2016—2020 年）》中明确提出，要支持多（双）边农业技术合作、建立全球农业技术转化基地、掌握国际农业标准制定主导权，要突出科技合作的先导地位，多渠道加强沿线国家间知识分享、技术转移、信息沟通和人员交流。2014年，农业部牵头成立了涵盖多个政府部门和涉农企业的农业对外合作部际联席会议制度。2016 年，中国农业科学院成立了海外农业研究中心，整合全院农业对外科技合作资源，重点研究"一带一路"沿线国家农业发展状况和技术需求，评判分析农产品市场、贸易、投资、风险等，为政府管理和"走出去"的企业提供科技与信息服务。2017 年，农业部等四部委联合出台了《共同推进"一带一路"建设农业合作的愿景与行动》，为新时期农业"走出去"作出了顶层设计，形成了国家层面的"一带一路"农业对外合作机制。

在国家相关部门的大力推动下，农业科研院校通过科技人文交流、共建联合实验室、科技园区合作和技术转移等形式，与"一带一路"沿线国家开展了卓有成效的合作。先后建设了中国—哈萨克斯坦农业科学联合实验室、中国—印尼禽病控制联合实验室、中国—乌兹别克斯坦棉花联合实验室和中国—巴基斯坦杂交水稻研究中心等国际联合实验室(平台)。积极推动我国农业科研工作与国际农业研究磋商组织重大项目、欧盟农业与食品专项、法国农科院大科学计划、澳大利亚联邦科工组织旗舰项目、中英牛顿基金等项目的对接。依托国家公派高级研究学者、访问学者、博士后、研究生项目和中外合作办学项目,选派我国学生和科学家到"一带一路"沿线国家留学或合作研究,并吸引一大批"一带一路"沿线国家青年学者和科学家来华留学交流。依托商务部、科技部、农业部等相关部委及国际组织的涉外培训项目,每年为亚洲、非洲、拉丁美洲的近百个国家培训一大批农业工程、作物育种、植物保护、果蔬栽培、疫病防控、农机装备和沼气技术领域的技术人员。

多项农业技术已走出国门。中国的种子、动物疫苗、农机和植保技术,帮助"一带一路"沿线国家提高了作物产量,增加了农民收入,提升了农产品竞争力,也带动了中国与这些国家的农产品贸易合作和农业投资。例如,由中国政府和盖茨基金会资助的"绿色超级稻"项目,通过基因测序、育种研究和栽培管理技术研发,在亚非国家推广应用了60多个绿色超级稻品种。除了传统的作物生产技术,中国也将一些世界农业前沿科技带到了"一带一路"沿线国家,例如,动物流感诊断试剂和疫苗已在埃及、哈萨克斯坦和印度尼西亚等国实现了产业化,对维护当地畜禽产业的安全发挥了重要作用。总体上,随着"一带一路"倡议的深入推进,我国农业科技"走出去"步伐不断加快,农业科技对外投入持续增加、合作领域日益拓展、合作层次逐步升级、合作主体和方式不断丰富。

三、对强化农业科技"走出去"工作的建议

农业科技"一带一路"合作要全面贯彻落实党的十九大对外开放的新要求，坚持"引进来"和"走出去"并重，遵循共商共建共享原则，加强创新能力开放合作，形成陆海内外联动、东西双向互济的开放格局。具体合作方向应从全球政治经济环境、国家农业发展客观需求、中国农业科技发展现状和"一带一路"沿线国家资源禀赋四个角度出发，突出重点国别、重点产业，加强科企合作、抱团出海。但目前农业科技"走出去"依然面临诸多难题，一系列深层次问题还没有得到解决。针对目前影响我国农业科技"走出去"所存在的突出问题，建议如下：

（一）鼓励国内企业到"一带一路"沿线国家投资农业

我国与"一带一路"沿线国家和地区农业合作互补性强，其中，与东南亚、中亚、中东欧地区的粮食贸易互补指数高、贸易潜力大。中美贸易争端已提醒我们，要面向"一带一路"沿线国家寻求大豆等农产品进口的多元化，打造农产品供应安全保障体系。"一带一路"沿线很多地区地广人稀，土地资源丰富，而农业劳动力缺乏，中国农业企业到该地区开展农业开发与投资合作，可以利用东道国的资源优势和我国的劳动力与技术优势。我国农业企业"走出去"，要注意风险管控，加强品牌培育。对"走出去"的企业，国内农业科研单位要给予科技和信息服务，政府要给予产业指导，提供财政、税收和金融保险、融资或资本金支持等相应的扶持政策，通过与国外政府部门商签多边和双边协定（如自贸区、投资保护、避免双重征税、货币互换、知识产权保护等），减少和排除境外贸易投资壁垒，降低"走出去"企业的海外投资风险。

（二）成立国家农业科技"走出去"联盟

针对农业科技"走出去"各自为战所产生的问题,要通过成立国家农业科技"走出去"联盟,组织不同单位的科技力量联合攻关,促进国内科技创新团队与"走出去"企业的有机合作。充分发挥联盟连接国内外两个市场、两种资源的桥梁作用,有效整合各系统国际合作与科技资源,打造世界领先的海外农业创新团队,一体化参与全球竞争,有效拓展农业技术和产品国际市场,形成对全球资源的配置力和农业科技创新要素跨境流动的控制力。依托国家农业科技创新联盟、全国农科院系统外事协作网,逐步形成国内相关研究院所、大学、涉农产品生产及进出口贸易企业组成的产学研贸相结合的海外农业创新架构,形成科技国际合作与国内产业转型升级的良性互动,积极推动我国农业科技"走出去"和"引进来"纵深层次发展。

（三）加大"走出去"人才培养力度

人力资源是农业"走出去"的第一要素。要集中力量打造服务海外农业发展战略的高端人才库,引进培养集聚一批国际化的杰出农业科技管理、科研、推广的复合人才;要把"引进来"与"走出去"相结合,建立人才培育的双向互动机制,以人才交流深化农业"走出去"技术合作;要针对"一带一路"沿线国家的特点,培养一大批适合新时期农业"走出去"的农业科技人才。

（四）建好农业科技示范园区

"一带一路"沿线多是发展中国家,受经济发展水平限制,农业科技研发水平相对落后,推广体系不够健全。我国在农业技术、物资装备等方面具备较好基础,尤其在杂交种子生产、植物保护、农兽药生产、设施园艺、农业机械和信息技术等方面优势明显,还在农村经济体制改革、农民组织与培训、农业技术推广等方面积累了丰富的经验。在农业对外合作过程中，可以充分利用这些技术和经验，建设和运行好若干农业科技园区，发挥示范引领作用，提高"一带一路"沿线国家和地区的农业科技水平，提升东道国的农业生产水平。

（五）建立支持科技"走出去"的经费管理制度

随着农业科技"走出去"的重要性日渐突出，对与农业"走出去"相关的科研活动的经费支持力度也在不断加大，但与之相应的经费管理制度，却跟不上现实发展的需求，经费使用规则僵硬守旧、不具针对性。此外，对于"走出去"科研人员的激励、科研人员国际交流、科企联合研发等涉及经费使用与分配的问题，都尚未解决。这些都限制了农业科技"走出去"经费的使用效率与利用价值，成为制约农业科技"走出去"的关键因素。面对科研经费管理制度与农业科技"走出去"不相适应的现状，亟须对现有的农业科研经费"走出去"管理制度进行修订。要以完成"走出去"科研任务为导向，以保障农业科技"走出去"相关科研活动资金需求为主要目标，充分结合"走出去"科研活动的特征和目标国的法规，提高科研经费的使用弹性与使用效率，使农业科技能更好地服务于农业对外合作战略。

（六）修订种质资源进出口等管理办法

植物品种等"走出去"涉及农业农村部、科技部、财政部、商务部、外交部、知识产权局、检验检疫局、海关等多个部门。现有的种质资源进出口程序复杂烦琐、管理多头、时间周期长，难以满足当前植物品种"走出去"和"引进来"的需要。要依据《中华人民共和国种子法》《农作物种质资源管理办法》等相关法律法规和"走出去"的实际情况，加快修订《进出口农作物种子（苗）管理暂行办法》，加强优异种质资源在境内外的知识产权的保护，适度、分阶段放开我国部分种质资源的对外开放与利用。简化进出口审批程序，探索"一站式"进出口审批模式，简化审批手续、缩短国内和国外市场上市时间差。在国际认证方面，要研究加入经合组织和国际种子联盟的可行性，建立起与目标国检测结果互认的检测体系，推进种子（苗）认证制度与国际组织的对标和对接，推进中国种子（苗）质量认证国际化。探索建立植物新品种测试和区域试验国际合作机制，实现与出口目标国监测制度、方法和结果的互认。

新时代中医药传承发展战略和重大任务

中国中医科学院、天津中医药大学　张伯礼

天　津　中　医　药　大　学　张俊华

中　国　中　医　科　学　院　胡镜清

党的十九大提出了新时代坚持和发展中国特色社会主义的战略任务,描绘了把我国建成社会主义现代化强国的宏伟蓝图。建设世界科技强国,应有引领性科技成就。习近平总书记提出,要"在重要科技领域成为领跑者,在新兴前沿交叉领域成为开拓者,取得标志性科技成就,创造更多竞争优势"[1]。中医药学是独特的医疗资源,也是具有原创优势的科技资源,具有领跑生命科学发展的潜力,具有主导新赛场、制定新规则的原创优势。加快推进中医药学传承创新发展,是落实健康中国战略的重要任务,也是建设科技强国的重要着力点。

---

[1]　习近平:《在中国科学院第十九次院士大会、中国工程院第十四次院士大会上的讲话》,人民出版社 2018 年版,第 11—12 页。

一、中医药学的学科特点与优势

世界卫生组织（WHO）的报告中指出：医学目的是发现和发展人的自我健康能力。从防病治病转向维护健康成为新时期医学的发展方向。预防为主、中西医并重、人民共建共享是我国新时期卫生与健康工作新方针中的重要内容，中医药将发挥重要基础性作用。

中医药学以整体观念为指导，追求人和自然和谐共生，从整体上系统把握人体健康；在生理上，以脏腑经络、气血津液为基础，主张阴阳平衡，气血畅通；在治疗上，以辨证论治为特点的个体化诊疗，重视个体差异和疾病的动态演变；在方药上，根据药物性味归经，运用"七情和合"的配伍法则，使用方剂起到减毒增效的作用。这些特点符合现代医学发展的理念和方向，其科学内涵不断得到诠释，彰显了中医药学的科学性、先进性。中医药学虽然古老，但其理念并不落后，符合先进医学的发展方向。随着医学发展和科技进步，中西方医学逐步汇聚的趋势越来越明显。现代生命科学遇到的许多困难和挑战，医疗需求与可持续供给之间的日益突出的矛盾，将从中医药学中找到解决的思路和方法。

二、中医药对我国经济社会发展的贡献

（一）独特的卫生资源

中西医并重是我国医疗卫生工作的基本方针和优势特色。目前，我国中医院年门诊量达 9 亿人次（约占全国医疗诊疗总量的 18%），到

2020 年将达到 13.49 亿人次。我国以较少的医疗投入，取得了显著成效，人均预期寿命达到 76.7 岁，多个省市超过 80 岁，处于全球前列，这也得益于中医药"简、便、廉、验"的优势。充分发挥中医药优势，是健康中国建设的重要支撑。

（二）潜力巨大的经济资源

过去 20 年，中药工业总产值从不到 300 亿元增加到 2017 年的 9000 亿元，约占我国生物医药工业总产值的 1/3。中药大健康产业已经形成，达到 2.5 万亿元规模。发展中药大健康产业，具有调整工农产业结构、增加就业、使农民脱贫致富及保护生态等综合优势，具有广阔的市场前景和巨大的经济潜力。

（三）原创的科技资源

中医药学历经几千年的经验积累，具有独特而完整的理论体系，形成了预防、治疗、康复等有效的治法、方药、技术，是创新的重要资源库。如屠呦呦研究员受中医药典籍的启示，发现青蒿素，挽救了全球数百万人的生命，获得 2015 年诺贝尔生理学或医学奖。其他研究成果，如砷制剂治疗白血病、黄连素治疗代谢性疾病、针刺镇痛等，均孕育着重大突破。深入研究挖掘中医药原创优势，将会产生更多具有重大价值的科研成果，推进世界生命科学发展。

（四）优秀的文化资源

中医药学凝聚着深邃的哲学智慧和中华民族几千年的健康养生理念及其实践经验，是中国古代科学的瑰宝，也是打开中华文明宝库的钥匙。随着中医药的国际化发展，全球已有 183 个国家和地区使用中医药，中国已同外国政府、地区主管机构和国际组织签署了 86 个中医药合作协议，已经在海外建成数十个中医中心、中医孔子学院或中医孔子课堂。中医药成为一张亮丽的外交名片，对推动"一带一路"沿线国家和地区的民心相通发挥着重要作用。

（五）重要的生态资源

绿水青山就是金山银山。以中药材为主的生态农业,在服务医疗和健康产业发展的同时,还能保护生态环境、改善生态环境、建设生态环境,同时也是"精准扶贫脱贫"的重要抓手。如在新疆和内蒙古进行中药材肉苁蓉的人工栽培,推动梭梭和怪柳种植 500 余万亩,接种肉苁蓉 120 余万亩,带动 15 万人致富,同时治理了荒漠。

三、中医药现代化研究取得的成绩

中医药现代化战略实施二十余年来,推动中医药理论与现代科技相结合,产出一批优秀成果,在科研平台、科研成果、产业规模、临床研究、国际化和人才培养等方面均取得了突出成绩,有力推动了中医药事业的发展。

（一）中医药科研平台发展完善

建成了一批高水平的中药研究平台,突破了多项关键技术。如中药药效物质研究技术平台、中药药代动力学研究平台、中药安全性研究平台、组分中药研究平台、中药药理学研究平台、中药临床评价平台等均取得了标志性研究成果,成为阐释中药药效物质基础及作用机制,揭示中医药科学内涵的技术保障。许多研究机构通过了 GLP、GCP、CNAS、ISO 等国内外认证。

（二）中医药科研成果丰硕

随着高效液相色谱（HPLC）、质谱、光谱、核磁等先进仪器和分析技术不断进步,给中药化学成分的认识、药效/毒性物质的分析、作用机制的探究、体内过程的探索、质量标准的建立等提供了技术保障,许多研究成果转化为药典标准和行业标准。

在中药资源方面,开展了全国中药资源普查、中药材种植参数的优化、种子种苗的繁育、道地药材适宜区划的认定、中药材及饮片的鉴定、中药基因组研究、中药质量标准建立、稀缺药材人工培育(麝香、牛黄、虫草、沉香等)和中药资源循环利用等方面工作,均取得了标志性成果。

研究成功了一批中药新药,改造了一批老药并成为中药大品种。年销售额过 10 亿元的中药大品种已达 50 余个。中药制药技术与设备也不断升级,从原料到提取物到制剂,过程质量控制技术水平明显提升。

新技术方法的综合应用,也使中医药理论的科学内涵不断得到诠释,如方剂配伍理论研究、药性理论研究、脏象理论研究、经穴特异性研究等均取得了标志性成果。我国学者发表的中医药 SCI 论文从年产不到 100 篇增加到每年 3000 余篇,20 年增长了近三十倍;占国际论文比例从 5% 增加到 35%,增长了 6 倍。

(三) 中医药临床研究水平提升

随着循证医学、临床流行病学的推广应用,中医药临床研究的质量得到显著提升。临床研究实施过程质量控制体系也不断健全。中医药临床研究注册系统、中央随机分配系统、远程数据获取系统等均得到推广应用。随着大数据技术的兴起,也带来中医药临床研究模式的改变,基于大数据的中医药真实世界研究技术不断发展。

临床循证评价方法的普及应用,提高了研究质量,取得了许多标志性的成果。如针刺治疗压力性尿失禁、银翘散加麻杏石甘汤治疗甲型 H1N1 流感、芪苈强心胶囊治疗慢性心衰、芪参益气滴丸对心肌梗死二级预防、通心络防治 PTCA(经皮冠状动脉腔内血管成形术)术后无复流等研究成果在国际知名医学期刊发表,取得了高级别的研究证据,彰显了中医药防治心血管疾病的优势。

(四) 中医药国际化进程加快

中药国际化进程加快,如复方丹参滴丸胶囊(T89)、血脂康胶囊、扶正化瘀片、康莱特注射液等完成了美国食品药品监督管理局(FDA)二期临床评价。中药欧盟注册也取得突破,地奥心血康胶囊、丹参胶囊、板蓝根颗粒已经在荷兰、英国注册成功,还有一批中成药正在开展欧盟注册研究。百余个中药材品种被美国药典、欧洲药典收载。据中国海关数据统计,2017 年中药类产品出口金额达到 36.4 亿美元。

四、新时代中医药发展的机遇与挑战

(一) 重大战略机遇

党中央、国务院及各级部门发布了《"健康中国 2030"规划纲要》《中医药发展战略规划纲要(2016 — 2030 年)》等一系列国家战略规划,2017 年《中医药法》实施,这些都为中医药发展提供了法律保障。党的十九大报告作出"坚持中西医并重,传承发展中医药事业"①的战略部署,中医药也要适应新时代,谋求新发展,作出新作为。

新时代,要让中医药在健康中国建设中的推动作用得到充分发挥。随着疾病谱转变为以慢性复杂性疾病为主体,老龄化社会的到来,医疗卫生工作面临巨大挑战。需要推动将医疗工作的重点从疾病治疗转到

---

① 习近平:《决胜全面建成小康社会 夺取新时代中国特色社会主义伟大胜利——在中国共产党第十九次全国代表大会上的报告》,人民出版社 2017 年版,第 48 页。

预防、治疗、康复并重。需要充分发挥中医药在治未病中的主导作用、在重大疾病治疗中的协同作用、在疾病康复中的核心作用。同时,推动中医药进入"一带一路"沿线国家医药卫生保健体系,带动中医药产业和服务贸易的发展。

新时代,要让中医药在创新型国家建设中的推动作用得到充分发挥。中医药学是我国具有原创优势的领域。当前,信息技术、生物技术引领的新科技革命正在形成,大数据、云计算、物联网、人工智能等现代科技有助于中药创新能力迅速提升,为中医药科学化、标准化、现代化带来了强大动力。利用现代科技充分发掘中医药原则思维,可能在医学理论、药物研发、器械装备、健康维护等方面产生具有引领性、原创性的重大突破,为科技强国、质量强国和国家创新体系建设作出贡献。

(二) 面临的挑战

新时代,中医药发展面临着人民群众对中医药服务的高质量需求及中医药原创优势传承不力、发掘不够、国外侵占等多重问题。究其根源是科技投入不够导致创新能力不足。

据统计,中医医疗机构约占全国卫生机构的5%,中医从业人员约占全国医务人员的10%,每万人口中医执业医师约3人,特别是基层中医药人才缺乏,导致中医药高质量服务供给绝对不足。中药产业快速发展,但中药产品的科技基础还比较薄弱,临床有效性和安全性证据有待加强,中药物质基础和作用机制研究有待深入。作为中药产业基础的中药资源,生产经营较为粗放,重产量轻质量,导致中药材品质下降。此外,中药大健康产品研发投入少,科技附加值低,存在低水平重复问题。

西方发达国家正以前所未有的力度抢滩中医药,研究开发中医传统知识,抢注标准、专利,掠夺知识产权。一些外资企业利用合作、并购、兼并等方式侵占古方、验方。与此同时,它们凭借其现代技术优势,特别是在技术装备和标准体系中快速推进,加快占领包括中国在内的国际市场。

五、中医药创新发展的目标和重点任务

在现阶段,中医药发展要加强在传承原创优势基础上的创新,重视现代科技的融通运用,推进中医药创造性转化和创新性发展。

(一) 发展目标

全面加强中医药创新驱动发展战略,持续推进中医药现代化纵深发展,以中医药标准化、信息化、现代化、国际化为方向,大力加强多学科融合创新,发挥中医药在维护健康、疾病防治及健康产业中的作用,为健康中国建设提供高质量的产品和服务,为科技强国建设提供重要支撑。

到 2035 年,中医药基础理论研究及重大疾病攻关将取得标志性成果,在治未病中的主导作用、在重大疾病治疗中的协同作用、在疾病康复中的核心作用得到充分发挥;中药工业智能化水平迈上新台阶,中医药产品质量大幅度提升,对经济社会发展的贡献率进一步提高,我国中药产品在国际市场的份额和地位得到提升,世界引领地位更加巩固。

(二) 重点任务

1. 中医药原创科技资源传承创新

系统传承、深入发掘中医药原创科技资源,以系统医学为指导,运用生命组学、生物信息学等技术方法,揭示中药药性、方剂配伍、腧穴经

络、脏腑等相关理论的科学内涵,力争通过基础理论研究的突破形成具有原创性和引领性的医学成果。

2. 智慧中医服务体系建设应用

充分利用大数据、人工智能等信息技术,建立中医药个体化中医四诊信息采集和名老中医经验传承的智能化知识系统,构建全方位居民健康监测系统和智能辅助决策系统,推动实现人人享有优质中医药医疗和健康养生服务。

3. 中医药循证评价与证据提升

深化推进循证中医药发展,分步实施中医药相关干预措施循证评价研究。完善中医药循证研究方法学体系,建成中医药循证研究关键技术平台和质量控制体系,保障证据的高质量产出;建设中医药证据转化应用体系,支撑临床指南、临床路径、医保目录及相关政策制定,推动实现中西医并重医疗实践和产业发展。

4. 高质量中药产品研发与生产

加强中药资源可持续利用研究,解决从野生到家种的一系列科学问题,保障高品质药材的供给。加强中药新药研发模式和技术创新,研发具有疗效确切、安全性好、质量均一、服用便捷且能解决重大临床问题的高质量中药产品。推动中药制药技术升级,实现数字化、智能化制造,保障产品质量。

5. 中医关键技术装备研发与应用

中医药经验传承、诊断客观化、干预精准化、疗效评价、治疗康复、产品制造等都需要依靠先进技术装备。融合现代信息技术和工程材料最新研究成果,研制符合中医药特点和优势的关键技术装备,为中医药创新性发展提供支撑。

六、保障措施及建议

（一）建立健全中医药管理和评价体系

加强中医药管理体制机制改革，加强中医药相关产业领域管理权限和职能的整合集中，避免多部门交叉分割管理带来的政策不协调和资源浪费等问题。加强构建符合中医药特点的中药审评制度、医保制度和技术评价体系，形成有利于中医药传承创新发展的政策环境。

（二）建立健全国家级中医药研究平台

加强国家中医药重点实验室、国家中医药临床研究中心、国家中医药数据中心、国家中医药康复中心等一批国家级平台的布局和建设，为中医药振兴发展提供支撑。

（三）设立国家中医药研究专项

中医药相关研究项目分布在不同部门、不同研究专项，研究任务较分散、经费投入不足。设立中医药传承发展科技专项，给予稳定持续的经费投入，确保重大研究方向可持续深入，产出重大标志性成果。

（四）启动全球中医药大科学计划

充分利用国内外优势科技资源，组织开展"我主人随"的中医药国际大科学计划，推动中医药国际认可和产品进入国际市场，制定公认的标准和规则，发挥全球引领作用。

建设世界科技强国的使命与挑战

哈尔滨医科大学 杨宝峰

习近平总书记在 2018 年两院院士大会上提出,"中国要强盛、要复兴,就一定要大力发展科学技术,努力成为世界主要科学中心和创新高地。我们比历史上任何时期都更接近中华民族伟大复兴的目标,我们比历史上任何时期都更需要建设世界科技强国!"[①]同时,习近平总书记也清醒地认识到,"现在,我们迎来了世界新一轮科技革命和产业变革同我国转变发展方式的历史性交汇期,既面临着千载难逢的历史机遇,又面临着差距拉大的严峻挑战"[②]。我们迫切需要建设世界科技强国,同时也要清晰地认识到我们建设世界科技强国所面对的过去、现在的问题以及即将面临的挑战,从而制定科学的、具有前瞻性的对策,承担起建设世界科技强国的使命。

建设世界科技强国,关键在于是否具有世界水平的科技人才;培养世界水平的科技人才,关键在于是否具有培养世界水平科技人才的文化环境、思想环境、社会环境以及人才施展才华的土壤和舞台,而造就

---

① 习近平:《在中国科学院第十九次院士大会、中国工程院第十四次院士大会上的讲话》,人民出版社 2018 年版,第 8 页。

② 习近平:《在中国科学院第十九次院士大会、中国工程院第十四次院士大会上的讲话》,人民出版社 2018 年版,第 8 页。

这种文化环境、思想环境、社会环境以及人尽其才环境的关键,仍然在于党的领导。中国特色社会主义最本质的特征是中国共产党的领导,中国特色社会主义制度的最大优势是中国共产党的领导,人才建设是党的建设的重要内容。因此,归总起来,世界水平的科技人才的培养是建设世界科技强国的基础,也是中国共产党带领全国人民实现"两个一百年"奋斗目标的基石。

这些年来,在广大科技人员的努力下,中国科技以全新的姿态屹立在世人面前,中国科学家独创设计和制造了世界最大口径射电望远镜,把中国空间测控能力由地球同步轨道延伸至太阳系外缘;"天空二号"空间实验室和"神舟十一号"载人飞船先后发射成功,形成组合体稳定运行;国产大客机 C919 实现首飞;首颗大型 X 射线天文卫星"慧眼"成功发射;"神威·太湖之光"超级计算机系统成为世界上首台运算速度超过十亿亿次的超级计算机;中国标准动车组"复兴号",具有完全自主知识产权、达到世界先进水平;墨子号量子科学实验卫星是中国首个,更是世界首个量子卫星;中国北斗卫星导航系统是继美国全球定位系统(GPS)、俄罗斯格洛纳斯卫星导航系统(GLONASS)之后第三个成熟的卫星导航系统。这些成就的取得,无不彰显着中国科技人才为中国现代化建设作出的巨大贡献。但认真思考我们所取得的成就,大多属于工程技术领域,重大、原创、划时代的科学理论我们较少提出。工程技术进步离不开科学理论的提升,没有重大科学理论的提出,我们工程技术再强也属于跟跑或并跑状态,难以达到超越。因此,全力支持基础研究、重大科学理论研究是我们建设世界科技强国的保障。我们这些年在基础研究领域也取得了重要进展,如铁基超导材料保持国际最高转变温度,量子反常霍尔效应、多光子纠缠等,但我们的重大科学理论研究仍有待加强。

万物皆有规律,科技创新也是如此。纵观欧美、日本等世界科技强国,科技创新发展无不是在肥沃的"土壤"中孕育滋养。全面领先的国家科技创新战略,多类型的科技创新体系,多元化的人才评价体制机制,市场优化的创新资源配置,高度发达的创新基础设施,先进的教育教学理念等,诠释了世界一流科技强国科技创新发展的内在规律。党的十八大以来,以习近平同志为核心的党中央不断为科技创新发展培土固根,不遗余力地推动中国科技创新工作发展,为我国科学技术从"跟跑者"向"领跑者"转变注入强大动力。就目前来看,我国与世界一流科技强国相比仍存在明显差距,科技创新发展的土壤并不肥沃,建设科技强国仍有很长的路要走,面临的挑战和问题主要有以下五个方面。

一、人才评价标准单一,人才"帽子"过多

据不完全统计,全国各级各类创新人才计划及奖励有近百个。这种现象引发的负面效应正日益凸显。一是科技人才评价标准单一,以SCI论文数量、影响因子等数字指标为唯一标准,评选体系有待完善;二是现在的"帽子"不仅和科研经费挂钩,而且还和晋升职称、待遇挂钩,致使一些科技工作者丢弃了行为准则,将个人职业追求堂而皇之地与名气、利益结合,甚至是不惜手段,逐渐把学术规则的底线忘记了,久而久之学术生态不复健康。

二、科研管理"繁文缛节"过多

被科研项目和经费管理中的条条框框管得过死,缺乏科研自主权,

是科研人员非常关切的问题。一个科研项目从立项到结题需要 3—5 年时间,这个时间周期对于一个从基础研究到实现成果转化的高质量项目来说并不充裕,然而在这个过程中,科技人员每年还要面临着各种各样的项目、财务检查,科研管理中的"繁文缛节"给科技人员带来了巨大的压力,消耗了科技人员许多宝贵的时间和精力。

三、科研团队创新能力建设匮乏,领军人才作用难以发挥

科技领军人才的成长离不开团队的滋养,没有具有创新能力的科研团队,领军人才作用也难以充分发挥。中国科协调研宣传部于 2013 年组织开展了科技领军人才选拔培养状况调查。调查发现,近五成(46.4%)的人认为目前科研工作存在的主要困难是"没有科研团队或团队力量薄弱",其中有 77.7% 的人是科研团队的带头人。这意味着这些领军人才对自己所领导的科研团队的创新能力缺乏认同,科研力量的薄弱成为研究工作中的主要困难。

四、教育与科学创新精神的普及脱钩

受应试教育的影响,我国科学精神方面的教育远远不足。大多数学生几乎从来不进实验室,而是埋头在课堂进行各类考试题型的训练,一定程度上扭曲了我国科学精神的培育。

五、基础研究经费投入总量偏少,渠道单一

当前我国的基础研究经费尚存在投入总量偏少、渠道单一和支持方式不合理等突出问题。尽管近年来我国的研发经费持续稳定增长,但用于基础研究的比例长期徘徊在 5% 左右,远低于发达国家。在基础研究经费来源中,超过九成来自中央财政,来自地方财政和企业、社会的资金很少。此外,我国目前竞争申请的比例偏高,导致科研人员把许多时间和精力花在了写项目计划书、编制预算上,"科学家围着钱转"的尴尬处境必须尽快改变。

以上诸种因素,本质上仍然是制约培养世界水平的科技人才的主要因素,因此我们要在文化环境、思想环境、社会环境、体制环境以及人才施展才华的土壤和舞台建设方面作出努力。

一是文化思想建设。习近平总书记在党的十九大报告中指出:"文化是一个国家、一个民族的灵魂。文化兴国运兴,文化强民族强。"[①]每一个中国人,从小到大,都受着中华文化的熏陶,并由此影响着我们的言行。中国现代文化,必须是中国传统文化与当代世界先进文化相结合的、为人民提供强大的精神力量和道德滋养的文化,这样的文化环境,才能培养孕育出优秀的人才。人才从来不应是少数群体,"天生我材必有用",能够培育大多数人成为人才的文化才是先进文化。党的十九大报告提出:"发展中国特色社会主义文化,就是以马克思主义为指导,坚守中华文化立场,立足当代中国现实,结合当今时代

---

① 习近平:《决胜全面建成小康社会 夺取新时代中国特色社会主义伟大胜利——在中国共产党第十九次全国代表大会上的报告》,人民出版社 2017 年版,第 40—41 页。

条件,发展面向现代化、面向世界、面向未来的,民族的科学的大众的社会主义文化,推动社会主义精神文明和物质文明协调发展。"①又指出:"推动中华优秀传统文化创造性转化、创新性发展,继承革命文化,发展社会主义先进文化,不忘本来、吸收外来、面向未来。"②因此,文化建设是中华民族抬头挺胸屹立于世界、凝魂聚力的基石。

人类有别于其他动物的本质在于思想,禁锢的思想不可能谈到创新。我们要营造一个党的领导下的思想自由的氛围,发挥人才改造自然、改造社会的潜力。文化思想、学术思想的建设从来不是闭门造车,加强国际思想和学术交流,吸收先进文化和理念,是建设世界科技强国的必经途径。当前,马克思主义在意识形态领域的指导地位已更加鲜明,中国特色社会主义和中国梦深入人心,社会主义核心价值观和中华优秀传统文化广泛弘扬,主旋律更加响亮,正能量更加强劲,文化自信得到彰显,国家文化软实力和中华文化影响力大幅提升。在这种形势下,我们当然不惧怕交流,取之精华、弃之糟粕,我们有这样的自信。

二是社会建设。社会的发展离不开科学技术的进步,同样,社会因素也会对科学技术发展产生重要影响。党的十九大报告指出,带领人民创造美好生活,是我们党始终不渝的奋斗目标。在社会建设方面,我们将:(1)优先发展教育事业;(2)提高就业质量和人民收入水平;(3)加强社会保障体系建设;(4)坚决打赢脱贫攻坚战;(5)实施健康中国战略;(6)打造共建共治共享的社会治理格局;(7)有效维护国家安全。新时期中国特色社会主义建设为我国科学技术发展提供了持续的社会

---

① 习近平:《决胜全面建成小康社会　夺取新时代中国特色社会主义伟大胜利——在中国共产党第十九次全国代表大会上的报告》,人民出版社 2017 年版,第 41 页。

② 习近平:《决胜全面建成小康社会　夺取新时代中国特色社会主义伟大胜利——在中国共产党第十九次全国代表大会上的报告》,人民出版社 2017 年版,第 23 页。

因素保障。没有和谐清明的社会,必然导致人才的流失。

三是科技体制建设。推进自主创新,最紧迫的是要破除体制机制障碍,最大限度解放和激发科技作为第一生产力所蕴藏的巨大潜能。习近平总书记对我国科技领域有待解决的突出问题非常清楚,明确指出:"我国科技在视野格局、创新能力、资源配置、体制政策等方面存在诸多不适应的地方。我国基础科学研究短板依然突出,企业对基础研究重视不够,重大原创性成果缺乏,底层基础技术、基础工艺能力不足……关键核心技术受制于人的局面没有得到根本性改变。"[1]"科技创新资源分散、重复、低效的问题还没有从根本上得到解决,'项目多、帽子多、牌子多'等现象仍较突出,科技投入的产出效益不高,科技成果转移转化、实现产业化、创造市场价值的能力不足,科研院所改革、建立健全科技和金融结合机制、创新型人才培养等领域的进展滞后于总体进展,科研人员开展原创性科技创新的积极性还没有充分激发出来,等等。"[2]

因此,在科技体制建设方面,我们首先要完善科技评价体系。一段时期以来,我们的科技评价完全以论文为导向,发表一篇高影响因子论文就项目、奖励等通吃,而很少分析论文的学术价值和意义。人才评价制度有待完善,唯论文、唯职称、唯学历的现象严重,人才"帽子"满天飞。因此,今后首要任务是按照习近平总书记的指示,创新人才评价机制,建立健全以创新能力、质量、贡献为导向的科技人才评价体系,形成并实施有利于科技人才潜心研究和创新的评价制度,改变仅将论文数

---

[1] 习近平:《在中国科学院第十九次院士大会、中国工程院第十四次院士大会上的讲话》,人民出版社 2018 年版,第 7 页。

[2] 习近平:《在中国科学院第十九次院士大会、中国工程院第十四次院士大会上的讲话》,人民出版社 2018 年版,第 14 页。

量、资金数量等作为人才评价标准的片面做法。其次,要完善科技管理模式。按照中央出台的重要改革方案,建立以科技创新质量、贡献、绩效为导向的分类评价体系,正确评价科技创新成果的科学价值、技术价值、经济价值、社会价值、文化价值;注重个人评价和团队评价相结合,尊重和认可团队所有参与者的实际贡献;完善科技奖励制度,让优秀科技创新人才得到合理回报,释放各类人才创新活力;消除束缚科学家的繁文缛节和报表审批;科技创新不能一蹴而就,需要长时间的努力和积累,绝不能急功近利,要给科学家"十年磨一剑"的宽容环境,给真正潜心的科学家以持续的支持;青年强则国家强,加强青年人才培养,制定有利于青年人才发展的体制机制,营造有助于青年人才尽快成长的社会氛围,为新时代中国特色社会主义事业的发展提供强有力的后备人才保障。

要实现中华民族的伟大复兴,必须把我国建设成为世界科技强国,"关键核心技术是要不来、买不来、讨不来的"。建设世界科技强国,必须培养具有世界水平的科技人才队伍,我们必须为此目标努力奋斗。

中国的创伤修复与组织再生：
从国际上默默无闻到"向东方看"

解放军总医院生命科学院　付小兵

2018 年 5 月 28 日,习近平总书记在两院院士大会上的重要讲话中特别提到了要进一步加强与我从事专业有关的再生医学领域,使我受到极大的鼓舞和鞭策,并倍感振奋和自豪。特别是习近平总书记在讲话中强调的"关键核心技术是要不来、买不来、讨不来的"[①]重要论述,使对中国创伤和组织修复与再生医学的发展有着切身体会的我感触颇深。中国创伤修复与再生医学重要领域之一的汗腺再生和创面治疗有关理论创新与关键治疗技术的突破,完全印证了习近平总书记有关必须要走自主创新之路的重要论述。这两个领域是我国在国际上从默默无闻到发达国家提出要"向东方看"的典型代表,是我国创伤治疗走在国际前列的具体体现。

作为创伤修复与组织再生医学的重要领域和窗口之一,如何再生出有功能的器官和解决体表慢性难愈合创面治疗,是一个深奥的科学问题,是没有解决的技术难题,是创伤修复与组织再生医学领域具有巨

---

① 习近平:《在中国科学院第十九次院士大会、中国工程院第十四次院士大会上的讲话》,人民出版社 2018 年版,第 11 页。

大挑战性和高度展示性的重要领域,且具有重大的社会需求。20 世纪 90 年代初,我国在这些领域还比较落后,主要表现在基础研究没有原创性发现,临床治疗缺乏关键治疗技术。记得 20 世纪 90 年代,我们每次去欧美参加该领域的重要学术会议,基本上都是坐在会议大厅的后排,既没有大会发言的机会,也没有参与关键讨论的能力,更缺乏与外国同行平等交流的勇气,只能默默地做一个会议的旁听者。即使在有限的交流中,发达国家的专家或厂商,也常常不会告诉我们一些治疗设备的关键技术和原理,而是只进行以推销产品为目的一般性介绍。当时深感我国在这一领域的落后以及外国同行的傲慢与偏见,这种尴尬的场面一直深深刺激着我和同行们的心灵。我们痛下决心,一定要在创伤和组织修复与再生医学领域作出具有原创性的工作,这不仅是要在国际上争一口气的问题,而是要应用这些原创性的理论发现与关键技术,真正解决老百姓面临的痛苦,为提高我国创伤修复与组织再生整体治疗水平作出应有的贡献,使我国在这些领域的基础研究和临床治疗跻身于世界先进行列。

创伤和组织修复与再生是最古老的医学问题之一,同时又有新近的重大社会需求,如何在这个领域作出既具有原始创新,又具有中国特色,同时能真正服务于病人的成果,是一个值得思考的重要问题。根据当时中国的现状,并结合国内外的发展趋势,我们确定了两个重要的领域进行攻关:一是解决再生医学中汗腺再生的国际难题,向再生医学的高峰攀登;二是解决老百姓平时痛苦最大的体表慢性难愈合创面的治疗难题,以切实服务于广大患者。2001 年,我们首先发现并在国际著名医学杂志《柳叶刀》(The Lancet)上报告了表皮细胞可以通过去分化转变为表皮干细胞,通俗来讲就是已经分化的老的表皮细胞可以转变为年轻的干细胞。对于这一原创性发现,当时国内外专家普遍不予认同,特别是个别国外专家还在杂志上发表质疑,认为中国人讲的是天方夜谭,老的细胞怎么可能返祖为干细胞呢？面对国内外强大的压力,我们没有屈服,而是静下心来进行深入研究。通过扎实的工作我们不仅证明了这一现象的存在,而且还进一步搞清了其发生机制并阐明了可能的临床应用。在这个基础上我们进一步把去分化原创性发现的基本原理应用于汗腺再生,在国际上首先在汗腺再生理论与关键技术上获得突破,并在人体再生汗腺领域获得成功,临床初步应用后产生了很好的治疗效果。这一创新不仅使我们在国际上该领域占有了一席之地,获得同行们的高度认可,而且带动了国际该领域的研究并获得高度评价。我们有关去分化的原创性发现被国际上认可为"是组织再生的第四种机制"和"给细胞去分化一个精彩的总结",我们在国际上首先实现的汗腺再生也被称为"里程碑式的研究"。

在突破体表慢性难愈合创面治疗的基础科学问题、关键治疗技术与转化应用难题等方面,我们以中国人体表慢性难愈合创面流行病学发生的新特征为基础,系统阐明了以糖尿病足为代表的慢性难愈合创面的三种发生机制,建立了四种治疗的关键技术并且在中国建立了200多个创面治疗中心来进行推广。经过近10年的创新,我们已经把中国人体表慢性难愈合创面的治愈率在典型单位从既往的平均60%提升至94%左右,特别是糖尿病足的总截肢率与大截肢率仅为7.2%和4%,比西方发达国家报告的22%和5%显著下降。成果在1300余家单位推广应用,治疗患者14万余人,极大地解决了老百姓面临的痛苦。该项创新不仅具有原创性,还具有实用性和转化应用性,获得了国内外同行的高度认可。2015年以我牵头完成的"中国人体表难愈合创面发生新特征与防控的创新理论与关键措施研究"成果荣获国家科技进步一等奖,受到习近平总书记的亲切接见和鼓励。国际该领域著名专家、英国南安普顿大学教授、国际下肢损伤杂志主编 Mani 以"向东方看"为题进行了高度评价,他在为杂志撰写的评述中写道:过去人们去西方是因为西方的工业发达和生活水平比较高,而现在关于创面治疗,你应该向东方看了。从 2010 年以后,凡是在欧美举行的有关创面治疗的重要国际大会上,中国专家再也不是会议的旁观者了,而是受邀参加会议联办(协办)、主持大会和作特邀报告与专题报告等。与此同时,还参与国际指南制定与多中心临床试验等重要学术活动,成为国际该领域的领导者与重要参与者。

回顾我们在创伤和组织修复与再生医学领域这两项重要成果的创新之路,我对习近平总书记重要讲话中有关创新的精神实质和内涵有了更深的认识。习近平总书记在两院院士大会上的重要讲话中特别强调,要"矢志不移自主创新,坚定创新信心,着力增强自主创新能力"[①],这一重要指示体现了我们的民族自豪感与责任感。建设世界一流科技强国,实现中华民族的伟大复兴是几代中国人的梦想。就国家而言,科技领域广大,涉及各个方面。而对于我们每一位科技工作者来讲,如果都能够在自己的领域作出创新性成果,使所在领域的科学研究与转化应用走在国际前列,实现自己的梦想,那整个中国的科学与技术将会走在世界的前列,世界一流科技强国的中国梦就会实现。因此,在科技发展的道路上,我们必须坚定信念、牢记使命、把握方向、立志创新、实现转化、造福百姓。如果当时没有一个为国争光的初心,我可能会待在国外做外国人的科研助手,而不是做我国自主科研创新的主人;如果没有攻关的勇气和争创第一的决心,我很难作出被国际认可的原创性发现和建立关键的治疗技术;如果没有为人民服务的爱心,我也只能把科研

---

① 习近平:《在中国科学院第十九次院士大会、中国工程院第十四次院士大会上的讲话》,人民出版社 2018 年版,第 10 页。

成果写成论文而难以应用于病人治疗。因此，习近平总书记的重要讲话不仅高度概括了我们基层科技工作者共同的奋斗历程，而且从国家战略高度为我们今后的工作指明了前进的方向，是我们行动的指南。

尽管我们已经在汗腺再生和创面治疗这两个再生医学重要领域取得了阶段性原创性成果，但离最终解决广大患者的迫切需求还有一定的距离。比如，汗腺再生的理论和关键技术已经建立，但是如何把这些成果快速转化和推广应用于广大的烧伤创伤患者，仍是我们下一步值得思考的问题。再如，尽管我们已经把体表慢性难愈合创面的治愈率从既往的60%左右提升至94%左右，但是仍然有5%—6%患者的创面采用目前的治疗方法难以愈合。能不能再创新，有关键技术的再建立，以使整个创面治愈率提升至98%—99%，这是一个新的高度和新的目标。根据习近平总书记在两院院士大会上提出的要求，我们希望我国能够在再生医学的多个领域跻身于世界先进行列，部分领域要实现超越并处于领先地位，包括组织再生重要原创性理论的提出和关键技术的建立，比如干细胞诱导分化与完美组织修复和再生的关键科学问题、干细胞和组织工程与器官构建、大器官再生工程、先进材料诱导组织再生等领域都有可能作为领先世界的重要选择。我们希望国家能进一步关注这一领域的发展，提供配套政策与充足的经费支持。相信在以习近平同志为核心的党中央领导下，在不远的将来，我国在再生医学领域会整体跻身于世界前列。

科技创新是实施健康中国战略的引擎

中国人民解放军海军军医大学东方肝胆外科医院
国　家　肝　癌　科　学　中　心　　王红阳

近年来,现代医学快速发展,已成为既高度分化又高度综合的特别的学科体系。在新一轮科技革命和产业变革蓬勃兴起之时,这一领域竞争异常激烈,挑战与机遇并存。"实施健康中国战略"对我国医学发展提出了追赶、跨越和弯道超车的要求。正如习近平总书记指出的,"基础研究是整个科学体系的源头,是所有技术问题的总机关"[1],基础研究和科技创新也必然是医学发展的源动力。实现跨越发展、建设健康中国要求我们更加聚力前瞻部署,重视原创性科学研究,助推科学突破,让科技创新开启改变格局的革命,提高在全球健康领域的核心竞争力。

认真思考我们距离"健康中国"有多远,在医学领域有多少"卡脖子"的问题? 回答无疑是:很远、很多。走进三甲医院,高端诊疗设备(超声、心电、磁共振、手术机器人等)垄断式地被罗氏、雅培、西门子、飞利浦等国外品牌占据;抗肿瘤新药鲜见国产品牌;检测试剂大多依赖

---

① 中共中央文献研究室编:《习近平关于科技创新论述摘编》,中央文献出版社 2016 年版,第44页。

进口。如果垄断企业卡我们"脖子",这些大医院就难以运行。因此,如何紧密围绕医学发展需求,加强基础研究重点领域的理论突破,加快医学资源的共享集成,推动不同学科和技术领域间的交叉融合,促进前沿技术、基础研究和临床医学的紧密衔接,解决重大需求问题,是我国医药卫生领域面临的新挑战。那么,该如何应对?

第一,要更加重视源头创新和基础研究,加大经费投入。万丈高楼平地起,不抓基础谈不上跨越。众所周知,2003 年度的诺贝尔生理学或医学奖授予了美国的保罗·劳特布尔和英国的彼得·曼斯菲尔德,表彰其对磁共振成像技术的杰出贡献。追溯这个重大成果的发现与研发历程,却是源于 1946 年美国科学家布洛赫和珀塞尔首次发现核磁共振这一物理现象。1969 年美国医生达马·迪安提出了将核磁共振用于医学诊断的设想,由于技术条件限制,直至 1974 年保罗·劳特布尔才利用磁场叠加的方式首次实现了对人体组织的精确定位。两年后诺丁汉大学的彼得·曼斯菲尔德首次成功完成手指的核磁共振成像。1983 年飞利浦生产出第一台超导磁共振,1984 年第一台医用磁共振获得美国 FDA 认证用于临床。很显然,高技术源于基础研究的创新发现。不支持源头创新,我们投入再多也只能"跟跑"或是"被动创新",在别人的源头发现、已制定的规则里谈跨越,恰如同在别人的网里冲浪,很难腾飞或有大的突破;没有原创性的核心技术,时刻面临"卡脖子"风险。

第二,科研投入助推原创性成果产出必须要提高资助效能,支持多学科交叉,使有限的资金用在刀刃上。1901—2000 年间的 91 次诺贝尔生理学或医学奖中有 48 项成果涉及多学科交叉,占总颁奖次数的 53%。美国《麻省理工科技评论》公布的 2017 年十大突破性技术中有 3 项与医学相关,即基因疗法、细胞图谱和瘫痪治疗,这 3 项均涉及多院所的多学科交叉研究(无中国研究机构和研究者作为主要参与者)。再看磁共振的研发,其成功也是基于物理学、光学、医学和精密机械等多学科的原创性理论与技术的重大突破、交叉融合和创新集成。这些交叉融合的研究成果促进了医学诊断和治疗的巨大进步,推动了医学发展进程。由此可见,医学与现代前沿学科和技术的交叉融合是大健康时代医学创新、跨越式发展的必由之路。国家自然科学基金委员会医学科学部做过深入调研并提交了调研报告,建议大力支持医、工结合的多学科交叉、集成创新项目。医学科学部2018年正在论证设立"肿瘤演进与诊疗的分子信息功能可视化研究"重大研究计划,目标就是利用分子生物学、分子影像学、肿瘤学、信息技术等多学科的集成创新,为肿瘤研究提供更灵敏、更精准的活体影像学方法和影像大数据分析技术,从而高效加速肿瘤基础研究成果向临床诊疗应用技术的转化,为提高我国肿瘤病人的远期生存率、降低死亡率提供科学依据和关键技术支撑。近年来,国家自然科学基金委员会已经支持医学科学部、化学科学部、生命科学部和信息科学部等多个学科共同组织了一批重大研究计划,选准可能突破的重点方向,汇聚跨学科的专家稳定合作,解决局部的理论突破和技术创新的瓶颈科学问题。这一成功的经验应该继续推广,增加投入,更多地组织联合攻关,进一步提高科学基金的资助效能。

第三,科学基金要与时俱进,探索多学科交叉等新模式的项目评审和管理机制。"健康中国"战略的实施必将带来医学模式的变革,以疾病为中心转向以健康为中心。现代医学加快了向早期发现、精确定量诊断、个体化诊疗、微创无创治疗、智能化服务等方向发展,对医学发展提出新的需求。科学基金资助体系应围绕这些新的重大需求,选准可能的局部突破点,布局项目设置,尤其是在已具备冲击"领跑"地位的领域,引导科学家针对瓶颈性科学问题合作协同研究,力争获得前瞻性、引领性原创成果。在对跨学科领域研究加大资助的同时,应积极探索跨学科项目新的评审标准,改变以论文定胜负的同一性考核方法,科学评估和管理。可尝试设置针对跨学科研究的职能部门,负责协调、组织学科内外以及学科之间的跨学科研究项目设置,研究制定发展规划,评估进展。

创新发展离不开人才。国家自然科学基金对于我国科技创新人才队伍的培育和发展起到了至关重要的作用,得到国内外广泛认可。新形势下,科学基金如何既平衡、稳定支持各学科的可持续发展,又加速为国家重大科技需求培养急需拔尖人才,需要探索新的分类评价、评审机制,避免一把尺量所有人。应该看到,跨学科协同创新,就会有主有次,就有排名先后。虽然科学发现只承认第一,但科学贡献不能只认第一。跨学科合作既然是科技创新、攻坚克难的有效途径,就应该探讨新的游戏规则和评价标准。现在高校、医院的各种排名大战也反映在科学基金上,应该引起重视。成果评价、人才评价指标只能为促进发展所用而不能阻遏发展。有的人、有的单位为了争第一作者发表论文,宁可舍近求远找国外合作,因为国外更看重第一作者(Last Author)。也有人为了追求论文发表不惜选择拉关系、拼数据,甚至学术造假……针对这种乱象应研究对策,加强教育和惩治。在大科学时代的多学科协同创新项目中,如何评价并列作者和并列作者单位的学术贡献值得特别关注和讨论。

科技创新是实施健康中国战略的引擎,在这一国家重大战略需求面前,科学基金发展要遵循"创新是引领发展的第一动力",面向世界科技前沿培育创新型人才,引领新时代的学科发展。尊重科学发展规律,促进多学科交叉融合,创新管理机制,为我国在全球科技竞争中实现跨越发展作出新的贡献。

牢牢把握医学科技发展的最佳历史机遇期

北京大学医学部　　詹启敏

新一轮科技革命和产业变革正在加速演进,创新成为推动科技进步的重要力量。健康是人类最基本的需求,人民健康是民族昌盛和国家富强的重要标志。医学科技发展是全方位、全生命周期保障老百姓健康的基础和源动力,为保障人民健康、提高人口素质作出了巨大贡献。

在 2018 年两院院士大会上,习近平总书记发表了重要讲话,强调要瞄准世界科技前沿,引领科技发展方向,抢占先机、迎难而上建设世界科技强国。习近平总书记指出,要充分认识创新是第一动力,提供高质量科技供给,着力支撑现代化经济体系建设;要矢志不移自主创新,坚定创新信心,着力增强自主创新能力;要全面深化科技体制改革,提升创新体系效能,着力激发创新活力;要深度参与全球科技治理,贡献中国智慧,着力推动构建人类命运共同体;要牢固确立人才引领发展的战略地位,全面聚集人才,着力夯实创新发展人才基础。习近平总书记的讲话为我国的医学科技创新发展以及医学健康事业进步提出了更高要求并确定了战略目标。

664

一、我国大健康事业发展的战略布局

党的十八大以来,以习近平同志为核心的党中央以国家长远发展为基点,以民族伟大复兴为目标,全面推动健康中国建设,作出了一系列重大部署,为新时期推进健康中国建设指明了清晰的路径。

(一) 增进人民健康福祉是我国医学科技发展的时代声音

习近平总书记多次强调"没有全民健康,就没有全面小康",提出"要把人民健康放在优先发展的战略地位","加快推进健康中国建设,努力全方位、全周期保障人民健康"。[1] 党的十九大报告明确指出,要实施健康中国战略。2016 年发布的《"健康中国 2030"规划纲要》,成为推进健康中国建设的宏伟蓝图和行动纲领。

(二) 医学科技发展是健康中国建设的必然要求

党的十九大报告指出,创新是引领发展的第一动力,是建设现代化经济体系的战略支撑。习近平总书记在全国科技创新大会上提出,要深入实施创新驱动发展战略,为建设世界科技强国而奋斗。

(三) 医学科技创新是国家科技创新体系的重要组成部分

《国家创新驱动发展战略纲要》对 21 世纪我国科技事业发展作出了总体部署,提出"建设世界一流大学和一流学科""建立健全国家创新体系,加快迈向建设世界科技强国的脚步"。北京、上海等地也加快了建设具有全球影响力的科技创新中心的步伐。

(四) 医学科技前沿是健康中国建设的着力点

近年来,国家在精准医学、脑科学、手术机器人、微创技术、分子影

---

[1] 《习近平谈治国理政》第二卷,外文出版社 2017 年版,第 370 页。

像和新型诊断、移动医疗和数字医学、组学和大数据、干细胞和再生医学、医疗器械等医学科技发展前沿进行了一系列布局,这不仅是公众的需求和临床发展的要求,更是医学自身发展的客观必然,它将推动一批新型医学产业的发展,为我国医学在国际医学发展中占领制高点提供历史机遇。

这一系列举措充分表明,我国健康事业发展正处于良好的发展时期。加快医学科技发展,对满足人民健康需求、提高公众健康水平、完善国家创新体系建设具有重要意义。

二、科技创新在医学发展中的重要作用

回顾医学发展的历程,随着生命科学的深入研究、医疗装备和创新药物的出现,人类对疾病的认识逐渐达到较深的层面和清晰的水平,临床疾病的诊疗手段有了突飞猛进的发展,治疗效果得到显著提高。医学科技在提高人类疾病防治水平和公共卫生预防实践的反应能力方面有关键性作用。医疗设备的进步让诊断变得清晰准确。药物研究的进步极大地促进了疾病的治疗。以各种菌苗、疫苗接种为预防手段,以各种抗生素和化学疗法为主要治疗手段,基本上消除了天花、鼠疫、霍乱、伤寒、麻风、小儿麻痹等重要甚至烈性传染性疾病的危害,很多传染性疾病(艾滋病、结核、肝炎、出血热、血吸虫等)得以有效控制。医疗技术的进步极大地提升了临床治疗能力。无菌术、体外循环、输血等成为常规技术,减少了临床上手术后的死亡率。介入治疗、内镜治疗、放射治疗、微创外科和手术机器人等快速发展,许多疾病的治疗水平有了显著的进步。器官、组织和细胞移植,体外循环、人工器官、人工组织的研

究使器官功能衰竭、组织严重损伤的治疗有了新的转机。

现代医学呈现跨越式快速发展的态势,新方法和新技术层出不穷,前沿科学技术领域蓬勃发展,正在颠覆传统的医学模式。在基础研究方面,更加重视对内因的探索,密切关注和深入研究组学、分子生物学、干细胞与再生医学、疫苗抗体、生物治疗、个体化诊疗技术、大数据与智能医学等前沿学科的问题。科技创新导致了临床实践模式的变革,从经验医学演化到循证医学,进而又进入了精准医学和整合医学的新时代。在临床诊治方面,放射治疗、微创手术、器官移植、介入治疗、生物治疗等促进了医学技术的进步,分子影像、分子病理、分子诊断、组学分析等提供了更微观的分析手段,电子病历、临床大数据、医疗信息等提供了更详尽的分析基础,远程医疗技术、数字医疗技术、手术机器人、内镜等提供了更优化的治疗选择。在药物研究方面,从一种药物适用于所有人群的时代转变成根据基因组差异开发适于特定人群的个体化药物,运用计算机进行模拟,应用人工智能技术对药物活性、安全性和副作用进行临床结果评估预测,利用大数据手段指导药物的精准应用。在健康管理方面,风险识别、慢病管理、健康干预、在线问诊、精神健康、虚拟护士等方面均有所突破,从而减少了重复检查带来的时间和经济负担,使个人健康管理更加精细化,实现了集预防、治疗、康复和健康管理于一体的个人全生命周期的健康管理,提高了公共卫生监控的覆盖面和处理公共卫生事件的响应速度。

未来,前沿技术的发展和交叉融合将促进现代医学的革命性发展。医学的发展仍然取决于现代科学技术的发展,有赖于医学各学科之间、医学与自然科学之间、医学与人文社会科学之间的交叉融合。医学科技的发展已经并将继续给人民健康带来实实在在的福祉。

三、我国医学科技发展面临的挑战和问题

我国医学领域整体面临的挑战主要来源于四个方面：一是社会压力，人口老龄化加剧、慢性疾病发病率仍未下降、老百姓对健康重视程度提高、医疗需求持续增加等；二是前沿技术更替较快，组学、大数据、人工智能等前沿学科的发展，颠覆了医学中解剖、组培、生理、病理的传统学科培养模式；三是医疗问题，疾病谱变化快，医生培养周期很长，优质医疗资源供给不足等；四是医学人文发展不充分，医学伦理、法律法规尚不健全，医患沟通及医学心理学仍需进一步发展。

我国医学科技发展中存在的问题，主要包括以下四个方面：一是我国医学人才培养体系亟待完善。医学教育与卫生行业供需不相适应，医学学科设置与科学前沿脱节，无法满足现代医学人才培养需求，医学人才培养效率和质量亟待提高。医师人才队伍结构性失衡，医学人才短缺与浪费并存。二是我国医学科技自主创新能力严重不足。临床大夫所开的西药处方中，95%以上的药物知识产权最早来自国外。医院经常用到的 CT、PET-CT、加速器、手术机器人、微创手术设备等大型医疗装备，95%以上是国外进口的。任何一种疾病的诊疗都有相应的临床路径、标准、规范和指南，而这里面 95%都是由国外制定的。三是我国科研评价体系尚不完善。相关考核指标过于简单，严重阻碍着我国医学科技前进的脚步，必须下大力气进行调整和完善。四是我国医学科技资源共享需要加强。医学科技资源共享程度偏低，缺乏国家层面的法律保障和配套的规章制度，对于共享数据的提供者保护和激励不足，从而使得临床数据封闭性加剧。

四、我国医学科技的重点任务

面向新时代,我国明确了改革发展思路,面向国家需求,面向未来挑战,尊重科技规律,尊重医学规律,注重学科交叉,注重综合优势,探索新型医学科技发展模式,支撑我国医学的发展。

(一) 加大对医学科技研究的支持

当前生态环境压力加剧、人口老龄化问题突出,我国迫切需要大幅度提升对医学科技发展的支持力度。我国政府应当通过直接加大经费投入支持,以及出台相关优惠政策引导社会资本投向医学科技领域,倡导全社会共同关注我国医学科技的发展。

(二) 推动医学教育改革和发展

探索新的医学人才培养模式,将前沿科学整合进医学教育,将基础和临床融会贯通,推动医教研协同发展。在学院设置、学科设置、医学人才培养、医学科学研究模式和机制方面寻求新的立足点和结合点。

(三) 推进医学科技创新成果转化

提升预防和诊疗技术水平,将前沿技术运用到临床当中。加快药物创新和医疗器械研发,降低诊疗成本,实现医药产品国产化。完善新药创制技术体系,努力在大型医疗装备上打破国外产品的垄断。充分发挥国家级转化医学中心凝聚资源的作用,有效整合相关优势资源。

(四) 加快培育大健康产业

通过人工智能、"互联网+"等方向与大健康产业深度融合,抢占医学前沿领域高地。突破制约产学研用有机结合的体制机制障碍,使创新成果更快转化为现实生产力,推进协同创新,健全创新服务支撑体系,加强知识产权运用和保护,维护好公平竞争的市场秩序。

（五）加强医学科技评价体系建设

加快推动相关规章制度的建立和完善,对医学科研工作者要实行分类评价,逐步制定以能力和贡献为导向的评价体系。积极调动临床医生从临床实践出发,开展科研工作的积极性和主动性。进一步提高科技管理的水平,促进医学科技的健康发展。

（六）大力推动医学科技资源共享

搭建国家级平台,整合领域内相关资源,实现医学科技资源的有效整合和优化配置。从国家层面推动医学科技资源共享相关的法律法规的制定,对科技资源形成良好的保护。

五、我国医学科技领域的重点举措

（一）把握前沿技术

把握生物、信息、工程等前沿技术,抓住关键核心技术,突出前沿引领技术、现代工程技术,重点关注生命组学、基因操作、精准医学、医学人工智能、疾病早期发现、新型检测与成像、生物治疗、微创治疗等技术,增强原始性创新,重视颠覆性技术创新。

（二）加强基础研究

聚焦个体发育、衰老调控、免疫、代谢、脑科学、心理健康、人体微生态等方面的关键医学问题,在细胞学、解剖学、生理学、生物化学等领域力争取得突破、占据高地。

（三）建设高水平科研基地

围绕临床医学与基础学科脱节,科研成果临床应用路径不畅,先进的临床诊疗手段无法快速向基层铺开等瓶颈性问题,整合临床医学研究资源,加强国家临床医学研究中心等基地建设。

(四) 加强基层医疗

通过健全的医疗卫生服务体系和高水平的全科医生队伍,收集高质量的患者病案、样本数据等宝贵材料,尤其是在疾病高发的地区可以建立队列研究,以医疗服务促进科技创新,以科技创新反哺医疗服务。

(五) 重视未来医学

快速熟悉和把握新兴医疗领域发展趋势,提前布局移动医疗、远程医疗、智能医学,打造以老百姓为中心的健康医疗物联网生态圈。加快发展"互联网+医疗健康",缓解看病难、就医难的问题,提升人民健康水平。

(六) 提升疾病防控

聚焦严重危害人民健康的重大慢病,突出解决重大慢病防控中的瓶颈问题,加强重要传染病的防控研究,提高突发急性传染病防控能力,加强疾病防控技术研发,加强常见疾病的流行规律和危险因素研究,保障重点人群健康。

(七) 重视医药生物技术

继续推动自主创新药物研发,加快临床急需药物研发,强化药品质量安全保障。发展医学影像设备、医用机器人、新型植入装置、新型生物医用材料、体外诊断技术与产品、家庭医疗监测和健康装备等一批引领性前沿技术和应用,创新疾病诊疗和健康服务模式。

(八) 推动全球卫生治理

随着全球经济和科技日新月异的发展,健康问题已经超越国家的界线。结合"一带一路"倡议和卫生合作,积极发挥日前拥有的健康队列和专病队列的资源优势,推进疾病防控和公共卫生的政策研究,彰显大国担当,体现社会责任。

(九) 推动医学人文发展

现代医学发展与医学人文密不可分。医生不仅要拥有精湛的技术,还应具备深厚的人文底蕴,确保在医学科技前进的道路上不迷失方向。

习近平总书记指出,进入 21 世纪以来,全球科技创新进入空前密集活跃的时期,新一轮科技革命和产业变革正在重构全球创新版图、重塑全球经济结构。科学技术从来没有像今天这样深刻影响着国家前途命运,从来没有像今天这样深刻影响着人民生活福祉。医学科技创新是与老百姓福祉关系最密切的部分之一,深刻影响着老百姓的健康,关乎着老百姓的幸福感和获得感。

医学科技创新是解决我国医疗领域诸多问题,推进健康中国的关键所在。我们要清醒地认识到我国医学科技发展水平与发达国家仍存在较大差距,认真去分析医学科技发展中存在的不足和问题,研究并制定相应的对策。健康中国的建设需要医学科技与时俱进奏强音,医学领域整体发展需要医学科技铸利器。回顾医学科技发展的成就,成果丰硕。面对医学科技发展中存在的挑战,我们信心满满。我国正处于医学科技发展的最佳机遇期,未来前景可期。我们要牢牢把握,勇于担当,敢于创新,奋力拼搏,不辜负这个时代赋予的使命,无愧于这个最好的时代。

构建科技创新生态圈
服务人类命运共同体

上海交通大学医学院附属瑞金医院　宁　光

"科学技术是第一生产力"这一重要论断,促进了中国科技事业的发展,迎来了"科学的春天"。2016 年,习近平总书记在"科技三会"上对我国科技发展作出"正处于从量的积累向质的飞跃、点的突破向系统能力提升的重要时期"①的判断,并为我国科技事业发展提出目标,即"到 2020 年时使我国进入创新型国家行列,到 2030 年时使我国进入创新型国家前列,到新中国成立 100 年时使我国成为世界科技强国"②。正是在习近平新时代中国特色社会主义思想指引下,中国科技事业取得了巨大进步。

在 2018 年两院院士大会上,习近平总书记再次强调"中国要强盛、要复兴,就一定要大力发展科学技术,努力成为世界主要科学中心和创新高地"③,为我国的发展指出了明确方向。科学与技术相互依存、相

---

① 习近平:《为建设世界科技强国而奋斗——在全国科技创新大会、两院院士大会、中国科协第九次全国代表大会上的讲话》,人民出版社 2016 年版,第 4—5 页。

② 工业和信息化部工业文化发展中心:《工匠精神——中国制造品质革命之魂》,人民出版社 2016 年版,第 158 页。

③ 习近平:《在中国科学院第十九次院士大会、中国工程院第十四次院士大会上的讲话》,人民出版社 2018 年版,第 8 页。

互渗透、相互转化:科学是技术发展的理论基础,技术是科学发展的手段。科学让人类不断刷新对世界的认知,从而能够推动新技术的诞生和应用;新的科学见解则通过新技术手段不断被发现、被颠覆;周而复始,科学和技术就这样持续地推动着人类社会发展和进化。根据这样的规律,科技工作者们不仅要洞察大势,瞄准世界科技前沿,结合人类生存发展需要来设定创新目标,而且要谋划全局,以推动产业链再造和价值链提升为己任,为实现学科体系创新而奋斗。

基础研究是整个科学体系的源头。自主创新能力和基础研究积累才能驱动国家、企业和社会共同将具有实用性意义的技术转化为人民所需的产品和服务。基础研究不考虑特别应用和直接用途,受人们对知识的好奇和探索所驱动,其成果又往往是颠覆性和独创性的。稳定的基础研究不仅是在职在岗科研人员的职责,更需要整个社会的响应和支持:自然科学知识的普及和积累;理性批判独立科学精神的培养;科学研究方法的灌输;跨学科、跨机构研究项目的共享共建;政府科研资金的引导等。

习近平总书记在2018年两院院士大会上指出"硬实力、软实力,归根到底要靠人才实力"[①],再一次强调了人才的重要性。科技创新的基础要素是人才和资金,与之配套的还需要机构、设施、制度等资源的投入、融合。只有加快完善符合科技创新规律的资源配置方式,通过构建一个又一个科技创新生态圈,让各种资源要素高效流动并优化配置,理想状态下每个生态圈自身达到动态均衡后又能与交叉学科互相促进,"自转"与"公转"相结合,才有可能实现百花齐放科技强国的新局面。这一发展进程是漫长且艰难的,而我国幅员辽阔,地区发展水平不均,

① 习近平:《在中国科学院第十九次院士大会、中国工程院第十四次院士大会上的讲话》,人民出版社2018年版,第18页。

在构建科技创新生态圈时尤其更要注意成本、收益和风险。科技创新不仅要遵循学科发展的内在规律,更要结合国家发展战略和经济社会发展形态,降低制度成本,使创新"有利可图",走上"自转"和"公转"的正常轨道。

我们必须清醒地认识到"关键核心技术是要不来、买不来、讨不来的"①,因此坚持自我创新是必由之路,但科技创新不是闭门造车,只有在全球视野中谋划合作,才能够借力打力,不断刷新科技水平最高点。从中国古代四大发明(造纸术、指南针、火药、印刷术)到近年网红"新四大发明"(网购、高铁、扫码支付、共享单车),这些让中国人民引以为傲的科技创新和广泛应用都印证了马克思曾说过的一句话:"科学绝不是一种自私自利的享乐,有幸能够致力于科学研究的人,首先应该拿自己的学识为人类服务。"②因此,我们必须牢固树立这一信念,把人民生活福祉和人类命运发展作为建设世界科技强国的初心。

自习近平总书记2017年在世界经济论坛年会上发表人类命运共同体演讲以来,这一主张逐渐被世界各国所接受而形成国际共识。习近平总书记更在此次两院院士大会上鼓励我们积极参与和主导国际大科学计划和工程,鼓励我国科学家发起和组织国际科技合作计划。"一带一路"倡议是我国推动构建人类命运共同体的重要路径和宏伟实践,与沿线国家在科技领域的共享共通为各国共同发展创造了机遇和平台。

医疗卫生服务包括公共产品(如疫苗接种)、准公共产品(如职工基本医疗保险涵盖的诊疗服务)和私人产品(如自费的医学美容技

---

① 习近平:《在中国科学院第十九次院士大会、中国工程院第十四次院士大会上的讲话》,人民出版社2018年版,第11页。

② [苏]保尔·拉法格:《回忆马克思恩格斯》,马集译,人民出版社1973年版,第68页。

术）。因此，这一行业的利益相关方包含了患者、医疗机构、医生、政府、药品或医疗器械生产商等。与其他行业单纯的供应和需求关系不同，医生与患者之间是一种委托—代理关系，医生与医疗机构是第二层代理关系，且医疗产出有极大的不确定性，这就决定了医疗服务行业的发展有其自身特殊性。因此，医学科学体系的发展也有不同于其他自然科学学科的特殊性。

创新是一个老生常谈的话题。诺贝尔化学奖得主阿达·尤纳斯（Ada Yonath）教授曾举例说，在电灯发明之前都靠蜡烛来发光，大家觉得只要生产更多的蜡烛就够了，这叫顺势思维。而总有些人不满足于此，于是就有了电，这就是逆向思维，创新正是逆向思维的结果。医疗卫生领域创新不仅需要基础医学科学研究创新，还需要医疗服务模式创新，这样才能够满足人民群众全方位全周期健康服务的需求，才能够推动人类生命极限的探索。从医数十载，我对医疗卫生领域创新的感受就像茶壶里的沸腾，即一个茶壶里的水烧得都沸腾了，但对这个房间的温度完全没有影响。中国的医疗创新现在就是个茶壶，我们在茶壶里面，外面却几乎感受不到我们的沸腾。医务人员觉得自己已经非常创新了，但现实并非如此，原因就在于尚未构建完成医疗卫生科技创新生态圈。仅靠一项或者几项措施的改革来推动整个医学科学体系发生变革，只能起到盲人摸象的效果。

在党的十九大报告中，习近平总书记提出："中国特色社会主义进入新时代，我国社会主要矛盾已经转化为人民日益增长的美好生活需要和不平衡不充分的发展之间的矛盾"①，因此作为一名医疗行业的院士，如何在"健康中国"战略中尽微薄之力，成为我今后工作的动力。

---

① 习近平：《决胜全面建成小康社会　夺取新时代中国特色社会主义伟大胜利——在中国共产党第十九次全国代表大会上的报告》，人民出版社2017年版，第11页。

随着我国经济的发展,人们对健康的渴望和相对稀缺的优质医疗资源之间的落差已成为民生领域反映最强烈的问题之一。伴随着大数据与人工智能等新型技术对医疗行业的冲击,患者、医保部门、政府及产业界掀起了一股追求"价值医疗"的共识。以患者为中心、以信息技术驱动的"智慧医疗"已逐渐被行业中的利益相关方所认可。代谢性疾病泛指由于人体代谢机能异常所导致的相关性疾病,主要包括肥胖、糖尿病、高脂血症、痛风、骨质疏松等,是严重危害人体健康和患者生活质量的消耗性慢性疾病,并且在一定的条件下可发展成为严重的心血管疾病或肿瘤。伴随人们生活质量的提高、平均寿命的增加以及生活方式的改变,代谢性疾病发病率和患病人数正快速上升,已经在全球范围内变成一个严重的公共卫生问题。在我国经济快速发展的背景下,代谢性相关疾病及其并发症的患病率正以惊人的速度增长。

以糖尿病为例,患者通常合并心脑血管疾病、肾病、神经病变、视网膜病变等,单一的检测项目往往难以满足规范的临床诊疗需求。传统的就医方式,患者就诊时需要多次挂号,不断往返于不同科室,不仅让患者感觉"看病难",更无形中增加了公立医院专科医师的工作压力。实验室中完成的基础医学研究成果的确能促进这一领域诊疗方案的创新,但新药或临床适宜新技术的推广往往旷日持久。国家标准化代谢性疾病管理中心(National Metabolic Management Center,MMC)正是在这样的背景下应运而生的一种创新式诊疗服务模式。MMC 是由中国医师协会内分泌代谢科医师分会为了加强医学科技创新体系建设,以新的组织模式和运行机制加快推进疾病防治技术发展而打造的代谢性疾病临床医学和转化研究的基地。在每家 MMC 中,复杂的代谢性疾病患者只需挂一次号,就能享受快速检测、数据分析、疾病诊疗、配合智能手机 APP 院外提醒等全方位一站式诊疗服务,全方位的数据共享,将为医生确立复杂的代谢性疾病诊疗方案提供助力。全国首批 MMC 均以三甲医院内分泌代谢病专科完备的临床诊疗设施为基础，共同分享应用代谢性疾病诊疗领域领先的技术和方法，各中心还通过统一的移动互联平台，实现虚拟诊室和检测数据多中心共享，从而达到线上线下、院内院外共享临床诊疗和多中心临床研究的经验。

在 MMC 运营的基础上，"瑞宁知糖"糖尿病风险评估方案和"瑞宁助糖"人工智能医生均陆续正式发布并投入使用。针对我国糖尿病早期知晓率与控制率低的现状，瑞金医院曾推出基于互联网和大数据技术的糖尿病风险评估方案，预判人们未来 3 年罹患糖尿病或代谢综合征的潜在风险，帮助患者更早发现、干预，并实现 10 年后降低糖尿病发病率 1%，降低糖尿病各种并发症患病率 10%。此外，借助于人工智能科技，糖尿病人工智能医生可以根据患者不同身体代谢状况，为基层临床医生提供多项综合建议，辅助他们做临床诊疗决策，因此向全国 100 余家 MMC 提供标准化糖尿病用药建议。这些创新不仅为临床科研人员提供了诊疗和学术交流便捷，更赢得了社会公众的一致好评，甚至在与非洲欠发达国家学术交流时得到了热烈的反响。因此，无论是基础医学研究创新还是诊疗服务模式创新，必须能够促进该学科创新生态圈的构建，始终从人类健康出发，才能长久地良性地"自转"和"公转"下去。

"没有全民健康，就没有全面小康"[①]，"健康中国"已上升为国家战略，为实现"两个一百年"奋斗目标，为实现中华民族伟大复兴的中国梦，我们应该不忘初心，砥砺前行。

---

① 中共中央文献研究室编:《习近平关于全面建成小康社会论述摘编》,中央文献出版社 2016 年版,第 147 页。

坚持自主创新　引领科技发展

军事科学院军事医学研究院　李　松

2018 年 5 月 28 日上午两院院士大会在人民大会堂隆重开幕。中共中央总书记、国家主席、中央军委主席习近平出席会议并发表重要讲话。他强调,"中国要强盛、要复兴,就一定要大力发展科学技术,努力成为世界主要科学中心和创新高地。"①"形势逼人,挑战逼人,使命逼人。我国广大科技工作者要把握大势、抢占先机,直面问题、迎难而上,瞄准世界科技前沿,引领科技发展方向,肩负起历史赋予的重任,勇做新时代科技创新的排头兵"②,努力建设世界科技强国。

习近平总书记的发言,为我国科技发展指明了方向,尤其是他作出的要"矢志不移自主创新,坚定创新信心,着力增强自主创新能力……敢于走前人没走过的路,努力实现关键核心技术自主可控,把创新主动权、发展主动权牢牢掌握在自己手中"的重要指示③,更是把我国的科

---

① 习近平:《在中国科学院第十九次院士大会、中国工程院第十四次院士大会上的讲话》,人民出版社 2018 年版,第 8 页。

② 习近平:《在中国科学院第十九次院士大会、中国工程院第十四次院士大会上的讲话》,人民出版社 2018 年版,第 9 页。

③ 习近平:《在中国科学院第十九次院士大会、中国工程院第十四次院士大会上的讲话》,人民出版社 2018 年版,第 10—11 页。

学研究与技术创新的发展战略提到了前所未有的高度。

重温习近平总书记的讲话,我感慨颇多。如何在新的历史时期实现科技强国的建设,如何引领世界科技的发展方向,是摆在所有科技工作者面前的重要命题。全方位地实现我国科学技术的全面腾飞、全面领先,需要做的事情非常多,但我认为,首先要做好以下几方面,才能真正实现对我国科技研究的有效推动。

一是要坚持和加强党对科技事业的领导,坚持正确政治方向,动员全党全国全社会万众一心为实现建设世界科技强国的目标而努力奋斗。坚持党的领导,似乎与发展科技关系不密切,在一个以学术自由为核心的探求未知与创造成果的范畴内,政治好像有禁锢的作用。而实际不然,无论是中华人民共和国成立初期的"两弹一星"的研制成功、青蒿素的迅速发现,抑或是南极科考的顺利开展、载人航天的成功实现,每一次我国科技进步重要里程碑的实现,都依靠着党的指挥和正确领导。历史证明,坚持党的领导,沿着党指明的方向奋力前行,才是科技发展获得巨大进步的保证。这一次,党又为我们指明了方向,又一次让我国的科技研究站在了全新的起点上。因此,矢志不移地坚持党的领导对我国的科技创新尤为重要。

二是中国科学院、中国工程院国家战略科技力量要充分发挥作用,同全国科技力量一道,把握好世界科技发展大势,围绕建设世界科技强国,敏锐抓住科技革命方向,大力推动科技跨越发展,勇攀科技高峰。任何一个国家的科技发展战略,都有赖于各领域精英组成的高端智库对科技领域的全面了解与准确把控。两院院士集中了我国各个科技领域的精英代表,对各自领域的发展具有重要的影响力,代表着所处领域发展的主流,对学科发展方向、重大科学问题、关键技术突破点都有着准确的把控与判断。在全力建设世界科技强国的重要历史时期,两院院士应该带着比以往任何时候都强的责任感,全身心地投入到国家科技战略的谏言和指导中,为引领科技发展方向作出重要的战略指导。

三是应加强重大科学设施的基础建设,形成特有的研究工具。研究工具的先进性,对科技创新的驱动力是不言而喻的。正负离子对撞机使我国在核物理研究方面取得长足进步,上海同步辐射光源使我国的结构生物研究赶超到世界前列,500米口径球面射电望远镜(Five-hundred-meter Aperture Spherical Telescope,FAST)使我国的天文学发现跻身世界一流水平……每一个重大科学设施背后,都是一连串振奋人心的科研成果和科学发现,都带动着一批相关学科的疾速发展。因此,为了建设世界科技强国,全面引领科技发展方向,建设一批惠及广泛的重大科学设施,是极其必要也是必需的。应该组织关系国计民生的重要领域尽快规划部署,用一流的基础设施,支撑和保障科技强国的建设。

四是要加快科技成果的转化,形成科学技术对国民经济的全面支撑。我国的基础研究不乏领先世界的成果,从牛胰岛素的人工合成,到体细胞诱导多能干细胞的重编程,再到量子计算的成功实现,可以说相继诞生过许多诺贝尔奖级的成果。但这些成果大多公开发表后就没有了后文,没有真正转化为服务于社会和国民经济发展的推动力量。这个问题不解决,建设科技强国、引领科技发展就无从谈起。确保科技成果转化渠道的通畅涉及的环节较多,但主创人员的激励、市场转化的机制、融投资的环境、企业参与的积极性都是必须要考虑和完善的。做好上述环节,才能保证成果转化的基本通畅。值得欣慰的是国家已经关注到了这些方面,《中华人民共和国促进科技成果转化法》(以下简称《科技成果转化法》)的颁布、企业创新的税收返还激励等举措,正在有效地解决这些问题。

　　五是要完善科技奖励制度,让优秀科技创新人才得到合理回报,释放各类人才创新活力。制约我国科技创新源动力的一个重要因素就是科研人员的产出与收入不相符,或者说是科技成果廉价化,这是长期计划科研的结果,抑制了大部分科研人员的积极性和主观能动性,创新动力难以有效激发。《科技成果转化法》的出台,是国家认识到这一根源后采取的积极措施,极大地激发了科研人员创新的热情。但在落实过程中,由于传统观念的影响以及对科技成果价值认可度的不统一,《科技成果转化法》在不同地域、不同科研体系内的实施遇到了各种各样的阻力,还未能真正发挥其应有的作用。国家应该出台更为详细的实施办法或细则,让《科技成果转化法》真正成为激发科技工作者创新的巨大推力,促进我国科技创新的迅速发展。

　　六是要创新人才评价机制,建立健全以创新能力、质量、贡献为导向的科技人才评价体系,形成并实施有利于科技人才潜心研究和创新的评价制度。科技创新是复杂的脑力劳动,需要静心地全力投入才可能有产出;科研人员也有好强好胜之心,追求自身价值和人生的成就感。因此建立科学合理的人才评估体系就显得极为重要。它既能让能力出众的人脱颖而出,又能让科研人员摆脱浮躁,潜心研究。现行的人才评估体系显然做不到这一点,评价指标与工作的关联匹配度不够,没有给科研人员充分发展的时间,急功近利,致使浮躁之风盛行,科研人员的大部分精力都耗费在应付对科技推动无关的考核指标之中,既没有达到促进提高的目的,也未能实现对优秀人才的有效遴选。更为重要的是,现行的不合理评估还造成了人才和国家科研资源的严重浪费,是建设世界科技强国的严重障碍。新的人才评估体系,应该是在保证科研人员具有基本科研条件和充分研究周期下,依照业内公认指标进行第三方同行评议的客观评估,从而使评估机制、评估指标和评估来源都尽可能地与被评估者的研究工作相匹配,并符合科学研究的基本规律。本着这样的原则,人才评估才有望趋于科学合理,才有可能充分实现对优秀人才的遴选和激励,从而真正实现人才驱动创新战略。

除此之外,简化科研过程管理,提高管理效率,尊重科研客观规律,合理地制定科研管理办法,既保证科研项目向着既定目标有序推进,又保证科研人员能够静心全力投入,也是促进科技工作的重要环节。就像习近平总书记强调的:"要通过改革,改变以静态评价结果给人才贴上'永久牌'标签的做法,改变片面将论文、专利、资金数量作为人才评价标准的做法,不能让繁文缛节把科学家的手脚捆死了,不能让无穷的报表和审批把科学家的精力耽误了!"[①]

习近平总书记提出了中国梦,而引领世界科技的发展方向,努力建设世界科技强国就是我们科技领域的中国梦。梦想虽遥远,但希望永存! 尽管在筑梦过程中会遇到前所未有的困难,雄关漫道真如铁,而今迈步从头越! 相信在党的领导下,在全体科技战线人员的共同努力下,这个梦一定会实现。

---

① 习近平:《在中国科学院第十九次院士大会、中国工程院第十四次院士大会上的讲话》,人民出版社 2018 年版,第 19 页。

创建国企民企优势互补的协同创新机制
解决核心技术"卡脖子"问题

国家能源投资集团有限责任公司　凌　文

长期以来,一部分人形成了"西方创新创造+中国应用组装"的固有思维定式,对科技创新的视野格局、创新能力、资源配置、体制机制等方面的不足重视不够,抱残守缺、得过且过。"中兴事件"彻底警醒我们,关键核心技术是"要不来、买不来、讨不来的",在技术密集型行业和产业链高附加值阶段,我们还没有实现进口替代与迭代创新,还没有迈向产业链中高端,核心技术受制于人仍是我国面临的重大隐患。

习近平总书记在 2018 年两院院士大会上讲话时指出,"在关键领域、卡脖子的地方下大功夫,集合精锐力量,作出战略性安排,尽早取得突破"①。他强调,"科技领域是最需要不断改革的领域","全面深化科技体制改革,提升创新体系效能,着力激发创新活力"②。这些重要

---

① 习近平:《在中国科学院第十九次院士大会、中国工程院第十四次院士大会上的讲话》,人民出版社 2018 年版,第 11 页。

② 习近平:《在中国科学院第十九次院士大会、中国工程院第十四次院士大会上的讲话》,人民出版社 2018 年版,第 13 页。

论断,值得我们科技工作者认真思考,主动作为。

一、深入分析我国科技体制机制存在的深层次问题

在此轮深化改革中,我们对"国有企业的实力+民营企业的活力=经济发展的动力"这一程式已有充分共识,但在实际推进中尚缺乏行之有效的方法。特别是在科技创新领域,如何打通国有企业与民营企业协同创新的藩篱,将不同所有制创新主体的优势充分发挥出来,是我们面临的主要问题。

(一) 缺乏突破基础性战略性核心技术的有效机制

现代产业的根本在于基础研究。2017 年,我国科研经费投入达2000 亿美元,居世界第二位,科技人员数量居世界第一位,但由于缺乏持续推进基础性战略性研发的制度设计,基础研究投入不足,顶尖人才和团队匮乏,激发创新人才潜能和活力的评价制度不完善,企业主体作用发挥不到位;"鼓励创新,宽容失败"的全社会支持基础研究环境尚未形成,造成关键核心技术供给远远不能满足高质量发展的要求,成为"卡脖子"问题。

(二) 缺乏国企民企优势互补的协同创新机制

基础性战略性研发高风险、高投入、见效慢的特征,以及国有企业资产保值增值的考核评价机制目标导向,使科技创新的容错试错机制难以在国有企业落地,"重当前、轻长远,重技术应用、轻自主研发"的问题比较突出;国有企业资金、人才、研发平台等优势没有得到充分发挥。而决策机制灵活、激励机制有效的多数民营企业由于资源、资金、人才匮乏,无力开展核心技术研发。目前,能有效打通国有企业与民营

企业协同创新的藩篱,发挥两种所有制的优势,协同高效的创新体制机制亟待建立。

(三) 资本驱动基础科技创新的机制不完善

由于周期长、风险高的特征导致基础研究缺少资金支持,科技型企业融资难、融资贵的问题长期没有得到根本解决,而具有资金优势的国有企业投资基础研究的动力不足。如何打通资本市场和创新资源的有效通道,推动两者有机结合,促进科技创新有效突破的体制机制还不完善。

二、正确把握科技创新的阶段性特点和规律

完整的创新链包含科学构想、基础研究、应用研究、放大研究、中试开发到工业化等多个过程,科技创新按成长时序大致可划分为两个阶段:"0—1"和"1—N",即原始创新阶段和孵化转化阶段。

(一) "0—1"阶段的主要特点

"0—1"阶段是原始基础创新,是从无到有的科技创新,是最有价值、最有风险,也是最体现科技创新价值的实践,是科技"种子"的培育过程,也是整个科技活动最艰难、风险最高的阶段。此阶段主要特点为:

1. 研究成果高价值

以科学发现为导向的"0—1"创新是前人从未创造过的,成果一方面具有原创性、突破性、革命性;另一方面具有更广泛的扩散效应和放大作用,具有创造高价值的本质属性。实践证明,"0—1"创新是技术创新不可或缺的基础,尽管其不直接提供新产品、新工艺和解决技术问

题的具体方案,但其向社会提供了新知识、新原理、新方法,其效益不只限于某一领域的应用研究和产品开发,更重要的是,"0—1"创新能以不可预知的方式催生新的产业生态系统。例如美国科学家拉比(I.I. Rabi,1898—1988)因发明记录原子核磁性的共振法,1944年获得诺贝尔物理学奖,为后来核磁共振技术在科学研究和医学上的广泛应用奠定了基础。

2. 研发过程高风险

"0—1"创新研发过程具有难以准确预测的不确定性。例如英国剑桥大学细菌学家弗莱明(A.Fleming,1881—1955)发明"青霉素"的案例。"0—1"创新研发周期长,转化成实用技术通常需要20—30年的开发,具有明显的滞后性,整个过程可谓九死一生。

3. 研发过程高投入

高强度人财物投入是科技创新的物质基础,"0—1"创新尤其如此。日本1970—2005年基础研究、应用研究和开发研究的平均比例为15.23∶24.27∶60.5,基础研究占研发投入稳定在15%左右,推动了日本创新能力的突飞猛进,2000—2017年日本产生了17位自然科学领域的诺贝尔奖获得者,也是继德国、美国之后第三次出现诺贝尔奖"井喷"现象的国家。

4. 研发主体高端化

"0—1"创新需要研发者善于发现已有理论与实际的矛盾,勇于挑战传统理论的自信与勇气。"0—1"创新重大发现多来源于对实验事实敏锐的观察和独具创意的实验,其研发主体相对集中于掌握扎实理论基础、思维敏捷、具有科学精神的专家群体。如日本获诺贝尔奖的22位科学家大部分具有京都大学、东京大学、东京工业大学等日本知名大学的博士学位。

5. 制度保障高要求

"0—1"创新需有良好的创新体系保障其顺利进行。创新体系主要体现为创新主体的活跃性、创新要素的流动性、创新氛围的宽容性。其中典型成功案例就是美国《拜杜法案》的出台,1980年左右,因为美国联邦经费萎缩和经济不景气,许多企业并不愿意投入到科研开发中,而联邦实验室以及受联邦经费资助的大量研究成果,由于政府没有采用统一的专利政策,导致厂商不能有效取得所需技术的授权,致使许多研发成果无法商品化,美国政府担心如此会导致技术优势的失落,促使《拜杜法案》出台,有效激励了创新,振兴了美国经济。

(二)"1—N"阶段的主要特点

"1—N"阶段是技术转化创新,是基础原理转化为生产技术专利的创新,包括小试、中试,也包括技术成果转化为功能性样机,再到大规模产业化。此阶段主要在各种科创中心、孵化基地、加速器内实现。"1—N"阶段需要调动各类有知识、肯下功夫钻研又了解市场的人,建立各类小微企业,做好技术转化创新工作;也需要通过产业链水平整合、垂直整合,形成具有国际竞争力的产业集群。

此阶段的主要特点:技术产业化过程资金投入高;产业化过程组织难度大,需要协调技术、工程、生产等诸多环节;最终产品赢利的不确定性强,赢利性主要取决于技术的先进性与成熟度、工程化能力、人才优势、生产组织与管理、资金成本、市场环境、政策法规、产品特性等。

研究把握好上述科技创新的阶段性特点和规律,可以更好地指导我们针对科技创新不同阶段的特点,找到解决基础研究和关键核心技术等"卡脖子"环节的途径。

三、以资本为驱动力,创建"0—1"和"1—N"两个阶段有机融合的科技创新生态系统

在遵循科技创新规律的基础上,坚持问题导向,通过市场化机制,以资本为纽带,建立科技基金平台等手段,整合创新资源,尊重知识产权,保护合法利益,发挥国有企业和民营企业各自的优势,构建协同创新的新机制,迸发创新活力。

(一) 建立研发基金和配套政策,推进基础研究有效突破

根据科技创新的阶段性特点和规律,结合资本逐利性的本质,可采用设立"基础研究创新基金"激励技术创新模式。基础研究创新基金在科技创新"0—1"阶段由民营企业牵头主导运作,"1—N"阶段由所在行业领域的大型龙头央企(国企)运作,既发挥了龙头央企(国企)人才、资金、行业背景和专业优势,又发挥了民营企业决策和运营机制灵活的优势。

为了使基金的运作既符合技术创新规律又符合资本运行与市场经济规律,需要国家层面出台相关配套法律、法规及规章制度,确保基金的运行科学、高效、规范,主要包括:出台基金的管理法规,技术研发人员与核心管理人员权益保障管理办法,其他机构与各相关方权益管理办法,国有企业参股、控股创新基金的管理细则,基金资助研发技术的孵化、推广管理制度等。特别是中央和地方国有资产监管部门应出台具体管理办法,既要保障规范运作,又要适度调整对资产收益的考核评价方法。

（二）基础研究创新基金设立的原则

要保证基础研究创新基金的合法、合规、高效运行，在设立之初，要把握好以下原则：

一是创新基金参投项目在"0—1"阶段应由民营企业或技术研发人员控股，国有企业参股不控股，在"1—N"阶段宜由央企（国企）控股主导。

二是创新基金设立要把保护技术研发和核心管理人员的权益作为核心与重中之重，建立有充分吸引力的科技专家、科技人员、核心管理层持股的股权结构，并在从"0—1"向"1—N"转化过程中，注意保护民营资本，特别是技术研发人员和核心管理层的合法权益。

（三）基础研究创新基金的规范性运作设计

1. 创新基金运作要遵循科技研发的行业特点和基本规律

创新基金应由具有龙头地位的中央企业发起，依托中央企业具备的深厚行业背景、专业优势、技术与人才储备，完善的专家评估体系，并创新引入资本市场项目评估机制，完成对具备重大商业应用价值的待研关键核心技术种子项目群的科学甄别，要抓住关键"卡脖子"的核心技术痛点问题集中突破。

2. 创新基金运作要遵循市场经济和资本市场运作的基本规律

一是发挥灵活有效的绩效激励机制作用。充分承认科学家的巨大价值，充分激发科技人员和管理人员的活力，保护相关各方合法权益，建立充分有效的激励机制。二是要充分发挥基金的杠杆作用。通过保证项目的高成长性、中央企业创新基金投入产生的低风险效应，吸引更多的资本市场民间资金的注入。要注意项目选题的边界，不是所有重要基础研究都适合运用资本市场和金融工具推进。"市场失灵"的基础研究应交由政府政策引导性基金，或者成立专门的公益基金来支持。

三是逐步细分完善专业化管理体系,使创新基金在发展过程中,逐渐形成支持不同阶段科技型企业的投资体系和各类专业化创新投资基金,不断积累经验形成专业的投资能力和组织制度。

3. 充分发挥中央企业拓展市场优势,探索一条"0—N"全过程协同科技创新发展的有效解决路径

在"0—1"阶段,关键核心技术借助创新基金机制取得突破后,平台更重要的价值在于可利用中央企业优势提供企业发展、扩展市场的增值服务,提供关键核心技术研发企业发展所需的"1—N"全过程创新发展的全部要素,打通关键核心技术成果市场化、商业化、产业化这个通道,形成培育关键核心技术研发团队早期发展到成熟期的一种孵化机制,建立起全生命周期的服务链,从而形成一整套对各类关键核心技术突破具有普遍适用性的创新体制机制。

实施"国企民企协同创新"的举措,既能增加国有企业的投资收益,又能增强国有资本影响力和控制力,同时还能激发民营经济的发展,最终形成社会上下全面孵化培育"卡脖子"技术的共赢局面。我们一定要深入贯彻落实习近平新时代中国特色社会主义思想和关于科技创新的系列指示精神,尊重规律,把握大势、直面问题、迎难而上,瞄准世界科技前沿,引领科技发展方向,为实现中华民族伟大复兴作出新的更大贡献。

加强油气战略接替领域基础研究，助力国家能源安全

——以页岩油勘探开发科技创新为例

中国石油勘探开发研究院　　刘　合

习近平总书记的重要讲话吹响了我国立足自主创新建设世界科技强国的冲锋号，对于指导我国当前科技工作具有重大现实意义和深远历史意义，也为我国能源领域科技创新与发展进步指明了方向。本文分析了科技创新在推动油气工业革命性发展中所发挥的引领作用，阐述了自主创新对我国油气工业未来发展的重要意义。指出页岩油有望成为我国油气工业可持续发展的战略接替资源，分析了页岩油勘探开发面临的重大技术与管理难题，提出了加强该领域自主创新的建议：一是建设国际一流实验室；二是加强基础研究和关键核心技术创新；三是发挥企业创新主体作用；四是激发企业科技创新活力。

科学技术是第一生产力，科技创新是引领发展的第一动力。2018年两院院士大会上，习近平总书记准确把握世界科技创新与发展大势，深刻阐述了科技创新第一动力的重要作用，分析了我国自主创新面临的形势任务，强调矢志不移自主创新，坚定创新信心，着力增强自主创新能力，在关键领域、"卡脖子"的地方下大功夫，努力实现关键核心技

术自主可控，把创新主动权、发展主动权牢牢掌握在自己手中。

一、自主创新是攀登世界能源科技高峰的必由之路

煤炭石油等化石能源一直是推动工业化发展和现代社会文明进步的重要动力，能源领域的科技创新也是推动能源发展进步与变革更替的源动力。从历史上看，世界能源发展与更新换代的历史就是一部科技创新史，科学技术的进步决定了能源变革的方向和速率，煤炭替代薪柴正是源于蒸汽机的发明创造，内燃机的出现也直接推动了石油对煤炭的替代过程。2000 年以来，美国发生了举世瞩目的页岩油气革命，推动了美国能源独立，也改变了全球能源格局。美国页岩油气革命成功的背后正是持续 30 年之久的页岩气勘探开发技术创新，水平井钻井技术和大规模水力压裂技术等关键核心技术的突破是页岩油气革命的直接推动力量。从未来发展趋势看，新一轮工业技术革命呼之欲出，科技创新呈现加速态势，对能源工业的影响将更加强烈、更趋深远。

我国油气工业的发展历史也是一部科技发展史。几代石油人秉承"我为祖国献石油"的理想信念，矢志不移地开展自主创新，创新发展了陆相生油理论、分层注水技术、聚合物驱油提高采收率等油气勘探重大理论和开发技术。正是自主创新支撑了我国油气工业从无到有、从弱到强，有力保障了我国油气能源供给。当前，我国油气工业正面临资源品质下降、原油产量降低、油气对外依存度高企等困难局面，我们比以往任何时候更需要加强科技创新，确保国家油气能源供给本质安全，支撑油气工业长期稳定可持续发展。而实践反复告诉我们，关键核心

技术是"国之利器",是要不来、买不来、讨不来的,唯有自主创新是我国油气工业未来发展的必由之路。

二、页岩油对我国油气工业可持续发展的战略意义

据权威机构预计,到 2050 年之前,全球经济持续增长对一次能源的消费需求依然旺盛,即使考虑到新能源迅猛发展对油气能源产生的巨大冲击,石油和天然气的主体能源地位不会发生根本性改变。对我国而言,未来随着经济社会持续发展和人民生活水平不断提高,能源需求将更加迫切,预计 2030 年我国石油消费量将达到约 6.8 亿吨的峰值。但 2017 年我国原油对外依存度已上升至 65.5%,2020 年前可能超过 70%,能源安全面临极大威胁,油气工业可持续发展面临前所未有的挑战。因此,寻找支撑我国油气工业可持续发展的接替资源至关重要。

从目前看,利用常规油气资源实现我国油气产量大幅度提升的可能性不大,非常规资源是支撑我国油气工业可持续发展的主体潜力区。我国的页岩油资源十分丰富,主要分布于中新生界陆相沉积盆地,如松辽盆地、鄂尔多斯盆地、渤海湾盆地、四川盆地等,技术可采资源量达到 43.52 亿吨,仅次于美国和加拿大,居世界第三位。在国内部分优质页岩气资源已经能够实现经济有效开发的条件下,页岩油有望成为我国油气可持续发展的接替资源。如果页岩油开发的核心技术能够取得革命性突破,页岩油有望成为下一片能源蓝海,甚至引领属于我国的油气革命,改变中国能源工业格局。同时,页岩油领域的自主创新正处于有

利机遇期,国外对于页岩油理论技术也处于探索攻关阶段,尚没有形成太大的技术优势,加快发展我国自主的页岩油勘探开发技术时不我待,也势在必行。

三、我国页岩油勘探开发面临的重大难题

我国从 2010 年开始开展页岩油资源评价与研究探索,目前仍处于资源勘查与前期评价阶段,尚未开展系统性理论技术研究,更远未进入工业性开发阶段。初期探索表明,页岩油资源具有原始孔隙度小、渗透率极低、原油难以流动等基本特点,现有技术条件难以实现规模效益开发,主要面临以下难题:

(一) 我国页岩油资源禀赋较差

我国页岩油基础条件相比美国更加复杂、恶劣,原因在于:其一,我国页岩油赋存的页岩以陆相湖泊沉积为主,黏土矿物含量大、脆性差、井壁容易垮塌,给水平井施工和分段压裂带来巨大难题;其二,我国页岩油资源热演化程度偏低,油质偏稠,流动性差,有效动用难度大。

(二) 页岩油基础创新不足

我国页岩油理论与技术研究工作尚处于起步阶段,陆相页岩油赋存机理与分布规律尚不清晰,页岩油"甜点区"预测技术尚不成熟,页岩油渗流机理尚不掌握,页岩油低成本开发技术尚不成型,亟待强化科研基础条件建设,提升自主创新能力,从基础研究入手,开展系统全面的理论研究与技术攻关,抢占创新制高点。

（三）科技成果产业化能力不足

科技成果产业化难是我国科技创新当前面临的共性问题,主要是因为科技成果转化应用存在体制机制障碍,创新链与产业链不能有效衔接,新技术、新产品、新产业协同发展的模式尚未建立,导致科技投入的产出效益不高,创造市场价值的能力不足。而页岩油科技创新的最终目标是实现页岩油产业发展,更加需要加强科技成果产业化。

（四）企业科技创新活力不够

目前,国有企业特别是中央企业科技创新的激励机制不够健全、不够完善、不够充分,且中央企业受工资总额限制较大,国家对于科技成果的激励政策难以有效落地,直接影响了企业科研人员开展原创性科技创新的积极性与主动性,导致企业整体创新活力不足。

四、加强页岩油勘探开发自主创新的建议

（一）建设国际一流页岩油实验室,筑牢自主创新根基

瞄准国际一流条件,建设高标准实验室,注重关键实验设备的自主研发、关键实验方法的自主构建,抓住页岩油原位改质等重点研究领域,搭建国际先进的页岩油原位转化实验平台,加强页岩油勘探开发核心实验方法创新,夯实自主创新基础。注重高级实验人员培养,高级实验人员身处科技创新的第一线,具有创新的条件与优势,是实验室软实力的核心所在,要加强实验人员综合技能培训,改进实验人员考核评价机制,激发实验人员的创新能动性,努力将高级实验人员培养为实验科学家。

（二）加强页岩油重大基础研究与关键技术攻关，努力实现关键核心技术自主可控

基础研究是科学体系的源头，基础不牢，地动山摇。要在科学分析页岩油理论技术发展趋势的基础上，瞄准页岩油赋存机理与富集规律、页岩油"甜点区"预测技术、页岩油高效钻井技术、页岩油大规模压裂技术等重要基础研究领域和关键核心技术，加强创新顶层设计，系统开展基础研究与技术攻关，抓住时机下好"先手棋"；积极借鉴利用纳米材料技术、仿生技术等新兴学科研究成果，加强学科交叉创新，努力实现页岩油前瞻性技术研究，引领性原创成果重大突破；坚持聚四海之气、借八方之力，深化页岩油领域国际科技合作，充分利用国际创新资源，在更高起点上推进页岩油自主创新。

（三）发挥企业科技创新主体作用，围绕产业链布局创新链

中央企业是我国科技创新体系的重要组成部分，着力发挥中石油、中石化等能源领域核心中央企业在页岩油科技创新中的主体作用，从国家和企业两个层面设立页岩油研究的重大科技项目，建立产学研用一体化攻关体系，围绕页岩油产业链布局页岩油创新链，注重发挥市场在创新资源配置中的决定性作用，着力推动页岩油创新成果的有形化与转化应用，努力实现页岩油技术突破与产业发展同频共振，最终目标是推动我国页岩油经济有效开发。

（四）推动科技创新激励机制落地，激发企业科技创新活力

加强企业科技创新体制机制改革与配套，建立推动中央企业加强科技创新的激励机制，激发央企科技创新能动性，增强创新活力，提高创新效能；加强国家层面科技创新创效激励政策的协调配合，明确央企科技创新创效奖励纳入央企工资总额，但不受工资总额基数限制，确保国家科技创新创效奖励政策在企业落地。科技人才是科技创新的决定性要素,要进一步创新央企对科研人员的培养机制,改进科研人才评价机制,提高科研人才待遇,推动高水平创新人才竞相迸发。

大力推进科技创新　做高铁技术的领跑者

中国铁路总公司　卢春房

2018 年 5 月 28 日习近平总书记在两院院士大会上发表的重要讲话,准确把握科技创新与发展大势,对实现建设世界科技强国的目标作出了全面部署。通过近一个月的学习,我感到,习近平总书记关于科技创新的重要思想是一贯的、明确的,十八届五中全会把创新确立为五大发展理念之首,之后又明确提出"发展是第一要务,人才是第一资源,创新是第一动力"的论断,始终高度重视科技创新工作,并把创新作为推动发展的第一要素。习近平总书记对我国科技创新工作作出准确判断,他指出,"一些前沿方向开始进入并行、领跑阶段,科技实力正处于从量的积累向质的飞跃、点的突破向系统能力提升的重要时期"①。同时也指出"我国科技在视野格局、创新能力、资源配置、体制政策等方面存在诸多不适应的地方"。② 习近平总书记对科技创新工作的部署是极具前瞻性的,要求我们瞄准世界科技前沿,实现前瞻性基础研究、引领

---

① 习近平:《在中国科学院第十九次院士大会、中国工程院第十四次院士大会上的讲话》,人民出版社 2018 年版,第 4 页。

② 习近平:《在中国科学院第十九次院士大会、中国工程院第十四次院士大会上的讲话》,人民出版社 2018 年版,第 7 页。

性原创成果重大突破;工程科技方面要围绕国家重大战略需求,紧贴新时代社会民生现实需求和军民融合需求,加快自主创新成果转化应用。

结合自己的专业,贯彻落实好习近平总书记的重要讲话精神,关键是把握铁路技术发展大趋势,瞄准世界高铁发展前沿技术,矢志不移地推动高铁技术自主创新;充分发挥社会主义体制优势,形成高铁科技创新一体化体系;深度参与全球铁路科技治理,推动我国高铁标准和技术"走出去",全面提升我国高铁技术在全球创新格局中的优势。

目前,中国高铁技术在世界上总体处于先进水平,部分技术世界领先,成为中国一张亮丽的名片。高铁从跟跑到并跑,靠的是创新,从并跑到领跑仍然要靠创新,特别是科技创新。

衡量高铁技术水平的综合标志是速度。中国高铁最高运行速度为350千米/小时,为世界最高,但欧洲、日本都在研发更高速度的高铁。我们必须加大科研力度,研究一些科学问题,解决一批技术难题,进一步提高运行速度,引领世界高铁的发展。

对于轮轨高铁,应实现400千米/小时运行,为此,需重点解决一个技术标准、两个基础理论、四大关键技术问题,并满足四大指标。

一、建立时速400千米/小时高铁技术标准

技术标准涉及建设、产品、运营维护三个方面,其中设计规范是基础性、关键性、引领性的标准。由于我国高铁运营经验丰富、高速试验数据积累多、前瞻性研究基础较好,所以400千米速度级标准制订难题不多。重点是进行大数据挖掘分析、运营环境分析、安全性舒适性分析、新技术新材料应用,以设计规范为引领,对建设、产品、运营维护标

准一体化安排,接口联通、相互匹配,制订出适应各种地质、气候、环境和运营条件,在世界独具特色、独一无二的技术标准。

二、开展基础理论研究

(一) 空气动力学研究

首先是列车气动外形变形增阻理论。列车气动外形的变化可以改变车辆受到的气动阻力,基于空气动力学原理,采用可变形的气动外形,在发生地震或碰撞前,迅速提升车辆受到的气动阻力,有效降低车辆的运行速度。在车辆即将发生倾覆时,车辆结构可以发生自主变形,迅速降低车辆受到的倾覆力矩。为实现上述功能,需要开发车辆的自主变形技术,研究车辆变形与车辆气动力匹配机理,研究强湍流、小变形下变形结构的气固耦合问题和疲劳安全性,保证变形的可靠性和安全性。

其次是时变车辆系统动力学理论与非线性运动稳定性控制。由于列车要考虑到直线、曲线等复杂运行工况,悬挂参数、踏面形状的设计需考虑车辆动力学性能三要素(稳定性、平稳性和安全性)的平衡设计。蛇行失稳临界速度的设计值是有限的,这就制约了列车运行速度的提高。研究表明,根据线路状态的车辆悬挂主动控制,是有效提升车辆运动稳定性的发展方向。因此,发展基于动态参数控制的时变车辆系统动力学理论和车辆系统非线性运动稳定性控制方法,是更高速度轮轨高铁要研究的课题。

(二) 轮轨接触行为与黏着极限研究

轮轨列车是通过轮轨之间的黏着力(摩擦力)来传递作用力的,而黏着力不仅与轮轨正压力和轮轨间的黏着系数有关,还和运行速度有关,轮轨间相对蠕滑速度越大、振动越大,黏着能力就越低,这一结果和速度越高需要更大牵引力的需求背道而驰,这就会在一定速度下出现牵引力与列车运行阻力的平衡,达到所能达到的速度极限。要提高轮轨黏着能力,提高轮轨高铁的速度极限,就必须研究轮轨滚动、滑动甚至跳动的更高速轮轨运动行为,掌握高速、高频振动条件下的轮轨接触点力学、材料行为机制和表征方法,建立运行过程轮轨接触运动与接触行为的捕捉方法,通过轮轨行为控制、轮轨材料优化和轮轨黏着控制,进一步提高轮轨黏着极限。

三、开展四大关键技术攻关

高铁建设、运营涉及客运服务、运营调度、灾害防范、通信、信息等技术,但最关键的是四项:线路、动车组、列控系统和牵引供电。

(一) 线路

指高铁工程的基础部分,包括空间线型、桥梁、隧道、路基、轨道。

空间线型。空间线型是基本条件,包括平面曲线半径、竖曲线半径、线间距、坡度、隧道断面等。需研究三个问题:一是曲线半径与外轨超高设置,列车在曲线上正常运行速度 V 与曲线半径 R 和外轨超高 H 成正比,其关系式 $V=\sqrt[2]{\dfrac{HR}{11.8}}$,要提高 V,要么增大 R,要么增大 H,或同时增大 H、R。350 千米/小时速度时 $R \geqslant 7000$ 米,如需再增大,则线路绕避不良地带、大型建筑物将更加困难。另一种途径就是增加 H,由目前最大 175 毫米增加到 200 毫米,这在无砟轨道的情况下,安全舒适有保障。二是坡度适当调整或减小,以提高线路通过能力。下坡道时,动车制动距离会加长,如"复兴号"动车组400千米时速运行时,平坡制动距离为8663米,而20‰坡道为12268米,此时,如遇雨天,由于受制动距离的影响,列车追踪间隔将超过3分钟。因此,新建高铁的繁忙地段要根据能力计算坡度,不能将影响能力的大坡道连续设置于一个制动距离范围内。三是竖曲线半径按速度计算设置,而隧道断面、线间距不再扩大。根据试验结果,双线隧道净面积100平方米,线间距5米可满足400千米/小时速度的舒适性、安全性要求。

桥梁。设计方法由允许应力法向极限状态法转变,研究应用全寿命设计方法、基于性能的设计方法。研发高性能材料,如q600级以上钢材、2500MPa级钢筋及钢绞线、C100级混凝土、使用150年以上的高性能混凝土、高韧性耐候钢等,以适应更严酷环境、更长寿命、更大跨度、更少维修的要求。研发大型桥梁装配化施工设备和工艺,逐步实现桥梁梁部、墩台身的工厂预制、现场组装,以提高效率和质量。研发多层桥梁,以减少用地,也为城市治理交通拥堵提供方案。研发公路、铁路、高压电缆、电缆槽道一体化的桥梁方案、充分利用有限跨江(河)通道资源,节省投资。研发跨度2000米以上、水深80米以上、通行速度350—400千米/小时的桥梁,以适应地质水文、通航和环水保要求。研发桥梁结构评估诊断与长期性能演化理论和技术,应用PHM技术,构建桥梁监测检测、评估预警、维护加固、安全保障一体化智能化管养新体系。

隧道。开展隧道围岩与支护结构作用机理的深化研究,形成中国隧道设计理论和方法。研发新的隧道地质勘探设备和方法,提高准确度,减少或取代地质钻孔方法。开发能适应各种地质条件和环境的全断面、全能型掘进机,逐步减少钻爆法施工。研发隧道钻爆法施工机器人,围岩超前探测仪、水文超前探测仪、全断面扫描仪、质量安全监测报警仪,实现无人化施工、自动化探测、自主化决策、自行判断安全质量状况,以避免安全、质量事故的发生,减少或消除浪费。研究隧道洞口新的结构形式,以减少动车进入隧道时压力波的变化,避免爆裂声。研发铁路、公路、管道等一体化隧道方案,共建共享。研发 50 千米级山岭深埋隧道和 100 米以上水深海底隧道。研发海水中悬浮隧道技术,实现深海隧道技术的突破。

路基。研发轻质高强新型土工材料,研发利用建筑垃圾作为路基填料技术,以保护环境、减少污染和占地。研发新型路基碾压设备,实现快速压实、压实与检测一体化。研究路基边坡防护设施的装配化、标准化。研究路基绿色防护新技术,既起到绿化作用,又起到稳固边坡、防止冲刷坍塌的作用。研究路基沉降计算新方法,提高准确率。研究沉降观测、监测、评估诊断的智能化方法,实现养护维修的智能化。

轨道。轨道直接承受列车荷载,因此,对于平顺性和稳定性要求极高,几何尺寸误差为毫米级,是技术攻关和质量控制的重点。研发泡沫铝等新型轨下垫层,减少振动噪音 2—3 分贝。研发聚氨酯道床快速施工技术,使先有砟、后无砟的设想变为现实。研发新型扣件,增加阻力和弹性,减小振动。在 CRTS Ⅲ 型板的基础上,开发更薄、更轻、温度适应范围更广、价格更低廉的无砟轨道结构,其使用寿命超过 120 年。研发轨道板快速更换和修复技术,以不影响正常的行车秩序。研发无砟轨道在线连续检测监测技术,使每一个不安全因素均能及时发现和报警。研发钢轨、道砟新材料、新工艺,利用 3D 打印技术强化道砟部分结构,增强耐久性。

线路工程从设计到养护维修,以 BIM 技术为平台,综合应用 GIS、PHM 等技术,实现全生命周期的数据化、可视化管理。

（二）动车组

习近平总书记指出：复兴号高速列车迈出从追赶到领跑的关键一步。迈出这一步后，还要在研发绿色、智能动车组上迈出更大步伐。应用空气动力学原理优化车头设计和车辆外形设计，减小运行阻力 8%，节能 7%，降低噪声 1—2 分贝，并实现自动驾驶技术，自动控制高速列车按照时刻表在线路上行驶，完成站间行驶、到站精准停车、自动开闭车门、自动发车离站、自动折返等功能。以智能焊接、智能柔性装配、智能数控机床、智能检测和智能物流为主要手段，打造智能制造基地。深化安全碰撞技术研究，在动车车体设置高效碰撞吸能装置，提高安全保障能力。研究动车防脱轨、防倾覆装置，在地震等大灾害发生的情况下，避免或减少损失。

（三）列控系统

列控系统是通信信号一体化技术，包括有线通信、无线通信、列控中心、车载 ATP 等设备。列控系统的任务是按目标距离控制运行速度、进站停车、临时停车或限速等，以保证按图行车、安全行车。目前，时速 350 千米高铁使用 CTCS—3 级列控系统，根据测算和试验，400 千米/小时也可使用，但数据传输容量不足，智能化程度不高，所以，要研制新的列控系统——基于北斗卫星和 5G 通信技术的列控技术。

新的列控系统由固定闭塞改为移动闭塞，由窄带无线通信改为宽带 5G 通信，由地面与车载设备分布式控制模式改为地面集中控制模式，由应答器+车载测速测距方式定位列车改为卫星定位，由闭塞分区作为安全间隔改为基于前车位置的精准距离为安全间隔。为此，要研究攻克设备虚拟化控制技术和虚拟化设备的安全计算基数。攻克定制化控车技术，对每列车和每条线路的组合形成定制化策略。攻克精细化控车技术。攻克北斗卫星在复杂环境下的列车连续定位方法、多传感器数据融合算法以及基于北斗导航的列车定位安全防护技术,确保列车安全、有序运行。

(四) 牵引供电

研发新一代节能、降序(负序)变压器,减少对国家电网的影响;研发智能远程控制系统,自行断电、送电;研发接触网系统自动检测、诊断设备,及时发现故障、及时养护维修。研发颠覆性非接触供电技术,重点解决高频逆变电源功率提升、能量耗散和效率优化、电磁屏蔽、定制化与集成技术。

四、满足四大指标

四大指标指安全性、舒适性、智能化、绿色指标。

安全性指标包括轨道几何状态和车辆动力学响应两大项 9 个指标;舒适性指标包括车辆自身构造和车辆与线路相互作用两大项 6 个指标;智能化指标包括智能运营和服务等指标;绿色指标包括节能、环保、节地、绿化等指标。高铁要实现 400 千米/小时运行,所有的四大指标均应满足。从试验数据看,目前的技术和装备除少量舒适性、绿色指标外,其余指标在 400 千米/小时运行时均可满足。而对不能满足标准的几个问题,要加强技术攻关,近期内实现突破。

在研究轮轨高铁技术的同时,要研究高速磁悬浮技术,力争在 2027 年前实现时速 600 千米运行;研究真空管道飞行列车,力争在 21 世纪中叶实现时速 1000 千米运行,使我国高铁技术在各个方面始终处于世界领先地位。

构建资源保障体系　维护产业经济安全

鞍钢集团有限公司　邵安林

党的十八大以来,以习近平同志为核心的党中央在新的历史起点上,从中华民族伟大复兴的战略高度,提出建设世界科技强国的奋斗目标,对实施创新驱动发展战略作出全方位部署,为新时代推进科技创新、建设社会主义现代化强国指明了前进方向。

当前,随着我国工业化、城镇化和现代化的推进,资源供需矛盾日益突出,环境约束日益紧张,过去那种高投入高消耗的发展模式已难以为继。在新常态下,要实现高质量发展,必须转变传统发展模式。正如习近平总书记所言,"必须加快从要素驱动、投资规模驱动发展为主向以创新驱动发展为主的转变"①。

钢铁工业是国民经济的基础产业。改革开放以来,我国钢铁工业持续快速发展,有力地支撑了我国制造业大国和世界大国地位。但在快速发展的同时也面临着产能过剩和资源供给不足等突出矛盾,正处于转型升级的关键期。如何适应市场变化,落实创新驱动发展战略,化解过剩产能,提升资源保障能力,推动可持续发展,保障国家产业经济

---

① 《习近平谈治国理政》第一卷,外文出版社2018年版,第119页。

安全,需要我们深入思考和有效应对。

一、资源瓶颈威胁产业经济安全

长期以来,我国钢铁产业链发展严重失衡,矿和钢发展不同步,产业链下游的钢铁产能明显过剩,而作为上游原料的铁矿石产能有效供给严重不足,虽然国产矿成品矿产量由 2000 年的 1.05 亿吨增加到 2016 年的 2.32 亿吨,但远跟不上钢铁产能的扩张,铁矿石进口量由 2000 年的 0.7 亿吨增加到 2016 年的 10.2 亿吨,对外依存度从 2000 年的 34%攀升到 2016 年的 87.3%。

从国际市场看,铁矿石贸易呈高度垄断格局。淡水河谷、力拓、必和必拓三大矿业巨头控制中国铁矿石贸易量的 70%。我国作为世界第一钢铁大国和铁矿石消费大国,却没有市场话语权,是铁矿石市场垄断的最大受害者。2003—2013 年十年间国际矿价上涨 6 倍,国内钢企损失原料成本 3 万多亿元。近十年,我国钢铁行业平均利润率仅为 1.8%,远低于工业企业平均利润率 6.2%的水平。2015 年国际三大矿业巨头获利 1324 亿元,而我国 77 家大中型钢铁企业却亏损 645 亿元,几乎吞噬了钢铁全产业链的利润,导致我国钢铁全行业亏损,投入严重不足,整个钢铁工业大而不强。近两年国际矿业巨头又实施"降价清场"策略,依托低成本优势,逆势扩产,其战略意图就是将高成本铁矿山挤出市场,获取最大的市场份额,谋求长远的更大的垄断利益。

国际矿业巨头的垄断战略给我国钢铁产业乃至国民经济带来巨大威胁:一是大量吞噬钢铁行业利润,钢企在生存线上苦苦挣扎,无力转型升级健康发展;二是危及产业经济安全,钢铁工业命运操纵在他人之手,海上通道一旦受阻,我国钢铁业、制造业将全线瘫痪。

二、资源瓶颈问题原因分析

我国铁矿资源储量丰富,探明储量 850 亿吨,居世界第四位,但遗憾的是资源未及时有效开发,主要原因是没有构建起钢铁产业的铁矿资源保障体系。具体表现在:一是缺乏顶层设计。长期以来,国家层面对钢铁产业发展缺乏战略研究、系统规划和产业监管,特别是对自有矿山重视不够,投入不足,铁矿业甚至没有纳入产业目录,简单地并入第二产业,没有独立的产业地位。二是行业管理薄弱。国内大部分铁矿山企业隶属于钢铁公司,只作为一个工序边缘化管理,而不是作为一个独立的产业来经营,不能按照矿山特有的规律,及时规划建设,未能形成适应国际铁矿石市场变化的能力,资源自给率不断下降。三是产业集中度低。国内矿山企业数量多,规模小,产业集中度低,整体竞争力较弱,特别是缺少具有国际竞争力的大型矿业集团。目前,我国共有3910 多家铁矿山企业,其中,大型矿山占 4.9%,中型矿山占 9.5%,小型矿山占 85.6%,铁精矿年产量超过 1000 万吨的不到 10 家。四是产业政策错配。与巴西、澳大利亚的资源相比,国内铁矿资源赋存条件差、加工提纯技术复杂、工艺流程长。但企业税费负担沉重,税费负担率平均高达 20% 以上,是巴西、澳大利亚的 3—4 倍,明显处于不公平竞争状态。五是忽视全球资源布局。我国境外资源布局处于明显劣势,日本、欧洲等贫铁矿国家拥有境外权益矿比重均超过 50%,我国境外权益矿比重不足 10%,抗衡国际铁矿贸易垄断的能力不强,这是我国资源保障体系的一个短板。

上游资源保障体系缺失和下游产能过剩的双向挤压,使钢铁业面临健康持续发展和产业经济安全的双重挑战。

三、构建资源保障体系对策和建议

我国钢铁产业链失衡是一个重大战略问题,从中央到地方正在采取一系列措施进行优化调整,在调整下游的钢铁产能过剩问题上已取得了阶段性成果,但关于上游的资源保障问题,尚未引起国家层面的高度重视。

从资源开发情况来看,虽然国内资源原矿品位低,但通过近年来的科技进步,已实现重大突破,精矿品位达到68%以上,使大部分资源成为可利用资源,资源禀赋先天不足问题已得到根本解决。而国外矿业巨头资源先天条件虽好,但成品矿质量差,品位只有62%,且有害杂质含量高,矿石物流成本高,对环境污染大。实践证明,只要我们解决好战略设计、产业布局、政策扶持等资源保障体系建设问题,完全可以把自有矿山发展好,对钢铁工业发展完全可以发挥更大的支撑作用。

从国家发展需要来看,尽管中国钢铁步入减量化发展通道,但工业化、城镇化和现代化尚未完成,对铁矿石需求仍然巨大,未来10—20年仍是铁矿业发展的重要机遇期,应牢牢把握。

在当前形势下看待中国铁矿业,不能单纯从供需关系和经济层面,应更关注它承担的社会责任和重要使命,从国家产业安全和稳定层面提高重视程度,建立有效的铁矿资源保障体系。

(一) 加强顶层设计,维护产业经济安全

从长远和全局来看,必须将铁矿资源保障问题上升到国家战略层

面,加强顶层设计,进行统筹规划,从整个钢铁产业链出发,将钢铁和铁矿企业的发展同步考虑,实现全产业链的战略协同,确保铁矿业健康发展。

国内矿山企业一直呼吁提升资源产业定位,将铁矿业从钢铁业中分离出来,作为一个独立的产业来发展。国内目前的产业划分规定,将属于矿业的采矿业划为第二产业,将同属于矿业的矿产勘查与技术服务业划为第三产业。这种划分不太合适。矿业开发对象是矿床,产品是加工业的初级原料,其附加值很有限,主要产值在后面的加工业,把矿业与加工业混为一谈,扭曲了矿业的租税制度,制约了矿业发展。按照联合国制定的产业分类标准,矿业属于基础产业,国际上其他主要国家均将矿业划为第一产业,我们应尊重矿业的特殊规律,按国际惯例将铁矿业划归第一产业,使国内矿山享受第一产业的政策条件,提升市场竞争力。

(二) 优化产业布局,提高产业集中度

虽然国内资源分布散,但在产能结构方面还有很大优化空间。根本途径是要加快淘汰、改造、整合、重组一批中小矿山,建设一批大型现代化矿山,实施集约化、区域化、专业化开发,从根本上改变"小散乱"、技术水平参差不齐、生产效率低下的现状。

当务之急是加快培育和发展大型铁矿企业集团。国内目前尚没有真正意义的独立铁矿企业。业内一个普遍根本的共识就是尽快组建大型矿业集团,培育最具市场竞争力的龙头企业和领军企业,引导资源向大型企业集团集中,实现资源规模开发和产业集聚发展,在国家资源保障方面发挥更大的作用。当前矿业市场形势低迷,世界矿业格局面临新一轮调整,是推进铁矿行业整合重组、提升全球矿产资源配置能力的有利时机。

还要完善全球资源布局,构建境外资源供应体系。探索和实施以资源开发、钢铁产能布局、基础设施建设一条龙的产业链模式。有关央企按专业特长组建分工负责、优势互补、团结协作的"联合舰队"出海,发挥整体协同优势,提高抗风险能力。开发外部资源的同时,研究向境外转移过剩钢铁产能,优先选择铁矿资源丰富、经济发展迅速、市场需求旺盛的非洲、拉美或印度等国家或地区,实现全球范围的产业结构调整和布局优化。国家层面应加大境外资源开发的政策扶持力度,设立境外资源勘查和开发基金,为"走出去"项目提供资金保障。

(三) 改革体制机制,打造国际竞争力

总的改革指导思想是以市场在资源配置中起决定性作用和更好发挥政府作用为原则,通过转变政策职能、提升行业地位、完善税费体系、规范行业管理,逐步建立起适应经济发展要求的新的体制机制和管理模式,推动铁矿企业产业化国际化发展,为我国铁矿石资源保障战略落地提供保证。

一是推进混合所有制改革。当前是国企改革的关键时期,中央就国企改革出台了一系列重大举措。我们应深刻领会中央关于国企改革的方向、内容以及相关配套文件,积极探索国有矿山企业混合所有制改革、国有资产资本化改革路径,按照完善治理、强化激励、突出主业、提高效率的要求,让市场在资源配置中发挥决定性作用,并借鉴、开放和引进市场机制,降低融资成本、优化负债结构,实现矿山企业效益和效率最优化。

二是加快铁矿企业的股份制改造。按照"资源、资产、资本"三位一体的运行模式,完善矿业权交易市场和矿业资本市场,推动铁矿企业公司制改革,扶持铁矿企业进入资本市场,上市融资,鼓励相互参股,发展混合所有制企业。

三是建立统一规范有序的铁矿石交易市场。由交易市场统一面对境外供应商,促进价格公平公开,及时发布我国铁矿石价格指数,政府对交易市场提供金融服务和政策支持。建立客观反映供求关系的铁矿石定价机制,开展矿钢联动研究,推进铁矿石期货和铁矿石交易平台的健康发展。鼓励钢铁企业与境外铁矿石供应商交叉持股,构建战略联盟。开放国内资本市场,鼓励境外铁矿石供应企业在境内上市。

(四) 强化创新驱动,培育发展新动能

虽然我国已经掌握了国际领先水平的铁矿资源开发利用技术,但推广应用力度不够,国内矿山企业的技术水平参差不齐,特别是中小矿山企业创新能力不强,开发技术落后,制约了行业整体技术水平的提升。应在加快推进行业整合重组的同时,建立一个协同创新机制,运用市场化的办法,构建以企业为主体、市场为导向、产学研政相结合的资源开发技术创新体系,形成可推广的创新模式和技术标准,加快技术推广应用,增强整体创新能力。

国家层面需要出台扶持政策,鼓励国内矿山企业在勘查找矿、低品位矿利用、难采难选矿利用、智能采矿、绿色开采等方面开展前瞻性关键技术研究攻关,同时加大技术改造、装备升级、环保投入力度,抢占新一轮产业竞争的制高点。企业层面需要紧跟信息化发展趋势,以数字化为突破口,加快智能化技术改造,打造面向制造业的"互联网+产业生产体系",构建权威的大型企业全流程智能制造系统,把矿业的科技、装备、信息各种资源汇聚到同一平台上,打造国内矿业品牌,形成可推广的模式和标准,探索一条智慧矿山发展新路,实现新旧动能转换、新旧模式融合。

总之,创新驱动发展已成为全社会普遍共识。作为一名科技工作者,我们有幸赶上这个伟大时代。建设世界科技强国,我们使命光荣、

责无旁贷,今后要坚定不移地支持和服务于国家科技创新战略,发挥好表率和引领作用,为推动国家科技进步和经济社会发展,实现"两个一百年"奋斗目标、实现中华民族伟大复兴的中国梦作出应有的贡献,不辜负党和国家给予的荣誉和期望。

大力加强企业基础研究　推进中国制造迈向全球产业中高端

中国航空发动机集团有限公司　向　巧

习近平总书记在两院院士大会上指出,"企业对基础研究重视不够,重大原创性成果缺乏,底层基础技术、基础工艺能力不足"①。

制造业是国民经济的主体。和世界制造业强国相比,我国制造业大而不强的情况仍非常突出,关键核心技术受制于人的局面没有得到根本性改变。习近平总书记的重要讲话,切中了我国制造业目前存在的诸多问题的症结,也指明了建设制造业强国的关键所在。要使企业真正成为创新的主体,推动制造业产业模式和企业形态根本性转变,促进我国产业迈向全球价值链中高端,必须认真贯彻落实习近平总书记的要求,大力加强企业基础研究。

一、企业基础研究的重要性

(一) 企业基础研究是研发活动的重要环节

经济合作与发展组织(OECD)在其出版的研究与发展统计调查手

---

① 习近平:《在中国科学院第十九次院士大会、中国工程院第十四次院士大会上的讲话》,人民出版社 2018 年版,第 7 页。

册(弗拉斯卡蒂手册,Frascati Manual)中,将研究与开发(Research and Development,R&D)活动分为三类:基础研究、应用研究和试验发展,而基础研究又分为纯学术型基础研究和市场导向型基础研究。纯学术型基础研究以科学发现为导向,又称为基础科学研究;市场导向型基础研究以需求牵引为导向,又称为应用基础研究。

基础科学研究无疑是技术创新不可或缺的基础,以不可预知的方式催生新的产业生态系统;应用基础研究则目的明确,直面市场,具备更高的应用转化率,是实现技术创新的必经之路。据统计,当代科技成果有90%源于基础研究的创新开拓。

企业是否应该组织或参与基础研究,曾存在争议。有学者认为,企业追求自身利益最大化,当研究开发的社会回报大于对企业的回报,会导致企业对研究开发投入的动力不足。而许多学者通过更加深入和系统的研究之后,明确主张企业应该投资开展基础研究。

1990年4月,美国当代著名的经济学家内森·罗森伯格在《研究政策》杂志发表了颇具代表性且影响广泛的"企业为什么要做基础研究"的文章,指出企业花自己的钱做基础研究主要有三方面的原因:首先,可赢得率先行动者优势。作为率先行动者的企业,可改变学习曲线,进而降低成本和提高绩效,并对新进企业构成壁垒。率先行动者还有可能获得矿产或地理区位优势等宝贵资源。率先行动者的基础研究成果如果可以转化为申请专利的资产,还可以通过专利保护巩固其市场地位。当然,率先行动者也有其劣势,如果后来者能快速跟进并以低廉的成本获取相关知识,甚至"免费搭车",从而避开率先行动者走过的弯路。率先行动者的优势通常会抵消其劣势,为企业进行基础研究提供较强的激励。其次,企业做基础研究还可看作是进入信息交流网络的入场券,有助于企业同学术界发生有效的互动并得到反馈。最后,企业通过做基础研究,有助于其应用研究的有效开展。

1990 年 3 月,《管理科学季刊》刊载美国卡耐基梅隆大学的韦斯利·科恩与宾夕法尼亚大学的丹尼尔·利文索尔题为《吸收能力:学习和创新的新视角》的文章提出,企业投资基础研究和其他研发活动的主要功能是帮助企业增强吸收能力,为其进行绩效评估、吸收消化和开发利用外部新发现提供坚实基础和有力支撑。通过基础研究获得相关背景知识,有助于企业更好地理解科学技术的新发展,有助于企业迅速开展科技创新活动,帮助企业在竞争对手取得重大创新突破时能够迅速成为跟进者,和率先行动者一起共享先行者的优势。

还有许多实证研究从不同侧面证实了企业开展基础研究的重要性。清华大学学者赵正国基于对国外部分学者典型观点的梳理和相关数据分析,指出企业开展基础研究非常必要且作用重大,应该得到我国各界的高度重视。

(二) 发达国家高度重视企业基础研究

美国政府对企业的研发活动,给予了很多的政策支持,包括直接拨款、购买研发服务、抵免税收等。法规允许企业与政府共同出资进行研究并取得专利权,鼓励将知识产权注册给企业,要求国家实验室促进成果向企业转移,拿出部分资本支持企业的科技研究,允许企业使用国家实验室等。

美国通用电气公司(GE)早在 1990 年便创立了全美第一家从事基础研究的工业实验室(1968 年更名为研究与发展中心)。进入 21 世纪以来,GE 每年的基础研究投入平均每年以大约 10%的速度增长,基础研究占总研发经费的比重总体上保持在 12%以上。2008 年 GE 美国总部共有 2000 名研究人员在从事基础研究工作。

世界航空发动机制造三大巨头之一的英国罗罗公司,在基础研究方面进行全球布局,依托世界顶级大学建立大学技术中心(University Technology Center, UTC)网络,开展技术成熟度在1—4级的基础研究工作;建立先进制造技术研究中心(Advanced Manufacturing Research Centre, AMRC)网络,开展技术成熟度在5—6级的应用基础研究。这种协同创新体系在大学基础研究和企业产品开发之间搭建了桥梁,加快了基础研究成果的转化。

2011年度日本总体研发经费约为17.38万亿日元,相当于其GDP的3.75%,仅次于以色列、韩国、芬兰,在世界上排第四位(美国排第十二位,中国排第二十三位)。其中,来自民间的投入比例(以企业自身投入为主)高达81%,企业自身投入比例处于世界最高国家之列。日本政府给予企业基础研究少量的直接财政支持,也通过减免科技税收等政策给予间接支持。

2013年,日本资本金规模为1000万日元以上企业(以下简称"规模以上"企业)共有10639家,其中资本金为100亿日元以上的较大企业603家,只占"规模以上"企业总数的5.67%,但其基础研究经费达到7046亿日元,应用研究经费达到1.99万亿日元,开发研究经费达到6.72万亿日元,分别占到"规模以上"企业基础研究、应用研究、开发研究总经费的81%、84%和71%以上。

(三) 企业基础研究是我国制造业由大变强的必由之路

我国也越来越重视发挥企业创新主体的作用,企业基础研究在国家创新链中的地位作用日益凸显。《国家中长期科学和技术发展规划纲要(2006—2020年)》中明确表示,支持鼓励企业成为技术创新主体;党的十九大报告指出,建立以企业为主体、市场为导向、产学研深度融合、包括基础研究在内的技术创新体系;《"十三五"国家基础研究专项规划》中提出,引导有条件的企业重视并开展基础研究,围绕自主创新能力建设,开展基础性、前沿性创新研究。近年来,国家通过各个层面的基金和预研计划的实施,对企业基础研究进行了一定程度的资助,取得一定成效。特别是在航空发动机和燃气轮机重大科技专项中,专门安排了基础研究,充分体现了国家对企业基础研究的高度重视。

从企业基础研究在研发活动中的重要地位,以及发达国家开展企业基础研究对建设创新型国家的巨大贡献上,可知企业开展基础研究,是提升企业核心竞争力的源泉,是提升一国产业整体竞争力的基础,也是一国整体科技创新能力和水平的体现。要建设世界科技强国,中国制造要迈向全球产业链中高端,必须系统筹划并持续加强企业基础研究。

二、我国企业基础研究存在的问题与建议

根据相关统计数据,2015 年,我国全社会研究与试验发展经费支出达 14220 亿元;国际科技论文数稳居世界第二位,SCI、EI、CPCI-S 引用数已分别排至第二位、第一位、第二位;2016 年国家综合创新能力跻身世界第十七位;科技进步贡献率从 2003 年的 39.7% 提高到 2015 年的 55.3%。尽管研发投入逐年提升,科技产出不断增加,但我国制造业在全球中高端领域占据的分量仍然十分有限。2018 年统计显示,虽然中国共有 22 个品牌跻身世界前 100,但 80% 以上为金融、地产等行业,在以掌握核心技术和高强度研发投入为主导的行业,仍然很难看到中国企业的身影。

究其原因,我国企业基础研究薄弱,应用基础研究不足,直接影响了企业自主创新能力的提升和核心竞争力的提高。国产货在性能、质

量、可靠性、使用寿命等方面与世界先进水平的差距仍然明显,高端装备依赖引进的现状依然严重,国人纷纷赴外购买高压锅、刀具等现象,仍然十分突出。

以下对我国企业基础研究方面存在的问题进行分析并提出建议。

(一) 对企业基础研究的顶层策划不足

一是国家对企业基础研究缺乏统筹规划。

目前我国基础研究项目的实施主体主要是高等院校和科研院所,缺少面向产业发展特别是产业战略发展的基础研究规划,加之企业对基础研究普遍不够重视,没有起到需求牵引的作用。从国家自然科学基金面上项目资助单位的分布和承担国家"973 计划"项目负责人的单位性质来看,企业参与国家基础研究项目极少,与高校、科研机构等在基础研究领域的产学研合作也相对较少。基础研究与产业化"两张皮"、产业创新能力增长缓慢、成果转化缺乏动力等问题十分突出。

对此的建议是研究制定企业基础研究专项规划。

在国家中长期科学和基础发展规划纲要、国家基础研究专项规划、国家重大科技专项、"中国制造 2025"等现有规划基础上,组织制定不同行业的以应用基础研究为主的企业基础研究专项规划,突出企业的创新主体地位,打通从基础科学研究到产业化的"最后一公里"。

二是企业基础研究创新平台缺乏系统设计。

发达国家在国家层面针对不同的行业设立有专门的基础研究机构,负责组织开展本行业的基础研究。以航空发动机行业为例,美国的航天宇航局、国防部的 DARPA,英国的燃气涡轮研究院,俄罗斯的中央航空发动机研究院,德国的宇航中心,法国的航空航天研究院等均是国家层面的行业基础研究机构。同时,欧美各大航空发动机生产厂商也都专门成立了一个不针对具体产品研发而专注于技术创新的研究中心,负责整合全球资源开展基础研究。

而我国目前缺少这样的系统设计,产学研体制脱节严重。基础科学问题分解不到位、不系统、不完整,基础研究资源统筹不足,缺乏高效的组织管理,基础研究不能形成合力,研究成果指向性差、分散、不能共享。国际合作基本上还停留在分散的、低效的、成果不能共享的零散合作上。

对此的建议是,建立以重点行业国家级基础研究机构为统领的企业基础研究创新平台网络。

在国家安全和发展的关键领域和重点行业,建立一系列国家层面的行业基础研究机构,同时加大在企业建立国家级重点实验室的力度,支持企业建立产学研协同创新体系,支持企业建立海外研发中心,形成"国家级行业基础研究机构+国家级重点实验室+企业实验室(研发中心)+产学研协同创新"的产业基础研究平台网络,建立从需求牵引、组织实施到技术转移相对完整的企业基础研究体制机制。

(二) 企业基础研究投入不足

近年来,国家研发经费投入强度明显增加,但基础研究经费总量偏少,企业基础研究投入则少之又少。2017 年,我国研发经费投入总量为 17500 亿元,投入强度为 2.12%,虽与部分发达国家 2.5%—4%的水平相比还有差距,但已超过欧盟 28 国 1.96%的平均水平。然而,国家基础研究经费占 R&D 经费比例长期徘徊在 5%左右,明显低于当前创新型国家 15%—25%的水平。2016 年,全国规模以上工业企业的 R&D 经费 10944.7 亿元,投入强度为 0.94%。其中,高技术制造业 2915.7 亿元,投入强度为 1.9%;装备制造业 6176.6 亿元,投入强度为 1.51%。2009 年,我国企业基础研究经费为 4.42 亿元,占全国基础研究经费总额的比重仅为 1.5%,其中大中型工业企业基础研究经费总共才 2.28

亿元,而美国 GE 2008 年基础研究投入即达 4.58 亿美元。

针对此情况,建议如下:

一是借鉴欧美等国经验,通过提供税收优惠政策等激励措施,在各类国家基础研究计划和项目中,更多地吸引企业参与,尤其是吸引大企业参与。

二是借鉴欧盟政府科研专项"企办官助"机制,由企业提出前沿科技项目,使企业在整个创新过程中始终成为风险和收益的承担主体,发挥企业对基础研究的牵引作用,使企业增强主动开展基础研究的意愿。

(三) 国家基础研究技术支持体系和重大基础设施供给不足

过去企业没有专门针对基础研究的条件建设项目,关键领域的各类专用试验测试装备,基本上都是为某项特定任务而建,赋予这些设备设施的专项研究任务十分繁重。如航空发动机试车台、高空台,资源十分有限且型号试验任务非常繁重,很难用于基础研究。通用实验分析设备资源也同样如此。

针对此情况,建议如下:

一是推动现有基础研究技术资源建立常态化开放共享和技术服务机制。进一步推动国家实验室、国家重点实验室等基础研究资源共享;推动现有鉴定性试验能力向社会开放;推动具备条件的重大试验设施向社会开放。

二是建设一批"共建、共享、共用"的非营利性、开放式基础工业实验室,投资新建第三方独立的、非营利性、开放式重大基础试验设施,满足基础研究试验验证需求。

三是对企业实验室条件建设给予专项支持。

(四) 缺乏企业主动开展基础研究的激励机制

国有企业的评价机制主要考核当期经营业绩(如 GDP、利税等指标），对影响企业长远发展的指标考量较少，企业难以形成开展基础研究的内在动力。

对此，建议进一步修订完善国有企业经营业绩考核评价体系，将基础研究开展情况纳入考核。

（五）企业从事基础研究的顶尖人才和团队匮乏

当前，企业很难吸引高端创新人才，企业内部薪酬分配与激励机制对从事基础研究没有吸引力，大部分科研人员愿意从事显示度大的型号研制等任务，而不愿从事研发周期长、默默无闻的基础研究，也缺乏在实践中凝练并解决科学问题的能力。

对此，建议政府要营造鼓励高端人才向企业流动的制度和文化环境，引导高端人才流向企业从事基础研究。国内高校要在学科建设和培养目标上改革创新，培养更多适应企业创新创造的高端人才。企业要统筹兼顾型号研制等效益型与基础研究等强基型人才的激励机制设计，让从事基础研究的人才有荣誉、有待遇、受尊重。

总　策　划:李春生　聂晓伟

策划编辑:郑海燕　张　燕

责任编辑:郑海燕　吴焰东　张　燕　孟　雪　李之美　钟金玲　郭彦辰
　　　　　刘　伟　刘海静　姜　玮　陈　登　包晓云　陈光耀

封面设计:林芝玉

责任校对:苏小昭

图书在版编目(CIP)数据

百名院士谈建设科技强国/中国科学院,中国工程院 编. —北京:人民出版社,
　2019.2

ISBN 978 - 7 - 01 - 020325 - 6

Ⅰ.①百…　Ⅱ.①中…②中…　Ⅲ.①科技发展-研究-中国　Ⅳ.①N12

中国版本图书馆 CIP 数据核字(2019)第 001245 号

百名院士谈建设科技强国
BAIMING YUANSHI TAN JIANSHE KEJI QIANGGUO

中国科学院　中国工程院 编

人民出版社 出版发行
(100706　北京市东城区隆福寺街 99 号)

北京中科印刷有限公司印刷　新华书店经销

2019 年 2 月第 1 版　2019 年 2 月北京第 1 次印刷
开本:710 毫米×1000 毫米 1/16　印张:46
字数:549 千字

ISBN 978 - 7 - 01 - 020325 - 6　定价:186.00 元

邮购地址 100706　北京市东城区隆福寺街 99 号
人民东方图书销售中心　电话 (010)65250042　65289539